高等学校智能建筑技术系列教材

Jianzhu Gongpeidian Yu Zhaoming

建筑供配电与照明

下册

照明与电气安全

黄民德　郭福雁　编

人民交通出版社

内 容 提 要

本书共分两册。上册主要介绍建筑供配电的有关内容，共分8章。第一章绪论，第二章主要介绍负荷计算的有关内容，第三章主要讨论了供配电系统一次接线，第四章介绍短路电流及其计算，第五章主要讨论电气设备及导线、电缆的选择，第六章主要介绍供配电系统电能质量，第七章主要介绍了供配电系统的保护，第八章主要介绍供电系统的自动监控。

下册分两篇。上篇系统地介绍了照明设计的内容及设计方法。下篇主要讨论电气事故、供配电系统和建筑物的雷击防护等电气安全问题。重点围绕建筑电气环境的安全问题进行了阐述。

本书是智能建筑系列教材之一，主要供电气工程专业和建筑电气与智能化专业的本科学生使用，也可作为从事工业与民用建筑供配电、电气照明设计工作的工具书，还可作为照明施工、安装、运行维护等相关专业的参考用书。

图书在版编目(CIP)数据

建筑供配电与照明. 下册，照明与电气安全/黄民德，郭福雁编 . —北京：人民交通出版社，2008.6

ISBN 978-7-114-07082-2

Ⅰ. 建…　Ⅱ. ①黄…②郭…　Ⅲ. ①房屋建筑设备—供电②房屋建筑设备—配电系统③房屋建筑设备—电气照明④房屋建筑设备：电气设备－安全技术
Ⅳ. TU852　TU113.8

中国版本图书馆 CIP 数据核字(2008)第 047698 号

书　　名：建筑供配电与照明(下册　照明与电气安全)
著 作 者：黄民德　郭福雁
责任编辑：刘永芬
出版发行：人民交通出版社
地　　址：(100011)北京市朝阳区安定门外外馆斜街3号
网　　址：http://www.ccpress.com.cn
销售电话：(010)85285838，85285995
总 经 销：北京中交盛世书刊有限公司
经　　销：各地新华书店
印　　刷：北京宝莲鸿图科技有限公司
开　　本：787×1092　1/16
印　　张：16.5
字　　数：400千
版　　次：2008年6月　第1版
印　　次：2008年6月　第1次印刷
书　　号：ISBN 978-7-114-07082-2
印　　数：0001～3000册
定　　价：30.00元

高等学校智能建筑技术系列教材
编审委员会成员

序言

XUYAN

高等学校智能建筑技术系列教材是根据1999年12月在北京召开的有15所高等学校参加的“智能建筑系列课程内容体系改革的研究与实践”课题研讨会的精神，由高等学校教学指导委员会智能建筑技术系列教材编审委员会组织编写的。

本系列教材以适应和满足高等学校电气信息类专业教学和科研的需要、培养智能建筑技术人才为主要目标，同时也面向从事智能建筑建设的科研、设计、施工、运行及管理单位，提供智能建筑技术标准、规范以及必备的基础理论知识。

智能建设技术是一门跨专业的新兴学科，我们真诚地希望使用本系列教材的广大读者提出宝贵意见，以便不断完善教材的内容，改进我们的工作。

本系列教材主编赵义堂，副主编寿大云等，主审王谦甫。

高等学校智能建筑技术系列教材编审委员会

2000年8月

前言
QIANYAN

众所周知，电能是现代工业生产的主要能源和动力。电能既易于由其他形式的能量转换而来，也易于转换为其他形式的能量以供应用。电能的输送和分配既简单经济，又便于控制、调节和测量，有利于实现生产过程自动化，而且现代社会的信息技术和其他高新技术无一不是建立在电能应用的基础之上的。因此，电能在现代工业生产及整个国民经济生活中应用极为广泛。

随着照明技术的讯速发展，照明设计已成为建筑设计的重要组成部分。目前，无论照明设计理念，还是照明设备，都发生了很大的变化。新的设计思想强调以人为本的人性化设计，以满足人们提出的环境优美、亮度适宜、空间层次感舒适、立体感丰富等多个层面的要求，同时注重艺术性、文化品位和特色。照明全方位的发展，改变了人们以往的观念。而且随着电气技术的不断发展，有关建筑照明技术标准均已修订，本书根据新的设计标准(GB 50034—2004)，引入了新的技术、新光源和新灯具等内容。

在发达国家，社会对电气安全问题极为重视，尤其是对涉及用户人身安全和公共环境安全的问题，更是予以了严格的规范。在我国，过去由于观念和体制上的原因，对电气安全问题更多地侧重于电网本身的安全和生产过程的劳动保护，对一般民用场所的电气安全问题和电气环境安全问题较为忽视，以致电击伤害和电气火灾等事故的发生率长期居高不下，单位用电量的电击伤亡事故更是比发达国家高出数十倍。最近20年来，我国在学习国际先进技术、等效采用国际先进技术标准等方面作了大量工作，在电气安全的工程实践上有了很大的进展，但与发达国家相比，差距仍然很大。由于我国经济持续快速的发展，我国城市居民家庭的电气化水平迅速提高，住宅和其他民用建筑的建设蓬勃发展，使得电气安全问题显得十分现实和迫切。因此，将电气安全问题作为电气工程一个重要的专业方向进行研究，消除长期以来对电气安全问题的模糊认识，以科学的态度去认识它，用工程的手段去应对它，是一项十分有意义的重要工作。

本书是智能建筑系列教材之一，主要供电气工程专业和建筑电气与智能化专业的本科学生使用，也可供相关专业的学生和工程技术人员参考。

全书共有两册，上册为供配电系统，共分8章，第一、二、三章由吉林建筑工程学院王晓丽编写，第五、七、八章由江苏大学孙宇新编写，第四、六章由上海师范大学沈明元编写。

下册分两篇。上篇系统地介绍了照明设计的内容及设计方法。第一章至第三章由郭福雁编写，第四章至第七章由黄民德编写。下篇主要讨论电气事故、供配电系统和建筑物的雷击防护等电气安全问题。重点围绕建筑电气环境的安全问题进行了阐述。第八章由陈冰编写，第九章由胡林芳编写，第十章由郭福雁编写。

全书由黄民德和王晓丽统稿。天津建筑设计院王东林总工程师对本书进行主审，天津大学吴爱国教授、王萍教授对本书的内容提出了宝贵意见。在书稿编写过程中还得到了何雨、吴火军、余晓金、韩晓瑞等同志的大力支持，在此一并表示感谢。

本书作为高等学校的专业课教材，希望使用的教师提出宝贵意见，希望读者不吝批评和指正。

作　者

2008年4月

目录

MULU

上篇　电气照明技术

下篇 电气安全技术

上篇

电气照明技术

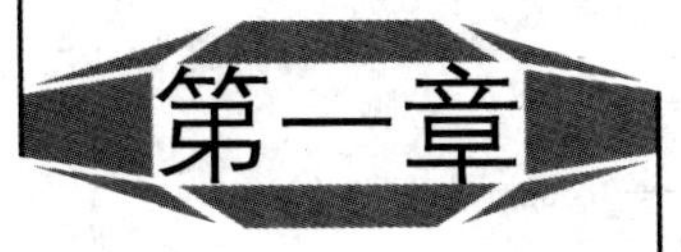

第一章 照明的基本知识

第一节 照明系统的概念

电气照明是建筑物的重要组成部分。照明设计的优劣除了影响建筑物的功能外，还影响建筑艺术的效果。因此我们必须熟悉照明系统的基本概念和掌握基本的照明技术。

室内照明系统由照明装置及其电气部分组成。照明装置主要是灯具，照明装置的电气部分包括照明开关、照明线路及照明配电等。

照明装置的基本功能是创造一个良好的人工视觉环境。在一般情况下是以“明视条件”为主的功能性照明，这是本章重点介绍的内容。

一、光的基本概念

光一般是指能引起视觉的电磁波，这部分的波长范围约在红光的 0.78μm 到紫光的 0.38μm 之间。它在电磁波中的位置如图 1-1 所示。

图 1-1 光的电磁波谱图描述了光的波动性。波长在 0.78μm 以上到 1 000μm 左右的电磁波称“红外线”，在 0.38μm 以下称“紫外线”。红外线和紫外线不能引起视觉，但可以用光学仪器或摄影来察觉发现这种光线的物体，所以在光学上光也包括红外线和紫外线。

不同波长的可见光，引起人眼不同的颜色感觉，将可见光波长 380～780nm 依次展开，可分别呈现红、橙、黄、绿、靛、蓝、紫各色。各色波长范围大致划分见表 1-1。

可见光颜色的波长范围 表 1-1

颜　色	波长范围(nm)	颜　色	波长范围(nm)
红	622～780	橙	597～622
黄	577～597	绿	492～577
蓝、靛	455～492	紫	380～455

各种颜色之间是连续变化的。发光物体的颜色，由它所发的光内所含波长而定。单一波长的光，表现为一种颜色，称为单色光；多种波长的光组合在一起，在人眼中引起色光复合而成的复色光的感觉；全部可见光混合在一起，就形成了日光。非发光物体的颜色，主要取决于它对外来照射光的吸收(光的粒子性)和反射(光的波动性)情况，因此它的颜色与照射光有关。

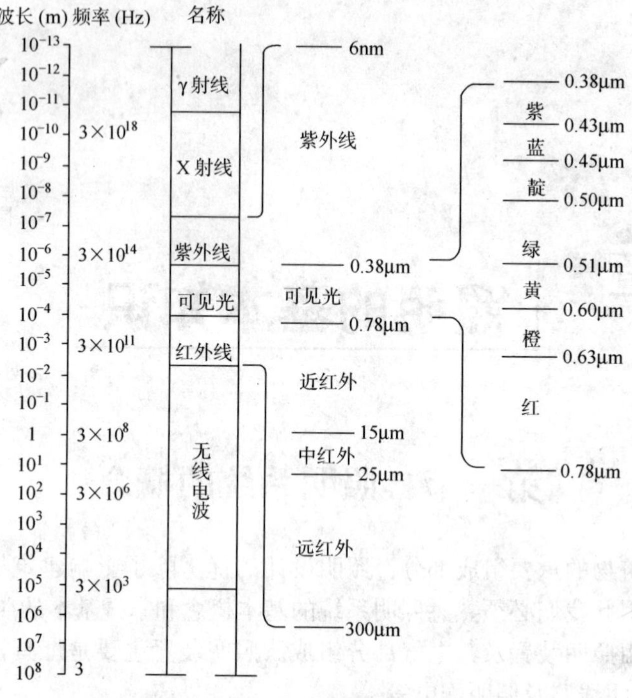

图 1-1 电磁波谱

通常所谓物体的颜色，是指它们在太阳光照射下所显示的颜色。

在太阳辐射的电磁波中，大于可见光波长的部分被大气层中的水蒸气和二氧化碳强烈吸收，小于可见光波长的部分被大气层中的臭氧吸收，到达地面的太阳光，其波长正好与可见光相同。

二、常用光度量及其单位

无论是建筑照明中的人工照明，还是自然采光，常用的度量单位通常是根据标准作为计数单元。而这些标准的制定通常由国际照明委员会(CIE)通过和确定。

国内有关建筑照明的标准，则是在广泛的调查研究基础上，认真总结了我国工业与民用建筑照明设计的实践经验，参考了有关国际标准和国外先进标准，最终由建设部会同各部门确定。因此本书中所涉及的各种技术术语与标准，均依据国际与国内标准《建筑照明设计标准》(GB 50034—2004)。

1. 光谱光(视)效率

光谱光(视)效率是指标准光度观察者对不同波长单色辐射的相对灵敏度，是用来评价人眼对不同波长光的灵敏度的一项指标。人眼对不同波长的可见光有不同的光感受，这种光感受主要表现在明暗、色彩方面，光谱光(视)效率则是针对标准光度观察者对光的明暗感受、颜色感受而建立的指标。如图 1-3 所示。

通常把这种对光的明暗、颜色的感受分为两种情况，一种是在明视觉条件下(白天或亮度为几个 cd/m^2 以上的地方)，另一种是在暗视觉条件下(黄昏或亮度小于 $10^{-3}cd/m^2$ 的地方)。国际照明委员会提出了 CIE 光度标准观察者光谱光(视)曲线，见图 1-2。图中虚线为暗视觉曲线，实线为明视觉曲线。在明视觉条件下，人眼对波长 555nm 的黄绿色最敏感，其相对光谱光（视）效率为 1，波长偏离 555nm 越远，人眼感光的灵敏度就越低，相对光谱光（视）效率也逐渐变小。在暗视觉条件下，人眼对波长为 510nm 的绿色光最敏感。

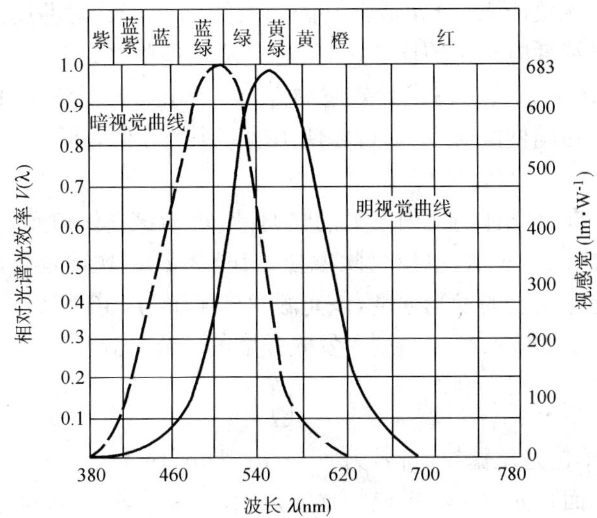

图 1-2 CIE 光度标准观察者光谱光（视）效率曲线图

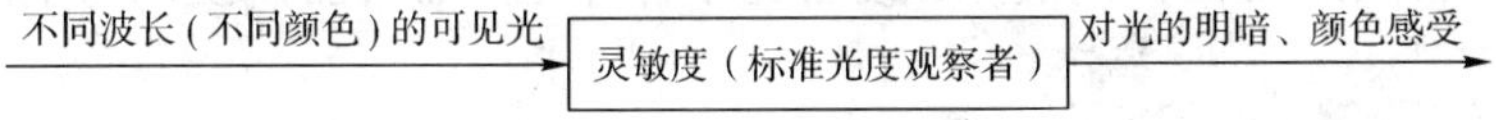

不同波长（不同颜色）的可见光 → 灵敏度（标准光度观察者） → 对光的明暗、颜色感受

图 1-3

光谱光（视）效率也可以用一公式描述，如公式(1-1)，任一波长可见光的光谱光效能 $K(\lambda)$ 与最大光谱光效能 K_m 之比，称为该波长的光谱光（视）效率 $V(\lambda)$。

$$V(\lambda)=\frac{K(\lambda)}{K_m} \tag{1-1}$$

式中：$K(\lambda)$——任一波长可见光所引起视觉能力的量称为光谱光效能，单位是流明/瓦特，符号为 lm/W；

K_m——最大光谱光效能，单位是流明/瓦特，符号为 lm/W。

在单色辐射时，明视觉条件下的 K_m 值为 683lm/w（$\lambda=555$nm 时），见图 1-2。

2. 光通量

光源以辐射形式发射、传播出去并能使标准光度观察者产生光感的能量，称为光通量。即能使人的眼睛有光明感觉的光源辐射的部分能量与时间的比值，用符号 Φ 表示，单位是流明，符号为 lm。流明是国际单位制单位，1lm 等于一个具有均匀分布 1cd（坎德拉）发光强度的点光源在一球面度（单位为 sr）立体角内发射的光通量。其公式为

$$\Phi=K_m\int_0^{\infty}\frac{\mathrm{d}\Phi_e(\lambda)}{\mathrm{d}\lambda}\times V(\lambda)\times \mathrm{d}\lambda \tag{1-2}$$

式中：$\mathrm{d}\Phi_e(\lambda)/\mathrm{d}\lambda$——辐射通量的光谱分布。

光通量是光源的一个基本参数，是说明光源发光能力的基本量。例如 220V/40W 普通白炽灯的光通量为 350lm，而 220V/40W 荧光灯的光通量大于 2 000lm，是白炽灯的几倍，简单说

光源光通量越大，人们对周围环境的感觉越亮。

3. 发光效率

光源的发光效率，通常简称为光效，或光谱光效能，即前面讨论光谱光(视)效率和光通量两个参数中出现的光谱光效能 $K(\lambda)$ 和最大光谱光效能 K_m，若针对照明灯而言，它是指光源发出的总光通量与灯具消耗电功率的比值，也就是单位功率的光通量。例如一般白炽灯的发光效率约为 7.1～17lm/W，荧光灯的发光效率约为 25～67lm/W，荧光灯的发光效率比白炽灯高，发光效率越高，说明在同样的亮度下，可以使用功率小的光源，即可以节约电能。

4. 发光强度

一个光源在给定方向上立体角元内发射的光通量 $d\Phi$ 与该立体角元 $d\Omega$ 之商，称为光源在这一方向上的发光强度，以 I 表示，单位为坎德拉，符号为 cd。坎德拉是国际单位制单位，它的定义是一光源在给定方向上的发光强度，该光源发出频率为 540×10^{12} Hz 的单色辐射，且在此方向上的辐射强度为 1/683W 每球面度。发光强度的计算公式为

$$I=\frac{d\Phi}{d\Omega} \tag{1-3}$$

式中：I——发光强度，单位是坎德拉，符号为 cd(1cd=1lm/1sr)；

$d\Omega$——球面上某一面积元对球心形成的立体角元，单位是球面度，符号为 sr。对于整个球体而言，它的球面度 $\Omega=4\pi$。

工程上，光源或光源加灯具的发光强度常见于各种配光曲线图，表示了空间各个方向上光强的分布情况。

5. 照度

表面上一点的照度等于入射到该表面包含这点的面元上的光通量与面元的面积之商。照度以 E 表示，单位是勒克斯，符号为 lx。勒克斯也是国际单位制单位，1lm 光通量均匀分布在 $1m^2$ 面积上所产生的照度为 1lx，即 $1lx=1lm/m^2$。计算公式为

$$E=\frac{d\Phi}{dA} \tag{1-4}$$

式中：E——照度，单位是勒克司，符号为 lx；

Φ——光通量，单位是流明，符号为 lm；

A——面积，单位是平方米，符号为 m^2。

照度是工程设计中的常见量，说明了被照面或工作面上被照射的程度，即单位面积上的光通量的大小。对照度的感性认识可参见表 1-2 的照度对比。在照明工程的设计中，常常要根据技术参数中的光通量，以及国家标准给定的各种照度标准值进行各种灯具样式、位置、数量的选择。

照度对比 表 1-2

各种情况照度对比	照度(lx)	各种情况照度对比	照度(lx)
夏季阴天中午室外	8 000～20 000	40W 白炽灯 1m 处	30
晴天中午阳光下室外	80 000～120 000		

6. 亮度

表面上一点在给定方向上的亮度，是包含这点的面元在该方向的发光强度 dI 与面元在垂

直于给定方向上的正投影面积 dAcoaθ 之商。亮度以 L 表示，单位是坎德拉每平方米，符号为 cd/m^2。亮度定义图示见图 1-4。计算公式为

$$L=\frac{dI}{dA\cos\theta} \tag{1-5}$$

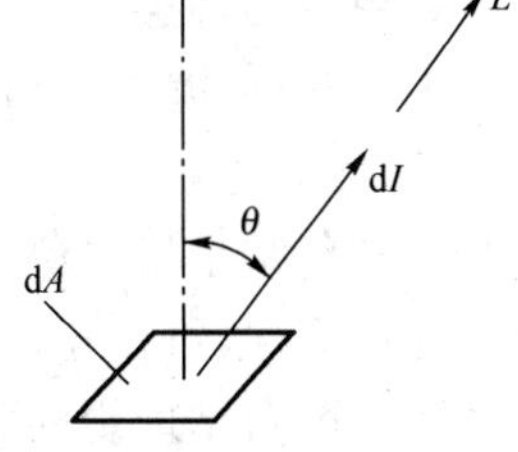

图 1-4 亮度定义图示

式中：L——亮度，单位是坎德拉每平方米，符号为 cd/m^2；

I——发光强度，单位是坎德拉，符号为 cd；

A——发光面积，单位是平方米，符号为 m^2；

θ——表面法线与给定方向之间的夹角，单位为度。

对于均匀漫反射表面，其表面亮度 L 与表面照度 E 有以下关系

$$L=\frac{\rho E}{\pi} \tag{1-6}$$

对于均匀漫透射表面，其表面亮度与表面照度则有

$$L=\frac{\tau E}{\pi} \tag{1-7}$$

式中：L——表面亮度，单位为 cd/m^2；

ρ——表面反射比；

τ——表面透射比；

E——表面照度，单位为 lx；

π——常数，π=3.1416。

一个物体的亮暗程度不能用照度来描述，因为被照物体表面的照度，不能直接表达人眼的视觉感觉。只有眼睛的视网膜上形成的照度，才能感觉出物体的亮度，公式(1-5)说明发光面积上直接射入人眼的光强部分才能反应物体的明亮程度，公式(1-6)和公式(1-7)则反映被照物体经过对光的折射、反射、透射等作用后，进入人眼部分的照度，令人感觉出物体的明亮程度。目前有些国家将亮度作为照明设计的内容之一。

以上介绍了 6 个常用的光度单位，它们从不同的侧面表达了物体的光学特征。光谱光(视)效率用来评价人眼对不同波长光的灵敏度，即不同生物对不同波长的光具有不同的灵敏度；光通量是针对光源而言，是表征发光体辐射光能的多少，不同的发光体具有不同的能量；发光效率也是针对光源而言，表示光源发光的质量和效率，根据这个参数可以判别光源是否节能；发光强度也是针对光源而言，表明光通量在空间的分布状况，工程上用配光曲线图加以描述；照度是针对被照物而言，表示被照面接受光通量的面密度，用来鉴定被照面的照明情况；亮度则表示发光体在视线方向上单位面积的发光强度，它表明物体的明亮程度。

三、光与颜色

美国光学学会把颜色定义为：颜色是除了空间的和时间的不均匀性以外的光的一种特性，即光的辐射能刺激视网膜而引起观察者通过视觉而获得的景象。国家标准中，颜色的定义为：色是光作用于人眼引起除形象以外的视觉特性。根据这一定义，色是一种物理刺激作用于人眼的视觉特性，而人的视觉特性是受大脑支配的，也是一种心理反应。所以，色彩感觉不仅与物体本来的颜色特性有关，而且还受时间、空间、外表状态以及该物体的周围环境的影响，同时

还受各人的经历、记忆力、看法和视觉灵敏度等各种因素的影响。

1. 色彩的种类

丰富多样的颜色，可以分成两个大类，即无彩色系和有彩色系。

(1)无彩色系

无彩色系是指白色、黑色和由白色黑色调和形成的各种深浅不同的灰色。无彩色按照一定的变化规律，可以排成一个系列，由白色渐变到浅灰、中灰、深灰到黑色，色度学上称此为黑白系列。纯白是理想的完全反射的物体，纯黑是理想的完全吸收的物体，在现实生活中并不存在纯白与纯黑的物体。无彩色系的颜色只有一种基本性质——明度。它们不具备色相和纯度的性质，也就是说它们的色相与纯度在理论上都等于零。色彩的明度可用黑白度来表示，愈接近白色，明度愈高；愈接近黑色，明度愈低。

(2)有彩色系

彩色是指红、橙、黄、绿、青、蓝、紫等颜色。不同明度和纯度的红橙黄绿青蓝紫色调都属于有彩色系。

2. 色彩的基本特性

有彩色系的颜色具有三个基本特性：色相、纯度(也称彩度、饱和度)、明度。在色彩学上也称为色彩的三大要素或色彩的三属性。

(1)色相(色调或色别)

色相是有彩色的最大特征。所谓色相是指能够比较确切地表示某种颜色色别的名称。如玫瑰红、橘黄、柠檬黄、钴蓝、群青、翠绿等。从光学物理上讲，各种色相是由射入人眼的光线的光谱成分决定的。例如：用白光——由红(700nm)、蓝(546.1nm)、绿(435.8nm)三原色光组成——照射某一物体表面，若该物体表面将绿光和蓝光吸收，将红光反射，这一物体表面将呈现红色。

(2)纯度(彩度、饱和度)

色彩的纯度是指色彩的纯净程度，它表示颜色中所含有色成分的比例。含有色彩成分的比例愈大，则色彩的纯度愈高，含有色成分的比例愈小，则色彩的纯度也愈低。可见光谱的各种单色光是最纯的颜色，为极限纯度。当一种颜色掺入黑、白或其他彩色时，纯度就产生变化。掺入的色彩达到很大的比例时，在眼睛看来，原来的颜色将失去本来的光彩，而变成混合色。

(3)明度

明度是指色彩的明亮程度。由于各种有色物体反射光量的区别而产生颜色的明暗强弱。色彩的明度有两种情况：一是同一色相不同明度。如同一颜色在强光照射下显得明亮，弱光照射下显得较灰暗模糊；同一颜色加黑或加白掺和以后也能产生各种不同的明暗层次。二是各种颜色的不同明度。每一种纯色都有与其相应的明度。黄色明度最高，蓝紫色明度最低，红、绿色为中间明度。色彩的明度变化往往会影响到纯度，如红色加入黑色以后明度降低了，同时纯度也降低了；如果红色加白则明度提高了，纯度却降低了。

有彩色的色相、纯度和明度三个特征是不可分割的，应用时必须同时考虑这三个因素。

3. 光源色温

不同的光源，由于发光物质不同，其光谱能量分布也不相同。一定的光谱能量分布表现为一定的光色，对光源的光色变化，用色温来描述。

如果一个物体能够在任何温度下全部吸收任何波长的辐射，那么这个物体称为绝对黑体。绝对黑体的吸收本领是一切物体中最大的，加热时它辐射本领也最大。

因此，色温是以温度的数值来表示光源颜色的特征。色温用绝对温度“K”表示，绝对温度等于摄氏温度加 273。例如温度为 2 000K 的光源发出的光呈橙色，3 000K 左右呈橙白色，4 500～7 000K 近似白色。

在人工光源中，只有白炽灯灯丝通电加热与黑体加热的情况相似。对白炽灯以外的其他人工光源的光色，其色度不一定准确地与黑体加热时的色度相同。所以只能用光源的色度与最相接近的黑体的色度的色温来确定光源的色温，这样确定的色温叫相对色温。

表 1-3、表 1-4 列出了一些常见的光源色温，表 1-3 为天然光源色温，表 1-4 为常见人工光源色温。如表 1-3 中全阴天室外光具有色温为 6 500K，就是说黑体加热到 6 500K 时发出的光的颜色与全阴天室外光的颜色相同。

天然光源色温表 表 1-3

光 源	色温(K)	光 源	色温(K)
晴天室外光	13 000	全阴天室外光	6 500
白天直射日光	5 550	45°斜射日光	4 800
昼光色	6 500	月光	4 100

常见人工光源色温表 表 1-4

光 源	色温(K)	光 源	色温(K)
蜡烛	1 900～1 950	高压钠灯	2 000
白炽灯(40W)	2 700	荧光灯	3 000～7 500
碳弧灯	3 700～3 800	氙灯	5 600
炭精灯	5 500～6 500		

光源既有颜色，就会带给人们冷暖感觉，这种感觉可由光源的色温高低确定，通常色温小于 3 300K 时产生温暖感，大于 5 000K 时产生冷感，3 300K 至 5 000K 时产生爽快感。所以在照明设计安装时，可根据不同的使用场合，采用具有不同色温的光源，使人们身在其中时获得最佳舒适感。

4. 光源的显色性

人们发现在不同的灯光下，物体的颜色会发生不同的变化，或在某些光源下观察到的颜色与日光下看到的颜色是不同的，这就涉及到光源的显色性问题。

同一个颜色样品在不同的光源下可能使人眼产生不同的色彩感觉，而在日光下物体显现的颜色是最准确的，因此，可以将日光作为标准的参照光源。将人工待测光源的颜色同参照光源下的颜色相比较，显示同色能力的强弱定义为该人工光源的显色性，用符号 R_a 表示。显色性指数最高为 100。显色性指数的高低表示物体在待测光源下变色和失真的程度。光源的显色性由光源的光谱能量分布决定。日光、白炽灯具有连续光谱，连续光谱的光源均有较好的显色性。白炽灯光谱能量分布如图 1-5a)所示。

通过对新光源的研究发现，除连续光谱的光源具有较好的显色性外，由几个特定波长色光组成的混合光源也有很好的显色效果。如 450nm 的蓝光、540nm 的绿光、610nm 的橘红光以

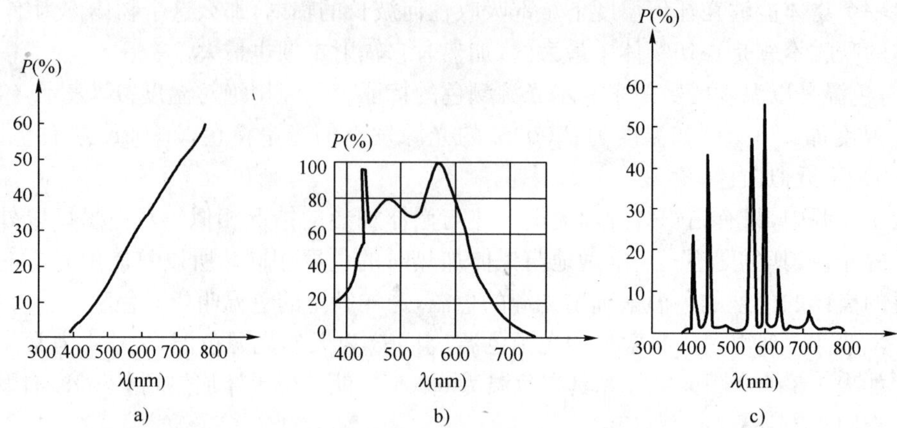

图 1-5　不同光源光谱能量分布图

a)白炽灯;b)荧光灯(白光色);c)荧光高压汞灯

适当比例混合所产生的白光[图 1-5b)],虽然为高度不连续光谱,但却具有良好的显色性。用这样的白光去照明各色物体,都能得到很好的显色效果。光源的显色性一般以显色性指数 R_a 值区分,R_a 值为 80～100 时,显色优良;50～79 表示显色一般;50 以下则说明显色性较差。

光源显色性和色温是光源的两个重要的颜色指标,色温是衡量光源色的指标,而显色性是衡量光源视觉质量的指标。

四、照明质量

优良的照明质量主要由以下五个要素构成:一是适当的照度水平;二是舒适的亮度分布;三是宜人的光色和良好的显色性;四是没有眩光干扰;五是正确的投光方向与完美的造型立体感。

1. 照度水平

在为特定的用途选择照度水平时,要考虑视觉功效、视觉满意程度、经济水平和能源的有效利用。视觉功效是人借助视觉器官完成作业的效能,通常用工作的速度和精度来表示。增加亮度,视觉功效随之提高,但达到一定的亮度以后,视觉功效的改善就不明显了。在非工作区,不能用视觉功效来确定照度水平,而采用视觉满意程度,创造愉悦和舒适的视觉环境。无论根据视觉功效还是视觉满意程度来选择照度,都要受经济条件和能源供应的制约,所以要综合考虑,选择适当的标准。

2. 照度均匀度

要选择适当的亮度分布,既不要使亮度分布不当损害视觉功效,又不要使亮度差别过大而产生不适眩光。照度均匀度应满足以下要求。

(1)公共建筑的工作房间和工业建筑作业区域内的一般照明照度的均匀度,按最低照度与平均照度之比确定,其数值不应小于 0.7,而作业面邻近周围的照度均匀度不应小于 0.5。

(2)采用分区一般照明时,房间或场所内的通道和其他非工作区域,一般照明的照度值不宜低于作业区域一般照明照度值的 1/3。

3. 光源颜色

根据不同的应用场所,选择适当的色温和显色性的光源,以适应不同场所的要求。我国按

照 CIE 的建议，就光源的光色给出了典型的应用场所，见表 1-5。

光源的色表类别　　表 1-5

色表分组	色表特征	相关色温(K)	适用场所举例
I	暖	<3 300	客房、卧室、病房、酒吧、餐厅
II	中间	3 300～5 300	办公室、教室、阅览室、诊室、检验室、机加工车间、仪表装配
III	冷	>5 300	热加工车间、高照度场所

室内照明光源的色表用其色温或相关色温来表征。室内照明的光源色表可分为 I、II、III 三组。Ⅰ组为暖色表的光源，其色温或相关色温为小于 3 300K，一般常用于家庭的起居室、卧室、病房或天气寒冷的地方等；II 组属中间色表的光源，其相关色温在 3 300～5 300K 之间，常用于办公室、教室、诊室、仪表装配、制药车间等；Ⅲ组属于冷色表的光源，一般常用于热加工车间、高照度场所以及天气炎热地区等。色温用于表征热辐射光源(白炽灯、卤钨灯等)的色表，而相关色温用于表征气体放电光源的色表。具体的光源色温和光源色表，见表 1-6。

各种光源的色温　　表 1-6

光 源 种 类	色温(K)	光 源 种 类	色温(K)
蜡烛	1 925	暖白色荧光灯	2 700～2 900
煤油灯	1 920	钠铊铟灯	4 200～5 000
钨丝白炽灯(10W)	2 400	镝钛灯	6 000
钨丝白炽灯(100W)	2 740	钪钠灯	3 800～4 200
钨丝白炽灯(1 000W)	2 920	高压钠灯	2 100
日光色荧光灯	6 200～6 500	高压汞灯	3 300～4 300
冷白色荧光灯	4 000～4 300	高频无极灯	3 000～4 000

长期工作或停留的房间或场所，照明光源的显色指数(R_a)不宜小于 80。在灯具安装高度大于 6m 的工业建筑场所，R_a 可低于 80，但必须能够辨别安全色。常用房间或场所的显色指数最小允许值应符合本章第二节中居住建筑、公共建筑、工业建筑和公用场所照度标准值表的 R_a 要求。

常用各种光源的显色指数见表 1-7。

各种光源的显色指数(R_a)　　表 1-7

光 源 种 类	显色指数(R_a)	光 源 种 类	显色指数(R_a)
普通照明用白炽灯	95～100	高压汞灯	35～40
普通荧光灯	60～70	金属卤化物灯	65～92
稀土三基色荧光灯	80～98	普通高压钠灯	23～25

可见，在经常有人的工作或停留的房间或场所，不应采用卤粉制成的荧光灯，而应采用稀土三基色荧光灯才能满足《建筑电气照明设计标准》(GB 50034—2004)的规定，也就是该标准对照明质量本质上的提高，同时大大提高了光效，有利节约能源，降低成本和维护费用。

4. 眩光限制

眩光是由于视野中的亮度分布或亮度范围不适宜，或存在极端的对比，以致引起不舒适感觉或降低观察细部或目标能力的视觉现象。分为直接眩光（由高亮度光源直接引起的）、反射眩光[由高反射系数表面（如境面）反射亮度引起]和光幕眩光（反射直接进入眼睛产生视觉困难）。眩光效应的严重程度取决于光源的亮度和大小、光源在视野内的位置、观察者的视线方向、照度水平和房间表面的反射比等诸多因素，其中光源的亮度是最主要的。眩光会产生不舒适感，严重的还会损害视觉功效，所以工作必须避免眩光干扰。

（1）眩光限制首先应从直接型灯具的折光角来加以限制。一般灯的平均亮度在1～20K范围，需要10°的遮光角；20～50K范围，需要15°的遮光角；在50～500K范围，需要20°的遮光角；在大于等于500K时，遮光角为30°。表1-8是适用于长时间有人工作的房间或场所内各种灯的平均亮度值。

各种灯的亮度值 表1-8

灯种类	亮度值(cd/m²)	灯种类	亮度值(cd/m²)
普通照明用白炽灯	10^7～10^8	紧凑形荧光灯	(5～10)×10^4
管型卤钨灯	10^7～10^8	荧光高压汞灯	≈10^5
低压卤钨灯	10^7～10^8	高压钠灯	(6～8)×10^6
直管形荧光灯	≈10^4	金属卤化物灯	(5～7)×10^6

（2）由特定表面产生的反射光，如从光泽的表面产生的反射光，会引起眩光，通常称为光幕反射或反射眩光。它将会改变作业面的可见度，使可见度降低，往往不易识别物体，甚至是有害的。通常可以采取以下措施来减少光幕反射和反射眩光。

①避免将灯具安装在干扰区内，这主要从灯具和作业位置布置来考虑。如灯布置在工作位置的正前上方40°角以外区域[图1-6a)]，可避免光幕反射。又例如灯具布置在阅读者的两侧，或在单侧布灯宜布置在左侧，从两侧或单侧（左侧）来光，可避免光幕反射[图1-6b)]。

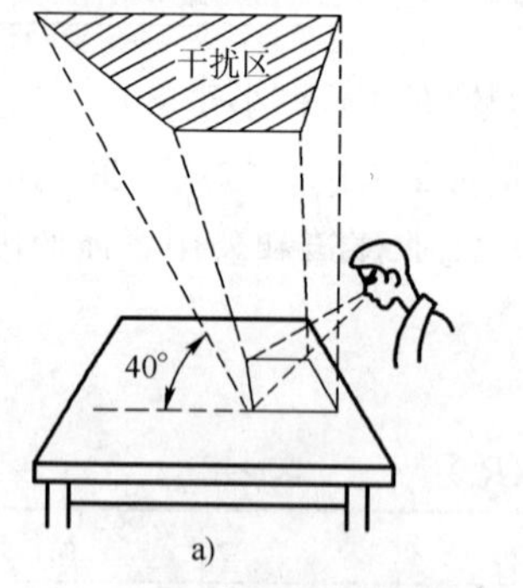

a)

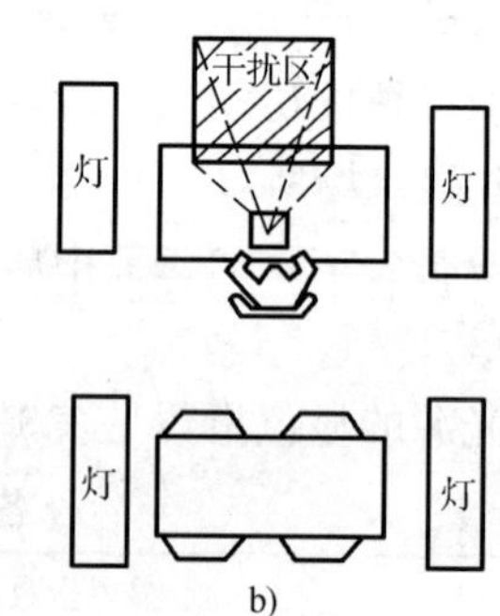

b)

图 1-6

a)为避免光幕反射不应装灯的区域；b)灯具避开干扰区布置在阅读者两侧

②从房间各表面采用的装饰材料方面考虑，应采用低光泽度的材料。如采用无光漆、无光泽涂料、麻面墙纸等漫反射材料。

③限制灯具本身的亮度，如采用格片、漫反射罩等，限制灯具表面亮度不宜过高。

④照亮顶棚和墙表面，以降低亮度对比，减弱眩光，但要注意不要在表面上出现光斑。

（3）公共建筑和工业建筑场用房间或场所的不舒适眩光应采用统一眩光值（UGR）评价。

按国标《建筑照明设计标准》(GB 50034—2004)(计算见第三章),其最大允许值宜符合照度标准表内的规定。

(4)室外体育场所的不舒适眩光应采用眩光值(GR)评价,按国标《建筑照明设计标准》(GB 50034—2004)(计算见第三章),其最大允许值宜符合表1-9的规定。

体育建筑照明质量标准值　　表1-9

类　别	GR	R_a	类　别	GR	R_a
无彩电转播	50	65	有彩电转播	50	80

注:GR值仅适用于室外体育场地。

但有时为了使照明环境具有某种气氛,也利用一些眩光效果,以提高环境的魅力。

5. 造型立体感

造型立体感是说明三维物体被照明表现的状态,它主要由光的主投射方向及直射光与漫射光的比例决定的。选择合适的造型效果,既使人赏心悦目,又美化环境。

第二节　照 度 标 准

照度的正确选择与计算是电气照明设计的重要任务。因此在照明工程中,对照度设计计算应按照国家标准进行。目前我国的照明设计标准是《建筑照明设计标准》(GB 50034)自2004年12月1日起实施。其中照明节能部分为强制性条文必须严格执行。

建筑照明照度标准值均按以下系列分级:0.5lx、1lx、3lx、5lx、10lx、15lx、20lx、30lx、50lx、75lx、100lx、150lx、200lx、300lx、500lx、750lx、1 000lx、1 500lx、2 000lx、3 000lx和5 000lx。

1. 工业建筑

工业建筑一般照明标准值应符合表1-10的规定。

工业建筑一般照明标准值　　表1-10

房间或场所		参考平面及其高度	照度标准值(lx)	UGR	R_a	备　注
1　通用房间或场所						
试验室	一般	0.75m水平面	300	22	80	可另加局部照明
	精细	0.75m水平面	500	19	80	可另加局部照明
检验	一般	0.75m水平面	300	22	80	可另加局部照明
	精细,有颜色要求	0.75m水平面	750	19	80	可另加局部照明
计量室、测量室		0.75m水平面	500	19	80	可另加局部照明
变配电站	配电装置室	0.75m水平面	200	—	60	
	变压器室	地面	100	—	20	
电源设备室,发电机室		地面	200	25	60	
控制室	一般控制室	0.75m水平面	300	22	80	
	主控制室	0.75m水平面	500	19	80	
电话站、网络中心		0.75m水平面	500	19	80	
计算机站		0.75m水平面	500	19	80	防光幕反射

续上表

房间或场所		参考平面及其高度	照度标准值(lx)	UGR	R_a	备　注
动力站	风机房、空调机房	地面	100	—	60	
	泵房	地面	100	—	60	
	冷冻站	地面	150	—	60	
	压缩空气站	地面	150	—	60	
	锅炉房、煤气站的操作层	地面	100	—	60	锅炉水位表照度不小于50lx
仓库	大件库(如钢坯、钢材、大成品、气瓶)	1.0m 水平面	50	—	20	
	一般件库	1.0m 水平面	100	—	60	货架垂直照度不小于50lx
	精细件库(如工具、小零件)	1.0m 水平面	100	—	60	油表照度不小于50lx
2　机、电工业						
机械加工	粗加工	0.75m 水平面	200	22	60	可另加局部照明
	一般加工(公差≥0.1mm)	0.75m 水平面	300	22	60	应另加局部照明
	精密加工(公差＜0.1mm)	0.75m 水平面	500	19	60	应另加局部照明
机电仪表装配	大件	0.75m 水平面	200	25	80	可另加局部照明
	一般件	0.75m 水平面	300	25	80	可另加局部照明
	精密	0.75m 水平面	500	22	80	应另加局部照明
	特精密	0.75m 水平面	750	19	80	应另加局部照明
电线、电缆制造		0.75m 水平面	300	25	60	
线圈绕制	大线圈	0.75m 水平面	300	25	80	
	中等线圈	0.75m 水平面	500	22	80	可另加局部照明
	精细线圈	0.75m 水平面	750	19	80	应另加局部照明
线圈浇注		0.75m 水平面	300	25	80	
焊接	一般	0.75m 水平面	200	—	60	
	精密	0.75m 水平面	300	—	60	
钣　金		0.75m 水平面	300	—	60	
冲压、剪切		0.75m 水平面	300	—	60	
热处理		地面至 0.5m 水平面	200	—	20	
铸造	熔化、浇铸	地面至 0.5m 水平面	200	—	20	
	造型	地面至 0.5m 水平面	300	25	60	
精密铸造的制模、脱壳		地面至 0.5m 水平面	500	25	60	
锻　工		地面至 0.5m 水平面	200	—	20	
电镀		0.75m 水平面	300	—	80	
喷漆	一般	0.75m 水平面	300	—	80	
	精细	0.75m 水平面	500	22	80	

续上表

房间或场所		参考平面及其高度	照度标准值(lx)	UGR	R_a	备 注
酸洗、腐蚀、清洗		0.75m 水平面	300	—	80	
抛光	一般性装饰	0.75m 水平面	300	22	80	防频闪
	精细	0.75m 水平面	500	22	80	防频闪
复合材料加工、铺叠、装饰		0.75m 水平面	500	22	80	
机电修理	一般	0.75m 水平面	200	—	60	可另加局部照明
	精细	0.75m 水平面	300	22	60	可另加局部照明

2. 公用场所

(1)公用场所照明标准值应符合表 1-11。

公用场所照明标准值 表 1-11

房间或场所		参考平面及其高度	照度标准值(lx)	UGR	R_a
门厅	普通	地面	100	—	60
	高档	地面	200	—	80
走廊、流动区域	普通	地面	50	—	60
	高档	地面	100	—	80
楼梯、平台	普通	地面	30	—	60
	高档	地面	75	—	80
自动扶梯		地面	150	—	60
厕所、盥洗室、浴室	普通	地面	75	—	60
	高档	地面	150	—	80
电梯前厅	普通	地面	75	—	60
	高档	地面	150	—	80
休息室		地面	100	22	80
储藏室、仓库		地面	100	—	60
车库	地面	地面	75	29	60
	地面	地面	200	25	60

注:居住、公共建筑的动力站、变电站的照度标准值按表 1-10 选取。

(2)应急照明的照明标准值应符合下列规定:

①备用照明的照度值除另有规定外,不低于该场所一般照明照度值的 10%;

②安全照明的照度值不低于该场所一般照明照度值的 5%;

③疏散通道的疏散照明的照度值不低于 0.5lx。

3. 居住建筑

居住建筑照明标准宜符合表 1-12 的规定。

居住建筑照明标准值

表 1-12

房间或场所		参考平面及其高度	照度标准值(lx)	R_a
起居室	一般活动	0.75m 水平面	100	80
	书写、阅读		300 *	
卧室	一般活动	0.75m 水平面	75	80
	床头、阅读		150 *	
餐厅		0.75m 餐桌面	150	80
厨房	一般活动	0.75m 水平面	100	80
	操作台	台面	150 *	
卫生间		0.75m 水平面	100	80

注：* 宜用混合照明。

4. 公共建筑

包括十一类建筑的照明设计照度标准值，现分别列于下列表中。

(1)图书馆建筑照明标准值如表 1-13 所示。

图书馆建筑照明标准值

表 1-13

房间或场所	参考平面及其高度	照度标准值(lx)	UGR	R_a
一般阅览室	0.75m 水平面	300	19	80
国家、省市及其他重要图书馆的阅览室	0.75m 水平面	500	19	80
老年阅览室	0.75m 水平面	500	19	80
珍善本、舆图阅览室	0.75m 水平面	500	19	80
陈列室、目录厅(室)、出纳厅	0.75m 水平面	300	19	80
书库	0.25m 垂直面	50	—	80
工作间	0.75m 水平面	300	19	80

(2)办公建筑照明标准值如表 1-14 所示。

办公建筑照明标准值

表 1-14

房间或场所	参考平面及其高度	照度标准值(lx)	UGR	R_a
普通办公室	0.75m 水平面	300	19	80
高档办公室	0.75m 水平面	500	19	80
会议室	0.75m 水平面	300	19	80
接待室、前台	0.75m 水平面	300	—	80
营业厅	0.75m 水平面	300	22	80
设计室	实际工作面	500	19	80
文件整理、复印、发行室	0.75m 水平面	300	—	80
资料、档案室	0.75m 水平面	200	—	80

(3)商业建筑照明标准值如表 1-15 所示。

商业建筑照明标准值　　表 1-15

房间或场所	参考平面及其高度	照度标准值(lx)	UGR	R_a
一般商业营业厅	0.75m 水平面	300	22	80
高档商业营业厅	0.75m 水平面	500	22	80
一般超市营业厅	0.75m 水平面	300	22	80
高档超市营业厅	0.75m 水平面	500	22	80
收款台	台面	500	—	80

(4)影剧院建筑照明标准值如表 1-16 所示。

影剧院建筑照明标准值　　表 1-16

房间或场所		参考平面及其高度	照度标准值(lx)	UGR	R_a
门厅		地面	200	—	80
观众厅	影院	0.75m 水平面	100	22	80
	剧场	0.75m 水平面	200	22	80
观众休息厅	影院	地面	150	22	80
	剧场	地面	200	22	80
排演厅		地面	300	22	80
化妆室	一般活动区	0.75m 水平面	150	22	80
	化妆台	1.1m 高处垂直面	500	—	80

(5)旅馆建筑照明标准值如表 1-17 所示。

旅馆建筑照明标准值　　表 1-17

房间或场所		参考平面及其高度	照度标准值(lx)	UGR	R_a
客　房	一般活动区	0.75m 水平面	75	—	80
	床头	0.75m 水平面	150	—	80
	写字台	台面	300	—	80
	卫生间	0.75m 水平面	150	—	80
中餐厅		0.75m 水平面	200	22	80
西餐厅、酒吧间、咖啡厅		0.75m 水平面	100	—	80
多功能厅		0.75m 水平面	300	22	80
门厅、总服务台		地面	300	—	80
休息厅		地面	200	22	80
客房层走廊		地面	50	—	80
厨房		台面	200	—	80
洗衣房		0.75m 水平面	200	—	80

(6)医院建筑照明标准值如表1-18所示。

医院建筑照明标准值 表1-18

房间或场所	参考平面及其高度	照度标准值(lx)	UGR	R_a
治疗室	0.75m水平面	300	19	80
化验室	0.75m水平面	500	19	80
手术室	0.75m水平面	750	19	80
诊室	0.75m水平面	300	19	80
候诊室、挂号厅	0.75m水平面	200	22	80
病房	地面	100	19	80
护士站	0.75m水平面	300	—	80
药房	0.75m水平面	500	19	80
重症监护室	0.75m水平面	300	19	80

(7)学校建筑照明标准值如表1-19所示。

学校建筑照明标准值 表1-19

房间或场所	参考平面及其高度	照度标准值(lx)	UGR	R_a
教室	课桌面	300	19	80
实验室	实验桌面	300	19	80
美术教室	桌面	500	19	90
多媒体教室	0.75m水平面	300	19	80
教室黑板	黑板面	500	—	80

(8)博物馆建筑陈列室展品照明标准值如表1-20所示。

博物馆建筑陈列室展品照明标准值 表1-20

类　别	参考平面及其高度	照度标准(lx)
对光特别敏感的展品:纺织品、织绣品、绘画、纸制物品、彩绘、陶(石)器、染色皮革、动物标本等	展品面	50
对光敏感的展品:油画、蛋清画、不染色皮革、角制品、骨制品、象牙制品、竹木制品和漆器等	展品面	150
对光不敏感的展品:金属制品、石质器物、陶瓷器、宝石玉器、岩矿标本、玻璃制品、搪瓷制品、珐琅器等	展品面	300

注:①陈列室一般照明应按展品照度值的20%～30%选取。

②陈列室一般照明UGR不宜大于19。

③辨色要求一般的场所R_a不应低于80,辨色要求高的场所R_a不应低于90。

(9)展览馆展厅照明标准值如表 1-21 所示。

展览馆展厅照明标准值　　表 1-21

房间或场所	参考平面及其高度	照度标准值(lx)	UGR	R_a
一般展厅	地面	200	22	80
高档展厅	地面	300	22	80

注:高于 6m 的展厅 R_a 可降低到 60。

(10)交通建筑照明标准值如表 1-22 所示。

交通建筑照明标准值　　表 1-22

房间或场所		参考平面及其高度	照度标准值(lx)	UGR	R_a
售票台		台面	500	—	80
问讯处		0.75m 水平面	200	—	80
候车(机、船)室	普通	地面	150	22	80
	高档	地面	200	22	80
中央大厅、售票大厅		工作面	200	22	80
海关、护照检查		工作面	500	—	80
安全检查		地面	300	—	80
换票、行李托运		0.75m 水平面	300	19	80
行李认领、到达大厅、出发大厅		地面	200	22	80
通道、连接区、扶梯		地面	150	—	80
有棚站台		地面	75	—	20
无棚站台		地面	50	—	20

(11)体育建筑照明标准值应符合下列规定:

①无彩电转播的体育建筑照度标准值应符合表 1-23a)的规定;

②有彩电转播的体育建筑照度标准值应符合表 1-23b)的规定;

③体育建筑照明质量标准值应符合表 1-9 的规定。

无彩电转播的体育建筑照度标准值　　表 1-23a)

运 动 项 目	参考平面及其高度	照度标准值(lx)	
		训练	比赛
篮球、排球、羽毛球、网球、手球、田径(室内)、体操、艺术体操、技巧、武术	地面	300	750
棒球、垒球	地面	—	750
保龄球	置瓶区	300	500
举重	台面	200	750
击剑	台面	500	750
柔道、中国摔跤、国际摔跤	地面	500	1 000
拳击	台面	500	2 000
乒乓球	台面	750	1 000

续上表

运动项目			参考平面及其高度	照度标准值(lx)	
				训练	比赛
游泳、蹼泳、跳水、水球			水面	300	750
花样游泳			水面	500	750
冰球、速度滑冰、花样滑冰			冰面	300	1 500
围棋、中国象棋、国际象棋			台面	300	750
桥牌			桌面	300	500
射击	靶心		靶心垂直面	1 000	1 500
	射击位		地面	300	500
足球、曲棍球	观看距离	120m	地面	—	300
		160m		—	500
		200m		—	750
观众席			座位面	—	100
健身房			地面	200	—

注:足球和曲棍球的观看距离是指观众席最后一排到场地边线的距离。

有彩电转播的体育建筑照度标准值 表 1-23b)

运动项目	参考平面及其高度	照度标准值(lx)		
		最大摄影距离(m)		
		25	75	150
A组:田径、柔道、游泳、摔跤等项目	1.0m垂直面	500	750	1 000
B组:篮球、排球、羽毛球、网球、手球、体操、花样滑冰、速滑、垒球、足球等项目	1.0m垂直面	750	1 000	1 500
C组:拳击、击剑、跳水、乒乓球、冰球等项目	1.0m垂直面	1 000	1 500	—

5. 规定照度值

本标准规定的照度值均为作业面或参考平面上的维持平均照度值。

6. 照度可提高一级需符合的条件

符合下列条件之一及以上时,作业面或参考平面的照度,可按照度标准值分级提高一级。

(1)视觉要求高的精细作业场所,眼睛至识别对象的距离大于500mm时。

(2)连续长时间紧张的视觉作业,对视觉器官有不良影响时。

(3)识别移动对象,要求识别时间短促而辨认困难时。

(4)视觉作业对操作安全有重要影响时。

(5)识别对象亮度对比小于0.3时。

(6)作业精度要求较高,且产生差错会造成很大损失时。

(7)视觉能力低于正常能力时。

(8)建筑等级和功能要求高时。

7. 照度可降低一级需符合的条件

符合下列条件之一及以上时，作业面或参考平面的照度，可按照度标准值分级降低一级。

(1)进行很短时间的作业时。

(2)作业精度或速度无关紧要时。

(3)建筑等级和功能要求较低时。

8. 作业面邻近周围照度

作业面邻近周围的照度可低于作业面照度，但不宜低于表 1-24 的数值。

作业面邻近周围照度 表 1-24

作业面照度(lx)	作业面邻近周围照度值(lx)	作业面照度(lx)	作业面邻近周围照度值(lx)
≥750	500	300	200
500	300	≤200	与作业面照度相同

注：邻近周围指作业面外 0.5m 范围之内。

9. 维护系数标准值

本标准中的照度标准值是维护照度值，即维护周期末的照度。设计的初始照度乘以维护系数等于维护照度。在照明设计时，应根据光源的光通衰减、灯具积尘和房间表面污染引起照度值降低的程度，乘以表 1-25 中的维护系数。

维 护 系 数 表 1-25

环境污染特征		房间或场所举例	灯具最少擦拭次数(次/年)	维护系数值
室内	清洁	卧室、办公室、餐厅、阅览室、教室、病房、客房、仪器仪表装配间、电子元器件装配间、检验室等	2	0.80
	一般	商店营业厅、候车室、影剧院、机械加工车间、机械装配车间、体育馆等	2	0.70
	污染严重	厨房、锻工车间、铸工车间、水泥车间等	3	0.60
室 外		雨篷、站台	2	0.65

10. 设计照度值与照度标准值可允许的偏差

在一般情况下，设计照度值与照度标准值相比较，可有－10%～＋10%的偏差。此偏差值只适用于装 10 个灯具以上的照明场所；当小于 10 个灯具时，允许适当超过此偏差。

思考题

1. 光的本质是什么？人眼可见光的波长范围是多少？

2. 发光物体的颜色由什么因素决定？

3. 非发光物体的颜色由什么因素决定？

4. 说明以下常用照明术语的定义。

(1)光谱光效率

(2)光通量

(3)发光效率

(4)发光强度

(5)照度

(6)亮度

5.何为光源的显色性和光源的色温,并指出两者的区别。

6.照明质量的好坏,主要从哪几方面来衡量?

7.什么是眩光?什么是直接眩光、反射眩光和光幕眩光?

8.建筑照明照度标准值可分为多少级?

9.符合什么条件,作业面或参考面的照度,可按照度标准分级提高一级处理?

10.符合什么条件,作业面或参考面的照度,可按照度标准分级降低一级处理?

11.试说明维护系数的功用?

12.设计照度值与标准照度值的偏差如何处理?

第二章 光源与灯具

第一节　照明电光源

人类最早发明的电光源是弧光灯和白炽灯。1807 年英国的戴维制成了碳极度弧光灯。1878 年,美国的布拉许利用弧光灯在街道和广场照明中取得了成功。1879 年 10 月 22 日,美国著名电学家和发明家爱迪生点燃了第一盏真正有广泛实用价值的电灯,揭开了电应用于日常生活的序幕。随着科学技术突飞猛进的发展,各种新光源产品不仅在数量上,而且在质量上也产生了质的飞跃,发光效率高、显色性好、使用寿命长的新型电光源产品不断应用于建筑照明中。本节主要介绍热辐射电光源、气体放电光源等电光源的工作原理、技术参数以及比较和应用。

一、电光源的分类

根据发光原理,电光源可分为热辐射发光光源、气体放电发光光源和其他发光光源。电光源分类见图 2-1。

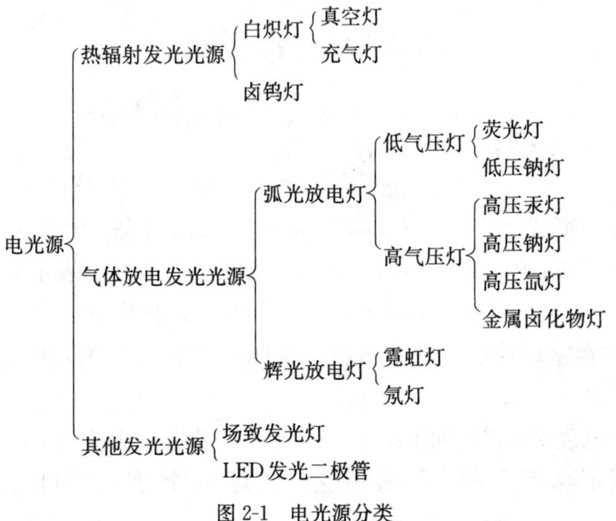

图 2-1　电光源分类

1. 热辐射发光光源

热辐射发光光源，也可称为固体发光光源，是利用灯丝通过电流时被加热而发光的一种光源。白炽灯和卤钨灯都是以钨丝作为辐射体，钨丝被电流加热到白炽程度时产生热辐射。

2. 气体放电光源

气体放电光源的发光原理，完全不同于普遍的白炽灯类热辐射光源。主要是利用电流通过气体而发射光的光源。如，通过灯管中的水银蒸气放电，辐射出肉眼看不到的波长为254nm为主的紫外线，然后照射到管内壁的荧光物质上，再转换为某个波长段的可见光。

气体放电光源又可按放电的形式分为弧光放电灯和辉光放电灯。常用的弧光放电灯有荧光灯、钠灯、氙灯、汞灯和金属卤化物灯；辉光放电灯有霓虹灯、氖灯。气体放电光源工作时需要很高的电压，其特点是具有发光效率高、表面亮度低、亮度分布均匀、热辐射小、寿命长等诸多优点，目前已成为市场销售量最大的光源之一。

3. 其他发光光源

常见的有场致发光灯(屏)和LED发光二极管。场致发光灯(屏)是利用场致发光现象制成的发光灯(屏)，可用于指示照明、广告等。LED发光二极管是一种能够将电能转化为可见光的半导体，它不同于白炽灯钨丝发光与节能灯荧光粉发光原理，而是采用电场发光的原理，它是足够多的带电子和价带空穴在电场作用下复合而产生光子。LED的特点非常明显，寿命长、光效高、无辐射与低功耗。LED的光谱几乎全部集中于可见光频段，其发光效率可达80%～90%，是国家倡导的绿色光源，具有广阔的发展前景，尤其当大功率的LED研制出来而成为照明光源时，它将大面积取代现有的白炽灯与节能灯而占领整个市场。

二、电光源的命名方法

白炽光源的型号命名一般包括三部分，如下所示：

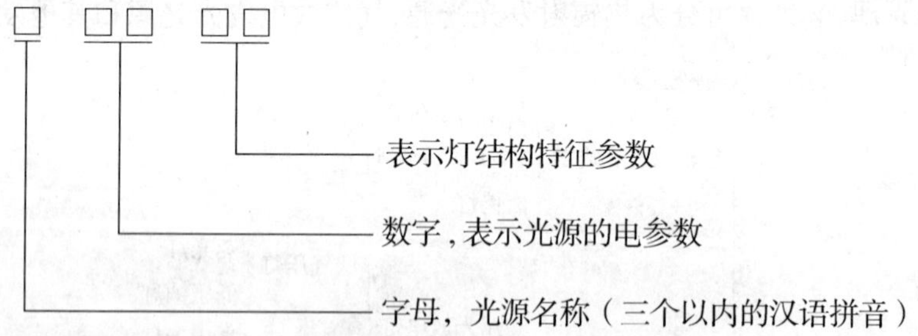

型号标注由五部分组成。自左至右，第一部分为字母，由表示电光源名称主要特征的三个以内的汉语拼音字母组成；第二部分和第三部分一般为数字，主要表示光源的电参数；有些名称、参数相同，但结构形式不同的灯泡，则需增加第四部分和第五部分，由表示灯结构特征的1～2个词头的汉语拼音字母或有关数字组成。第四和第五部分作为补充部分，在生产或流通领域中使用时灵活取舍。

型号名称举例详见表2-1。例如PZ220-100-E27，PZ表示普通照明，220表示额定工作电压220V；100表示额定功率100W；E表示螺口式灯头(B表示插口)；27表示灯头直径为27mm。

常用白炽灯光源型号命名表　　表 2-1

电光源名称	型号的组成			举　例
	第一部分	第二部分	第三部分	
白炽普通照明灯泡	PZ	额定电压	额定功率	PZ220-40
反射照明灯泡	PZF			PZF220-40
装饰灯泡	ZS			ZS220-40
摄影灯泡	SY			SY6
卤钨灯	LJG			LJG220-500

气体放电光源的型号命名一般由三部分组成，如下所示：

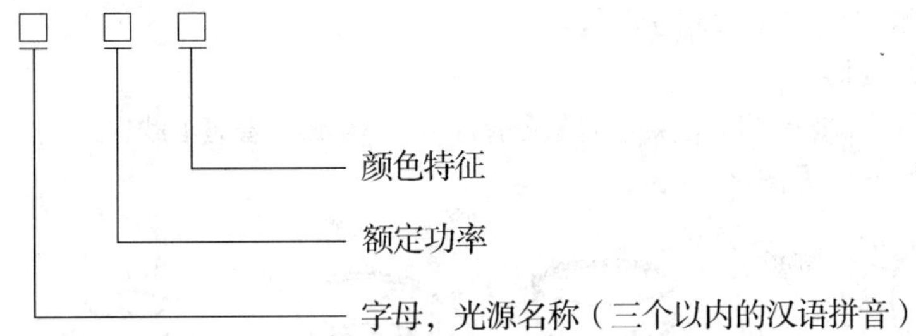

第一部分为字母，由表示光源名称主要特征的三个以内的汉语拼音字母组成；第二部分表示额定功率；第三部分表示颜色特征。例如：YH40RR，YH 表示环形荧光灯管，40 表示额定功率 40W，RR 表示日光色。命名举例详见表 2-2。

常用气体放电光源型号命名表　　表 2-2

电光源名称	型号的组成			举　例
	第一部分	第二部分额定功率	第三部分颜色特征	
直管型荧光灯	YZ		RR 日光色 RL 冷光色 RN 暖光色	YZ40RR
U 形荧光灯管	YU			YU40RL
环形荧光灯管	YH			YH40RR
自镇流荧光灯管	YZZ			YZZ40
紫外线灯管	ZW			ZW40
荧光高压汞灯泡	GGY			GGY50
自镇流荧光高压汞灯	GYZ			GYZ250
低压钠灯	ND			ND100
高压钠灯	NG			NG200
管形氙灯	XG			XG1 500
球形氙灯	XQ			XQ1 000
金属卤化物灯	ZJD			ZJD100
管形镝灯	DDG			DDG1 000

型号的各部分按顺序直接编排。当相邻部分同为数字时，用短横线“—”分开；同一部分有多组数字时，用斜线“/”分开；相邻同为字母时，用圆点“·”分开。

三、白炽灯

1. 白炽灯的工作原理与分类

白炽灯泡是利用钨丝通过电流时被加热而发光的一种热辐射光源。钨丝会随着工作时间的延长而逐渐蒸发变细，细到一定程度就会损坏。为了防止钨丝氧化，抑制钨丝蒸发，常在大功率白炽灯泡的玻璃壳中充入惰性气体，增加白炽灯的寿命。

白炽灯按其用途和使用场合分为普通白炽灯、装饰灯、舞台灯、照相灯、信号灯、指示灯；按定向发光性能分为聚光灯、反射灯；按玻璃壳特性分为磨砂灯、涂白灯、乳白灯、彩色灯；按是否充入气体分为真空灯、充气灯；按使用电压高低分为市电灯、低压灯、经济灯等，低压灯额定电压 12～36V，经济灯泡电压在 1.5～8V。

2. 白炽灯泡的结构

白炽灯是由灯头、玻璃泡、支架、钨丝及惰性气体构成。普通白炽灯结构如图 2-2 所示。几种白炽灯灯头的外形见图 2-3。

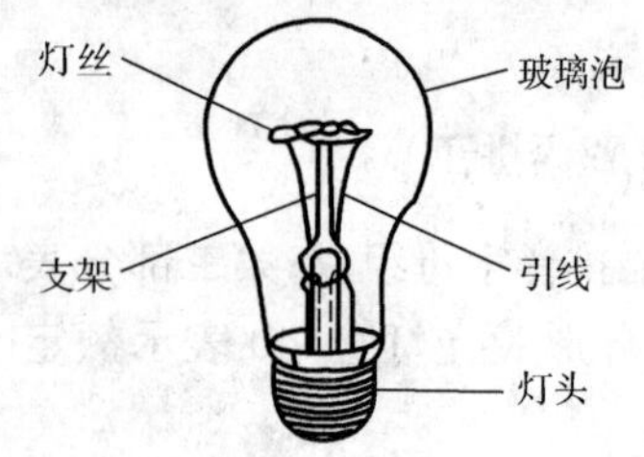

图 2-2 普通白炽灯结构图

图 2-3 几种白炽灯灯头的外形图

3. 白炽灯的技术参数

普通照明灯泡、双螺旋灯丝普通照明灯泡、局部照明灯泡的技术参数见表 2-3。

普通照明灯泡技术参数 表 2-3

<table>
<tr><th>型号</th><th>额定电压（V）</th><th>功率（W）</th><th>光通量（lm）</th><th>显色指数 R_a</th><th>色温（K）</th><th>平均寿命（h）</th><th>外形尺寸（直径×长度，mm）</th><th>灯头型号</th></tr>
<tr><td>PZ220-15</td><td rowspan="10">220</td><td>15</td><td>110</td><td rowspan="10">95～99</td><td rowspan="10">2 400～2 950</td><td rowspan="10">1 000</td><td rowspan="5">φ61×110(108.5)</td><td rowspan="5">E27/27 或 B22d/25×26</td></tr>
<tr><td>PZ220-25</td><td>25</td><td>220</td></tr>
<tr><td>PZ220-40</td><td>40</td><td>350</td></tr>
<tr><td>PZ220-60</td><td>60</td><td>630</td></tr>
<tr><td>PZ220-100</td><td>100</td><td>1 250</td></tr>
<tr><td>PZ220-150</td><td>150</td><td>2 090</td><td rowspan="2">φ81×175</td><td rowspan="2">E27/35×30</td></tr>
<tr><td>PZ220-200</td><td>200</td><td>2 920</td></tr>
<tr><td>PZ220-300</td><td>300</td><td>4 610</td><td rowspan="2">φ111.5×240</td><td rowspan="3">E40/45</td></tr>
<tr><td>PZ220-500</td><td>500</td><td>8 300</td></tr>
<tr><td>PZ220-1000</td><td>1 000</td><td>18 600</td><td>φ131.5×281</td></tr>
</table>

注：灯泡的玻璃壳可根据用户的需要，制成磨砂、内涂白色或乳白色，其光通量允许较上表降低：磨砂玻璃壳为 3%，乳白色玻璃壳为 25%，内涂白色玻璃壳为 15%。表中外形尺寸括号内为插口灯头白炽灯的长度值。

表中的各项技术参数表明了白炽灯的基本特性。

(1)光源的额定电压

指光源及其附件所组成的回路所需电源电压的额定值。说明光源(灯泡)只有在额定电压下工作,才能获得各种规定的特性。

(2)光源的额定功率

指光源自身消耗的功率,也是指所设计的灯泡在额定电压下工作时应能输出的功率。

(3)光通量

指灯泡在额定电压下工作时,光源所辐射出的光通量是额定光通量。不同型号白炽灯的光通量随着额定功率的增加而变大,但会随着使用时间的增长而衰减。

(4)白炽灯的寿命

从表中可知,不同型号白炽灯的平均寿命都是1 000h,该值是在规定条件下,同批灯寿命实验所测得的寿命算术平均值。光源的平均寿命是光源有效寿命的平均值。工作时,由于使用情况比较复杂,条件不尽相同,致使每个灯泡的使用寿命是不一样的。白炽灯对电压的变化比较敏感,如果低于额定电压值,光源的寿命可延长,但发光强度不足,发光效率降低;如果高于额定电压值,发光强度变强,但寿命将缩短。白炽灯的寿命都是随电压的增加而降低,所以影响灯泡使用寿命的主要因素是电压。

光源寿命分有效寿命和全寿命两种。有效寿命指光源光通量衰减到初始值70%时的寿命。全寿命是指光源从开始点亮一直到点不亮时的寿命。

(5)色温、显色指数

白炽灯的色温较低,一般为2 400～2 950,但显色性较高,显色指数 R_a 高达95～99。但白炽灯的光效和寿命将随电压的增加而降低。

4. 白炽灯的特点及应用

白炽灯是目前应用最广泛的光源之一,它具有结构简单、成本低、显色性好、使用方便、调光性能好、无频闪现象等优点,适用于日常生活、工矿企业、剧场、宾馆、商店等场所的照明。但普通照明灯泡的发光效率很低,通常为7.3～18.6lm/W左右。

装饰白炽灯是利用玻璃壳的外形和色彩的不同,起到一定的照明和装饰作用。反射型灯泡是在玻璃壳内壁上涂有部分反射层,能使光线定向反射。反射型白炽灯适用于灯光广告、橱窗、展览馆等需要集中光线的场合。

四、卤钨灯

1. 卤钨灯的发光原理与分类

卤钨灯属于热辐射光源,工作原理基本上与普通白炽灯一样,属于卤钨循环白炽灯,是在白炽灯的基础上改进而得。与普通白炽灯最突出的差别就是卤钨灯泡内所填充的气体含有部分卤族元素或卤化物。当充入卤素物质的灯泡通电工作时,从灯丝蒸发出来的钨,在灯泡壁区域内与卤素化合,形成一种挥发性的卤钨化合物。卤钨化合物在灯泡中扩散运动,当扩散到较热的灯丝周围区域时,卤钨化合物分解成卤素和钨,释放出来的钨沉积在灯丝上,而卤素再继续扩散到其温度较低的灯泡壁区域与钨化合,形成卤钨循环。卤钨循环有效地抑制了钨的蒸发,延长了卤钨灯的使用寿命,有效的改善了普通白炽灯的黑化现象,同时还进一步提高了灯丝温度，获得较高的光效，减小了使用过程中的光通量的衰减。

卤钨灯按充入灯泡内卤素的不同可分为碘钨灯和溴钨灯；按灯泡外壳材料的不同可分为硬质玻璃卤钨灯、石英玻璃卤钨灯；按工作电压的高低不同可分为市电型卤钨灯和低电压型卤钨灯(6V/12V/24V)；按灯头结构的不同可分为双端、单端卤钨灯；按色温的高低可分为高色温3 000K以上，中色温2 800～3 000K，低色温2 800K以下卤钨灯；按应用领域可分为室内照明、泛光照明、舞台照明、放映、幻灯、投影以及电影、电视、新闻摄影卤钨灯；按外形可分为管形卤钨灯和柱形卤钨灯。

2. 卤钨灯的结构及型号

(1)管形卤钨灯

①管形卤钨灯的典型结构如图2-4所示。卤钨灯由钨丝、充入卤素的玻璃泡和灯头等构成。管状卤钨灯一般功率为100～2 000W，灯管的直径为8～10mm，长80～330mm。

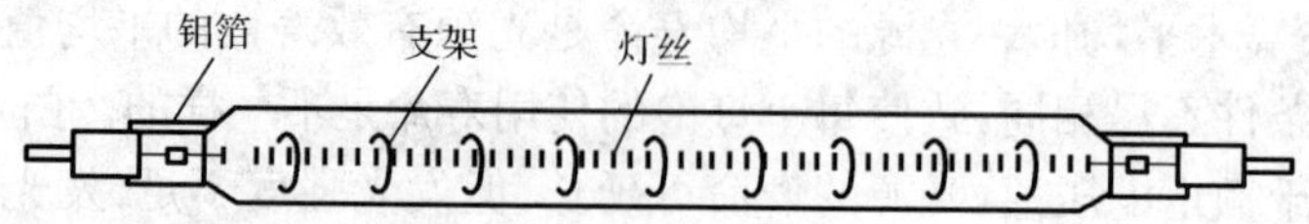

图2-4　管形卤钨灯的外形

②管形卤钨灯的型号示例如下所示：

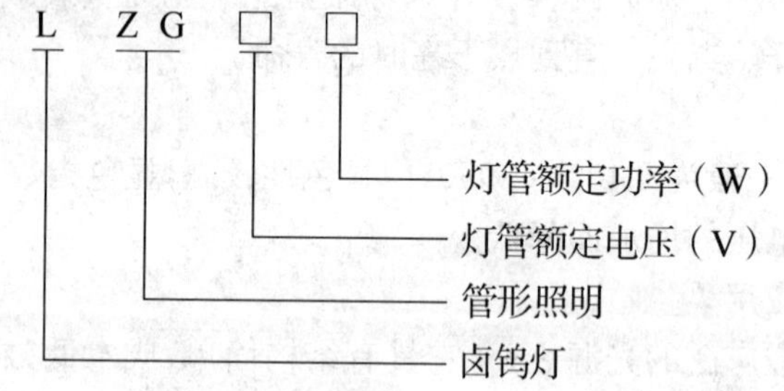

(2)柱形卤钨灯

①柱形卤钨灯的典型结构如图2-5所示。

这类柱状卤钨灯的功率一般有75W、100W、150W和250W等规格，玻璃壳有磨砂和透明两类，灯头采用E27型。

②柱形卤钨灯的型号示例如下图所示：

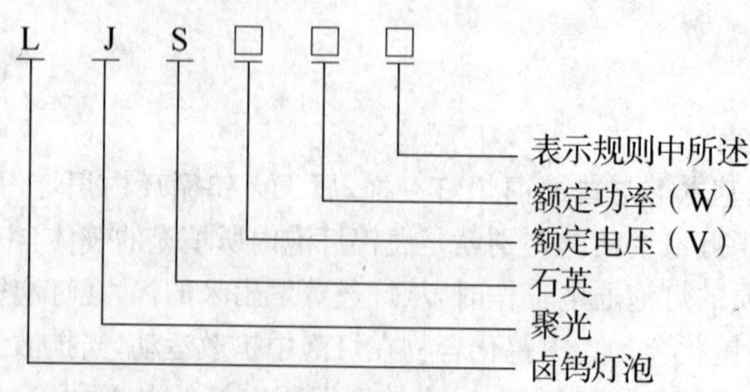

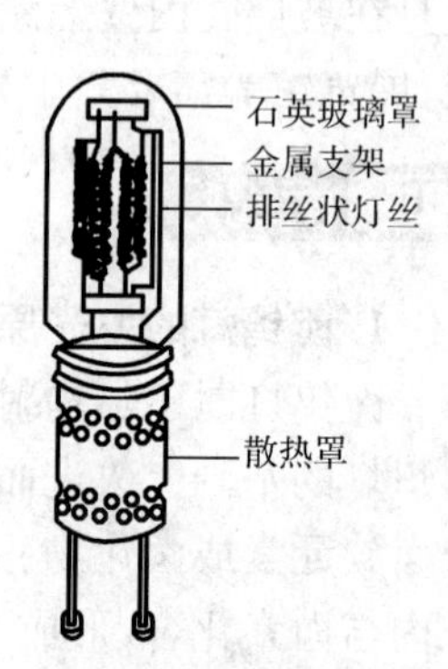

图2-5　柱形卤钨灯的外形

3. 卤钨灯的特点及应用

卤钨灯与白炽灯相比具有体积小、输出功率大、光通量稳定、光色好、光效高和寿命长的特点。特别是其发光效率比普通白炽灯高出许多倍。另外，由于卤钨灯工作时采用卤钨循环原理，较好地抑制了钨的蒸发，从而防止卤钨灯泡的发黑，使得卤钨灯在寿命期内的光维持率基本维持在100%。在色表和显色性方面与普通白炽灯相比，其光色更白一些，色调更冷一些，显色性较好。卤钨灯的缺点是对电压波动比较敏感，耐振性较差。

基于上述特点，卤钨灯目前在各个照明领域中都具有广泛的应用，尤其是被广泛应用在大面积照明与定向投影照明场所，如建筑工地施工照明、展厅、广场、舞台、影视照明和商店橱窗照明及较大区域的泛光照明等。

卤钨灯在使用时应注意以下几个问题：

(1)卤钨灯不适用于低温场合。

(2)双端卤钨灯工作时，灯管应水平安装，其倾斜角度不得超过4°，否则会缩短其使用寿命。

(3)卤钨灯工作时产生高达600℃左右的高温，因此，卤钨灯附近不准放易燃物质，灯脚引入线应使用耐高温的导线。

(4)卤钨灯灯丝细长且脆，使用时，要避免振动和撞击，也不宜作为移动照明灯具。

五、荧光灯

1. 荧光灯的工作原理及分类

(1)荧光灯的结构

荧光灯是低压汞蒸气放电灯，其大部分光是由放电产生的紫外线激活管壁上的荧光粉涂层而发射出来。荧光灯电路接线图如图2-6所示，其中S表示启辉器，L表示镇流器。

①启辉器　图2-7为启辉器的外观结构图。启辉器的作用是使电路接通和自动断开。它是一个充有氖气的玻璃泡，里面装有一个固定的静触片和用双金属片制成U形的动触片。图2-8是启动器的电路图。为避免启辉器两触片断开时产生火花将触片烧坏，在氖气管旁有一只纸质电容器与触片并联。启辉器的外壳是铝质圆筒，起保护作用。

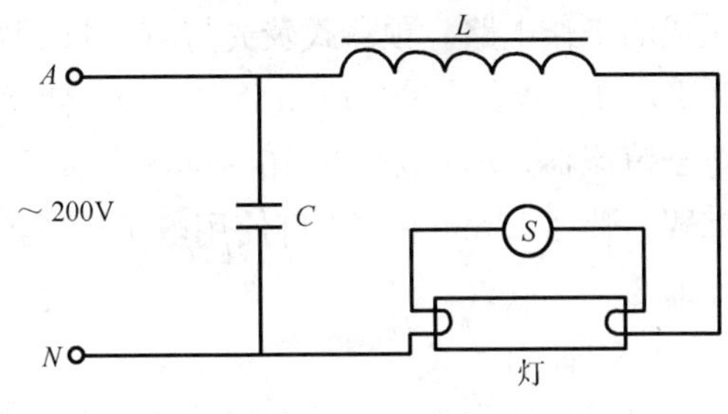

图2-6　荧光灯电路接线图

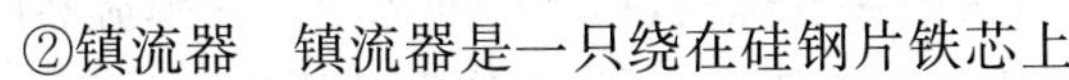
②镇流器　镇流器是一只绕在硅钢片铁芯上的电感线圈，它有两个作用，一是在启动时由于启辉器的配合产生瞬时高电压，促使灯管放电；另外在工作时起限制灯管电流的作用。

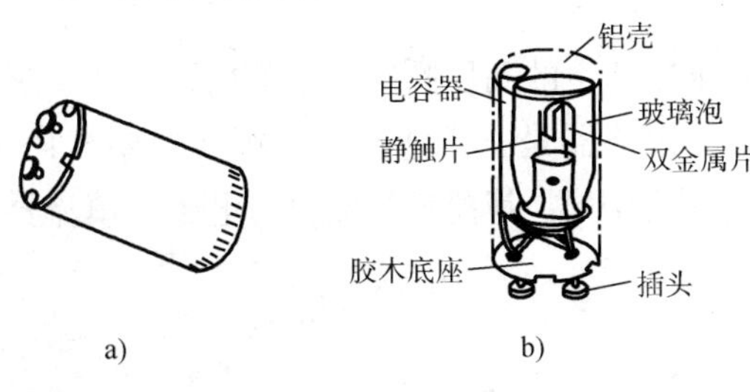

图2-7　启辉器外形图
a)外形；b)构造

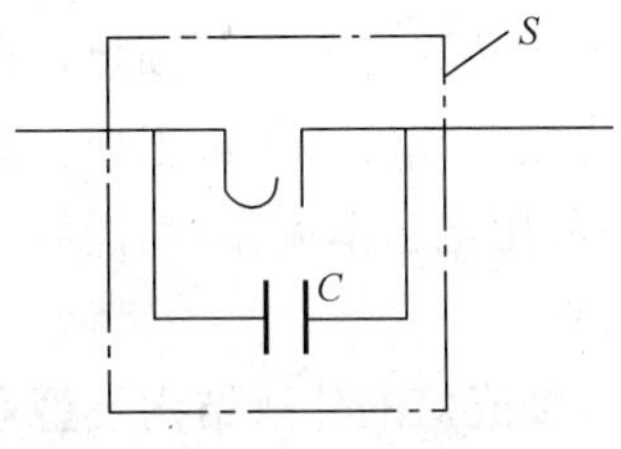

图2-8　启辉器电路图

(2)荧光灯的工作原理

电路接通电源,灯管尚未放电时,启辉器的触片处在断开位置。此时,电路中没有电流,电源电压全部加在启辉器的两个触片上,使氖管中产生辉光放电而发热。温度上升使启辉器动、静触片接触,将电路接通。

启辉器接通后,电流流过镇流器和灯管两端的灯丝,使灯丝加热并发射电子。这时启辉器内辉光放电已停止,双金属片冷却缩回,两触片分开,使流过镇流器和灯丝的电流中断。在此瞬间,镇流器产生了相当高的自感电动势,它和电源电压串联后加在灯管两端引起弧光放电,灯管点燃。

灯管在弧光放电点燃灯管后,汞蒸气辐射出紫外线。在紫外线的照射下,灯管内壁的荧光粉被激发而发出可见光。同时,管内汞蒸气游离并辐射紫外线照射到灯管内壁荧光粉而发射荧光。荧光粉的化学成分可决定其发光颜色,有日光色、暖白色、白色、蓝色、黄色、绿色、粉红色等。

灯管发光后进入正常工作状态,此时一半以上的电压降落在镇流器上,灯管两端的电压即启辉器两触片之间的电压较低,不足以引起启辉器氖管的辉光放电,因此它的两个触片仍保持断开状态。

(3)荧光灯的分类

荧光灯按其形状不同可分为直管形和紧凑形荧光灯;按电源加电端分为单端荧光灯和双端荧光灯;按启动方式分为预热启动、快速启动和瞬时启动等类型。

①预热启动式

预热启动是荧光灯中用量最大的一种。这种荧光灯在工作时,需要有镇流器、启辉器附件组成的工作电路。预热式荧光灯有 T12、T8、T5 和 T4 等几种。38mm 管径的 T12 功率范围为 20～125W。有的 25mm 管径的 T8 使用电感镇流器,功率范围为 15～70W;有的使用高频电子镇流器,功率范围为 16～50W。管径 15mm 的 T5 灯使用电子镇流器,功率范围为 8～35W。管径 13mm 的 T4 灯使用电子镇流器,功率范围为 8～28W。(每一个“T”数表示 1/8 英寸即 3.175mm)

②快速启动式

快速启动式荧光灯是在灯管的内壁涂敷透明的导电薄膜,提高极间电场。在镇流器内附加灯丝预热回路,且设计的镇流器的工作电压比启动电压高,所以在电源电压施加后的 1s 就可启动。

③瞬时启动荧光灯

这种荧光灯不需要预热,可以采用漏磁变压器产生的高压瞬时启动灯管。

为使荧光灯能正常工作,选用与灯管配套的镇流器是非常重要的。镇流器要消耗一定的功率,若用电感镇流器,其损耗≤9W;节能电感式镇流器,其损耗≤5.5W;电子式镇流器,其损耗≤4W。

2. 荧光灯的外形结构及型号

(1)双端荧光灯

①双端荧光灯的结构　双端荧光灯主要由灯管和电极组成,如图 2-9 所示。

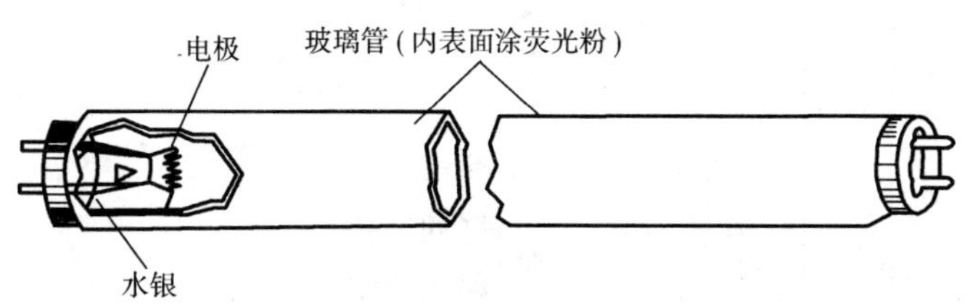

图 2-9　双端荧光灯的结构

②双端荧光灯的型号编写规则如下所示：

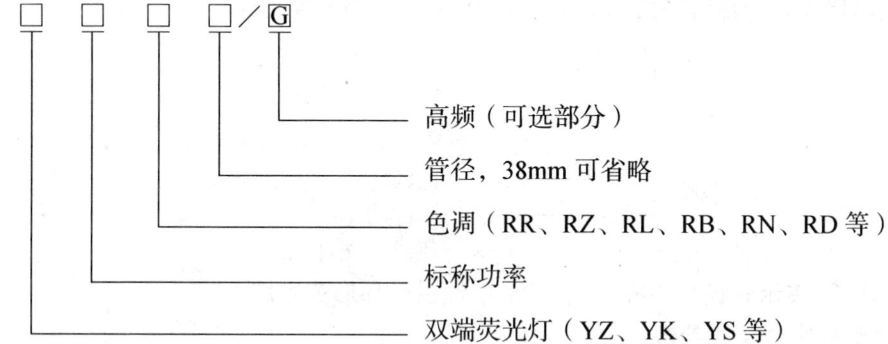

其中，RR 表示日光色(6 500K)；RZ 表示中性白色(5 000K)；RL 表示冷白色(4 000K)；RB 表示白色(3 500K)；RN 表示暖白色(3 000K)；RD 表示白炽灯色(2 700K)；YZ 表示普通直管型；YK 表示快速启动型；YS 表示瞬时启动型；G 表示高频荧光灯。

例如：YZ36RR26 表示管径 26mm，功率 36W，日光色普通直管形荧光灯。

YK20RN32 表示管径 32mm，功率 20W，暖白色快速启动荧光灯。

(2)单端荧光灯

①单端荧光灯的结构

根据单端荧光灯的放电管数量及形状分为单管、双管、四管、多管、方形、环形荧光灯等类型。常见的单端荧光灯，如图 2-10 所示。

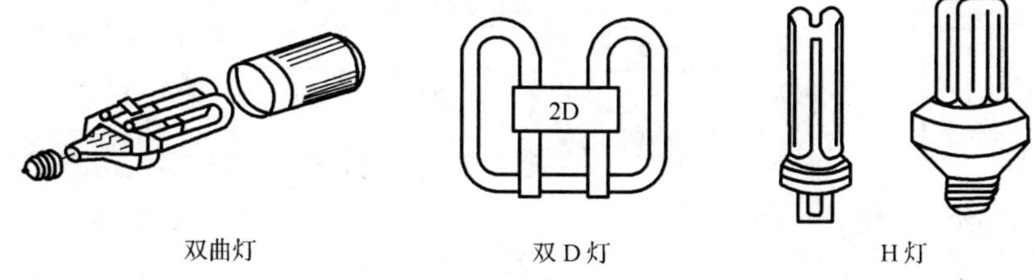

图 2-10　常见的单端荧光灯

②型号编写规则

单端管形荧光灯的型号编写规则如下：

例如：YDN9—2U・RR　表示 9W 的 2U 型日光色单端内启动荧光灯；

YDW16—2D・RN　表示 16W 的 2D 型暖白色单端外启动荧光灯。

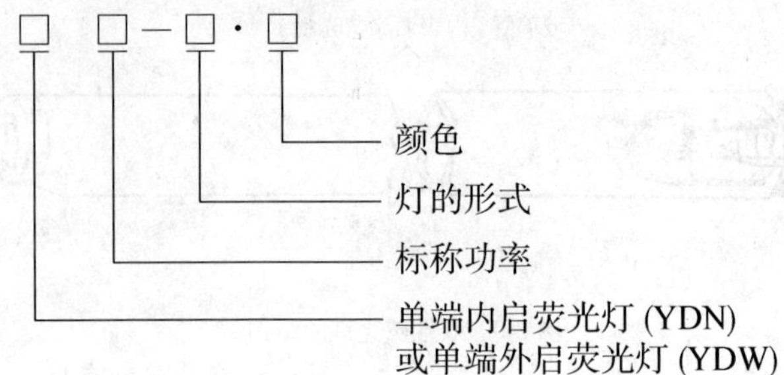

环型荧光灯的型号编写规则如下：

例如：YH32RR 表示管径为 29mm 的 32W 日光色环形荧光灯；

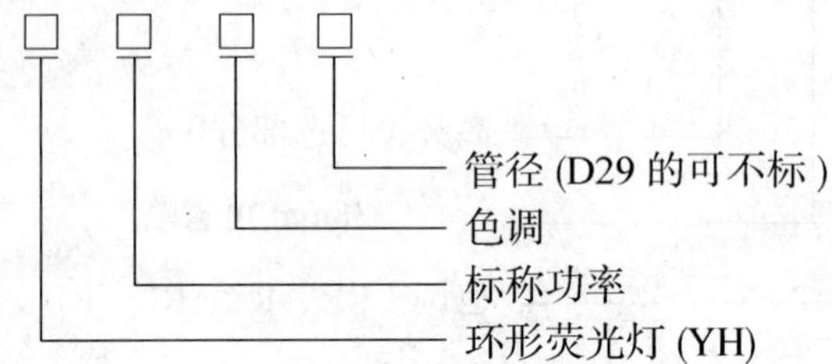

YH55RZ16 表示管径为 16mm 的 55W 中性白色环形荧光灯。

3. 荧光灯的主要技术参数

(1) 双端荧光灯主要技术参数

部分直管形荧光灯技术参数见表 2-4。

部分直管形荧光灯技术参数 表 2-4

型号	额定电压(V)	功率(W)	工作电压(V)	工作电流(A)	光通量(lm)	显色指数 R_a	色温(K)	平均寿命(h)	外形尺寸(直径×长度,mm)	灯头型号
YZ6RR					160		6 750			
YZ6RL		6	50	0.14	175		4 200		φ16×226.7	
YZ6RN					180		3 100	1 500		G5
YZ8RR					250		6 750			
YZ8RL		8	60	0.15	280		4 200		φ16×302.4	
YZ8RN					285		3 100			
YZ15RR					450		6 750			
YZ15RL		15	51	0.33	490		4 200		φ38×451.6	
YZ15RN					510		3 100			
YZ20RR	220				775	70～80	6 750	3 000		
YZ20RL		20	57	0.37	835		4 200		φ38×604.0	
YZ20RN					880		3 100			
YZ30RR					1 295		6 750			G13
YZ30RL		30	81	0.405	1 415		4 200		φ38×908.8	
YZ30RN					1 465		3 100			
YZ40RR					2 000		6 750	5 000		
YZ40RL		40	103	0.43	2 200		4 200		φ38×1 213.6	
YZ40RN					2 285		3 100			

表 2-5 为飞利浦标准直管荧光灯参数。标准直管荧光灯管内使用特殊氪气，采用高效荧光粉，装有防止两端发黑的内保护环和特殊三螺旋灯丝，寿命达 8 000 小时以上。优点是节能、高效、长寿、光色好，耗电量比普通荧光灯管节省 10%，亮度比普通荧光灯管高出 20%，寿命比普通荧光灯管长 30%，显色性高。该类荧光灯适合一般场合使用，应用范围广泛，如家居照明、高级写字楼、商业照明等，并可配合各类格栅、支架等荧光灯具使用。

飞利浦标准直管荧光灯参数 表 2-5

产品型号	显色指数	功率(W)	光通量(lm)	色温(K)	灯头型号	平均寿命(h)	直径(mm)	全长(mm)	包装(个/箱)
TLD18W/29	51	18	1 150	2 900	G13	8 000	26	604	25
TLD18W/33	63	18	1 150	4 100	G13	8 000	26	604	25
TLD18W/54	72	18	1 050	6 200	G13	8 000	26	604	25
TLD30W/29	51	30	2 350	2 900	G13	8 000	26	908.8	25
TLD30W/33	63	30	2 300	4 100	G13	8 000	26	908.8	25
TLD30W/54	72	30	2 000	6 200	G13	8 000	26	908.8	25
TLD36W/29	51	36	2 850	2 900	G13	8 000	26	1 213.6	25
TLD36W/33	63	36	2 850	4 100	G13	8 000	26	1 213.6	25
TLD36W/54	72	36	2 500	6 200	G13	8 000	26	1 213.6	25

(2)单端荧光灯主要技术参数

表 2-6 为飞利浦节能灯参数。特点是耗电量低。采用进口三色基稀土荧光粉及特殊配方，其显色彩指数可达 80 以上，170～250V 宽电压设计。优点是比普通白炽灯泡节电 80%、寿命长、光衰慢、显色度特高，使被照物体表现更逼真，层次更分明。宽电压设计更适合中国电网的实际情况，更加安全可靠，有保障。与飞利浦整流器配合，可适用于宾馆、酒店、商场、居室及公共照明。

飞利浦紧凑型荧光灯参数 表 2-6

产品型号	显色指数	功率(W)	光通量(lm)	色温(K)	灯头型号	平均寿命(h)	直径(mm)	全长(mm)	包装(个/箱)
小功率型(2 针)									
PL-S7W/827	>80	7	400	2700	G23	8000	28	135	60
PL-S7W/865	>80	7	400	6 500	G23	8 000	28	135	60
PL-S9W/827	>80	9	600	2 700	G23	8 000	28	167	60
PL-S9W/865	>80	9	600	6 500	G23	8 000	28	167	60
PL-S11W/827	>80	11	900	2 700	G23	8 000	28	236	60
PL-S11W/865	>80	11	900	6 500	G23	8 000	28	236	60
大功率型(4 针)									
PL-L18W/827	>80	18	1 200	2 700	2G11	8 000	40	227	25
PL-L18W/830	>80	18	1 200	3 000	2G11	8 000	40	227	25
PL-L18W/840	>80	18	1 200	4 000	2G11	8 000	40	227	25

续上表

产品型号	显色指数	功率(W)	光通量(lm)	色温(K)	灯头型号	平均寿命(h)	直径(mm)	全长(mm)	包装(个/箱)
PL-L24W/827	>80	24	1 800	2 700	2G11	8 000	40	322	25
PL-L24W/830	>80	24	1 800	3 000	2G11	8 000	40	322	25
PL-L24W/840	>80	24	1 800	4 000	2G11	8 000	40	322	25
PL-L36W/827	>80	36	2 900	2 700	2G11	8 000	40	417	25
PL-L36W/830	>80	36	2 900	3 000	2G11	8 000	40	417	25
PL-L36W/840	>80	36	2 900	4 000	2G11	8 000	40	417	25
四头型(2针)									
PL-C10W/827	>80	10	600	2 700	G24d-1	8 000	28	118	40
PL-C10W/830	>80	10	600	3 000	G24d-1	8 000	28	118	40
PL-C10W/840	>80	10	600	4 000	G24d-1	8 000	28	118	40
PL-C13W/827	>80	13	900	2 700	G24d-1	8 000	28	140	40
PL-C13W/830	>80	13	900	3 000	G24d-1	8 000	28	140	40
PL-C13W/840	>80	13	900	4 000	G24d-1	8 000	28	140	40
PL-C18W/827	>80	18	1 200	2 700	G24d-2	8 000	28	152	40
PL-C18W/830	>80	18	1 200	3 000	G24d-2	8 000	28	152	40
PL-C18W/840	>80	18	1 200	4 000	G24d-2	8 000	28	152	40
PL-C26W/827	>80	26	1 800	2 700	G24d-2	8 000	28	173	40
PL-C26W/830	>80	26	1 800	3 000	G24d-2	8 000	28	173	40
PL-C26W/840	>80	26	1 800	4 000	G24d-2	8 000	28	173	40

上述技术参数表中既列有国内产品，也有国外产品。从表中可知，荧光灯的色温范围基本在 2 700～6 750K，因此色调范围较广，包括 RR(日光色)、RZ(中性白色)、RL(冷白色)、RB(白色)、RN(暖白色)、RD(白炽灯色)，从显色性来看，既有显色性一般的光源，如表 2-5 中光源的显色指数 $R_a=51\sim72$，次于白炽灯与卤钨灯，也有显色性较高的光源，如显色指数 $R_a>80$。

4. 荧光灯的特点及应用

荧光灯具有发光效率高、显色性较好、寿命长、眩光影响小，光谱接近日光等特点，广泛用于家庭、学校、研究所、工业、商业、办公室、控制室、设计室、医院、图书馆等处的照明。近年推出的直管 T5 型荧光灯，较 T8、T12 型荧光灯光效高、省材料，更具有环保、节能效果。环形荧光灯具有光源集中、照度均匀及造型美观等优点，可用于民用建筑家庭居室照明。紧凑型节能荧光灯是 20 世纪 80 年代起国际上流行的最新节能产品，该灯采用三基色荧光粉，集中了白炽灯和荧光灯的优点，具有光效高、耗能低、寿命长、显色性好、使用方便等特点，它与各种类型的灯具配套，可制成造型新颖别致的台灯、壁灯、吊灯、吸顶灯和装饰灯，适用于家庭、宾馆、办公室等照明之用。

荧光灯的缺点是功率因数低，发光效率与电源电压、频率及环境温度有关，有频闪效应，附件多，噪声大，不宜频繁开、关。

5. 电子镇流器与电感镇流器的比较

电子镇流器大大改善了荧光灯的工作条件，与电感镇流器相比有如下优点：

(1)在电源电压较低、环境温度较低(−10℃左右)的情况下都能使荧光灯管一次快速启辉(不用启辉器)，灯管基本上无闪烁感，镇流器本身无噪声。

(2)节约电能。电子镇流器本身损耗很小，再加上灯管工作条件改善了，故发出同样的光通所消耗的电功率也相应减少了。同样功率的灯管用电子镇流器系统功率(向电网去用的功率)要减少 30%左右。

(3)功率因数大于 0.9(用电感镇流器单灯不补偿时为 0.33～0.52)且阻抗呈容性，故能改善电网功率因数，提高供电效率。

(4)体积小、重量轻、安装方便，可以直接安装在各种灯具上。考虑采用电感镇流器还是电子镇流器哪个更合适时，必须将系统兼容性问题考虑进去，见表 2-7。

电感镇流器与电子镇流器的比较　　表 2-7

比较对象	普通电感镇流器	节能型电感镇流器	电子镇流器
自身功耗(W)	8～9	<5	3～5
系统光效比	1	1	1.2
价格比较	低	中	较高
重量比	1	1.5 左右	0.3 左右
寿命(年)	15～20	15～20	5～10
可靠性	较好	好	较好
电磁干扰(EMI)或无线电干扰(RFI)	较小	较小	在允许范围内
灯光闪烁度	有	有	无
系统功率因数	0.4～0.6(不补偿)	0.4～0.6(不补偿)	0.9 以上

兹将美国产品同样输出的电感镇流器(节能型)、cut off 式镇流器和电子镇流器的输入定功率(W)和价格比较示于表 2-8。

节能型电感镇流器、cut off 式镇流器与电子镇流器的比较　　表 2-8

F40T12 镇流器(双灯)	输入功率(W)	流明系数①(%)	近似价格比
节能型	86	95	x
cut off 式②	80	95	$1.3x$
电子快速式	72	88	$2x$

注：①商品镇流器输出光通量与同一支灯管在试验室基准镇流器操作产生 100%输出光通量之比。
②灯管启动后就断开阴极加热电源，以减少灯丝上的功率损耗。

六、钠灯

钠灯是利用钠蒸气放电发光的光源，按钠蒸气工作压力的高低分为高压钠灯和低压钠灯两大类。低压钠灯发出的是单色黄光，各种有色物体进入低压钠灯照明的灯光下都会变色，照到人的脸上便会变成灰黄色。高压钠灯的光色比低压钠灯好，观看各种有色物体的颜色比较自然。

1. 高压钠灯

高压钠灯是一种高压钠蒸气放电灯泡，其放电管采用抗钠腐蚀的半透明多晶氧化铝陶瓷管制成，工作时发出金白色光。它具有发光效率高、寿命长、透雾性能好等优点，是一种理想的节能光源。

(1)工作原理

与荧光灯工作原理相类似，钠灯也必须有与之相应的专用镇流器、触发器，其接线原理图见图 2-11。

①触发器的工作方式

高压钠灯可分为内触发高压钠灯或外触发高压钠灯，并分别选用相应的工作电路(如灯泡加镇流器，或者灯泡加镇流器加触发器的工作电路)，方可达到高压钠灯正常工作的要求。

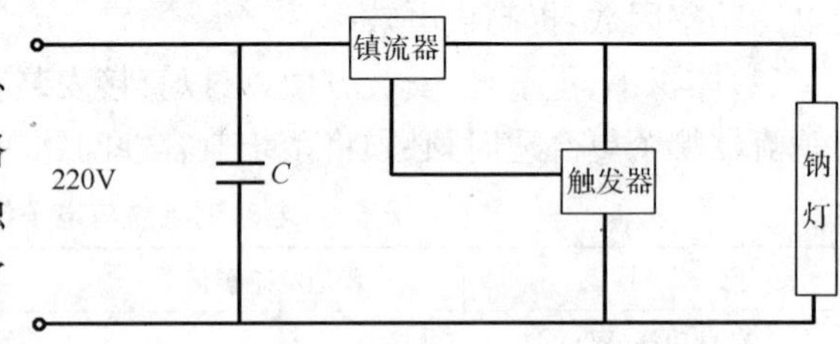

图 2-11　高压钠灯接线原理图

内触发高压钠灯是在灯泡壳内安装一双金属片开关和加热电阻丝。其工作原理是：接通电源时，电流经过加热电阻丝和双金属片开关使之温度升高，导致触点分离；在分离的瞬间，镇流器电感线圈上产生数千伏自感电动势并加在灯的两端，将钠灯点亮。灯工作后，由于电弧管的热辐射，外壳内温度升高，使开关触点维持在断开状态。

外触发高压钠灯泡是采用电子触发器在电源接通瞬间使灯管两端获得高压脉冲，将灯管点燃。目前常用的触发器有两端倍压式电子触发器、双向晶闸管触发器和三端电子触发器。与灯泡配套使用的镇流器有电感式镇流器和电子式镇流器两种。触发器的最低开始工作电压控制在 145V 以上；而照明低压线路的末端电压应不低于 180V。

②放电管工作过程

在放电管内充有氙气的高压钠灯在触发器触发时，附件和镇流器在放电管两端产生约 2 500V左右的高电压，使两电极通过氙气和汞气放电。此时灯的光色由很暗的白色辉光很快变为蓝色光，这表明放电管内的汞蒸发已有足够的压力。激发和电离主要在汞蒸气中发生。随后灯发出单一的黄色光，说明在较低的钠蒸气压力下钠产生了共振辐射。随着钠蒸气压力的提高，灯发出金白色光，启动过程结束。此启动过程中电参数上的变化过程是：电流值从较大的启动电流逐步降低到接近工作电流；灯泡的工作电压从零逐步升高到接近工作电压。当工作电流、工作电压均稳定在额定值附近时，启动过程结束。

高压钠灯按泡壳分为普通型和漫射椭圆形两种，漫射椭圆形灯泡壳体上涂以白色漫射层，以使光线柔和。按触发方式可分为内启动和外触发两种，内启动型不需要触发器，目前大部分采用外触发方式。

(2)高压钠灯的结构

高压钠灯由放电管、玻璃外壳、灯头、电极、金属支架等构成。见图 2-12。

放电管采用半透明多晶氧化铝制成。氧化铝能耐受高温，抗钠腐蚀。氧化铝管的两端用氧化铝陶瓷帽封接，老产品用铌帽封接。在氧化铝管内除充钠以外，还充入一定量的汞和氙气。

放电管是高压钠灯的关键部件。放电管工作时,高温高压的钠蒸气腐蚀性极强,故一般的抗钠玻璃和石英玻璃均不能作为放电管管体的制作材料,而采用半透明多晶氧化铝和陶瓷管则较为理想。它不仅具有良好的耐高温和抗钠蒸气腐蚀性能,还有良好的可见光穿越能力。

玻璃壳是选用高温的硬料玻璃制造。玻璃壳与灯芯的喇叭口经高温火焰熔融封口,然后抽真空或充入惰性气体后装上灯头,这样整个灯泡就基本成形了。由于电弧管在高温状态下工作,其外裸的金属极易氧化、变脆,故必须将放电管置于真空或惰性气体的外壳内。这样还可减少电弧管热量损失,提高冷端温度,提高发光效率。

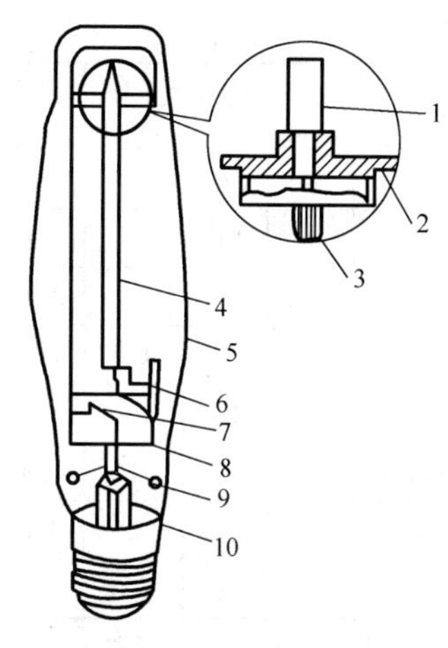

图 2-12 高压钠灯结构

1-金属排气管;2-铌帽;3-电极;4-放电管;5-玻璃外壳;6-脚;7-双金属片;8-金属支架;9-钡消气剂;10-焊锡

灯头的作用是方便灯泡与灯座、电路相连接。长寿命灯泡要求灯头与玻璃壳连接牢固,不能有松动和脱落现象。

玻璃壳内抽成真空后,其真空度(压强远小于一个大气压的气态空间)仅为 6.6×10^{-2}Pa,仍可使金属零件氧化,影响灯泡稳定地工作,所以在玻璃壳内放置适量消气剂,将灯泡内真空度提高到 1.4×10^{-4}Pa 的高真空状态。目前,一般采用钡消气剂,将钡钛合金置于金属环内,再将其固定在待消气剂蒸散后不影响光输出的位置。

高压钠灯的放电管内除钠外,还必须充入汞。汞常态时呈液态状,具有银白色镜面光泽。在放电管中加入汞可提高灯管工作电压,降低工作电流,减小镇流器体积,改善电网的功率因数,增高电弧温度,提高辐射功率。

此外高压钠灯放电管中还充入帮助启动的惰性气体,一般充入氩或氙。氙气是一种稀有气体,它在灯泡中的作用是帮助启动和降低启动电压。氙气压力的高低还将影响灯泡的发光效率。

(3)高压钠灯主要技术参数

高压钠灯启动后的初始阶段是汞蒸气和氙气的低气压放电。这时候,灯泡工作电压很低,电流很大。随着放电过程的继续进行,电弧温度渐渐上升。汞、钠蒸气压由放电管最冷端温度所决定,当放电管冷端温度达到稳定,放电便趋向稳定,灯泡的光通量、工作电压、工作电流和功率也处于正常工作状态。

高压钠灯的主要技术参数见表 2-9。

普通高压钠灯技术参数 表 2-9

型号	额定电压(V)	功率(W)	工作电压(V)	工作电流(A)	起动电压(V)	光通量(lm)	起动时间(min)	显色指数 R_a	色温(K)	平均寿命(h)	外形尺寸(直径×长度,mm)	灯头型号
NG70T	220	70	90	0.98	≯198	2 250	≯5	35	1 900	16 000	ϕ39×155	E27
NG100T1		100	95	1.20		8 500		35	1 900	18 000	ϕ39×180	E27
NG100T2		100	95	1.20		8 500		35	1 900	18 000	ϕ49×210	E40
NG110T		110	105	1.30		10 000		25	2 000	16 000	ϕ39×180	E27

续上表

型号	额定电压(V)	功率(W)	工作电压(V)	工作电流(A)	起动电压(V)	光通量(lm)	起动时间(min)	显色指数 R_a	色温(K)	平均寿命(h)	外形尺寸(直径×长度,mm)	灯头型号
NG150T1	220	150	100	1.80	198	16 000	≯5	25	2 000	18 000	ϕ49×210	E40
NG150T2		150	100	1.80		16 000		25	2 000	18 000	ϕ39×180	E27
NG215T		215	115	2.25		23 000		25	2 000	16 000	ϕ49×259	E40
NG250T		250	100	3.00		28 000		25	2 000	18 000	ϕ49×259	E40
NG360T		360	125	3.40		40 000		25	2 000	16 000	ϕ49×287	E40
NG400T		400	100	4.60		48 000		25	2 000	18 000	ϕ49×287	E40
NG1000T		1 000	100	10.30		130 000		25	2 000	18 000	ϕ67×385	E40

注:表中数据为上海亚明灯泡厂产品数据。

从技术参数表中可知,高压钠灯的光效高,光通量大,可从 2 250～130 000K,平均寿命远大于荧光灯,但是色温较低,且显色性较差。

(4)高压钠灯的主要特点及应用

高压钠灯在工作时发出金白色光,具有发光效率高、寿命长、透雾性能好等优点,被广泛用于道路、机场、码头、车站、广场、体育场及工矿企业等场所的照明。

高压钠灯的缺点是受电源电压影响较大。电压波动在−8%～+6%范围内可正常工作,电源电压过高或过低,将会影响灯泡的正常燃点及寿命。高压钠灯各参数与电压的关系见图 2-13。

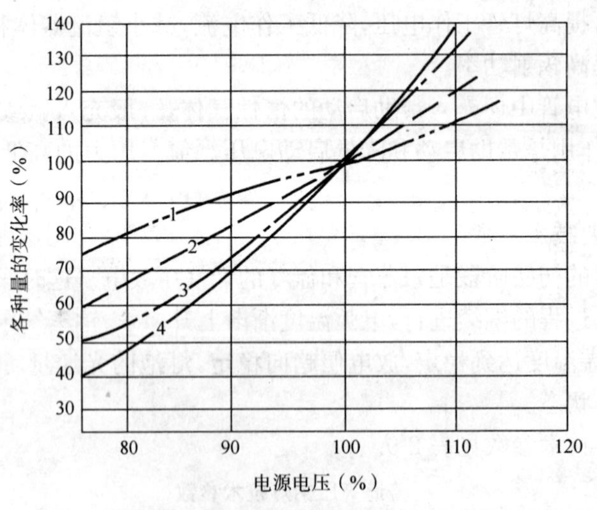

图 2-13 高压钠灯各参数与电压的关系
1-灯管电流;2-灯管电压;3-功率;4-总光通量

高压钠灯在使用时应注意以下几点:

①灯泡必须按线路图正确接线,方能正常使用。

②灯泡必须与相应的专用镇流器、触发器配套使用。

③在点灯线路图中,电源线上端应接相线,若接错成中线,将会降低触发器所产生的脉冲电压,有可能不能使灯启动。

④灯泡均采用螺旋式灯头，工作时带电，在维修调换灯泡时，应切断电源，注意安全。

⑤灯泡需要配用适合的灯具，在燃点时，经灯具反射的光不应集中到灯泡上，以免影响灯泡的正常燃点及寿命；同时，不应使灯头温度高于250℃。在重要场合及安全性要求高的场合使用时，应选用密封型、防爆型或其他专用工具。

⑥点燃的灯泡关闭或熄灭后，必须冷却15min待灯泡温度降下来，才能接通电源再次启动。热态启动容易使灯泡损坏或烧毁。

⑦灯泡在使用过程中如自行熄灭，应检查电路各接点和灯座内接触片是否良好，电源电压是否波动大，镇流器、触发器有无损坏。如正常，可再次启动；如仍熄灭，说明灯泡已不能继续工作，必须调换灯泡。

⑧点燃时应避免与水或冷物接触，否则引起破壳爆裂。不同规格的高压钠灯必须配用相应规格的镇流器，灯泡与镇流器不能任意配用。尤其小功率灯泡配用大功率镇流器后，将导致灯泡工作电流过大，使用寿命缩短，甚至会使灯泡烧毁。

2. 低压钠灯

(1)低压钠灯的工作原理

低压钠灯是一种钠蒸气放电管，钠原子在低压蒸气放电中被激发而发光，辐射出波长为589nm和589.6nm的接近于黄色的单色光，与人眼视觉最灵敏的辐射波长非常接近。放电时大部分辐射能量都集中在共振线上，所以光效极高，可达450lm/W。低压钠灯一般采用高阻抗的漏磁变压器提供触发所需的电压，触发电压在400V以上。漏磁变压器的体积大，其自身功耗也大，使全电路的效率降低。低压钠灯从启动到稳定需要8～10min才能达到全部光输出。

(2)低压钠灯的结构

低压钠灯由玻璃壳、放电管、电极和灯头构成，如图2-14所示。

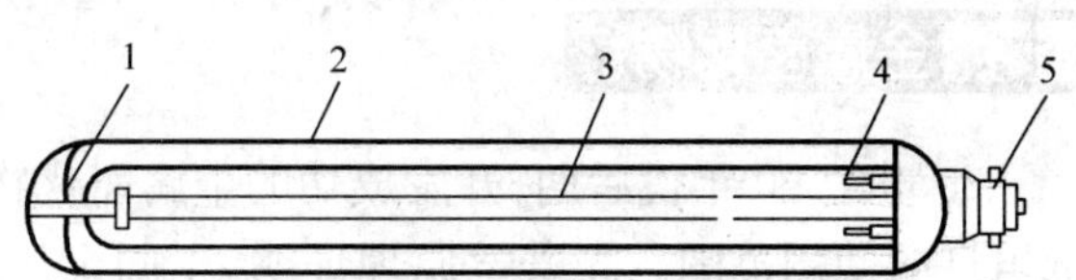

图2-14 低压钠灯的结构

1-固定弹簧；2-外玻璃壳；3-放电管；4-电极；5-灯头

为了缩小灯泡尺寸，并且减少放电管的散热，将放电管弯曲成U形。U形放电管两端各封接一只三螺旋钨丝氧化物电极，U形管的弯曲处接排气管用以抽真空与充入钠和惰性气体。低压钠灯充入的气体为氖气和氩气，选用氖气是因为放电时氖气的体积损耗正好达到钠蒸气所需要的管壁温度。在纯氖气中加入1%氩气，两种气体混合可以降低灯泡启动电压。

(3)低压钠灯的主要技术参数

低压钠灯的主要技术数据见表2-10。

低压钠灯的主要技术数据 表2-10

型号	功率(W)	电压(V)	光通量(lm)	全长(mm)	外径(mm)	灯头型号
ND18	18	220	1 800	216	54	BY22d
ND35	35		4 800	311		
ND55	55		8 000	425		
ND90	90		12 500	528	68	
ND135	135		21 500	775		
ND180	180		31 500	1 120		

续上表

型　号	功率(W)	电压(V)	光通量(lm)	全长(mm)	外径(mm)	灯头型号
SXO-E18	18	220	1 800	216	52	BY22
SXO-E26	26		3 700	310		
SXO-E36	36		5 700	425		
SXO-E66	66		10 700	528	68	
SXO-E91	91		17 000	775		
SXO-E131	131		26 000	1 120		
SXO-35	35		4 800	—	—	
SXO-55	55		8 000	—	—	
SXO-90	90		13 500	—	—	
SXO-135	135		22 500	—	—	
SXO-180	180		33 000	—	—	

(4)低压钠灯的特点及应用

低压钠灯具有发光效率高、视觉敏感度高、寿命长、耗电少、穿透云雾能力强等优点，常用于海岸、码头、公路、隧道以及广场、景观等场所的照明。同时低压钠灯也是一种科学仪器光源。低压钠灯的缺点是显色性差，几乎不能分辨颜色。应水平方向安装，如果灯泡垂直或倾斜太大，会使光色变红，光效下降。

七、金属卤化物灯

20 世纪 60 年代后期，开发成功的金属卤化物灯逐步替代了高压汞灯，扩大了高强度气体放电灯的使用范围。光谱学原理证明，不同金属蒸气放电时产生波长不同的特征光谱谱线。因此人们在高压汞灯放电管中加入某些金属元素，利用它们的蒸气放电时产生的谱线填补汞谱线的空白区域，使显色指数大大提高，从而改善高压汞灯的光色。与高压汞灯类似，金属卤化物灯的放电管中除充有汞和氩气以外还充有金属卤化物，如碘化钠、碘化铊、碘化铟、碘化钪和碘化镝等。

1. 金属卤化物灯工作原理与分类

金属卤化物灯工作原理同高压汞灯，电路中需要有镇流器和触发器，工作线路图如图 2-15 所示。

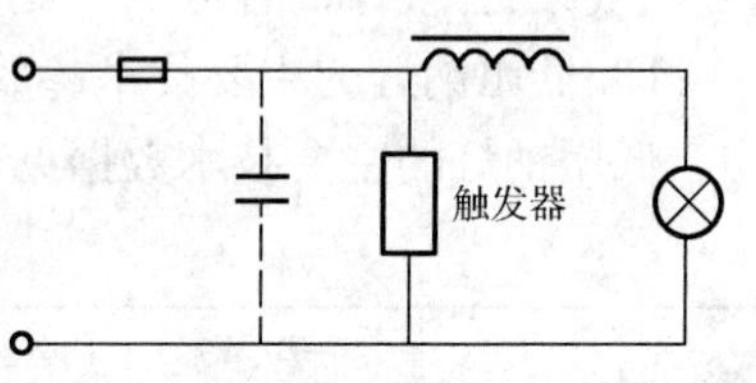

图 2-15　金属卤化物灯工作线路图

当放电管工作时，管壁温度可达 700～1 000℃，管内金属卤化物被气化，并向电弧中心扩散，在接近电弧中心高温处被分解成金属和卤素原子。因金属原子的激发电位和电离电位比汞原子的激发电位低得多，所以金属原子被激发并辐射出特征谱线远远超过汞的谱线，因此可大大提高光效，光谱能量分布也大为改进。金属原子和卤素原子向温度较低的管壁扩散时，又重新化合成金属卤化物。在这种光源内，虽然汞也提供部分光，但光主要由这些添加金属产生。金属卤化物灯的工作原理与前面提到的卤钨灯的卤钨循环过程有着本质区别，卤钨灯中发光的是白炽化的钨丝，而在金属卤化物灯中，则是金属原子放电发光。

使用不同金属卤化物和利用金属共振辐射谱线，还可以获得纯度很高的各种颜色灯，以在某些特殊场所使用。如碘化铊汞灯发出的光为绿色，钠铊铟灯发出的光为白色，镝灯为日光型光源，铟灯发出蓝色光等。

金属卤化物灯按结构可分为带外壳和不带外壳两类；按充填物质可分为钪钠系列、钠铊烟系列、镝铊系列、锡系列等。

2. 金属卤化物灯结构

金属卤化物灯外形结构同高压汞灯，主要由石英放电管、电极、外玻璃壳和灯头组成，如图 2-16 所示。

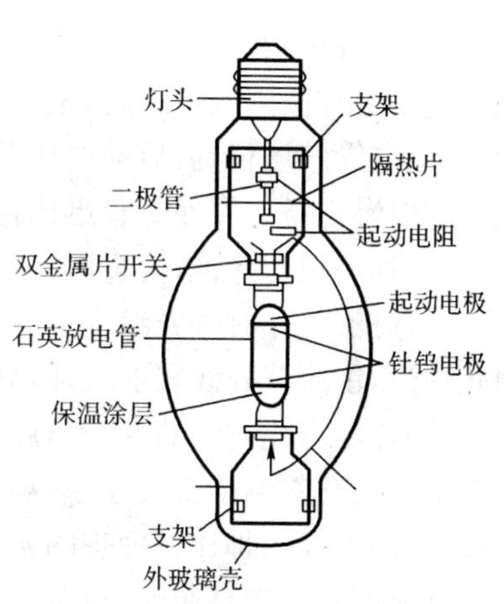

图 2-16 金属卤化物灯结构图

(1)石英放电管

金属卤化物灯的放电管用熔融石英管制成，与相同功率的高压汞灯放电管相似，但几何尺寸略小。放电管内充入氩、汞和金属卤化物(一般为金属碘化物)。为了减少放电管端头部位的热损失，维持端部温度，两端涂覆白色保温涂层。

(2)电极

与高压汞灯一样放电管两端封接有工作电极和启动电极。金属卤化物灯的电极处在化学性质活泼的金属和碘蒸气之中，常采用钍-钨或氧化钍-钨阴极。

(3)外玻璃壳

金属卤化物灯外玻璃壳由硼硅硬质玻璃吹制而成。为进一步改善灯泡的显色性可以在外玻璃壳内壁涂覆适当荧光粉。

(4)灯头

照明用金属卤化物灯配用标准螺口灯头。因为金属卤化物灯工作温度高，寿命长，灯头与外玻璃壳联结不能采用胶粘剂而使用机械紧固式灯头。

3. 金属卤化物灯主要技术参数

金属卤化物灯主要技术数据见表 2-11。

金属卤化物灯主要技术数据 表 2-11

型号	额定功率(W)	管径(mm)	管长(mm)	电源电压(V)	工作电压(V)	工作电流(A)	色温(K)	光通量(lm)	寿命(h)	灯头型号
ZJD150	150	80	90	220	115	1.50	4 300	11 500	10 000	E27
ZJD175	175	90	222		130	1.50	4 300	14 000	10 000	E40
ZJD250	250	90	222		135	2.15	4 300	20 500	10 000	E40
ZJD400	400	120	290		135	3.25	4 000	30 000	10 000	E40
ZJD1 000	1 000	180	296		265	4.10	3 900	110 000	10 000	E40
ZJD1 500	1 500	180	296		270	6.20	3 600	155 000	3 000	E40

4. 金属卤化物灯的特点及应用

(1)金属卤化物灯尺寸小、功率大,发光效率高,光色好。这种灯的发光效率约为 65~106lm/W。

(2)金属卤化物灯是弧光灯,需要镇流器才能稳定工作,它的启动电压比较高,启动电流较低,启动时间长。如国产 400W 钠铊铟灯启动电流为额定电流的 1.7 倍,1 000W 的约为 1.4 倍。较高的启动电压可以借助变压器或谐振电路取得,也可用能产生高频高压脉冲的电路取得,在 4~8min 启动时间过程中,灯的各个光电参数均发生变化,完全达到稳定需 15min。金属卤化物灯在关闭或熄灭后,须等待约 10min 左右才能再次启动。这是由于灯管的工作温度很高,放电管气压很高,启动电压升高,只有待灯管冷却到一定程度后才能再启动。采用特殊的高频引燃设备可以使灯管迅速再启动,但灯的接入电路却因此而复杂。

(3)环境温度降低,使金属卤化物灯的启动电压升高,灯泡启动困难。

(4)灯泡工作时外壳温度不应超过 400℃,灯头温度不应超过 210℃。无玻璃外壳的金属卤化物灯,由于紫外线辐射较强,灯具应加玻璃罩。无玻璃罩时,悬挂高度不宜低于 14m。

(5)金属卤化物灯的寿命与启动频繁程度关系密切,频繁启动将显著缩短灯泡寿命。

金属卤化物灯由于尺寸小、功率大、光效高、光色好、所需启动电流小、抗电压波动稳定性比较高,因而是一种比较理想的光源,常用于体育馆、高大厂房、繁华街道及车站、码头、立交桥的高杆照明。要求高照度、显色性好的室内照明,如美术馆、展览馆、饭店等也常采用金属卤化物灯。该灯还可以满足拍摄彩色电视的要求。

在使用金属卤化物灯时应注意将电源电压波动限制在±5%;在安装或设计造型时应注意该灯有向上、向下和水平安装方式,要参考使用说明书的要求;应注意这类灯的安装高度一般都比较高,如 NTY 型灯的安装高度最低要求为 10m,最高要求为 25m。

八、霓虹灯

1. 霓虹灯的工作原理

霓虹灯是一种冷阴极辉光放电灯,由电极、引入线以及灯管组成。霓虹灯工作电路如图 2-17 所示。

霓虹灯工作在高电压、小电流状态,一般通过特殊设计的漏磁式变压器给霓虹灯供电。接通电源后,变压器次级产生的高电压使灯管内气体电离,发出彩色的辉光。灯的启动电压与灯管长度成正比,与管径大小成反比,并与所充气体的种类和气压有关。

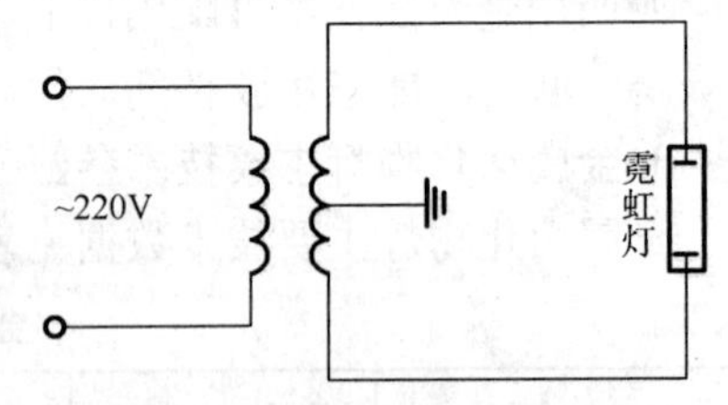

图 2-17　霓虹灯工作电路

正常工作时由霓虹灯变压器来限制灯管回路中通过的最大电流。根据安全要求,一般霓虹灯变压器的次级空载电压不大于 15 000V,次级短路电流比正常运行电流高 15%~25%。常用霓虹灯变压器的容量为 450VA,初级电压 220V,电流 2A;次级电压 15 000V,电流 24mA,次级短路电流 30mA。它能点亮管径 ϕ12mm、展开长度作为 12m 的灯管。

2. 霓虹灯的特点

(1)霓虹灯发光效率与管径有关,灯管直径小,发光效率高;灯管直径大,发光效率低,其关系见表 2-12。

灯管直径与发光效率的关系　表 2-12

色彩	灯管直径(mm)	电流(mA)	每米灯管光通量(lm)	每米灯管消耗功率(W)	发光效率(lm/W)
红	11	25	70	5.7	12.3
	15		36	4.0	9.0
蓝	11	25	36	4.6	7.8
	45		18	3.8	4.7
绿	11	25	20	4.6	4.3
	45		8	3.8	2.1

(2)霓虹灯管径通常较小,一般为 6～20mm 不等,灯管通常很长,其作用是为了获得较大的电压降,以增加灯的光效。较长的灯管和较大的压降,使得霓虹灯通常要配备高压变压器(次级电压 6～15kV)。

(3)霓虹灯能发出各种鲜艳的色彩主要是由于灯管抽成真空后充入氖气或少量氩、氦、氙等惰性气体或少量汞,有时还在灯管内壁涂以各种颜色的荧光粉或各种透明颜色。霓虹灯的色彩与管内所充气体、玻璃管颜色及荧光粉颜色的关系见表 2-13。

霓虹灯的色彩与管内所充气体及荧光粉颜色的关系　表 2-13

灯管色彩	管内气体	荧光粉颜色	灯管色彩	管内气体	荧光粉颜色
红色	氖	无色	白色	氩、少量汞	白色
橘黄色		奶黄色	奶黄色		奶色
橘红色		绿色	玉色		玉色
玫瑰色		蓝色	淡玫瑰红		淡玫瑰红
蓝色	氩、少量汞	蓝色	金黄色		金黄色加奶黄粉
绿色		绿色	淡绿色		绿白混合粉

(4)霓虹灯的图案变化、闪光效果可用霓虹高压转机或霓虹低压滚筒而实现。这种方法主要是借助通断式触点或电触点滑动导致高压电通断,使得点燃灯管的次序发生变化,造成灯光闪烁的效果。这种方法控制简单,成本低廉,缺点是易产生电火花,造成对无线电的高频干扰,通断电工作方式影响使用寿命,可靠性也比较差。若使用电子程序控制器或微处理器控制器,并采用可控硅无触点开关,可使霓虹灯根据不同的需要,构成各种复杂的引人注目的图案,而且变化形式无穷。

3. 霓虹灯的应用及注意事项

霓虹灯的灯管细而长,可以根据装饰的需要弯成各种图案或文字,用作装饰性的营业广告或作为指示标记牌最为适宜。在霓虹灯电路中接入必要的电子控制装置,产生多种循环变化的灯光彩色图案,可以增加城市的动感气氛,加强广告的效果。所以目前在城市中霓虹灯的使用日趋广泛,因此在安装和使用霓虹灯时应注意以下事项:

(1)霓虹灯变压器的次级电压较高,故二次回路与所有金属构架,建筑物等必须完全绝缘。

(2)霓虹变压器应尽量靠近霓虹灯安装,一般安放在支撑霓虹灯的构架上,并用密封箱子进行防水保护;变压器中性点及外壳必须可靠接地;霓虹灯管和高压线路不能直接敷设在建筑物或构架上,与它们至少需保持 50mm 的距离,这可用专用的玻璃支持头支撑来获得;两根高压线之间间距也不宜小于 50mm。

(3)高压线路离地应有一定高度,以防止人体触及。

(4)霓虹灯变压器电抗大,线路功率因数低(约为 0.2～0.5 左右),为改善功率因数,需配备相应的电容器进行补偿。

(5)因灯管内充有少量汞,破碎的灯管应妥善处理,防止污染。

九、其他照明光源

1. 场致发光灯(屏)

场致发光灯(屏)是利用场致发光(又称电致发光)现象制成的发光灯(屏)。场致发光屏在电场的作用下,自由电子被加速到具有很高的能量,从而激发发光层,使之发光。场致发光屏的厚度仅几十微米,发光效率为 15lm/W,寿命长,而且耗电少。场致发光屏可以通过分割做成各种图案与文字,可用在指示照明、广告、电脑显示屏等照度要求不高的场所。

2. LED 发光二极管

LED 发光二极管是一种半导体光源,主要由电极、P-N 结芯片和封装树脂组成,如图 2-18 所示。P-N 结芯片安装在管座上,P 型 N 型材料分别由引线接至正负电极,然后封装在环氧树脂帽中。环氧树脂可以是白色、红色、绿色、黄色等彩色树脂,主要取决于发光二极管的光色。环氧树脂帽的几何形状可以控制光线,类似于灯具的反射器和透镜。此外封装环氧树脂可以保护芯片,延长其使用寿命。表 2-14 列出了几种常见发光二极管的材料和特性。

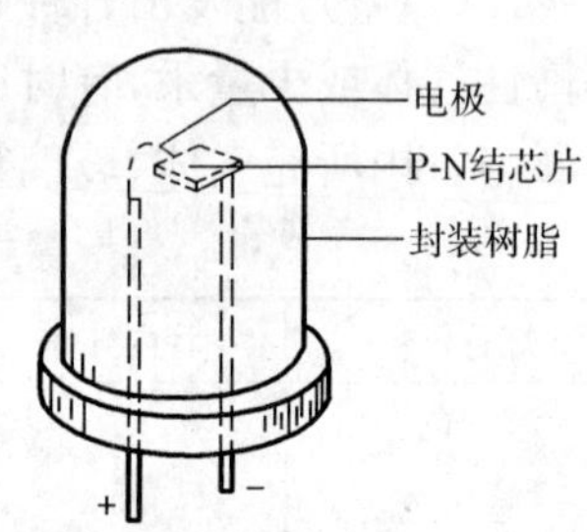

图 2-18 发光二极管的结构

常见发光二极管的材料和特性　　表 2-14

材料	颜色	色坐标 (x, y)	峰值波长 (nm)	半宽度 (nm)	光效 (lm/W)
InGaN/YAG	白(6 500K)	0.31,0.32	460/555	—	10
InGaN	蓝	0.13,0.08	465	30	5
InGaN	蓝～绿	0.08,0.40	495	35	11
InGaN	绿	0.10,0.55	505	35	14
InGaN	绿	0.17,0.70	520	40	17
GaP-N	黄～绿	0.45,0.55	565	30	2.4
AlInGaP	黄～绿	0.46,0.54	570	12	6
AlInGaP	黄	0.57,0.43	590	15	20
AlInGaP	红	0.70,0.30	635	18	20
GaAlAs	红	0.72,0.28	655	25	6.6

LED 发光二极管工作时,P-N 结加上正向偏压,即 P 层加正向电压,N 层加负向电压,电子和空穴将克服 P-N 结处的势垒,分别迁入 P 层和 N 层。当电子与空穴结合时其能量将以光子的形式释放出来,发出可见光。发光二极管的电性能和一般的检波二极管相似,在 10mA

工作电流时，典型的正向偏置电压为2V。为防止元件在工作时温升过高，应对正向电流加以限制，通常需串限流电阻或使用电流源供电。它的寿命可超过10万小时。

白色LED自1996年9月日本日亚化学工业株式会社推出以来，其光效不断提高，到1999年已达到15lm/W，到2001年美国推出的holy grail光效已达40～50 151m/W。故可预测利用白色LED作为照明光源已为期不远了。

白色LED与白炽灯的性能比较列于表2-15中，从表可看出，LED的性能绝对优于白炽灯。

白色LED与白炽灯的性能比较　　表2-15

性　能	LED	白　炽　灯
色温(K)	3 000～10 000	2 500～3 000
光效(lm/W)	＞15	15
反应速度(μs)	0.1	100 000
冲击电流	无	额定电流的10倍
寿命(h)	20 000以上	1 000以下
耐冲击性	为半导体，有很强的耐冲击性	封装玻璃和灯丝易断裂
可靠性	非常高	低

LED常用产品有单个LED发光器、LED组合模块、LED灯具，目前已经成功作为指示灯、显示器、交通信号灯、汽车灯、舞台聚光灯、红外线灯。红外线发光二极管或其组合灯具还可用于红外线保安、夜视、摄影。

3. 发光二极管的应用

(1)单个二极管发光器

众所周知，单个发光二极管本身就是一个光源，但是为了保护二极管、方便安装和应用，需要配一些附件，如平行发射器、偏振片、透光罩和导线等，组成一个新的单个发光二极管，如图2-19所示。

要改变单个LED出射光线的光束角，可以通过改变封装外科圆顶的几何形状来得到；如果要增加功率和亮度，可以将发光二极管排列成不同的阵列组合模板来解决这个问题。

(2)二极管发光器组合单元

单个二极管发光器的不同组合可以形成不同光学性能及电气特性的二极管组合单元。图2-20为多个二极管发光器组合示意图。

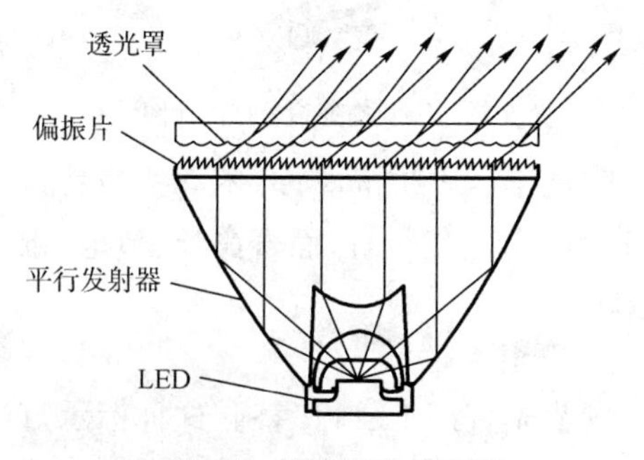

图2-19　单个发光二极管

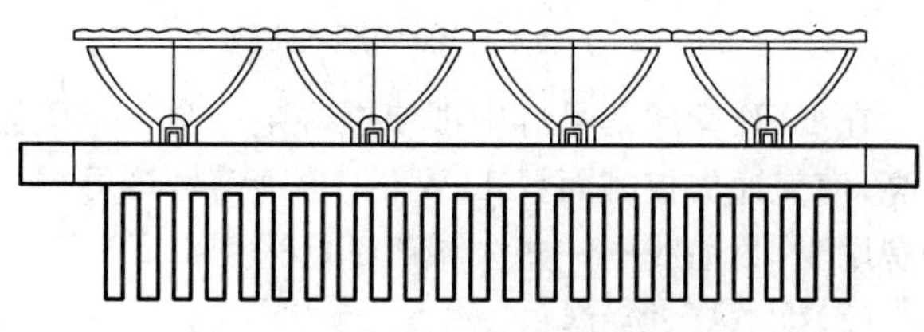

图2-20　多个二极管发光器组合

4. 发光二极管灯具

近年来 Philips、NHK、松下、OSRAM 等公司都在开发用许多 LED 集中一起按不同组合方式配合附件，做成灯具，有平面发光灯、交通信号灯、舞台型聚光灯、台灯、镜灯等等，品种逐渐增多。

如图 2-21 所示为超小型聚光灯示意图，将 51 个白色 LED 布于一个凹球面内，光束先会聚后再发散，投射到一个菲涅尔透镜上，于是得到一个光束扩散角可变化的小型聚光灯。图 2-22 为产生平行光的光路示意。

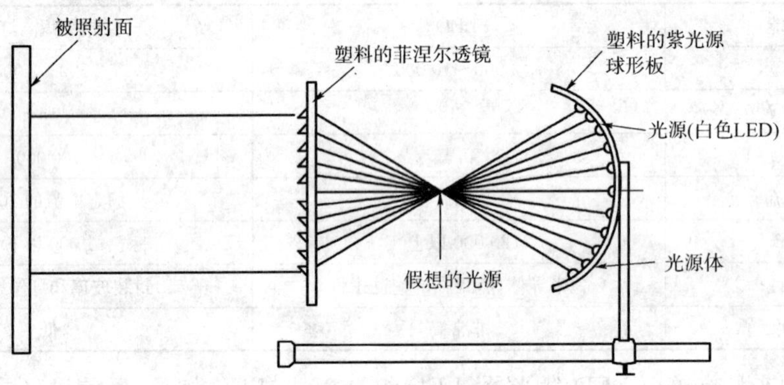

图 2-21 超小型聚光灯的光路

目前国内用的多的有交通信号灯、标示灯（诱导灯）和景观照明灯。

(1)交通信号灯

图 2-23 为 Philips 公司生产的交通信号灯，有红、黄、绿三色。

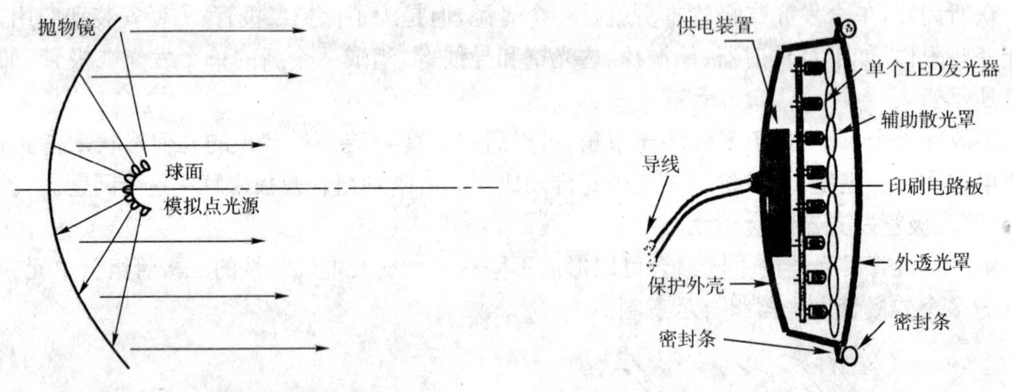

图 2-22 产生平行光的光线光路

图 2-23 LED 交通信号灯剖面图

在 LED 交通信号灯中即使损害某一个 LED，也仅仅降低了一点灯的亮度，不会造成整灯不亮，使交通失控。而且 11W 的 LED 信号灯可相当于 150W 普通信号灯，而寿命长、节电、维护费用少，目前我国一些大城市都已采用 LED 交通信号灯。

(2)标示灯、诱导灯

①透射型　这是将传统“灯箱”型标示灯内的白炽灯或荧光灯用 LED 代替。这种标示灯国内外都有生产。目前其亮度为 20～30cd/m^2（我国规范规定不应低于 15cd/m^2），可作为建筑物出口标志和疏散诱导。

②直接型 直接用LED组合成标示文字或图案。亮度高，室内外都能使用。

(3)景观照明灯

景观照明灯可做成地埋灯、墙灯、草坪灯(低柱庭院灯)等各种类型的灯具，它利用不同颜色的LED组合，在控制器控制下形成可变色的灯光，既可照明又可美化环境，且具有寿命长、节电的优点，目前室内外环境照明中都有采用。估计不远的将来，随着功率稍大的白色LED的出现，这类崭新光源的灯具就会面市。

十、照明光源的选择

1.以实施绿色照明工程为基点选择光源

20世纪90年代初，国际上提出了推行旨在节约电能、保护环境的"绿色照明"(Green Lights)工程。美国、日本等主要发达国家和部分发展中国家先后制订了绿色照明工程计划，取得了明显的效果。照明的质量和水平已成为衡量社会现代化程度的一个重要标志，成为人类社会可持续发展的一项重要措施，受到联合国等国际组织机构的关注。

绿色照明是指通过科学的照明设计，采用高效率、长寿命、安全和性能稳定的照明电器产品，最终建成环保、高效、舒适、安全、经济和有益于环境和提高人们的工作、学习和生活质量的照明系统。实施绿色照明工程就是通过采用合理的照明设计来提高能源有效利用率，达到节约能源，减少照明费用，减少火电工程建设，减少有害物质的排放和逸出，达到保护人类生存环境的目的。推进绿色照明工程实施过程中，电光源的选择应遵循以下一般原则。

(1)限制白炽灯的应用

白炽灯属于第一代光源，光效低，寿命一般只有1 000小时，应予限制。但是也不能完全取消，因为白炽灯没有电磁干扰，便于调节，适合需要频繁开、关的场合。对于局部照明、事故照明、投光照明、信号指示以及水电丰富的山区和边远农村是不可缺少的光源。

(2)采用卤钨灯取代普通白炽灯

卤钨灯和普通照明的白炽灯同属白炽灯类产品，也属于电流通过灯丝白炽发光，是普通白炽灯的升级换代产品。卤钨灯光效和寿命比普通白炽灯高一倍以上。因此，在许多照明场所，如商业橱窗、展览展示厅以及摄影照明等要求高显色性、高档冷光或聚光的场合，可以各种结构形式不同的卤钨灯取代普通白炽灯，来达到节约能源、提高照明质量的目的。

在卤钨灯类产品中，带反射器的组合式紧凑型卤钨灯是应用最广、发展最快的灯种之一。我国在20世纪70年代初期就开始在8.75mm和16mm的放映机中采用这种带反射器的组合式紧凑型卤钨灯作为放映光源。这种放映灯是采用石英卤钨灯与以玻璃材料热压成型的具有椭球反射面并镀以多层介质膜的反射器组合形成紧凑型卤钨灯，一般为敞开式，以之取代椭球和球面组成的镀铝普通白炽放映灯或称全反射放映灯。

目前，这种敞开式结构的卤钨灯已广泛应用于商场、展览展示中心以及会议室等场所，并作为取代普通白炽灯的新一代光源。

(3)推荐采用紧凑型荧光灯取代白炽灯

与白炽灯相比，紧凑型荧光灯每瓦产生的光通量是普通照明白炽灯的3～4倍以上，其额定寿命是白炽灯的10倍。由于荧光粉质量的不断提高和改进，紧凑型荧光灯的显色指数可以达到80左右，完全能满足一般照明情况的要求。紧凑型荧光灯可以和镇流器(电感式或电子式)连接在一起,组合成一体化的整体型灯,采用E27灯头,与普通白炽灯直接替换,十分方便。同时也可做成分离的组合式灯,灯管更换三次或四次而不必更换镇流器。

根据紧凑型荧光灯结构形式的不同,其应用场所也各不相同。一般,在对灯管长度没有特殊要求的情况下,可采用双管紧凑型荧光灯,单U单π型灯可作为建筑物出入口的标志或作为顶棚灯具的光源。小型环型和双D形紧凑型荧光灯适合于类似台灯的应用场合,同时也适合作为侧面屏灯和低顶棚照明灯的光源。在家庭照明方面,如台灯、壁灯、吸顶装饰灯、嵌入式下照灯、悬吊式灯等应用普通照明白炽灯的场合均可采用紧凑型荧光灯替代。并且,光的颜色包括冷白、暖白或日光色,可供用户自愿选择。

虽然紧凑型荧光灯的发展很快,推广应用也比较成功,但也存在一些实际问题,使其应用受到一定的局限性。

①采用高显色性的荧光粉虽然可以使紧凑型荧光灯的显色指数达到80以上,但目前技术仍达不到与白炽灯完全相同的显色指数。

②带螺口灯头的一体化紧凑型荧光灯不能像白炽灯一样进行明暗度的连续调光,现在虽然有了可调光的紧凑型荧光灯系统,但需要通过采用包括可调光的镇流器、四插头紧凑型荧光灯和专用的调光控制器在内的新型照明装置来实现,比较复杂,且成本较高。

③由于紧凑型灯基本仍属线形光源(单U、单π)或发光体仍相对较大,因此一般不能与白炽灯或高强度气体放电灯所使用的光学控制器(通常为反射器)通用。经过改型设计的与紧凑型荧光灯配套的反射式灯具一般都达不到与大多数白炽灯相同照度的投射距离。因此,在要求光束具有较大投射距离的应用场所,仍然只能采用反射卤钨灯或短弧高强度气体放电灯。

④灯座向上或水平装置,环境温度在25℃时,紧凑型荧光灯工作时的光效最高。如密封在室内灯具中的紧凑型荧光灯,往往会由于灯具内的环境温度较高而降低光效。紧凑型荧光灯在室外较低的环境温度下工作,光效较低,并且还可能出现不能启动的现象。

⑤一体化的紧凑型荧光灯多配用电子镇流器。当紧凑型荧光灯只占有小部分电力负荷时,不会对电网质量构成影响,但一旦占有很大比例的电力负荷,电子镇流器的谐波将产生失真,需要加以限制,以免影响电网的正常供电。

毋庸置疑,紧凑型荧光灯光效高、颜色好、寿命长、安装方便,是取代普通白炽灯的最佳光源之一,但也不是任何场合的白炽灯都能用紧凑型荧光灯代替。

(4)推荐采用ϕ26mm、ϕ16mm细管荧光灯

直管形荧光灯的光效和寿命均为普通白炽灯的5倍以上,是取代普通白炽灯的最佳灯种之一。随着科学技术的发展,荧光灯的光效不断得到提高,管径不断缩小,这对节约照明用电以及节约能源和资源都具有十分重要的意义。

(5)推荐采用钠灯和金属卤化物灯

高压钠灯和金属卤化物灯同属高强度气体放电灯。由于我国不断从国外引进先进的设备和技术,使这两类灯的技术性能指标几乎达到或接近与国外同类产品的水平。各种规格的高压钠灯和金属卤化物灯由于具备高光效和长寿命的特点,广泛应用于各种环境条件的照明,如机场、港口、码头、道路、城市街道、体育场馆、大型工业车间、庭院、展览展示大厅、地铁等场所的照明。

高压钠灯和金属卤化物灯是取代荧光高压汞灯的最佳选择。

低压钠灯的光效属各灯种之首，但其显色性极差，可以应用于隧道及对显色指数要求不高的照明场所。

2. 以光源的光色特性选择光源

实施绿色照明工程的同时，往往还要根据地区的气候、室内环境氛围要求而选择光源。这时，首先要考虑合适的光源色温，再按照光源色温选择相应的光源，以便创造出舒适和谐的室内环境。

人们对灯光的颜色有温度感，这就是光源的色温。光源的色温在 5 300K 以上的是冷色型光源；色温在 3 300～5 300K 之间的为中间色型光源；色温低于 3 300K 的是暖色型光源。光源色温分类及适用场合如表 2-16 所示。

光源色温分类及适用场合　　表 2-16

光源类别	冷暖类别	色温(K)	适用场合
白炽灯，卤钨灯，暖白色荧光灯，高压钠灯，低压钠灯	暖色	<3 300	客房、卧室等
冷白色荧光灯，金属卤化物灯	中间色	3 300～5 300	办公室、图书馆等
日光色荧光灯，荧光高压汞灯，金属卤化物灯，氙灯	冷色	>5 300	高照度水平或白天需补充自然光的房间

3. 以光源的显色指数选择光源

光源的显色指数反映了同一物体在不同光源下，呈现出的颜色不一致的程度。因此在不同的场合下，可以根据要求选择不同显色指数的光源，既可达到规定的辨色的要求，又可达到舒适的要求。光源的显色指数及其适用场合，见表 2-17。由表中可知钠灯、汞灯显色指数较低，显色性较差，常常用于要求辨色不高的场合，如道路照明，库房照明等；而暖白色、日光色荧光灯显色指数一般，显色性一般，常用于辨色要求较高的场合，如办公室和休息室，在教室等学习场合通常也选择日光色荧光灯和冷白色荧光灯($R_a=91$)；在辨色要求很高的场合，如非常重视显色性的美术馆、博物馆陈列室应当选择光色和显色性接近于日光的电光源，如显色性很好的白炽灯，卤钨灯等。实际照明大多采用色温低而又有温度感的光色，即大多采用普通荧光灯的照明，而 $R_a>80$ 的电光源常常用于局部照明。

光源的显色指数及其适用场合　　表 2-17

光源类别	显色指数	适用场合
白炽灯，卤钨灯，冷白色荧光灯，氙灯，金属卤化物灯	$R_a>80$	客房、绘图室等辨色要求很高的场合
暖白色荧光灯，日光色荧光灯	$60<R_a<80$	配电室、普通电梯前厅等辨色要求较高的场合
低压钠灯	$40<R_a<60$	锅炉房等辨色要求一般的场所
高压钠灯，荧光高压汞灯	$R_a<40$	变压器室等辨色要求不高的场所

4. 以光源的光效以及总光通量选择光源

各种光源的光效与它的输出光通的关系如图 2-24 所示。

图 2-24 中曲线上数字的单位为瓦特(W)。从图可知，提高同一光源的光效则必须提高它的输出光通(提高功率)。特别是图中虚线框表明，在小空间适用的光通范围(400～2 200lm)，

而在这个范围只有白炽灯和荧光灯，即家居民用范围广泛采用白炽灯和荧光灯。

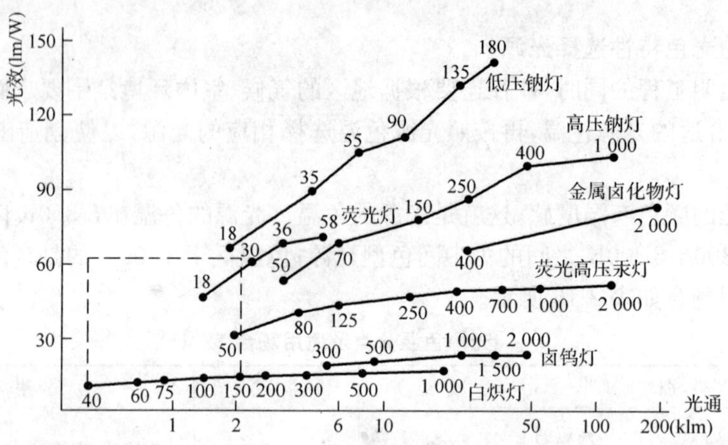

图 2-24　各种光源的光效与它的输出光通的关系

随着光源，微电子器件技术和生产工艺的不断提高和飞速发展，采用高效新光源（细管径荧光灯、紧凑型荧光灯、高强度气体放电灯等）和节能电器产品、高性能电子镇流器等将产生巨大的社会、经济效益。据专家测算，1 只 11W 电子紧凑型荧光灯较同样照度的 60W 白炽灯节电约 48W，按每天平均使用 4h 计算，年节电约 71 度。若全国替换 2 亿只，则年节电可达 142 亿度。另据有关部门统计，全国现有家庭 2.76 亿户，其中 2 亿户农村家庭的照明目前仍以普通白炽灯为主体，加上企、事业、公共场地所用白炽灯，白炽灯总数极为可观。若将上述白炽灯泡都改用电子紧凑型荧光灯，一年就可节省电力 938 亿度，是国家投资几十亿元，历时建设十几年的长江葛洲坝水电枢纽工程 1994 年年发电量 157.5 亿度的 5 倍，就连举世瞩目的三峡工程的设计年发电量与其相比也还尚有差距。因此，照明节电工作是当务之急，否则灯头下跑掉的不只是一个三峡工程。所以，用紧凑型荧光灯、细管径荧光灯代替白炽灯可以极大地节省电能。

5. 依据光源的各种参数以及使用条件综合地选择光源

不同光源在光谱特性、发光效率、色温、显色指数、使用条件和造价等方面都有自己的特点，应根据不同场所的具体情况，综合各方面的因素而确定光源的类型。为了便于比较，下面将各种光源的适用场所归纳于表 2-18 中。

各种光源的适用场所　　　表 2-18

使用场合	要求光源特性		钨丝白炽灯	卤钨白炽灯	荧光灯				荧光高压汞灯		金属卤化物灯		高压汞灯			低压钠灯
	光输出(klm)	显色性 R_a			标准型	高显色	三基色	紧凑型	透明型	一般型	标准型	高显色	标准型	改进型	高显色	
家用照明	<3	80～98	好	—	√	—	好	好	—	—	—	—	—	—	—	—
办公、学术照明	3～10	80～90	—	—	—	—	好	√	—	—	√	√	√	√	—	—
商店照明（普通）	>3	80～90	√	√	—	好	好	√	—	—	—	好	—	—	好	—

续上表

使用场合	要求光源特性		钨丝白炽灯	卤钨白炽灯	荧光灯				荧光高压汞灯		金属卤化物灯		高压汞灯			低压钠灯
	光输出(klm)	显色性 R_a			标准型	高显色	三基色	紧凑型	透明型	一般型	标准型	高显色	标准型	改进型	高显色	
商店照明(橱窗)	<3	80～98	好	好	—	√	好	—	—	—	—	√	—	—	好	—
餐厅和旅馆	<10	80～98	好	好	—	√	√	—	—	—	—	√	—	—	好	—
音乐厅	<10	80～98	√	好	√	√	好	好	—	—	—	—	—	—	—	—
医院照明(普通)	<10	60～90	√	√	√	—	好	—	—	—	—	—	—	—	—	—
医院照明(检验)	<10	80～98	好	√	—	好	—	—	—	—	—	—	—	—	—	—
工业照明(高天花板)	>10	<60	—	—	√	—	—	—	—	√	√	—	√	√	—	—
工业照明(低天花板)	3～10	40～80	—	—	好	—	—	—	—	√	√	—	√	好	—	—
体育场照明(室外)	>3	<60	—	—	—	—	—	—	—	√	好	好	好	—	—	—
体育场照明(室内)	3～10	65～80	—	√	√	—	—	—	—	—	好	好	√	好	—	—
剧场和电视照明	<10	80～90	好	√	—	—	好	√	—	—	—	—	—	—	—	—
电影照明	>3	80～98	—	好	—	—	—	—	—	—	√	√	—	—	—	—
公园和广场住宅区	>3	<80	—	—	—	—	—	—	—	√	好	—	好	√	—	—
住宅区和休息区	<3	<80	√	—	√	—	—	√	—	√	—	—	好	—	—	√
港口船坞码头	>3	—	—	√	—	—	—	—	√	—	√	—	好	—	—	—
汽车道路照明	>3	—	—	—	—	—	—	—	—	—	—	—	好	—	—	好
普通道路照明	<6	—	—	—	—	—	—	—	—	√	√	—	好	—	—	好
街道照明	<6	—	—	—	√	—	—	—	—	√	√	—	好	—	—	√

注：表中的“好”表示选用该光源比较理想；表中的“√”表示可以选用该光源；表中的“—”表示一般不选用该光源。

总之，选择光源时，应在满足显色性、启动时间等要求条件下，根据光源、灯具及镇流器等的效率，寿命和价格在进行综合技术经济分析比较后确定。

6. 照明设计时光源的选择

照明设计时可按下列条件选择光源。

(1)高度较低房间，如办公室、教室、会议室及仪表、电子等生产车间宜采用细管径直管形荧光灯。

(2)商店营业厅宜采用细管径直管形荧光灯、紧凑型荧光灯或小功率的金属卤化物灯。

(3)高度较高的工业厂房，应按照生产使用要求，采用金属卤化物灯或高压钠灯，亦可采用大功率细管径荧光灯。

(4)一般照明场所不宜采用荧光高压汞灯，不应采用自镇流荧光高压汞灯。

(5)一般情况下，室内外照明不应采用普通照明白炽灯；在下列工作场所可采用白炽灯。

①要求瞬时启动和连续调光的场所，使用其他光源技术经济不合理时。

②对防止电磁干扰要求严格的场所。

③开关灯频繁的场所。

④照度要求不高,且照明时间较短的场所。

⑤对装饰有特殊要求的场所。

(6)应急照明应选用能快速点燃的光源

(7)应根据识别颜色要求和场所特点,选用相应显色指数的光源

第二节 照明灯具及其特性

灯具是透光、分配和改变光源光分布的器具,包括除光源外所有用于固定和保护光源的全部零、部件以及与电源连接所必需的线路附件。照明灯具对节约能源、保护环境和提高照明质量具有重要的作用。

一、灯具的作用

(1)控光作用

利用灯具如反射罩、透光棱镜、格栅或散光罩等,将光源所发出的光重新分配,照射到被照面上,满足各种照明场所的光分布,达到照明的控光作用。

(2)保护光源的作用

保护光源免受机械损伤和外界污染;将灯具中光源产生的热量尽快散发出去,避免灯具内部温度过高,使光源和导线过早老化和损坏。

(3)安全作用

采用符合使用环境条件(如能够防尘、防水,确保适当的绝缘和耐压性)的电气零件和材料,避免带来的触电与短路。

(4)美化环境作用

灯具分功能性照明器具,也有装饰性照明器具。功能性主要考虑保护光源、提高光效、降低眩光,而装饰性就要达到美化环境和装饰的效果,所以要考虑灯具的造型和光线的色泽。

二、灯具的光学特性

灯具的光学特性主要有三项:发光强度的空间分布、灯具效率和灯具的保护角。

1. 发光强度的空间分布

灯具可以使电光源的光强在空间各个方向上重新分配,不同灯具的光强分布也不同,通常将空间各方向上光强的分配称为配光,用来表示这种配光的曲线又称为灯具配光曲线。由于各种灯具引发的空间光强分布不同,所以其配光曲线也是不同的。利用灯具的配光曲线可以进行照度、亮度、利用系数、眩光等照明计算。配光曲线常用极坐标法、直角坐标法和等光强曲线图三种方法表示。

(1)极坐标配光曲线

极坐标配光曲线定义为以光源中心(灯具中心)为极坐标原点,测出灯具在位于测光平面上不同角度的光强值;从某一给定方向起,把灯具在各个方向的发光强度用矢量表示,连接矢量顶端得到的曲线,即为灯具配光的极坐标曲线。若灯具相对光轴旋转对称,并在与光轴垂直的测光平面上各方向的光强值相等,这时只要取与光轴平行(纵向)面的光强分布,就可得到该

灯具的配光曲线。如图 2-25 为旋转轴对称灯具的配光曲线，将画有光强分布的测光平面绕光轴旋转一周，就可以得到该灯具的空间光强分布。大多数灯具都是轴对称的旋转体（点光源），其光强分布为轴对称。

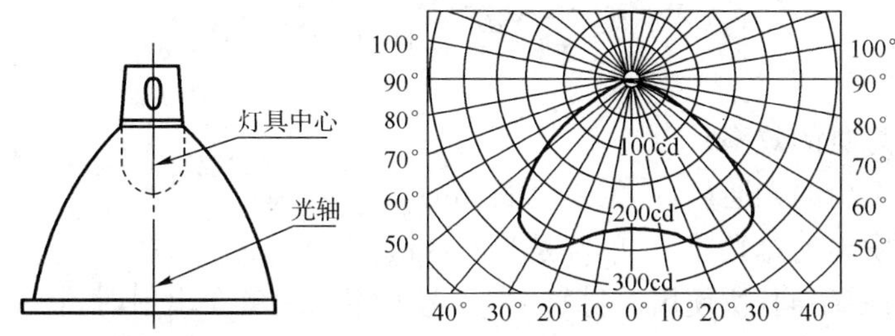

图 2-25　旋转轴对称灯具的配光曲线

为了便于对各种照明灯具的光分布特性进行比较，统一规定以光通量为 1 000lm 的假想光源来提供光强分布数据。因此，实际发光强度应当是该灯具测光参数提供的光强值乘以光源实际光通量与 1 000 之比。计算方法见式(2-1)。

$$I = \frac{\Phi \times I_{\Phi}}{1\,000} \tag{2-1}$$

式中：I_{Φ}——光源光通量为 1 000 时 θ 方向的光强，cd，光源为 1 000lm 配光曲线上的数值；

I——灯具在 θ 方向上的实际光强，cd；

Φ——光源的实际光通量。

室内照明灯具一般采用极坐标配光曲线来表示其光强的空间分布。

(2)直角坐标配光曲线

投光型的灯具所发出的光束集中在狭小的立体角内，用极坐标难以表示清楚时，常用直角坐标来表示配光曲线，直角坐标的纵轴表示光强大小，横轴表示投光角的大小。用这种方法绘制的曲线称为直角坐标配光曲线，如图 2-26 所示。

(3)等光强曲线图

为了正确表示发光体空间的光分布，假想发光体放在一球体内并发光射向球体表面，将球体表面上光强相同的各点连接起来形成封闭的等光强曲线图。它可以表示该发光体光强在空间各方向的分布情况，如图 2-27 所示。

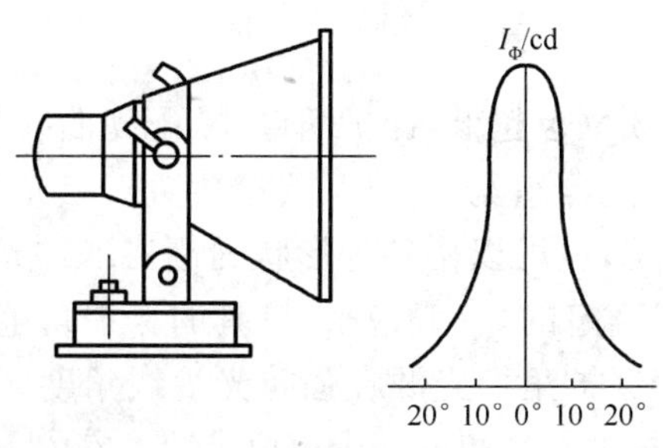

图 2-26　直角坐标配光曲线

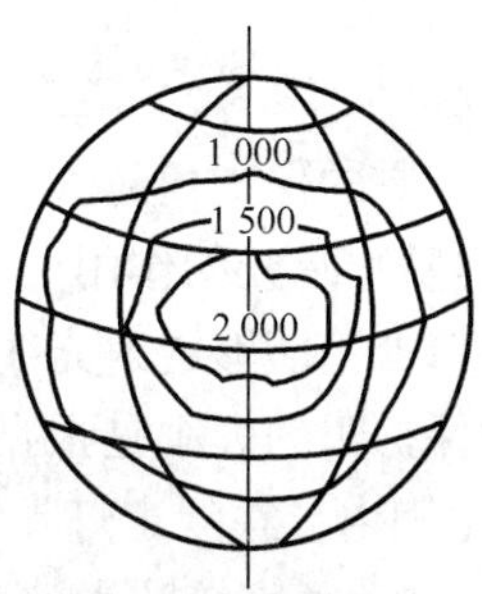

图 2-27　等光强曲线图

2. 灯具的效率

照明灯具效率定义为在规定条件下，测得的灯具发出的光通量占灯具内所有光源发出的总光通量的百分比，称为灯具效率。其定义式如下：

$$\eta=\frac{\Phi_2}{\Phi_1}\times 100\% \tag{2-2}$$

式中：η——照明灯具的效率；

Φ_2——灯具发出的光通量，单位是流明，lm；

Φ_1——光源发出的总光通量，单位是流明，lm。

由于灯具的形状不同，所使用的材料不同，光源的光通量在出射时，将受到灯具如灯罩的折射与反射，使得实际光通量下降，因此效率与选用灯具材料的反射率或透射率以及灯具的形状有关。灯具效率永远是小于1的数值，灯具的效率越高说明灯具发出的光通量越多，入射到被照面上的光通量也越多，被照面上的照度越高，越节约能源。

3. 灯具的保护角

在视野内由于亮度的分布或范围不适宜，在空间上存在着极端的亮度对比，以致引起不舒适和降低目标可见度的视觉状况称为眩光。

眩光对视力有很大的危害，严重的可使人晕眩。长时间的轻微眩光，也会使视力逐渐降低。当被视物体与背景亮度对比超过1∶100时，就容易引起眩光。眩光可由光源的高亮度直接照射到眼睛而造成，也可由镜面的强烈反射所造成，限制眩光的方法一般是使灯具有一定的保护角（又叫遮光角），或改变安装位置和悬挂高度，或限制灯具的表面亮度。

所谓保护角是指投光边界线与灯罩开口平面的夹角，用符号γ表示。几种灯具的保护角示意见图2-28所示。

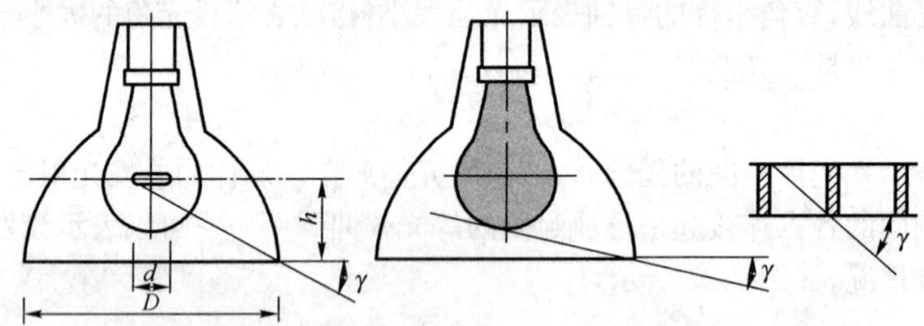

图2-28　几种灯具的保护角示意图

一般灯具的保护角越大，则配光曲线越狭小，效率也越低，保护角越小，配光曲线越宽，效率越高，但防止眩光的作用也随之减弱。在要求配光分布宽广，且又要避免直接眩光时，应该在灯具开口处用能够透射光线的玻璃灯罩包合光源，也可以用各种形状的栅格罩住光源。照明灯具的保护角的大小是根据眩光作用的强弱来确定的，一般说来，灯具的保护角范围应在10°～30°范围内。在规定灯具的最低悬挂高度下，保护角把光源在强眩光视线角度区内隐藏起来，从而避免了直接眩光，它是评价照明质量和视觉舒适感的一个重要参数。室内一般照明灯具的遮光角和最低悬挂高度，见表2-19。

室内一般照明灯具的最低悬挂高度　　表 2-19

光源种类	灯具形式	灯具遮光角	光源功率(W)	最低悬挂高度(m)
白炽灯	有反射罩	10°～30°	≤100	2.5
			150～200	3.0
			300～500	3.5
	乳白玻璃漫射罩	—	≤100	2.0
			150～200	2.5
			300～500	3.0
荧光灯	无反射罩	—	≤40	2.0
			>40	3.0
	有反射罩	—	≤40	2.0
			>40	2.0
荧光高压汞灯	有反射罩	10°～30°	<125	3.5
			125～250	5.0
			≥400	6.0
	有反射罩带格栅	>30°	<125	3.0
			125～250	4.0
			≥400	6.0
金属卤化物灯、高压钠灯、混光光源	有反射罩	10°～30°	<150	4.5
			125～250	5.5
			250～400	6.5
			>400	7.5
	有反射罩带格栅	>30°	<150	4.0
			150～250	4.5
			250～400	5.5
			>400	6.5

三、灯具的分类

照明灯具的分类通常以灯具的光通量在空间上下部分的分配比例分类；或者按灯具的结构特点分类；或者按灯具的安装方式来分类等等。

1. 按光通在空间分配特性分类

以照明灯具光通量在上下空间的分配比例进行分类，可分为直接型、半直接型、漫射型、半间接型和间接型 5 种，它们分别如表 2-20 所示。

按光通在空间上下部分的分配比例分类　　表 2-20

类型	直接型	半直接型	漫射型	半间接型	间接型
配光曲线					
光通分布	上半球:0%～10% 下半球:100%～90%	上半球:10%～40% 下半球:90%～60%	上半球:40%～60% 下半球:60%～40%	上半球:60%～90% 下半球:40%～10%	上半球:90%～100% 下半球:10%～0%
灯罩材料	不透光材料	半透光材料	漫射透光材料	半透光材料	不透光材料

(1)直接型灯具

直接型灯具的用途最广泛,它的大部分光通量向下照射,所以灯具的光通量利用率最高,其特点是光线集中,方向性很强,这种灯具适用于工作环境照明,并且应当优先采用。另一方面由于灯具的上下部分光通量分配比例较为悬殊和光线的集中,容易产生对比眩光和较重阴影。

直接型灯具又可按其配光曲线的形状分为:特深照型、深照型、广照型、配照型和均匀配照型 5 种,它们的配光曲线见图 2-29a)。直接型灯具的外形图,见图 2-29b)。

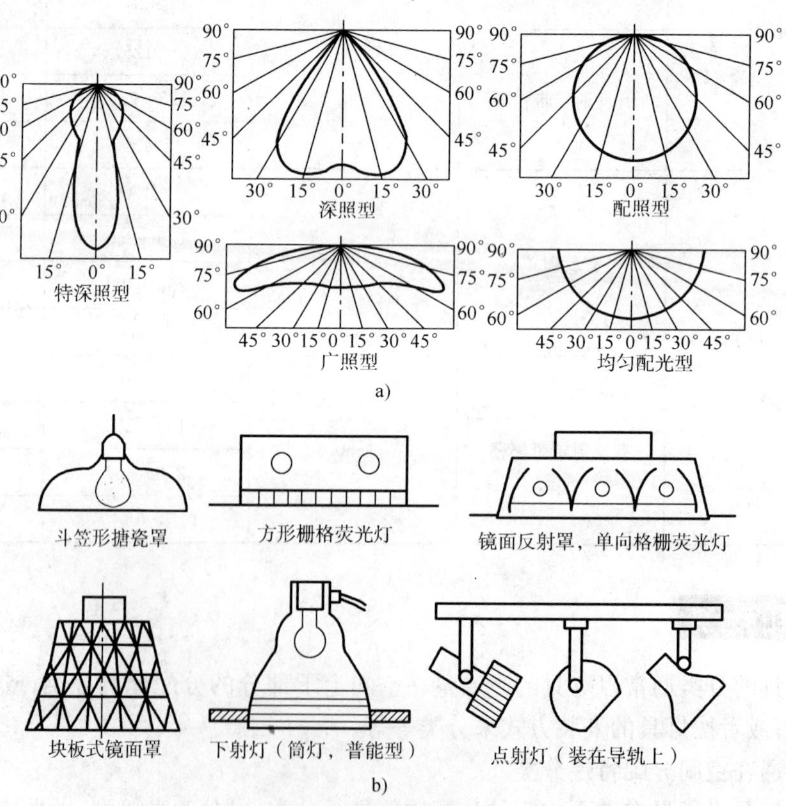

图 2-29　直接型灯具配光曲线及外形图

a)直接型灯具的几种配光曲线;b)几种直接型灯具外形

深照型灯具和特深照型灯具的光线集中，适应于高大厂房或要求工作面上有高照度的场所。这种灯具配备镜面反射罩并以大功率的高压钠灯、金属卤化物灯作光源，能将光控制在狭窄的范围内，获得很高的轴线光强。在这种灯具照射下，水平照度高，阴影很浓，适用于一般厂房和仓库等地方。

广照型灯具一般作路灯照明，它的主要优点有：直接眩光区亮度低，直接眩光小；灯具间距大，有均匀的水平照度，这便于使用光通输出高的高效光源，减少灯具数量，产生光幕反射的几率亦相应减小；有适当的垂直照明分量。

敞口式直接型荧光灯具纵向几乎没有遮光角，在照明舒适要求高的情况下，常要设遮光栅格来遮蔽光源，减小灯具的直接眩光。

点射灯和嵌装在顶棚内的下射灯也属直接型灯具，光源为白炽灯、节能荧光灯和卤钨灯，见图 2-29。

(2)半直接型灯具

半直接型灯具也有较高的光通利用率，它能将较多的光线照射到工作面上，又能发出少量的光线照射顶棚，减小了灯具与顶棚间的强烈对比，使室内环境亮度更舒适，常用于办公室、书房等场所。其外形图见图 2-30。

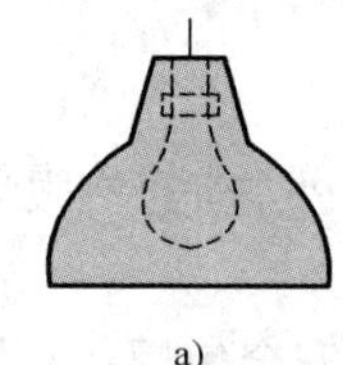
a)

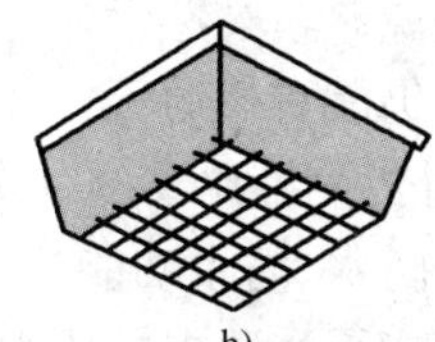
b)

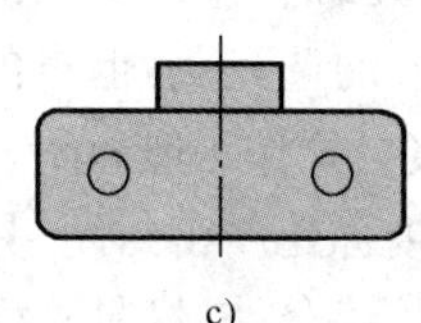
c)

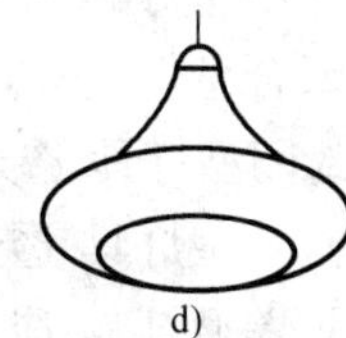
d)

图 2-30　半直接型灯具

a)碗形灯；b)吸顶灯；c)荧光灯；d)吊灯

(3)均匀漫射型灯具

均匀漫射型灯具将光线均匀地投向四面八方，对工作面而言，光通利用率较低。这类灯具是用漫射透光材料制成封闭式的灯罩，造型美观，光线柔和均匀，适用于起居室、会议室和厅堂照明，其外形见图 2-31。

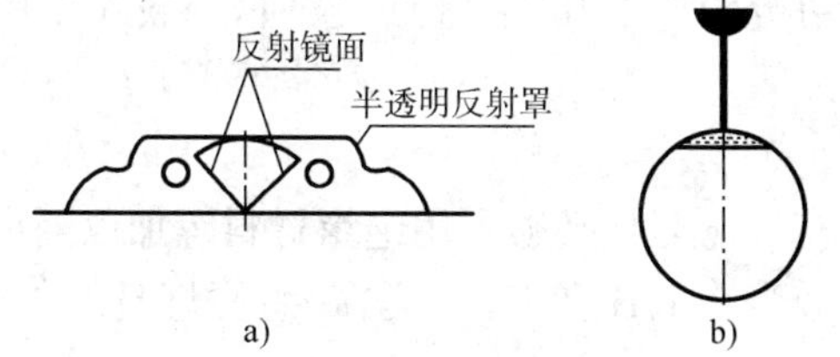

a)

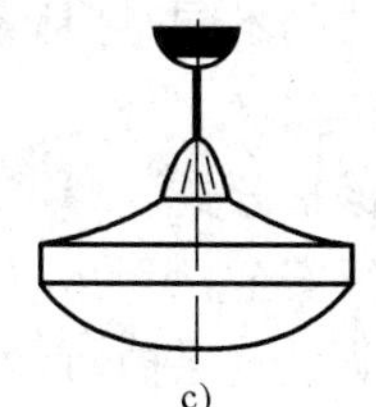
b)

c)

图 2-31　均匀漫射型灯具

a)组合荧光灯；b)乳白玻璃灯具；c)乳白玻璃灯具

(4)半间接型灯具

半间接型灯具大部分光线投向顶棚和上部墙面，增加了室内的间接光，光线更为柔和宜人。这类灯具上半部用透光材料制成，下半部用漫射透光材料制成，在使用过程中上半部容易积灰尘，会影响灯具的效率，其外形见图 2-32。

(5)间接型灯具

这类灯具将光线全部投向顶棚,使顶棚成为二次光源。因此,室内光线扩散性极好,光线均匀柔和,几乎没有阴影和光幕反射,也不会产生直接眩光。但光通损失较大,不经济,常用于起居室和卧室,其外形见图 2-33。

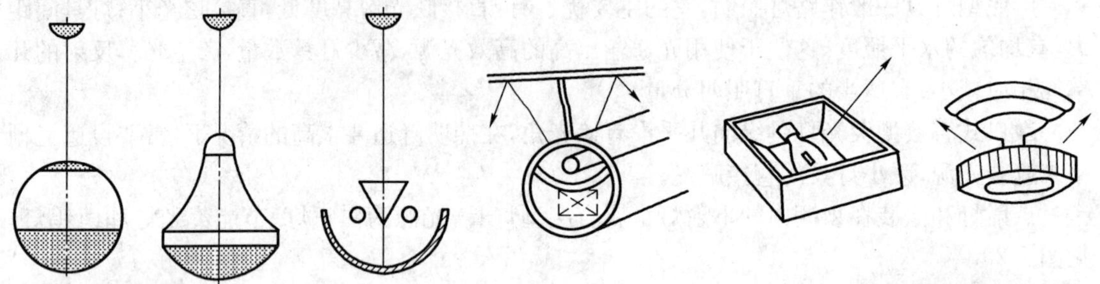

图 2-32　半间接型灯具　　　　图 2-33　间接型灯具

2. 按灯具的结构分类

按灯具的结构分类可以分为以下几种。

(1)开启型灯具 无灯罩,光源直接照射周围环境。

(2)闭合型灯具 具有闭合的透光罩,但罩内外仍能自然通气,不防尘。

(3)封闭型灯具 透光罩接合处作一般封闭,与外界隔绝比较可靠,罩内外空气可有限流通。

(4)密闭型灯具 透光罩接合处严密封闭,具有防水、防尘功能。

(5)防爆型灯具 透光罩及接合处,灯具外壳均能承受要求的压力,能安全使用在有爆炸危险的场所。

(6)隔爆型灯具 灯具结构特别坚实,即使发生爆炸也不会破裂,适用于有可能发生爆炸的场所。

(7)防振型灯 这种灯具采取了防振措施,可安装在有振动的设施上,如行车、吊车或有振动的车间、码头等场所。

(8)防腐型灯具 灯具外壳采用防腐材料,且密封型好,适用于具有腐蚀性气体的场合。

3. 按安装方式分类

根据安装方式的不同,灯具大致可分为如下几类:壁灯、吸顶灯、嵌入式灯、吊灯、地脚灯、移动式灯、应急灯等。

4. 按防触电保护分类

为了保证电气安全,照明灯具所有带电部分必须采用绝缘材料等加以隔离,这种保护人身安全的措施称为防触电保护,它可以分为 0、I、II 和 III 四类,每一类灯具的主要性能及其应用情况见表 2-21。

灯具的防触电保护分类　　表 2-21

灯具等级	灯具主要性能	应用说明
0类	保护依赖基本绝缘是在易触及外壳和带电体间的绝缘	适用环境好的场合,且灯具安装、维护方便,如空气干燥、尘埃少、木地板等条件下的吊灯等
I类	出基本绝缘外,易触及的部分及外壳有接地装置,一旦基本绝缘实效时,不致有危险	用于金属外壳灯具,如投光灯、路灯、庭院灯等,提高了安全程度

续上表

灯具等级	灯具主要性能	应用说明
II类	除基本绝缘外，易触及的部分及外壳有接地装置，一旦基本绝缘失效时，不致有危险	绝缘性好，安全程度高，适用于环境差、人经常触摸的灯具，如台灯、手提灯等
III类	采用特低安全电压交流有效值<50V，且灯内不会产生高于此值的电压	灯具安全程度最高，用于恶劣环境，如机床工作台灯、儿童用灯等

从电气安全角度看，0类灯具的安全保护程度最低，目前有些国家从安全的角度出发，已不允许生产0类照明器具；I、II类安全保护程度较高，一般情况下可采用I类或II类灯具；III类安全保护程度最高，在使用条件或使用方法恶劣的场所应使用III类灯具。总之在照明设计时，应综合考虑使用场所的环境、操作对象、安装和使用位置等因素，选用合适类别的灯具。

四、灯具的选择

灯具的选择应首先满足使用功能和照明质量的要求，同时便于安装与维护，并且长期运行费用低。基于这些要求，应优先采用高效节能电光源和高效灯具。对于灯具的具体选择应考虑如下原则。

1. 根据灯具的特性选择

(1)根据灯具的配光曲线合理选择灯具

选择灯具应使其出射光通量最大限度地落到工作面上，最大限度地实现节能，即有较高的利用系数。利用系数值取决于灯具效率、灯具配光、室内装修等因素。

(2)尽量选择不带附件的一体化灯具

灯具带的格栅、棱镜、有机玻璃板、各种装饰罩等附件，其作用是改变光线的方向，减少眩光，增加美感和装饰效果。同时，这些附件引起灯具的效率下降，灯泡温度上升，灯具、灯泡的寿命降低。因此，尽量选择不带附件的一体化灯具，如大型公共建筑物内多采用直接型、半直接型的天棚筒灯照明。

(3)尽量选择具有高保持率的灯具

高保持率指在运行期间光通量降低较少。光通量降低包括光源光通量下降，灯具老化污染引起灯具输出光通量的下降。

①常用的照明光源中，在寿命期间内高压钠灯光通量降低最少，约为17%；金属卤化物灯光通量降低较大，约降低30%。白炽灯的光通量降低最多。

②灯具的表面易老化受污染，其反射罩的表面通常要进行特殊处理，目的是提高耐热冲击性能，增强罩的抗弯强度，提高表面光洁度，使其不易积灰，易于清洗和耐腐蚀等。(如:灯具宜采用石英玻璃涂层降低氧化腐蚀率；环境污染较大的场所宜采用活性碳过滤器提高灯具使用效率。)

2. 根据灯具的效率和经济性选择

选择灯具时，在保证满足使用功能和照明质量的前提下，应重点考虑灯具的效率和经济性，并进行初始投资费、年运行费和维修费的综合计算。其中初始投资费包括灯具费、安装费等；年运行费包括每年的电费和管理费；维修费包括灯具检修和更换费用等。

在满足眩光限制和配光要求条件下，应选用效率高的灯具，并应符合下列规定：

(1)荧光灯灯具的效率不应低于表2-22的规定。不得采用镜面不透光钢板制作格栅和反射器。

荧光灯灯具的效率 表2-22

灯具出光口形式	开敞式	保护罩(玻璃或塑料)			格栅	
		半透明	透明棱镜	漫射式	双抛物面	铝片
灯具效率(%)	75	50	65	55	60	65

(2)高强度气体放电灯灯具的效率不应低于表2-23的规定。

高强度气体放电灯灯具的效率 表2-23

灯具出光口形式	开敞式	格栅或透光罩
灯具效率(%)	75	60

3. 根据环境条件选择灯具

(1)在正常环境中，宜选用开启型灯具。

(2)在有蒸汽场所，当灯泡点燃时，由于温度升高，在灯具内产生正压，而灯泡熄灭后，由于灯具冷却，灯具内产生负压，将潮气吸入，容易使灯具内积水。因此，规定在潮湿场所应采用相应防护等级的防水灯具，至少也应该采用带防水灯头的开敞式灯具。

(3)有腐蚀性气体要求或蒸汽的场所，因各种介质的危害程度不同，所以对灯具的要求也不同。若采用密封式灯具，应采用耐腐蚀材料制作；或采用带防水灯头的开敞式灯具，各部件应有方腐蚀或防水措施。

(4)在高温场所，宜采用带散热构造和措施的灯具，或带散热孔的开敞式灯具。

(5)有尘埃场所，应按防尘等级选择适宜的灯具。

(6)有振动和摆动较大的场所，由于振动对光源寿命影响较大，甚至可能使灯泡自动松脱掉下，既不安全，又增加了维修工作量和费用。因此，在此种场所应采用防振型软性连接的灯具或防振的安装措施，并在灯具上加保护网，以防止灯泡掉下。

(7)光源可能受到机械损伤或自行脱落的场所，有可能造成人员伤害和财产损失，应采用有保护网的灯具，如在生产高精密贵重产品的高大工业厂房等场所。

(8)有爆炸和火灾危险的场所，其所使用的灯具，应符合国家现行相关标准和规范等的有关规定，如《爆炸和火灾危险环境电力设计规范》。

(9)有洁净要求的场所，应安装不易积尘和易于擦拭的洁净灯具，以有利于保持场所的洁净度，并减少维护的工作量和费用。

(10)需防止紫外线作用的场所，如在博物馆的展室或陈列柜，对于需防止紫外线作用的彩绘、织品等展品，需采用能隔紫外线的灯具和无紫光源。

总之，应根据不同工作环境条件，灵活、实用、安全地选用开启式、防尘式、封闭式、防爆式、防水式以及直接和半直接照明型等多种形式的灯具。

4. 灯具形状应与建筑物风格相协调

建筑物按建筑艺术风格可分为古典式和现代式、中式和欧式等。若建筑物为现代式建筑风格，其灯具应采用流线型，具有现代艺术的造型灯具。灯具外形应与建筑物相协调，不要破坏建筑物的艺术风格。

按建筑物的结构形式又有直线形、曲线形、圆形等。选择灯具时根据建筑结构的特征合理地选择和布置灯具，如在直线形结构的建筑物内，宜采用直管日光灯组成的直线光带或矩形布置，突出建筑物的直线形结构特征。

按建筑物的功能又分为民用建筑物、工业建筑物和其他用途建筑物等。在民用建筑物照明中，可采用照明与装饰相结合的照明方式。而在工业建筑物照明中，则以照明为主。

5. 符合防触电保护要求

6. 发热部件紧贴可燃材料时的要求

当灯具发热部件紧贴在可燃材料表面时，必须用带有▽F标志的灯具，以免采用一般灯具，导致可燃材料的燃烧，发生火灾事故。

7. 照明设计选择镇流器的原则

照明设计应按下列原则选择镇流器。

(1)自镇流荧光灯应配用电子镇流器。采用电子镇流器，使灯管在高频条件下工作，可提高灯具光效和降低镇流器的自身功耗，有利于节能，并且发光稳定，消除了频闪和噪声，有利于提高灯管的寿命。目前我国的自镇流荧光灯大部分采用电子镇流器。

(2)直管形荧光灯应配用电子镇流器或节能型电感镇流器。T8 直管形荧光灯应配用电子镇流器或节能型电感镇流器，不宜配用功耗大的传统电感镇流器，以提高光效；T5 直管形荧光灯(大于 14W)的应采用电子镇流器，因电感镇流器不能可靠启动 T5 灯管。

(3)高压钠灯、金属卤化物灯应配用节能型电感镇流器；在电压偏差较大的场所，宜配用恒功率镇流器；功率较小者可配用电子镇流器。

根据有关资料，当采用高压钠灯和金属卤化物灯时，宜配用节能型电感镇流器，它比普通电感镇流器节能；这类光源的电子镇流器时尚但不够稳定。对于功率小于或等于 150W 的高压钠灯和金属卤化物灯可配用电子镇流器，可以节能。但功率不大于或等于 250W，使用电子镇流器不一定节能。

(4)国产 36W 荧光灯用镇流器性能对比见表 2-24。

国产 36W 荧光灯用镇流器性能对比表　　表 2-24

比 较 对 象	普通电感镇流器	节能型电感镇流器	电子镇流器
自身功耗(W)	8～9	<5	3～5
系统光效比	1	1	1.2
价格比较	低	中	较高
重量比	1	1.5 左右	0.3 左右
寿命(年)	15～20	15～20	5～10
可靠性	较好	好	较好
电磁干扰(EMI)或无线电干扰(RFI)	较小	较小	在允许范围内
灯光闪烁度	有	有	无
系统功率因数	0.4～0.6(不补偿)	0.4～0.6(不补偿)	0.9 以上

思考题

1. 常用的照明点光源分几类？各类有哪几种灯？

2. 常用的电光源有哪些光电参数？它们如何反映光源的特性？

3. 试说明卤钨灯的工作原理？

4. 简述荧光灯的发光原理和它的发光颜色由什么决定？并说明荧光灯各种分类。

5. 高压钠灯的最大优点是什么？常用于哪些场合？

6. 简述金属卤化物灯的特点？

7. 霓虹灯的工作电压是多少？其产生的颜色与什么有关？

8. 简述LED发光二极管工作原理和特点。目前LED发光二极管灯具主要用于何种场合。

9. 选用电光源时，应遵循哪些原则？

10. 照明设计时，应遵循哪些条件选择电光源？

11. 灯具具有哪些作用？

12. 灯具配光曲线的用途是什么？

13. 直接型灯具的配光曲线为什么要设计成宽、中、窄各种类型？

14. 什么是灯具的保护角？灯具保护角的作用是什么？保护角的范围一般是多少？

15. 灯具如何进行分类？

16. 灯具按外壳等级分为哪几类？如何选用？

17. 灯具按防触电保护分几类？如何选用？

18. 选择灯具时应考虑哪几个方面？

19. 什么是灯具的效率？如何提高灯具的效率？

20. 镇流器的选择原则是什么？

第三章 室内灯具的布置与计算

第一节 室内灯具的布置

一、概述

灯具的布置，即确定灯具在房间内的空间位置。它与光的投射方向、工作面的照度、照度的均匀性、眩光的限制以及阴影等都有直接的影响。灯具的布置是否合理还关系到照明安装容量和投资费用，以及维护检修方便与安全。正确地选择布灯方式应着重考虑以下几方面：

(1)灯具布置必须以满足生产工作、活动方式的需要为前提，充分考虑被照面照度分布是否均匀，有无挡光阴影及引起的光的程度。

(2)灯具布置的艺术效果与建筑物是否协调，产生的心理效果及造成的环境气氛是否恰当。

(3)灯具安装是否符合电气技术规范和电气安全的要求，并且便于安装、检修与维护。

二、一般照明方式典型布灯法

1. 点光源布灯

点光源布灯是将灯具在顶棚上均匀地按行列布置，如图 3-1 所示。灯具与墙的间距取灯间距离的 1/2 倍，如果靠墙区域有工作桌或设备，灯距墙也可取 1/3～1/4 的灯间距。

2. 线状光源布灯

如图 3-2 所示，布置线状光源时希望光带与窗子平行，光线从侧面投向工作桌，灯管的长度方向与工作桌长度方向垂直，这样可以减少光幕反射引起的视觉功能下降。靠墙光带与墙之间的距离一般取 $S/2$，若靠墙有工作台可取 $S/3$～$S/4$，光带端部与墙的距离不大于 500 mm。

$S_2/2$　S_2　$S_2/2$　$S_1/2$　S_1

图 3-1　点光源布灯

线状布灯方式下，房间内光带最少排数

$$N = \frac{房间宽度}{最大允许间距}$$

线光源纵向灯具的个数

$$N_1 = \frac{房间长度 - 1}{光源长度}(个)$$

式中，房间长度和光源长度的单位是 m。

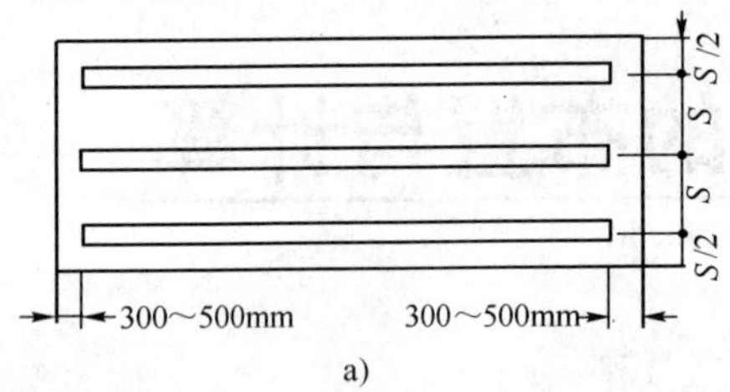

a)

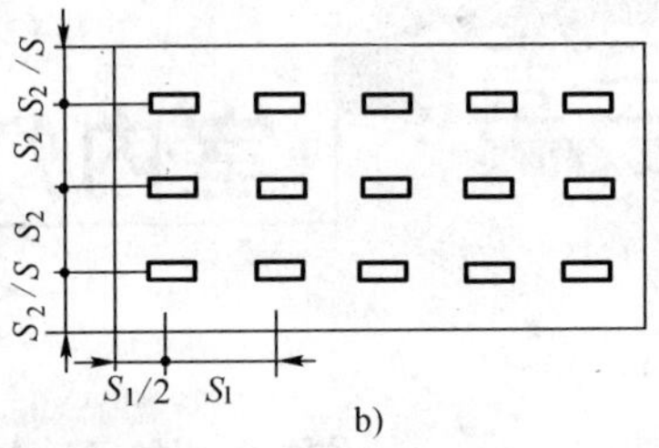

b)

图 3-2　线状光源布灯法

a)为光带布灯方式；b)为间隔布灯方式

三、装饰布灯

1. 天棚装饰布灯法

建筑物内装修标准很高时，布灯也应采用高标准，以便与建筑物的富丽堂皇相协调。布灯时常按一定几何图案布置，如直线形、角形、梅花形、葵花形、圆弧形、渐开线形、满天星形或它们的组合方案，如图 3-3、图 3-4 和图 3-5 所示。

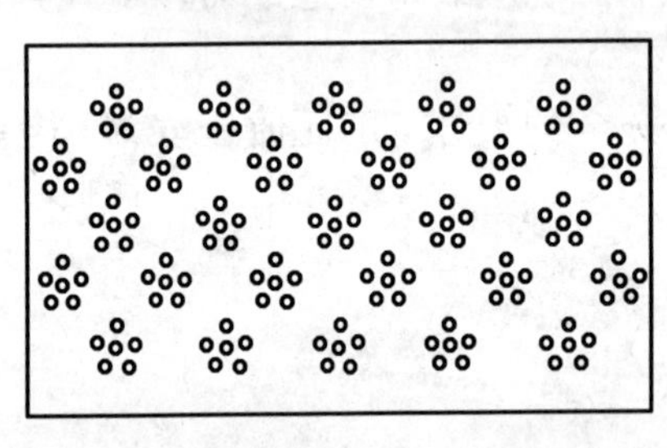

图 3-3　梅花形布灯

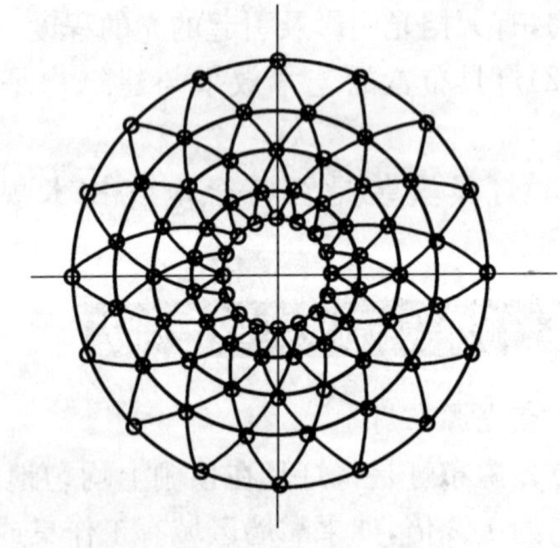

图 3-4　渐开线形布灯

采用线状光源时，也可布置成线状横向、线状纵向、光带或线状格子等布灯方案，如图3-6、图 3-7 和图 3-8 所示。

线状光源横向布灯的特点是工作面照度分布均匀，并造成一种热烈气氛，且舒适感良好。

线状光源纵向布灯的特点是诱导性好，工作面照度均匀，舒适感良好。

线状光源格子布灯的特点是从各个方向进入室内时有相同的感觉，适应性好，有排列整齐感，照度分布均匀，舒适性好。

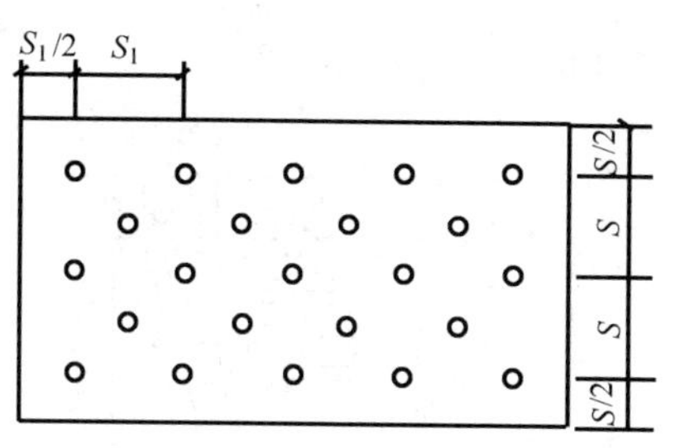

图 3-5 组合布灯

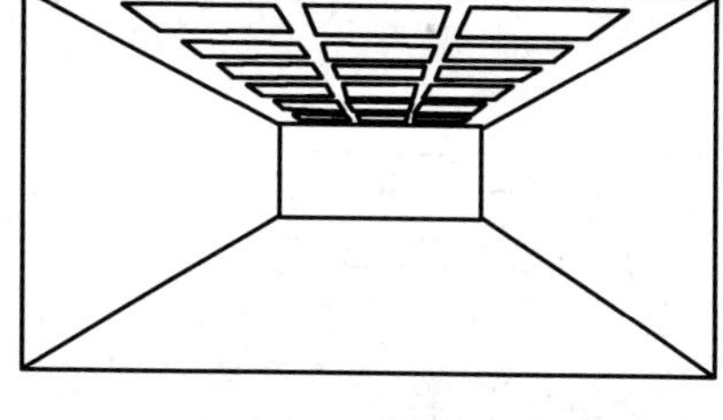

图 3-6 线状光源横向布灯

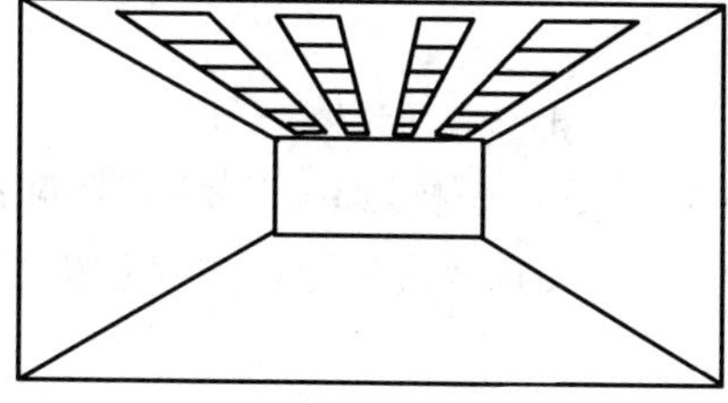

图 3-7 线状光源纵向布灯

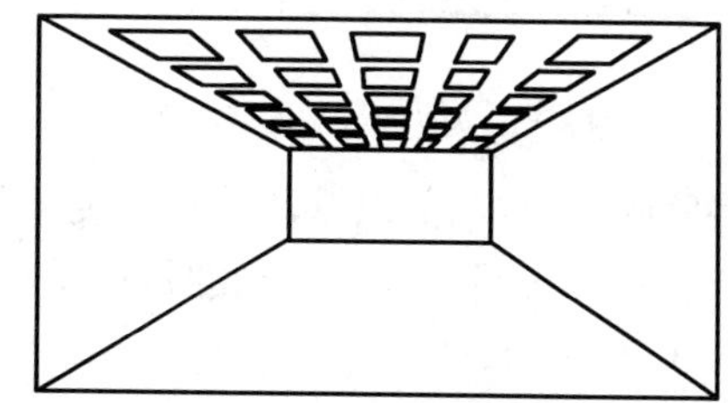

图 3-8 线状光源格子布灯

2. 室内装修配合布灯法

现代照明不仅是为提供一定照度水平，许多场合还用光作装饰，以使环境更加优美，并创造出丰富多彩的光环境，使场景气氛更加诱人。下面列举五种布置方式，如图 3-9～图 3-13 所示。

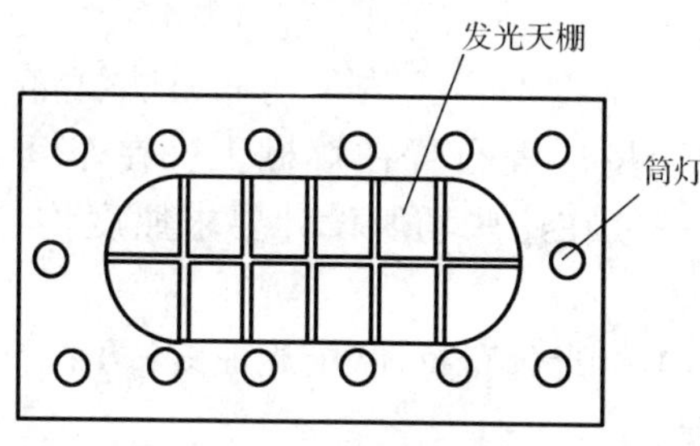

图 3-9 发光天棚

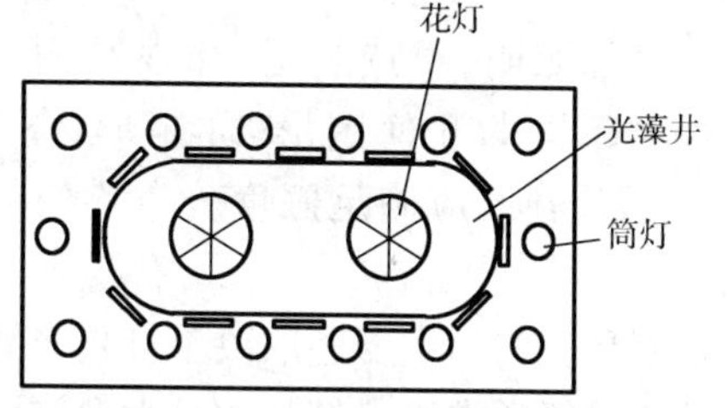

图 3-10 光藻井

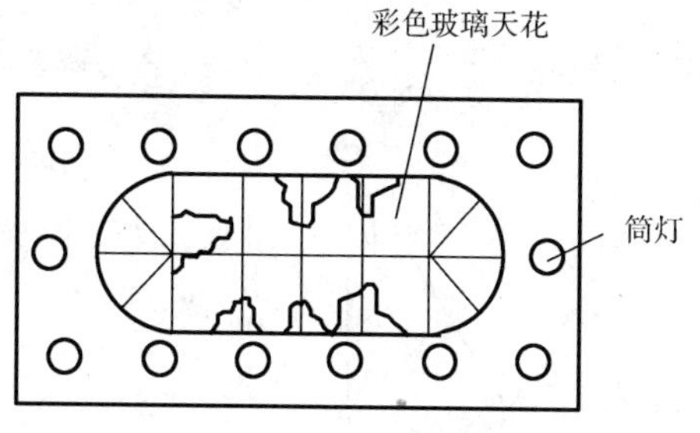

图 3-11 彩色玻璃天棚

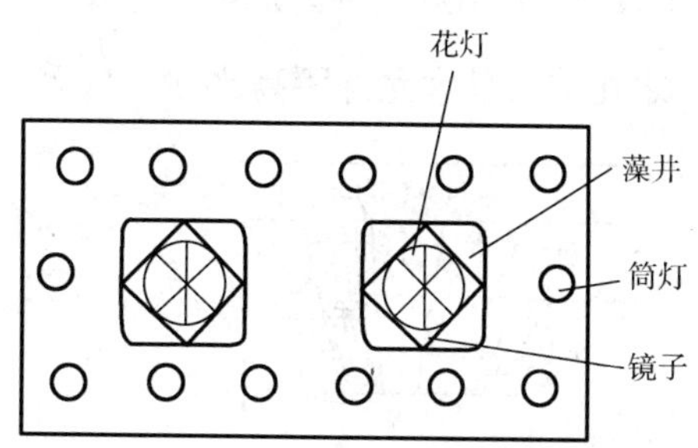

图 3-12 顶极藻井花灯

3. 组合天棚式和成套装置式照明

将天棚和灯具结合在一起，构成天棚式照明，如图 3-14 所示。这种照明方式的优点是造型美观，照度均匀，便于施工。

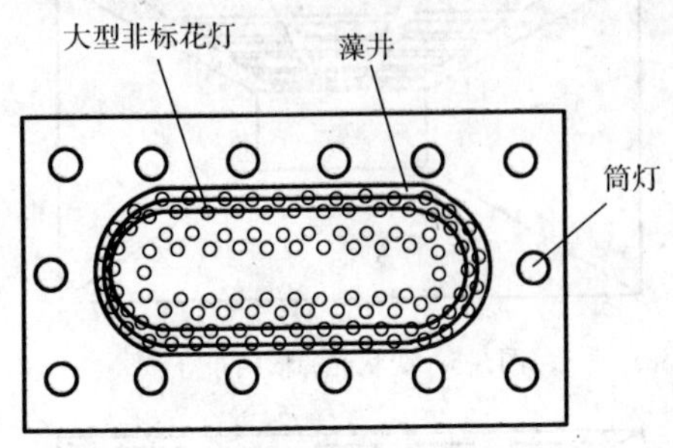

图 3-13　天花藻井装大型花灯

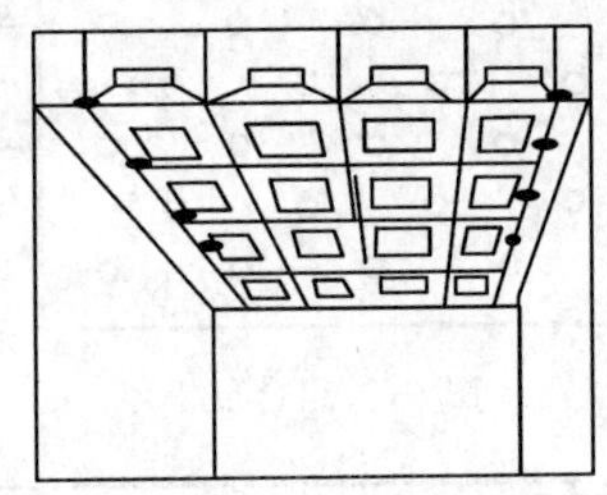

图 3-14　组合天棚式照明

将照明器、空调器以及消除噪声装置和防火报警装置等统一安排,综合排列在顶棚上,形成成套装置式照明。这种布局的特点是美观合理,结构紧凑,具有现代化特色。成套装置式照明如图 3-15 所示。

四、灯具的悬挂高度

为了达到良好的照明效果,避免眩光的影响;保证人们活动的空间、防止碰撞产生;避免发生触电,保证用电安全,灯具要具有一定的悬挂高度,对于室内照明而言,通常最低悬挂高度为 2.4m。

五、满足照度分布均匀的合理性

与局部照明、重点照明、加强照明不同,大部分建筑物都会按均匀的布灯方式布灯,也可按照不同的几何图形,如矩形、菱形、角形、满天星形等布置在灯棚上。在车间、商店、大厅等场所,应满足照度分布均匀的基本条件,一般在这些场所设计要求照度均匀度不低于 0.7。

照度是否均匀主要还取决于灯具布置间距和灯具本身光分布特性(配光曲线)两个条件。为了设计方便常常给出灯具的最大允许距高比值 S/H。

如图 3-16,当灯下面的照度 E_0 等于相邻灯具中点处的照度 E_1 时,此两灯的间距 S 与高度 H 之比称为最大允许距高比,此时,$E_1=\frac{E_0}{2}+\frac{E_0}{2}=E_0$。

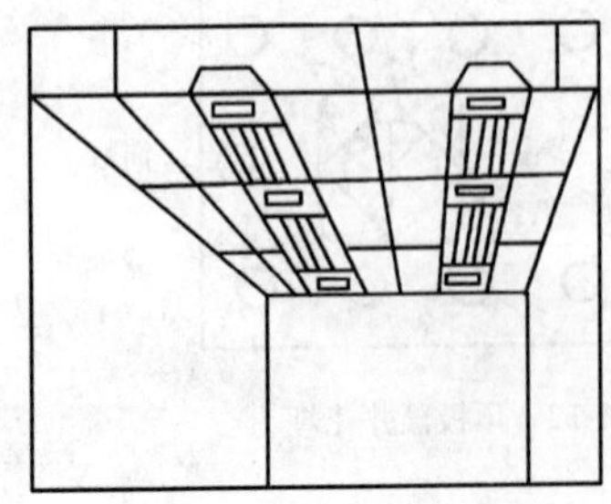

图 3-15　成套装置式照明

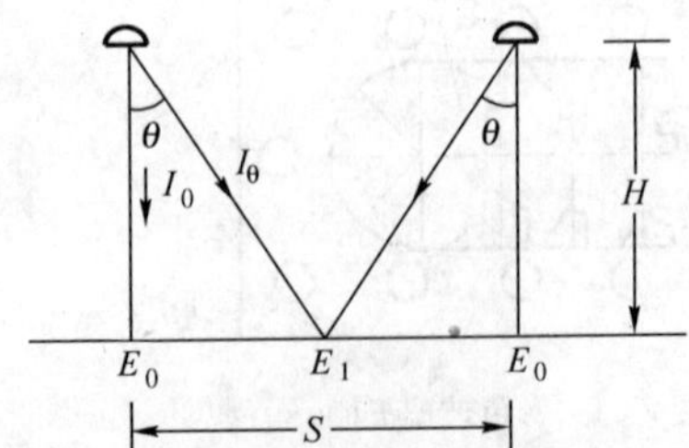

图 3-16　最大允许距高比示意图

图中:I_0—灯具投射角为 0°时的光强(cd);I_θ—灯具投射角为 θ 时的光强(cd);H—灯具安装高度(m);S—两灯的间距(m)。

最大允许距高比 S/H 还有另一种定义方法，即四个相邻灯具在场地中央的照度之和与一个灯具在垂直地面下方的照度相等时，布灯的 S/H 值称为最大允许距高比。

最大允许距高比利用照明器直射光计算得出。对漫射配光灯具，要考虑房间内的光反射作用，所以应将距高比提高 1.1～1.2 倍；对非对称灯具，如荧光灯具、混光灯具等应给出两个方向的 S/H 值。为保证照度的均匀性，在任何情况下布灯的距高比要小于最大允许距高比。

根据研究，各种灯距最有利的距高比如表 3-1。在已知灯具至工作面的高度 H，并根据表中的 S/H 值，就可以确定灯具的间距 S。图 3-17 给出了点光源灯具的几种布置和 S 的计算。

灯具最有力的距高比 S/H 表 3-1

灯 具 形 式	相对距离 S/H		宜采用单行布置的房间高度
	多行布置	单行布置	
乳白玻璃圆球灯，散照型防水，防尘灯，天棚灯	2.3～3.2	1.9～2.5	1.3H
无漫透射罩的配照型灯	1.8～2.5	1.8～2.0	1.2H
搪瓷深照型灯	1.6～1.8	1.5～1.8	1.0H
镜面深照型灯	1.2～1.4	1.2～1.4	0.75H
有反射照的荧光灯	1.4～1.5	—	—
有反射照的荧光灯，带栅格	1.2～1.4	—	—

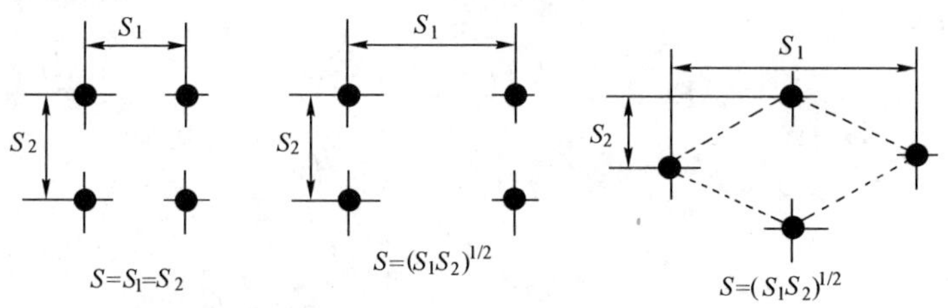

图 3-17 点光源灯具的几种布置方式及 S 的计算

第二节 室内照度计算

当灯具的形式和布置方案确定之后，就可以根据室内的照度标准要求，确定每盏灯的灯功率及装设总功率。反之，亦可根据已知的灯功率，计算出工作面的照度，以检验其是否符合照度标准要求。

照度计算的方法通常有利用系数法、单位功率法和逐点计算法三种。利用系数法、单位功率法主要用来计算工作面上的平均照度；逐点计算法主要用来计算工作面任意点的照度。任何一种计算方法都只能做到基本准确。计算结果的误差范围在－10％～＋10％。

一、利用系数法

利用系数法是计算工作面上平均照度常用的一种计算方法。它是根据光源的光通量、房间的几何形状、灯具的数量和类型确定工作面平均照度的计算方法，又称流明计算法。工作面上的光通量通常是直接照射和经过室内表面反射后间接照射的光通量之和，因此在计算光通量时，要进行直接光通量与间接光通量的计算，增加了计算的难度。因此在实际设计时，引入利用系数的概念，使问题简化。

计算平均照度的基本公式

$$E_{av} = \frac{\Phi NUK}{A} \tag{3-1}$$

式中：E_{av}——工作面上的平均照度，lx；

Φ——光源光通量，lm；

N——光源数量；

U——利用系数；

K——灯具的维护系数，维护系数见表 1-25。

1. 室内空间的表示方法

为了方便计算，将一(l×w)矩形房间从空间高度 h 上分成三部分，灯具出光口平面到顶棚之间的空间叫顶棚空间 h_c；工作面到地面之间的空间叫地板空间 h_f；灯具出光口平面到工作面之间的空间叫室空间 h_r，如图 3-18 所示。灯具利用系数法中描述室形空间状况有两种形式：室形指数 i 和室空间比 RCR。

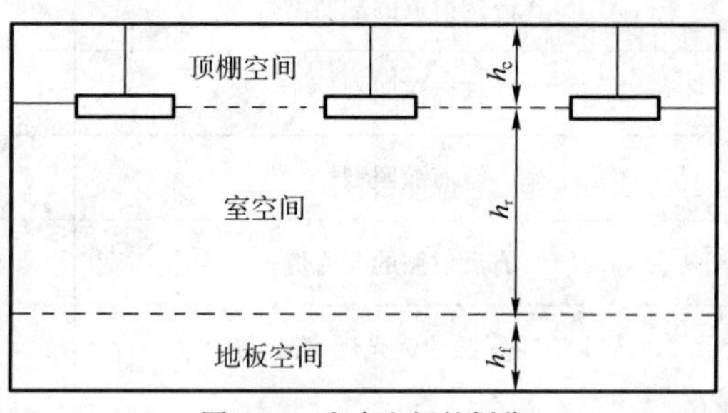

图 3-18　室内空间的划分

室空间比

$$\mathrm{RCR} = \frac{5h_r(l+w)}{l \times w} \tag{3-2}$$

室形指数

$$i = \frac{l \times w}{h_r(l \times w)} \tag{3-3}$$

顶棚空间比

$$\mathrm{CCR} = \frac{5h_c(l+w)}{l \times w} = \frac{h_c}{h_r} \times \mathrm{RCR} \tag{3-4}$$

地板空间比

$$\mathrm{FCR} = \frac{5h_f(l+w)}{l \times w} = \frac{h_f}{h_r} \times \mathrm{RCR} \tag{3-5}$$

式中：l——室长，m；

w——室宽，m；

h_c——顶棚空间高，即灯具的垂度，m；

h_r——室空间高，即灯具的计算高度，m；

h_f——地板空间高，即工作面的高度，m。

2. 有效空间反射比

为使计算简化，将顶棚空间视为位于灯具平面上且具有有效反射比 ρ_c 的假想平面。同

样，将地板空间视为位于工作面上且具有有效反射比 ρ_f 的假想平面。光在假想平面上的反射效果同实际效果一样。有效空间反射比由公式(3-6)计算

$$\rho_0 = \frac{\rho A_0}{A_s - \rho A_s + \rho A_0} \tag{3-6}$$

式中：ρ_0 ——顶棚或地板空间各表面的平均反射比；

A_0 ——顶棚或地板平面面积，m^2；

A_s ——顶棚或地板空间内所有表面积的总面积，m^2。

一个面或多个面内各部分的实际反射比各不相同时，其平均反射比的计算公式是

$$\rho = \frac{\sum \rho_i A_i}{\sum A_i} \tag{3-7}$$

式中：A_i ——第 i 块表面的面积；

ρ_i ——该表面的实际反射比。

长期连续作业(超过 7 个小时)受照房间的反射比可按表 3-2 确定，实际建筑表面(含墙壁、顶棚和地板)的反射比近似值可按表 3-3 确定。

房间表面的反射比　　表 3-2

表面名称	顶　棚	墙　壁	地　面	作业面
反射比	0.6～0.9	0.3～0.8	0.1～0.5	0.2～0.6

建筑表面的反射比近似值　　表 3-3

建筑表面情况	反射比(%)
刷白的墙壁、顶棚、窗子装有白色窗帘	70
刷白的墙壁，但窗子未装窗帘，或挂有深色窗帘；刷白的顶棚，但房间潮湿；虽未刷白，但墙壁和顶棚干净光亮	50
有窗子的水泥墙壁、水泥顶棚；木墙壁、木顶棚；糊有浅色纸的墙壁、顶棚；水泥地面	30
有大量深色灰尘的墙壁、顶棚；无窗帘遮蔽的玻璃窗；未粉刷的砖墙；糊有深色纸的墙壁、顶棚；较脏污的水泥地面、油漆、沥青等地面	10

3. 利用系数 U

利用系数是灯具光强分布、灯具效率、房间形状、室内表面反射比的函数，其计算比较复杂。为此常按一定条件编制灯具利用系数表，以供设计人员使用。

表 3-4 是 YG1—型 40W 荧光灯具的利用系数表，该表在使用时允许采用内插法计算。表上所列的利用系数是地板空间反射比为 0.2 时的数值，若地板空间反射比不是 0.2 时，则应用适当的修正系数进行修正。如计算精度要求不高，也可不做修正。

YG1-1 型 40W 荧光灯具的利用系数表 表 3-4

有效顶棚反射系数(%)	70				50				30				10				0
墙反射系数(%)	70	50	30	10	70	50	30	10	70	50	30	10	70	50	30	10	0
室空间系数																	
1	0.75	0.71	0.67	0.63	0.67	0.63	0.60	0.57	0.59	0.56	0.54	0.52	0.52	0.50	0.48	0.46	0.43
2	0.68	0.61	0.55	0.50	0.60	0.54	0.50	0.46	0.53	0.48	0.45	0.41	0.46	0.43	0.40	0.37	0.34
3	0.61	0.53	0.46	0.41	0.54	0.47	0.42	0.38	0.47	0.42	0.38	0.34	0.41	0.37	0.34	0.31	0.28
4	0.56	0.46	0.39	0.34	0.49	0.41	0.36	0.31	0.43	0.37	0.32	0.28	0.37	0.33	0.29	0.26	0.23
5	0.51	0.41	0.34	0.29	0.45	0.37	0.31	0.26	0.39	0.33	0.28	0.24	0.34	0.29	0.25	0.22	0.20
6	0.47	0.37	0.30	0.25	0.41	0.33	0.27	0.23	0.36	0.29	0.25	0.21	0.32	0.26	0.22	0.19	0.17
7	0.43	0.33	0.26	0.21	0.38	0.30	0.24	0.20	0.33	0.26	0.22	0.18	0.29	0.24	0.20	0.16	0.14
8	0.40	0.29	0.23	0.18	0.35	0.27	0.21	0.17	0.31	0.24	0.19	0.16	0.27	0.21	0.17	0.14	0.12
9	0.37	0.27	0.20	0.16	0.33	0.24	0.19	0.15	0.29	0.22	0.17	0.14	0.25	0.19	0.15	0.12	0.11
10	0.34	0.24	0.17	0.13	0.30	0.21	0.16	0.12	0.26	0.19	0.15	0.11	0.23	0.17	0.13	0.10	0.09

4. 应用利用系数法计算平均照度的步骤

(1)计算室空间比 RCR、顶棚空间比 CCR、地板空间比 FCR。

(2)计算顶棚空间的有效反射比。按公式(3-6)求出顶棚空间有效反射系数 ρ_c，当顶棚空间各面反射比不等时，应求出各面的平均反射比，然后代入公式(3-6)求出。

(3)计算墙面平均反射比。由于房间开窗或装饰物遮挡等原因引起的墙面反射比的变化。求利用系数时，墙面反射比应采用加权平均值，可利用公式(3-8)求得。

(4)计算地板空间有效反射比。地板空间同顶棚空间一样，可利用同样的方法求出有效反射比。应注意的是，利用系数表中的数值是按照 $\rho=20\%$ 算出。当 ρ 不是该值时，若要求较精确的结果，则应修正利用系数，修正系数见表 3-5。如计算精度要求不高，也可不做修正。

$\rho_f \neq 20\%$ 时的修正系数 表 3-5

有效天棚空间反射率 ρ_{cc}(%)	80				70				50			30		
墙壁反射率 ρ_w(%)	70	50	30	10	70	50	30	10	50	30	10	50	30	10
有效地板空间反射率 $\rho_{fe}=30\%$ 时														
室空间系数														
1	1.092	1.082	1.075	1.068	1.077	1.070	1.064	1.059	1.049	1.044	1.040	1.028	1.026	1.023
2	1.079	1.066	1.055	1.047	1.068	1.057	1.048	1.039	1.041	1.033	1.027	1.026	1.021	1.017
3	1.070	1.054	1.042	1.033	1.061	1.048	1.037	1.028	1.034	1.027	1.020	1.024	1.017	1.012
4	1.062	1.045	1.033	1.024	1.055	1.040	1.029	1.021	1.030	1.022	1.015	1.022	1.015	1.010
5	1.056	1.038	1.026	1.018	1.050	1.034	1.024	1.015	1.027	1.018	1.012	1.020	1.013	1.008
6	1.052	1.033	1.021	1.014	1.047	1.030	1.020	1.012	1.024	1.015	1.009	1.019	1.012	1.006
7	1.047	1.029	1.018	1.011	1.043	1.026	1.017	1.009	1.022	1.013	1.007	1.018	1.010	1.005
8	1.044	1.026	1.015	1.009	1.040	1.024	1.015	1.007	1.020	1.012	1.006	1.017	1.009	1.004
9	1.040	1.024	1.014	1.007	1.037	1.022	1.014	1.006	1.019	1.011	1.005	1.016	1.009	1.004
10	1.037	1.022	1.012	1.006	1.034	1.020	1.012	1.005	1.017	1.010	1.004	1.015	1.009	1.003

续上表

有效地板空间反射率 $\rho_{fe}=10\%$时				
室空间系数				
1	0.923 0.929 0.935 0.940	0.933 0.939 0.943 0.948	0.956 0.960 0.963	0.973 0.976 0.979
2	0.931 0.942 0.950 0.958	0.940 0.949 0.957 0.963	0.962 0.968 0.974	0.976 0.980 0.985
3	0.939 0.951 0.961 0.969	0.945 0.957 0.966 0.973	0.967 0.975 0.981	0.978 0.983 0.988
4	0.944 0.958 0.969 0.978	0.950 0.963 0.973 0.980	0.972 0.980 0.986	0.980 0.986 0.991
5	0.949 0.964 0.976 0.983	0.954 0.968 0.978 0.985	0.975 0.983 0.989	0.981 0.988 0.993
6	0.953 0.969 0.980 0.986	0.958 0.972 0.982 0.989	0.977 0.985 0.992	0.982 0.989 0.995
7	0.957 0.973 0.983 0.991	0.961 0.975 0.985 0.991	0.979 0.987 0.994	0.983 0.990 0.996
8	0.960 0.976 0.986 0.993	0.963 0.977 0.987 0.993	0.981 0.988 0.995	0.984 0.991 0.997
9	0.963 0.978 0.987 0.994	0.965 0.979 0.989 0.994	0.983 0.990 0.996	0.985 0.992 0.998
10	0.965 0.980 0.989 0.995	0.967 0.981 0.990 0.995	0.984 0.991 0.997	0.986 0.993 0.998
有效地板空间反射率 $\rho_{fe}=0\%$时				
室空间系数				
1	0.859 0.870 0.879 0.886	0.873 0.884 0.839 0.901	0.916 0.923 0.929	0.948 0.954 0.960
2	0.871 0.887 0.903 0.919	0.886 0.902 0.916 0.928	0.926 0.938 0.949	0.954 0.963 0.971
3	0.882 0.904 0.915 0.942	0.898 0.918 0.934 0.947	0.936 0.950 0.964	0.958 0.969 0.979
4	0.893 0.919 0.941 0.958	0.908 0.930 0.948 0.961	0.945 0.961 0.974	0.961 0.974 0.984
5	0.903 0.931 0.953 0.969	0.914 0.939 0.958 0.970	0.951 0.967 0.980	0.964 0.977 0.988
6	0.911 0.940 0.961 0.976	0.920 0.945 0.965 0.977	0.955 0.972 0.985	0.966 0.979 0.991
7	0.917 0.947 0.967 0.981	0.924 0.950 0.970 0.982	0.959 0.975 0.988	0.968 0.981 0.993
8	0.922 0.953 0.971 0.985	0.929 0.955 0.975 0.986	0.963 0.978 0.991	0.970 0.983 0.995
9	0.928 0.958 0.975 0.988	0.933 0.959 0.980 0.989	0.966 0.980 0.993	0.971 0.985 0.996
10	0.933 0.962 0.979 0.991	0.937 0.963 0.983 0.992	0.969 0.982 0.995	0.973 0.987 0.997

(5)查灯具维护系数。见表1-25。

(6)确定利用系数。根据已求出的室空间系数RCR，顶棚有效反射比ρ_c，墙面平均反射比ρ_w，从计算图表中即可查得所选用灯具的利用系数U。当RCR、ρ_c、ρ_w不是图表中的整数分级时，可用内插法求出对应值。

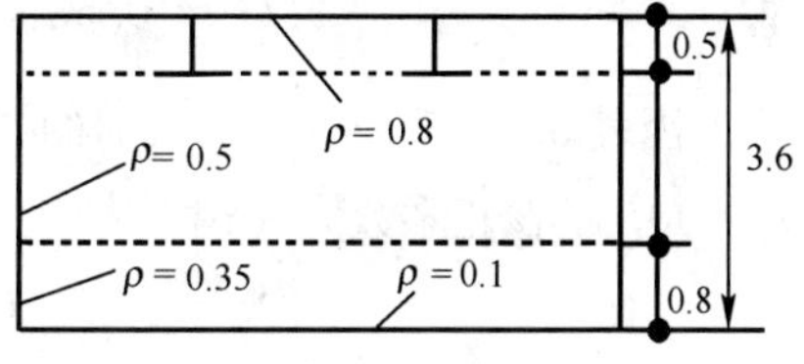

图3-19 室内各面反射比(尺寸单位:m)

例3-1 已知某教室长11.3m、宽6.4m、高3.6m，在离顶棚0.5m的高度内安装YG1-1型40W荧光灯10只，光源的光通量为2400lm，课桌高度为0.8m，室内空间及各表面的反射比如图3-19所示。试计算课桌面上的平均照度。

解:使用利用系数法计算平均照度。

(1)求室内空间比

$$\mathrm{RCR}=\frac{5h_r(l+w)}{l\times w}=\frac{5\times(3.6-0.5-0.8)\times(11.3+6.4)}{11.3\times 6.4}=2.8$$

(2)求顶棚的有效反射比ρ_c

$$\rho=\frac{\sum\rho_i A_i}{\sum A_i}=\frac{0.5\times(0.5\times 11.3)\times 2+0.5\times(0.5\times 6.4)\times 2+0.8\times(11.3\times 6.4)}{(0.5\times 11.3)\times 2+(0.5\times 6.4)\times 2+(11.3\times 6.4)}=0.701$$

将ρ值代入公式(3-6)，得

$$\rho_c=\frac{\rho A_0}{A_S-\rho A_S+\rho A_0}$$

$$=\frac{0.701\times(11.3\times6.4)}{[11.3\times6.4+(0.5\times11.3)\times2+(0.5\times6.4)\times2]-0.701\times90.02+0.701\times72.32}$$
$$=0.65$$

(3)求地板空间的有效反射比 ρ_f

$$\rho=\frac{\sum\rho_iA_i}{\sum A_i}$$
$$=\frac{0.35\times(0.8\times11.3)\times2+0.35\times(0.8\times6.4)\times2+0.1\times(11.3\times6.4)}{0.8\times11.3\times2+0.8\times6.4\times2+(11.3\times6.4)}=0.17$$

将 ρ 值代入公式(3-6),得

$$\rho_f=\frac{\rho A_0}{A_S-\rho A_S+\rho A_0}$$
$$=\frac{0.17\times72.32}{(72.32+0.8\times11.32\times2+0.8\times0.64\times2)-0.17\times100.64+0.17\times72.32}$$
$$=0.128$$

(4)求墙面的有效反射比 ρ_w

因为墙面反射比均为 0.5,所以取 $\rho_w=50\%$

(5)确定利用系数

查表 3-4:

若取 RCR=2, $\rho_w=50\%$, $\rho_c=70\%$,得 $U=0.61$;

若取 RCR=3, $\rho_w=50\%$, $\rho_c=70\%$,得 $U=0.46$。

用内插法可得当 RCR=2.8 时:

$$U=0.53+(2.8-2)\times\frac{0.61-0.53}{3-2}=0.594$$

因表 3-4 是对应 $\rho_f=20\%$时的标准值,而本题 $\rho_f=12\%$,所以必须进行修正,查修正表 3-5 对应 $\rho_f=10\%$的修正系数为,仍用内插法,可得到当 RCR=2.8 时,$U_{修}=0.955$,修正后的利用系数为

$$U=0.955\times0.594=0.57$$

(6)查灯具维护系数

查表 1-25,维护系数 $K=0.8$

(7)求平均照度

由公式(3-1),求平均照度得

$$E_{av}=\frac{\Phi NUK}{A}=\frac{2400\times10\times0.57\times0.8}{11.3\times6.4}=151.33(\mathrm{lx})$$

通过以上计算,说明室内桌面上的平均照度为 151.33lx。更详细的计算应考虑窗户面积。在求墙面的平均反射比时,应计入玻璃反射比较低的影响,玻璃的反射系数大约在 8%~10%,此时室内桌面的平均照度将降低。

二、单位功率法

单位功率法的实质是单位面积的安装功率,用每单位被照水平面上所需要灯的安装功率(W/m^2)来表示。为了简化计算,可根据不同的照明器类型、不同的计算高度、不同的房间面积和

不同的平均照度要求，应用利用系数法计算出单位面积安装功率，并列成表格，供设计时查用。该方法通常称为单位功率法。单位功率法计算非常简单，但计算结果不精确，一般适用于生产及生活用房平均照度的照明设计方案或初步设计的近似计算。初步设计时，还可以按单位建筑面积照明用电指标来估算照明功率。表 3-6～表 3-10 列出了不同灯具和光源单位容量表。

圆球型灯单位面积安装功率（W/m²） 表 3-6

计算高度 h(m)	房间面积(m²)	白炽灯照度(lx)					
		5	10	15	20	30	40
2～3	10～15	4.9	8.8	11.6	15.2	20.9	27.6
	15～20	4.1	7.5	10.1	12.9	17.7	23.1
	25～50	3.6	6.4	8.8	10.7	14.8	19.3
	50～150	2.9	5.1	7.0	8.8	11.8	15.7
	150～300	2.4	4.3	5.7	6.9	9.9	12.9
	300 以上	2.2	3.9	5.2	6.2	8.9	11.5
3～4	10～15	6.2	10.4	13.8	17.1	24.7	30.9
	15～20	5.1	8.7	11.2	14.3	21.4	26.9
	20～30	4.3	7.3	9.9	12.5	18.4	23.5
	30～50	3.7	6.2	8.8	10.7	15.2	19.5
	50～120	3.0	5.3	7.2	9.0	12.4	16.2
	120～300	2.3	4.1	5.7	7.3	9.7	12.6
	300 以上	2.0	3.5	4.7	5.9	8.5	10.8
4～6	10～17	7.8	12.4	17.1	21.9	30.4	40.0
	17～25	6.0	9.7	13.3	17.1	24.7	31.8
	25～35	4.9	8.3	11.0	14.5	20.4	26.4
	35～50	4.0	7.0	9.4	12.3	16.9	22.2
	50～80	3.3	5.8	8.2	10.6	14.0	18.4
	80～150	2.9	4.9	7.0	8.8	11.9	15.9
	150～400	2.3	4.0	5.7	7.1	9.9	12.9

荧光灯均匀照明近似单位面积安装功率（W/m²） 表 3-7

计算高度 h (m)	E (lx) 单位容量 (W/m²) S (m²)	30W、40W 带罩						30W、40W 不带罩					
		30	50	75	100	150	200	30	50	75	100	150	200
2～3	10～15	2.5	4.2	6.2	8.3	12.5	16.7	2.8	4.7	7.1	9.5	14.3	19.0
	15～25	2.1	3.6	5.4	7.2	10.9	14.5	2.5	4.2	6.3	8.3	12.5	16.7
	25～50	1.8	3.1	4.8	6.4	9.5	12.7	2.1	3.5	5.4	7.2	10.9	14.5
	50～150	1.7	2.8	4.3	5.7	8.6	11.5	1.9	3.1	4.7	6.3	9.5	12.7
	150～300	1.6	2.6	3.9	5.2	7.8	10.4	1.7	2.9	4.3	5.7	8.6	11.5
	>300	1.5	2.4	3.2	4.9	7.3	9.7	1.6	2.8	4.2	5.6	8.4	11.2

续上表

计算高度 h (m)	S (m²) \ 单位容量 (W/m²) \ E (lx)	30W、40W 带罩						30W、40W 不带罩					
		30	50	75	100	150	200	30	50	75	100	150	200
3~4	10~15	3.7	6.2	9.3	12.3	18.5	24.7	4.3	7.1	10.6	14.2	21.2	28.2
	15~20	3.0	5.0	7.5	10.0	15.0	20.0	3.4	5.7	8.6	11.5	17.1	22.9
	20~30	2.5	4.2	6.2	8.3	12.5	16.7	2.8	4.7	7.1	9.5	14.3	19.0
	30~50	2.1	3.6	5.4	7.2	10.9	14.5	2.5	4.2	6.3	8.3	12.5	16.7
	50~120	1.8	3.1	4.8	6.4	9.5	12.7	2.1	3.5	5.4	7.2	10.9	14.5
	120~300	1.7	2.8	4.3	5.7	8.6	11.5	1.9	3.1	4.7	6.3	9.5	12.7
	>300	1.6	2.7	3.9	5.3	7.8	10.5	1.7	2.9	4.3	5.7	8.6	11.5
4~6	10~17	5.5	9.2	13.4	18.3	27.5	36.6	6.3	10.5	15.7	20.9	31.4	41.9
	17~25	4.0	6.7	9.9	13.3	19.9	26.5	4.6	7.6	11.4	15.2	22.9	30.4
	25~35	3.3	5.5	8.2	11.0	16.5	22.0	3.8	6.4	9.5	12.7	19.0	25.4
	35~50	2.6	4.5	6.6	8.8	13.3	17.7	3.1	5.1	7.6	10.1	15.2	20.2
	50~80	2.3	3.9	5.7	7.7	11.5	15.5	2.6	4.4	6.6	8.8	13.3	17.7
	80~150	2.0	3.4	5.1	6.9	10.1	13.5	2.3	3.9	5.7	7.7	11.5	15.5
	150~400	1.8	3.0	4.4	6.0	9	11.9	2.0	3.4	5.1	6.9	10.1	13.5
	>400	1.6	2.7	4.0	5.4	8	11.0	1.8	3.0	4.5	6.0	9.0	12.0

广照型灯一般均匀照明单位容量值(W/m²) 表 3-8

计算高度 h(m)	A (m²) \ E (lx)	白炽灯		白炽灯/荧光高压汞灯			
		5	10	20	30	50	75
2~3	10~15	3.3	6.2	11	15/5	22/7.3	30/10
	15~25	2.7	5	9	12/4	18/6	258.3
	25~50	2.3	4.3	7.5	10/3.3	15/5	21/7
	50~150	2	3.8	6.7	9/3	13/4.3	18/6
	150~300	1.8	3.4	6	8/2.7	12/4	17/5.7
	300 以上	1.7	3.2	5.8	7.5/2.5	11/3.7	16/5.3
3~4	10~15	4.3	7.5	12.7	17/5.7	26/8.7	36/12
	15~20	3.7	6.4	11	14/4.7	22/7.3	31/10.3
	20~30	3.1	5.5	9.3	13/4.3	19/6.3	27/9
	30~50	2.5	4.5	7.5	10.5/3.5	15/5	22/7.3
	50~120	2.1	3.8	6.3	8.5/2.8	13/4.3	18/6
	120~300	1.8	3.3	5.5	7.5/2.5	12/4	16/5.3
	300 以上	1.7	2.9	5	7/2.3	11/3.7	15/5
4~6	10~17	5.2	8.9	16	21/7	33/11	48/15
	17~25	4.1	7	12	16/5.3	27/9	37/12.3
	25~35	3.4	5.8	10	14/4.7	22/7.3	32/10.7
	35~50	3	5	8.5	12/4	19/6.3	27/9
	50~80	2.4	4.1	7	10/3.3	15/5	22/7.3
	80~150	2	3.3	5.8	8.5/2.8	12/4	17/5.7
	150~400	1.7	2.8	5	7/2.3	11/3.7	15/5
	400 以上	1.5	2.5	4.5	6.3/2.1	10/3.3	14/4.7

配照型灯一般均匀照明单位容量值(W/m²)　　表 3-9

计算高度 h(m)	E(lx) / A(m²)	白炽灯			白炽灯/荧光高压汞灯		
		5	10	20	30	50	75
3～4	10～15	4.3	7.3	12.1	16.2/	25.2/8.4	35.2/11.7
	15～25	3.7	6.4	10.5	13.8/	21.8/7.3	30.8/10.3
	25～30	3.1	5.5	8.9	12.4/4.1	18.4/6.1	26.4/8.8
	30～50	2.5	4.5	7.3	10/3.3	14.5/4.8	21.5/7.2
	50～120	2.1	3.8	6.3	8.3/2.8	12.8/4.3	17.8/5.9
	120～300	1.7	3.3	5.5	7.3/2.4	11.8/3.9	15.8/5.3
	300 以上	1.3	2.9	5.0	6.8/2.3	10.8/3.6	14.8/4.9
4～6	10～17	5.2	8.6	14.3	20/6.7	32/10.7	47/15.7
	17～25	4.1	6.8	11.4	15.7/5.2	26.7/8.9	36.7/12.3
	25～35	3.4	5.8	9.5	13.3/4.4	21.3/7.1	31.3/10.4
	35～50	3.0	5.0	8.3	11.4/3.8	18.4/6.1	26.4/8.8
	50～80	2.4	4.1	6.8	9.5/3.2	14.5/4.8	21.5/7.2
	80～150	2.0	3.3	5.8	8.3/2.8	11.8/3.9	16.8/5.6
	150～400	1.7	2.8	5.0	6.8/2.3	10.8/3.6	14.8/4.9
	400 以上	1.5	2.5	4.5	6.3/2.1	10/3.3	14/4.6
6～8	25～35	4.2	6.9	11.7	16.6/5.5	27.6/9.2	37.6/12.6
	35～50	3.4	5.7	10.0	14.7/4.9	22.7/7.6	31.7/10.5
	50～65	2.9	4.9	8.7	12.4/4.1	18.4/7.6	26.4/8.8
	65～90	2.5	4.3	7.8	10.9/3.6	16.4/5.1	22.4/7.5
	90～135	2.2	3.7	6.5	8.6/2.9	12.1/4	17.1/5.7
	135～250	1.8	3.0	5.4	7.3/2.4	11.8/3.9	15.8/5.3
	250～500	1.5	2.6	5.6	6.5/2.2	10.2/3.4	14.2/4.7
	500 以上	1.4	2.4	4.0	5.5/1.6	9.8/3.1	13.8/4.6

深照型灯一般均匀照明单位容量值(W/m²)　　表 3-10

计算高度 h(m)	E(lx) / A(m²)	白炽灯			白炽灯/荧光高压汞灯		
		5	10	20	30	50	75
6～8	25～35	4.2	7.2	12.8	18/6	28/9.3	40/13.3
	35～50	3.5	6	10.8	15/5	23/7.7	34/11.3
	50～65	3	5	9.1	13/4.3	20/6.7	29/9.7
	65～90	2.6	4.4	8	11.5/3.8	18/6	25/8.3
	90～135	2.2	3.8	6.8	10/3.3	15/5	21/7
	135～250	1.9	3.3	5.8	8.2/2.7	12.5/4.2	17/5.7
	250～500	1.7	2.8	5.1	7.2/2.4	11/3.7	15/5
	500 以上	1.4	2.5	4.4	6.2/2.1	9.5/3.2	13/4.3
8～12	50～70	3.7	6.3	11.5	17/5.7	27/9	40/13.3
	70～100	3	5.3	9.7	15/5	23/7.7	34/11.3
	100～130	2.5	4.4	8	12/4	19/6.3	28/9.3
	130～200	2.1	3.8	6.9	10/3.3	16/5.3	23/7.7
	200～300	1.8	3.2	5.8	8.2/2.7	13/4.3	19/6.3
	300～600	1.6	2.8	5	7/2.3	11/3.7	17/5.7
	600～1500	1.4	2.4	4.3	6/2	9.5/3.2	15/5
	1500 以上	1.2	2.2	3.8	5.2/1.7	8.5/2.8	12.5/4.2

1. 计算公式

每单位被照面积所需的灯泡安装功率：

$$P_0=\frac{P_\Sigma}{A}=\frac{nP_L}{A} \tag{3-8}$$

式中：P_Σ——房间安装光源的总功率，W；

A——房间的总面积，m^2；

n——房间灯的总盏数；

P_L——每盏灯的功率，W；

P_0——单位功率，即房间每平方米应装光源的功率，W/m^2。

2. 使用单位容量法求照明灯具的安装容量或灯数

单位功率 P_0 取决于下列各种因素：灯具类型，最小照度，计算高度及房间面积，顶棚、墙壁、地面的反射系数和照度补偿系数 K 等。此外还与照明的布置和所选用的灯泡效率有关。

根据已知的面积及所选的灯具类型、最小照度、计算高度，从表 3-6～表 3-10 中查出单位面积的安装容量 P_0，再使用公式(3-8)算出全部灯泡的总安装功率 P_Σ，然后除以从较佳布置灯具方法所得出的灯具数量，即得灯泡功率。

例 3-2 某实验室面积为 12×5(m^2)，桌面高 0.8m，灯具吊高 3.8m，吸顶安装。拟采用 YG6-2 型双管 2×40W 吸顶式荧光灯照明，灯具效率为 86%。若规定照度为 150lx，试确定房间内的灯具数。

解：已知 $A=60m^2$，$h=3m$，照度为 150lx，查表 3-7，得 $P_0=8.6W/m^2$，查附录 3，$Z=1.29$，因此一般照明总的安装容量应为：

$$\sum P=\frac{P_o}{Z}A=\frac{8.6}{1.29}\times 60=400W$$

查附录 2，YG6-2 型装荧光灯的功率为 $P_L=80W$，则应安装荧光灯的灯数为：

$$N=\frac{\sum P}{P_L}=\frac{400}{80}=5(\text{盏})$$

三、点光源逐点法计算直射照度

逐点计算法是指逐一计算附近各个点光源对照度计算点的照度，然后进行叠加，得到总照度的方法。当光源尺寸与光源到计算点之间的距离相比小得多时，可将光源视为点光源。一般圆盘形发光体的直径不大于照射距离的 1/5，线状发光体的长度不大于照射距离的 1/4 时，按点光源进行照度计算误差均小于 5%。

1. 点光源逐点照度的基本计算公式

点光源 S 照射在水平面 H 上产生的照度 E_h 与光源的光强 I_θ 及被照面法线与入射光线的夹角 θ 的余弦成正比，与光源至被照面计算点的距离 R 平方成反比，又称为平方反比法。见图 3-20 点光源的点照度示意图。

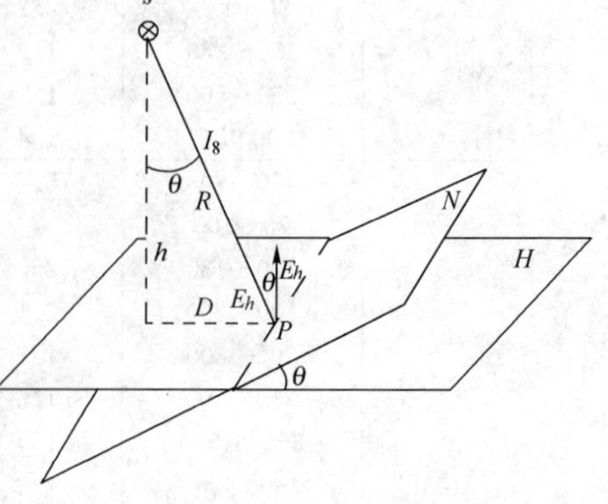

图 3-20 点光源的点照度

计算公式由式(3-9)表示。

$$E_h = \frac{I_\theta \cos\theta}{R^2} = \frac{I_\theta \cos^3\theta}{h^2} \tag{3-9}$$

式中：E_h——点光源照射在水平面上 P 点产生的照度，lx；

I_θ——照射方向的光强，cd；

R——点光源至被照面计算点的距离，m；

h——计算高度，m；

$\cos\theta$——被照面的法线与入射光线的夹角的余弦。

例 3-3　某车间装有 8 只 GC39 型深照型灯具，灯具的平面布置如图 3-21 所示，内装 400W 荧光高压汞灯，灯具的计算高度 $h=10$m，光源光通量 $\Phi=20\,000$lm，光源光强分布(1 000lm)如下：

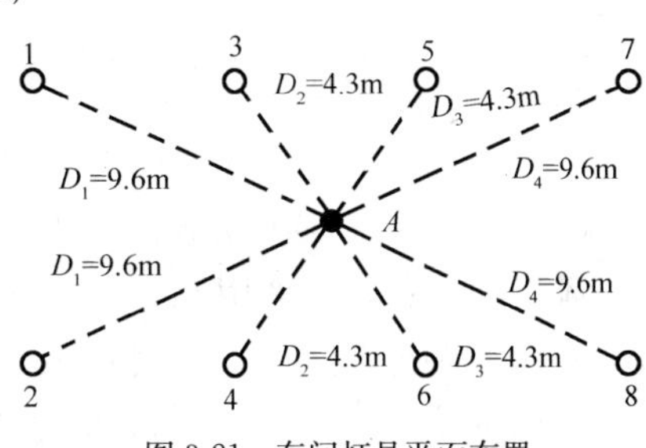

图 3-21　车间灯具平面布置

θ(°)	0	5	10	15	20	25	30	35	40	45	50	55	60	65	70	75	80	85	90
I_θ(cd)	234	232	232	234	234	214	202	192	182	169	141	105	75	35	24	16	9	4	0

灯具维护系数 $K=0.7$，试求 A 点的水平面照度值。

解：如图中可见 $E_{h1}=E_{h2}=E_{h7}=E_{h8}$

$$R_1=\sqrt{h^2+D_1^2}=\sqrt{10^2+9.6^2}=13.86(\text{m})$$

$\cos\theta_1=\dfrac{h}{R_1}=\dfrac{10}{13.86}=0.72$，$\theta_1=43.8°$，利用插值法可求得 $I_{\theta1}=172$(cd)

$$E_{h1}=\frac{I_{\theta1}\cdot\cos\theta}{R_1^2}=\frac{172\times0.72}{13.86^2}=0.64(\text{lx})$$

$$E_{h3}=E_{h4}=E_{h5}=E_{h6}$$

$$R_2=\sqrt{h^2+D_2^2}=\sqrt{10^2+4.3^2}=10.89(\text{m})$$

$\cos\theta_2=\dfrac{h}{R_2}=\dfrac{10}{10.89}=0.918$，$\theta_2=23.3°$，利用插值法可求得 $I_{\theta2}=220$(cd)

$$E_{h3}=\frac{I_{\theta2}\cdot\cos\theta_2}{R_2^2}=\frac{220\times0.918}{10.89^2}=1.71(\text{lx})$$

$$E_{h\Sigma}=4\times(0.64+1.71)=9.4(\text{lx})$$

$$E_{Ah}=\frac{20\,000\times9.4\times0.7}{1\,000}=131.6(\text{lx})$$

2. 点光源应用空间等照度曲线的照度计算

为了简化计算，也可以用空间等照度曲线求出计算点的照度。I_θ 为光源的光强分布值，则水平照度 E_h 可由下式算出

$$E_h=\frac{I_\theta\cos^3\theta}{h^2};E_h=f(h,D) \tag{3-10}$$

根据此相互对应关系即可制成空间等照度曲线。已知灯的计算高度 h 和计算点至灯具轴线的水平距离 D，应用等照度曲线可直接查出光源 1 000lm 时的水平照度值。由于曲线是按照光源的光通量为 1 000lm 绘制的，所以图中给出的照度只是相对值，还必须按实际光通量进

行换算。计算结果还应乘以灯具维护系数 K。

当有多个相同灯具投射到同一点时，其实际水平面照度可按公式(3-11)计算。

$$E_{h}=\frac{\Phi\sum_{e}K}{1\,000} \tag{3-11}$$

式中：Φ——光源的光通量，lm；

$\sum_{e}$——各灯(1 000lm)对计算点产生的水平照度之和，lx；

K——灯具的维护系数。

例 3-4 某车间采用 GC—39 深照型灯具照明，该灯具的空间等照度曲线见图 3-22，光源使用 400W 荧光高压汞灯，其光通量为 20 000lm，维护系数 $K=0.7$，灯具的出口平面至工作面高度为 12m，布灯方案如图 3-23 所示，试求 A 点的水平照度。

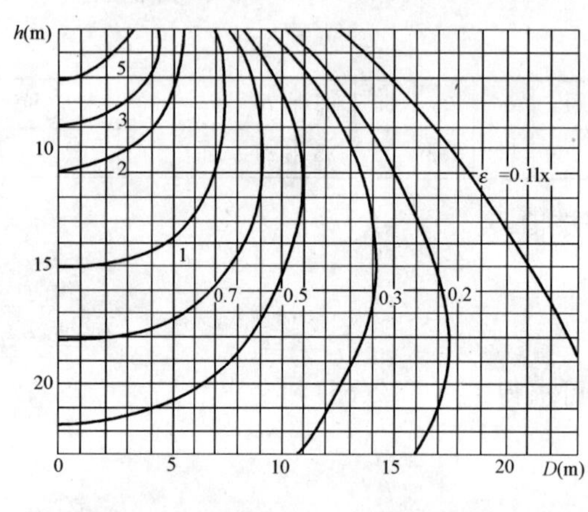

图 3-22 深照型灯具的空间等照度曲线

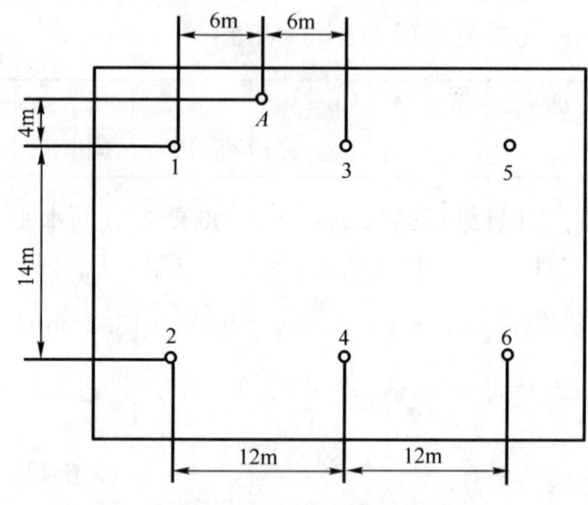

图 3-23 深照型灯具的布灯图

解：由布灯方案可知，灯 1 和灯 3 对 A 点的照度是一样的，灯 2 和灯 4 对 A 点的照度也相同。下面分别计算、查找曲线。

(1)对灯 1 和灯 3，有

$$D=\sqrt{4^{2}+6^{2}}=7.2(\text{m}) \qquad h=12\text{m}$$

由图 3-22 查得 $E_{1}=E_{3}=0.9$

(2)对灯 2 和灯 4，有

$$D=\sqrt{(14+4)^{2}+6^{2}}=19(\text{m}) \qquad h=12\text{m}$$

由图上曲线查得 $E_{2}=E_{4}=0.1$

(3)对灯 5，有

$$D=\sqrt{4^{2}+(12+6)^{2}}=18.4(\text{m}) \qquad h=12\text{m}$$

由图上曲线查得 $E_{5}=0.12$

(4)对灯 6，有

$$D=\sqrt{(14+4)^{2}+(12+6)^{2}}=25.4(\text{m}) \qquad h=12\text{m}$$

由图上曲线查得 $E_6=0.05$

(5)根据公式 3-11 计算点 A 的总照度为

$$E_h=\frac{\Phi K\sum_e}{1\,000}=\frac{2\,000\times0.7}{1\,000}(2\times0.9+2\times0.1+0.12+0.05)=30.38(lx)$$

通过以上计算，A 点的水平照度值为 30.38lx。

四、线光源逐点法计算直射照度

带状光源的宽度与长度相比很小时，可以认为它是线光源。无限长的线光源产生的照度与距离成反比。线光源的照度计算方法有多种，这里仅介绍方位系数法。

方位系数法的特点是根据计算点与线光源所形成的方位角 $\beta=\tan^{-1}\frac{l}{\sqrt{h^2+d^2}}$（见图 3-24）以及灯具纵轴光强 I_γ（见图 3-25）的分布形状（见图 3-26）的分类，确定方位系数（见表 3-11、表 3-12）。

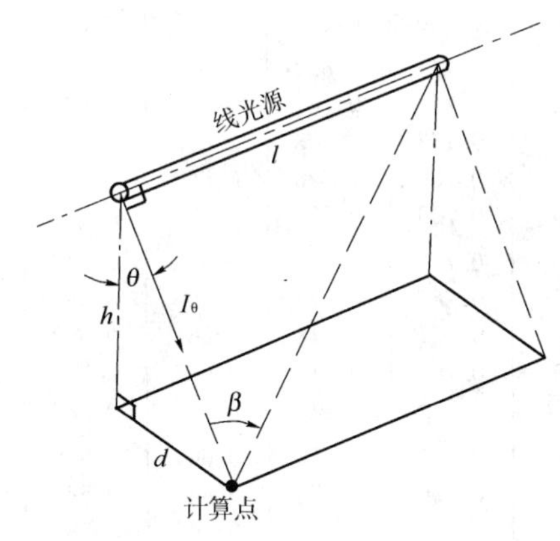

图 3-24　线光源与计算点间的方位角

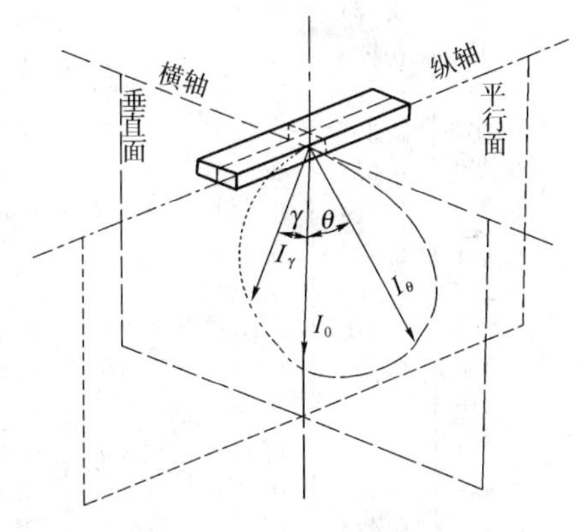

图 3-25　灯具纵轴与横轴光强分布示意

纵轴光强的分布形状分为五类：

A 类为 $I_\gamma=I_o\cos\gamma$ 的均匀扩散型。一般带控照器或不带控照器、下部开启或带漫射罩的荧光灯具的配光与之近似；

B 类为 $I_\gamma=I_o\frac{1}{2}(\cos\gamma+\cos^2\gamma)$；

C 类为 $I_\gamma=I_o\cos^2\gamma$；

D 类为 $I_\gamma=I_o\cos^3\gamma$；

E 类为 $I_\gamma=I_o\cos^4\gamma$。

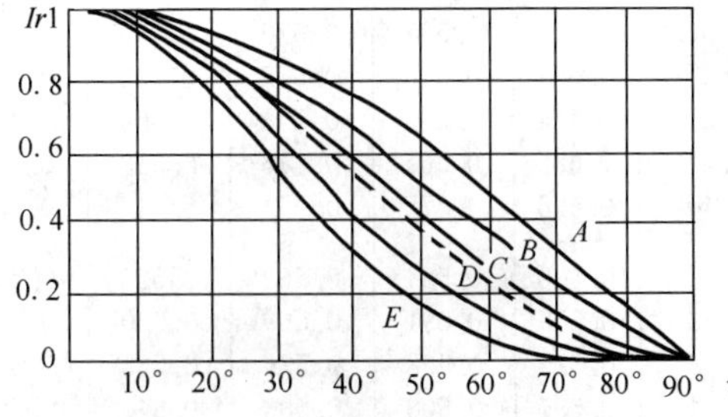

图 3-26　线光源纵轴光强分布类型

浅格栅的荧光灯具配光接近于 B、C 类，深格栅荧光灯具的配光与 D、E 类近似。

被照面与线光源平行时的方位系数 表 3-11

方位角β	照明器类别				
	A	*B*	*C*	*D*	*E*
0	0.000	0.000	0.000	0.000	0.000
1	0.017	0.017	0.017	0.018	0.018
2	0.035	0.035	0.035	0.035	0.035
3	0.052	0.052	0.052	0.052	0.052
4	0.070	0.070	0.070	0.070	0.070
5	0.087	0.087	0.087	0.087	0.087
6	0.105	0.104	0.104	0.104	0.104
7	0.122	0.121	0.121	0.121	0.121
8	0.139	0.138	0.138	0.138	0.137
9	0.156	0.155	0.155	0.155	0.154
10	0.173	0.172	0.172	0.171	0.170
11	0.190	0.189	0.189	0.187	0.186
12	0.206	0.205	0.205	0.204	0.202
13	0.223	0.222	0.221	0.219	0.218
14	0.239	0.238	0.237	0.234	0.233
15	0.256	0.254	0.253	0.250	0.248
16	0.272	0.270	0.269	0.265	0.262
17	0.288	0.286	0.284	0.280	0.276
18	0.304	0.301	0.299	0.295	0.290
19	0.320	0.316	0.314	0.309	0.303
20	0.335	0.332	0.329	0.322	0.316
21	0.351	0.347	0.343	0.336	0.329
22	0.366	0.361	0.357	0.349	0.341
23	0.380	0.375	0.371	0.362	0.353
24	0.396	0.390	0.385	0.374	0.364
25	0.410	0.404	0.398	0.386	0.375
26	0.424	0.417	0.410	0.398	0.386
27	0.438	0.430	0.423	0.409	0.396
28	0.452	0.443	0.435	0.420	0.405
29	0.465	0.456	0.447	0.430	0.414
30	0.478	0.473	0.458	0.440	0.423
31	0.491	0.480	0.469	0.450	0.431
32	0.504	0.492	0.480	0.459	0.439
33	0.517	0.504	0.491	0.468	0.447
34	0.529	0.515	0.501	0.476	0.454
35	0.541	0.526	0.511	0.484	0.460
36	0.552	0.537	0.520	0.492	0.466
37	0.564	0.546	0.528	0.499	0.472
38	0.574	0.556	0.538	0.506	0.478
39	0.585	0.565	0.546	0.513	0.483
40	0.596	0.575	0.554	0.519	0.488
41	0.606	0.584	0.562	0.525	0.492
42	0.615	0.591	0.569	0.530	0.496
43	0.625	0.598	0.576	0.535	0.500
44	0.634	0.608	0.583	0.540	0.504
45	0.643	0.616	0.589	0.545	0.507
46	0.652	0.623	0.595	0.549	0.510
47	0.660	0.630	0.601	0.553	0.512
48	0.668	0.637	0.606	0.556	0.515
49	0.675	0.643	0.612	0.560	0.517
50	0.683	0.649	0.616	0.563	0.519
51	0.690	0.655	0.621	0.566	0.521
52	0.697	0.661	0.625	0.568	0.523
53	0.703	0.666	0.629	0.571	0.524
54	0.709	0.671	0.633	0.573	0.255
55	0.715	0.675	0.636	0.575	0.527
56	0.720	0.679	0.639	0.577	0.528
57	0.726	0.684	0.642	0.578	0.528
58	0.731	0.688	0.645	0.580	0.529
59	0.736	0.691	0.647	0.581	0.530
60	0.740	0.695	0.650	0.582	0.530
61	0.744	0.698	0.652	0.583	0.531
62	0.748	0.701	0.654	0.584	0.531
63	0.752	0.703	0.655	0.585	0.532
64	0.756	0.706	0.657	0.586	0.532
65	0.759	0.708	0.658	0.586	0.532
66	0.762	0.710	0.659	0.587	0.533
67	0.764	0.712	0.660	0.587	0.533
68	0.767	0.714	0.661	0.588	0.533
69	0.769	0.716	0.662	0.588	0.533
70	0.772	0.718	0.663	0.588	0.533
71	0.774	0.719	0.664	0.588	0.533
72	0.776	0.720	0.664	0.588	0.533
73	0.778	0.721	0.665	0.589	0.533
74	0.779	0.722	0.665	0.589	0.533
75	0.780	0.723	0.665	0.589	0.533
76	0.781	0.723	0.666	0.589	0.533
77	0.782	0.724	0.666	0.589	0.533
78	0.782	0.724	0.666	0.589	0.533
79	0.783	0.724	0.666	0.589	0.533
80	0.784	0.725	0.666	0.589	0.533
81	0.784	0.725	0.667	0.589	0.533
82	0.785	0.725	0.667	0.589	0.533
83	0.785	0.725	0.667	0.589	0.533
84	0.785	0.725	0.667	0.589	0.533
85	0.786	0.725	0.667	0.589	0.533
86	与85度值相同				
87					
88					
89					
90					

被照面与线光源垂直时的方位系数　　表 3-12

	照明器类别						照明器类别				
方位角 β	A	B	C	D	E	方位角 β	A	B	C	D	E
0	0.000	0.000	0.000	0.000	0.000	46	0.259	0.240	0.221	0.192	0.168
1	0.000	0.000	0.000	0.000	0.000	47	0.267	0.247	0.227	0.196	0.171
2	0.001	0.001	0.001	0.001	0.001	48	0.276	0.254	0.233	0.200	0.173
3	0.001	0.001	0.001	0.001	0.001	49	0.285	0.262	0.239	0.204	0.176
4	0.002	0.002	0.002	0.002	0.002	50	0.293	0.268	0.244	0.207	0.178
5	0.004	0.003	0.003	0.003	0.004						
6	0.005	0.005	0.005	0.005	0.005	51	0.302	0.276	0.250	0.211	0.180
7	0.007	0.007	0.007	0.007	0.007	52	0.310	0.282	0.255	0.214	0.182
8	0.010	0.009	0.009	0.010	0.010	53	0.319	0.289	0.260	0.217	0.184
9	0.012	0.012	0.012	0.012	0.012	54	0.327	0.296	0.265	0.220	0.186
10	0.015	0.015	0.015	0.015	0.015	55	0.335	0.302	0.270	0.223	0.188
11	0.018	0.018	0.018	0.018	0.018	56	0.344	0.309	0.275	0.226	0.189
12	0.022	0.021	0.021	0.021	0.021	57	0.352	0.315	0.279	0.228	0.190
13	0.025	0.025	0.025	0.025	0.024	58	0.360	0.321	0.283	0.230	0.192
14	0.029	0.029	0.029	0.028	0.028	59	0.367	0.327	0.287	0.232	0.193
15	0.033	0.033	0.033	0.032	0.032	60	0.375	0.333	0.291	0.234	0.194
16	0.038	0.037	0.037	0.037	0.036	61	0.383	0.339	0.295	0.236	0.195
17	0.043	0.042	0.041	0.041	0.040	62	0.390	0.344	0.299	0.238	0.195
18	0.048	0.047	0.046	0.046	0.044	63	0.397	0.349	0.302	0.239	0.196
19	0.053	0.052	0.051	0.040	0.049	64	0.404	0.354	0.305	0.241	0.197
20	0.059	0.057	0.056	0.055	0.054	65	0.410	0.359	0.308	0.242	0.197
21	0.064	0.063	0.062	0.060	0.058	66	0.417	0.364	0.311	0.243	0.198
22	0.070	0.068	0.067	0.065	0.063	67	0.424	0.368	0.313	0.244	0.198
23	0.076	0.074	0.073	0.071	0.068	68	0.430	0.372	0.315	0.245	0.199
24	0.083	0.081	0.079	0.076	0.073	69	0.436	0.377	0.318	0.246	0.199
25	0.089	0.087	0.085	0.081	0.078	70	0.442	0.381	0.320	0.247	0.199
26	0.096	0.093	0.091	0.087	0.083	71	0.447	0.384	0.322	0.247	0.199
27	0.103	0.100	0.097	0.092	0.088	72	0.452	0.387	0.323	0.248	0.199
28	0.110	0.107	0.104	0.098	0.093	73	0.457	0.391	0.323	0.248	0.200
29	0.118	0.113	0.119	0.104	0.098	74	0.462	0.394	0.326	0.249	0.200
30	0.125	0.120	0.116	0.109	0.103	75	0.466	0.396	0.327	0.249	0.200
31	0.132	0.127	0.123	0.115	0.108	76	0.470	0.399	0.328	0.249	0.200
32	0.140	0.135	0.130	0.121	0.112	77	0.474	0.401	0.329	0.249	0.200
33	0.148	0.142	0.136	0.126	0.117	78	0.478	0.404	0.330	0.250	0.200
34	0.156	0.149	0.143	0.132	0.122	79	0.482	0.406	0.331	0.250	0.200
35	0.165	0.157	0.150	0.137	0.126	80	0.485	0.408	0.331	0.250	0.200
36	0.173	0.164	0.156	0.143	0.131	81	0.488	0.410	0.332	0.250	0.200
37	0.181	0.172	0.163	0.148	0.135	82	0.490	0.411	0.332	0.250	0.200
38	0.190	0.180	0.170	0.154	0.139	83	0.492	0.412	0.332	0.250	0.200
39	0.198	0.187	0.177	0.159	0.143	84	0.494	0.413	0.333	0.250	0.200
40	0.207	0.195	0.183	0.164	0.147	85	0.496	0.414	0.333	0.250	0.200
41	0.216	0.203	0.190	0.169	0.151	86	0.498	0.415	0.333	0.250	0.200
42	0.224	0.210	0.196	0.174	0.155	87	0.499	0.416	0.333	0.250	0.200
43	0.233	0.218	0.203	0.179	0.158	88	0.499	0.416	0.333	0.250	0.200
44	0.242	0.224	0.209	0.183	0.162	89	0.500	0.416	0.333	0.250	0.200
45	0.250	0.232	0.215	0.188	0.165	90	0.500	0.416	0.333	0.250	0.200

方位系数计算照度的公式：

(1)被照面为水平面(见图 3-27)

$$E_{ph}=\frac{I_\theta K}{1\,000h}(\frac{F}{l})\cos^2\theta\cdot f_{xh}$$

(2)被照面与光源平行且垂直于水平面(图 3-28)

$$E_{p//v}=\frac{I_\theta K}{1\,000h}(\frac{F}{l})\cos\theta\cdot\sin\theta\cdot f_{xh}$$

(3)被照面与光源垂直且垂直于水平面(见图 3-29)

$$E_{p\perp v}=\frac{I_\theta K}{1\,000}(\frac{F}{l})\cos\theta\cdot f_{xv}$$

式中：E_{ph}——水平面上 P 点照度(lx)；

$E_{p//v}$——被照面平行于光源且垂直于水平面时，该面上 P 点的照度(lx)；

$E_{p\perp v}$——被照面与光源垂直且垂直于水平面时，该面上 P 点的照度(lx)；

I_θ——灯具的横轴光强曲线中与 θ 角对应方向的光强值(cd)见图 3-25；

F/l——线光源单位长度的光通量(lm/m)；

h——灯具的计算高度(m)；

θ——见图 3-24，它等于 $\tan^{-1}\frac{d}{h}$；

f_{xh}——被照面与线光源平行时的方位系数(用于计算水平面或垂直面的照度)，见表 3-11；

f_{xv}——被照面与线光源垂直时的方位系数(用于计算在线光源端头的垂直面的照度)，见表 3-12。

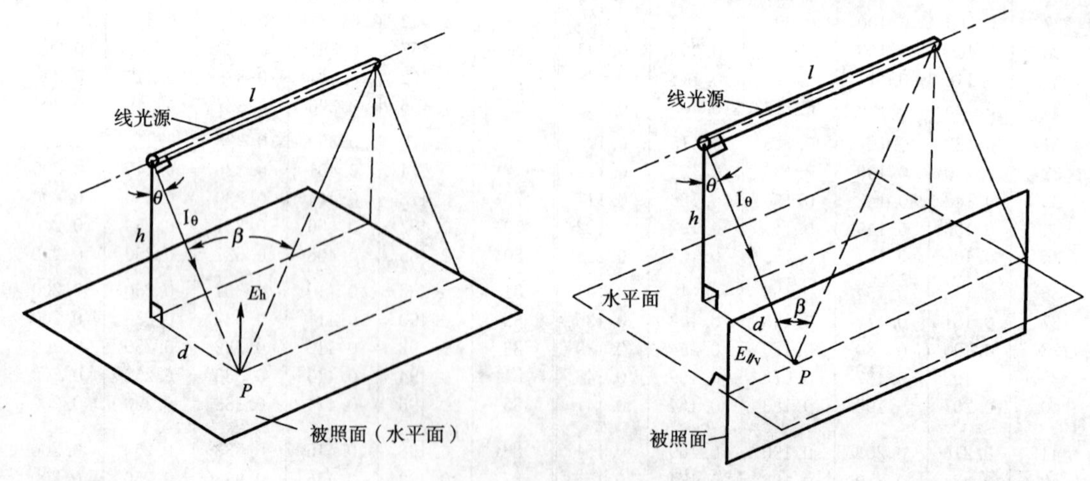

图 3-27 被照面为水平面

图 3-28 被照面与光源平行且垂直于水平面

上述三式为计算一条发光带对计算点的照度，若有数条发光带时，其总和即为室内该点的照度。同时，上述三式只适用于计算点处在通过线光源端头的垂直平面上，若计算点在任意位置时，则可采用将线光源分段或延长的方法，按图 3-30 所示分别为计算各段在该点产生的照度，然后求各段在该点照度的代数和：

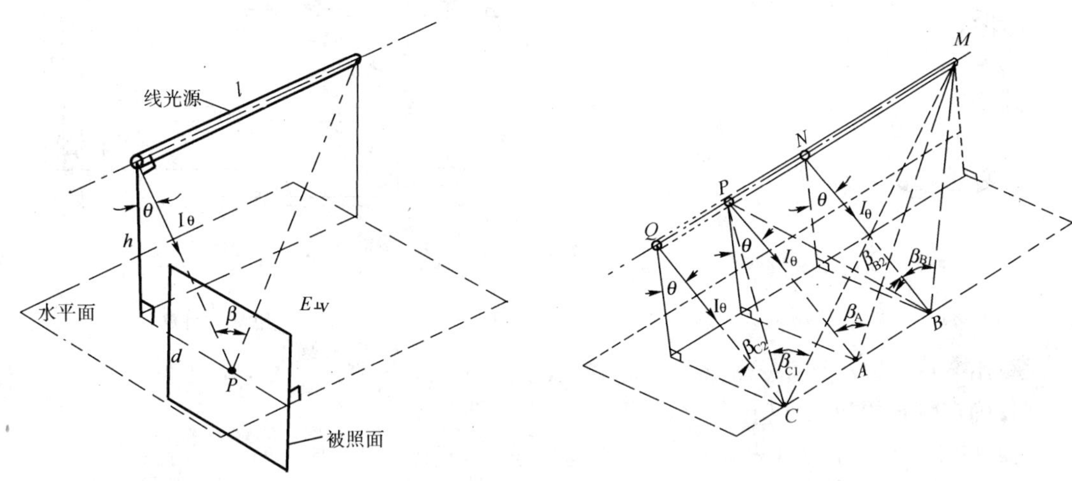

图 3-29 被照面与光源垂直且垂直于水平面

图 3-30 计算点不在线光源端头平面上时计算方法示意

$E_A = E_{PM}$（计算点在线光源 PM 端头平面上）；

$E_B = E_{PN} + E_{NM}$（计算点不在线光源 PM 端头平面上）；

$E_C = E_{QM} - E_{QP}$（计算点不在线光源 PM 端头平面上）；

式中：E_{PM}——线光源 PM 段在 A 点产生的照度；

E_{PN}——线光源 PN 段在 B 点产生的照度；

E_{NM}——线光源 NM 段在 B 点产生的照度；

E_{QM}——线光源 PN 段及其延长段 QP 在 C 点产生的照度；

E_{QP}——线光源的延长段 QP 在 C 点产生的照度。

对于非连续线光源，当灯具间隔不超过 $h/4\cos\theta$ 时，可看作是连续的线光源，计算时只要相应地乘以折算系数 Z 即可，此时误差不超过 10%，

$$Z=\frac{\text{灯具长度}\times\text{灯具个数}}{\text{一排灯具的总长}}$$

当灯具的间隔超过 $h/4\cos\theta$ 时，可按下式计算：

$$E_h=\frac{I_\theta}{1\,000Kh}\left(\frac{F}{l}\right)\cos^2\theta[f_{\beta1}+(f_{\beta3}-f_{\beta2})+(f_{\beta5}-f_{\beta4})]$$

式中 $f_{\beta1}$、$f_{\beta2}$、$f_{\beta3}$、$f_{\beta4}$、$f_{\beta5}$ 分别为方位角是 $\beta_1 \sim \beta_5$（见图 3-31）时的方位系数值，此值可按表3-11查取。

例 3-5 某办公室长 10m、宽 5.4m、吊顶高 3.5m，采用格栅式荧光灯嵌入顶棚布置成两条光带，如图 3-32 所示，试计算 A 点的直射水平照度。

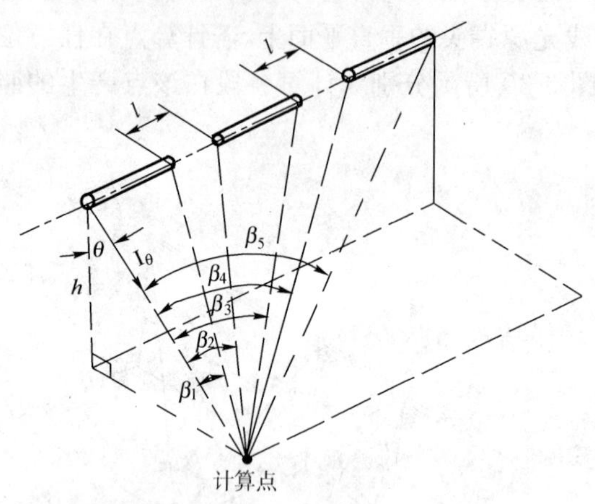

图 3-31 灯具间隔 $l>h/4\cos\theta$ 时，方位角的示意

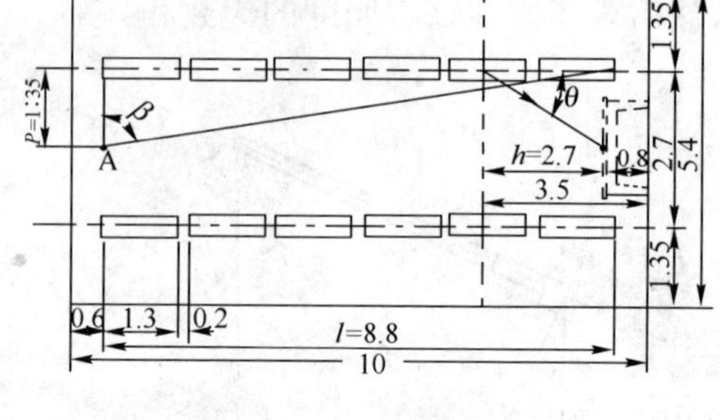

图 3-32 ［例 3-5］用图(尺寸单位:m)

解:用方位系数法计算

(1)确定灯具的配光类型

灯具的平行面光强 I_θ (表 3-13)除以零度光强 I_0 (见图 3-25)其值如表 3-14。

带格栅多管荧光灯 表 3-13

灯 型 示 意	发光强度值(cd)(光源为100lm)			顶棚反射系数	0.30	0.50		0.70	
	$\theta°$	I_r(纵轴)	I_0(横轴)	墙面反射系数	0.30	0.30	0.50	0.30	0.50
				地面反射系数	0.10	0.10	0.30	0.10	0.30
				室形指数 i	利用系数 u				
	0	228	238						
	5	224	236						
	10	217	230						
配光曲线示意	15	205	224	0.6	0.19	0.20	0.23	0.21	0.24
	20	192	209	0.7	0.21	0.23	0.25	0.24	0.26
	25	177	191	0.8	0.23	0.25	0.28	0.26	0.29
	30	159	176	0.9	0.25	0.27	0.30	0.28	0.31
	35	145	159	1.0	0.26	0.28	0.31	0.29	0.32
	40	127	130	1.1	0.27	0.29	0.32	0.30	0.34
	45	107	108	1.25	0.29	0.31	0.34	0.32	0.36
200 100 90°	50	88	85	1.5	0.31	0.33	0.36	0.34	0.38
	55	67	62	1.75	0.33	0.35	0.38	0.36	0.40
60°	60	51	48	2	0.35	0.37	0.40	0.38	0.41
	65	39	37	2.25	0.36	0.39	0.41	0.40	0.42
30°	70	29	28	2.5	0.37	0.40	0.42	0.41	0.43
横轴 0° 纵轴	75	20	19	3	0.38	0.41	0.43	0.42	0.45
	80	12	11	3.5	0.39	0.42	0.44	0.43	0.46
	85	5.6	5	4	0.40	0.43	0.45	0.44	0.47
	90	0.4	0.6	5	0.42	0.45	0.46	0.47	0.48
	95	0	0						

灯具平行光强与零度光强之比　　表 3-14

θ°	0	10	20	30	40	50	60	70	80	90
$\frac{I_\theta}{I_0}$	1	0.966	0.878	0.739	0.546	0.375	0.201	0.117	0.046	0.002

将表中数据绘成曲线如图 3-26 中虚线所示，因此可近似地认为所用灯具的配光属于 C 类。

(2)求 θ 及 I_θ

$$\theta = \tan^{-1}\frac{d}{h} = \tan^{-1}\frac{1.35}{2.7} = 26.6^{\circ} \qquad \text{(见图 3-24)}$$

$$I_\theta = 189\text{cd}$$

(3)求 β 及 f_{xh}

把光带当作连续光源时

$$\beta = \tan^{-1}\frac{1}{\sqrt{h^2+d^2}} = \tan^{-1}\frac{8.8}{\sqrt{2.7^2+1.35^2}} = 71.2^{\circ}$$

查表 3-11，当 β=71.2° 时，f_{xh}=0.664

(4)求 Z

这两列灯具虽是不连续的，但其灯间距离为 0.2m，小于 $h/4\cos\theta = 2.7/4 \times 0.894 = 0.755\text{m}$，故可看作是连续光源，计算照度时乘以 Z 予以折算。

$$Z = \frac{1.3\times 6}{8.8} = 0.866$$

(5)求一条光带在 A 点产生的照度

$$E_\text{h} = \frac{ZI_\theta K}{1\,000h}\left(\frac{F}{l}\right)\cos^2\theta f_{xh} = \frac{0.866\times 189\times 0.8}{1\,000\times 2.7}\left(\frac{3\times 2\,200}{1.3}\right)\times 0.894^2\times 0.664 = 130.7\text{lx}$$

(6)求 A 点的总照度

$$E_\text{A} = 2\times 130.7 = 261.4\text{lx}$$

考虑到墙壁等反射光的作用，视其反射条件，A 点的照度将提高 10%～20%。

第三节　眩 光 计 算

一、不舒适眩光

眩光可分为失能眩光和不舒适眩光两种，前者是由于光源的位置靠近视线，使视网膜像的边缘出现模糊，从而妨碍了对附近物体的观察，同时侧向抑制还会使对于这些物体的可见度变得更差。现在人们对失能眩光已有充分了解，Stiles-Holladay 公式可以说明它的物理意义，并且在有关的标准、规范中使用域值增量(TI)来控制。后者仅有不舒适感觉，短时间内对可见度并无影响，但会造成分散注意力的效果。不舒适眩光值不能直接测量，并且对它的产生还是不能彻底知其所以然。建立一套(从小光源到发光顶棚)完整的眩光评价体系，解决一切室内照明的眩光问题。

UGR 的基本公式为

$$UGR=8\lg\left(\frac{0.25}{L_b}\sum\frac{L_s^2\omega}{P^2}\right) \tag{3-12}$$

式中：L_s——眩光源亮度，cd/m²；

ω——眩光源的立体角，sr；

L_b——背景亮度，cd/m²；

P——位置系数。

UGR有一个附加的好处就是因为ω和L_b采用相同的幂次，在一个给定的设施内，眩光与灯具数量无关。

1. 小光源的眩光

小光源的定义为：投影面积$A_P<0.005\text{m}^2$，这相当于在室内距离下一个直径为80mm的圆片。实际上任何裸露的白炽灯泡（透明的和乳白的）均为小光源，而半透明的灯具和漫反射器则为一般光源而非小光源。研究表明，当小光源位于偏离视线5°时所产生的眩光可用其光强(I)来确定，即$L=200I$(cd/m²)。因此，小光源的统一眩光评价(UGR)公式为

$$UGR=8\lg\left(\frac{0.25}{L_b}\sum\frac{200I^2}{r^2P^2}\right) \tag{3-13}$$

式中：I——光源在眼睛方向的光强，cd；

r——光源离眼睛的距离，m；

L_b——背景亮度，cd/m²；

P——位置系数。

表3-15为各种工作室的统一眩光评价指数。

各种工作室的UGR标准 表3-15

地点	工作室		UGR
办公	一般办公室		19
	绘图室		16
学校	教室		16
	缝纫室		10
医院	病房		13
	手术室		10
工厂	装配车间	粗装	28
		细装	19
	仓库大件		29

2. 大光源（发光顶棚、均匀的间接照明）的眩光

所谓的大光源专指发光顶棚和均匀的间接照明。CIE TC3.01提出：一个漫射发光顶棚或均匀的间接照明，在某一要求的UGR值下提供的照度，不能超过下列值：

当UGR=13时，不能超过300lx；

当UGR=16时，不能超过600lx；

当UGR=19时，不能超过1 000lx；

当 UGR＝22 时，不能超过 1 600lx。

如果需要较高的照度但较低的 UGR 时，可以用很好地遮蔽的局部照明，亦可适当控制亮度的发光顶棚（如格栅顶棚）来解决。

3. 一般光源（介于小光源和大光源之间）**的眩光**

小光源和大光源是两个极端，但绝大多数灯具是介于这两者之间的一般光源。对于这类光源的眩光评价不能直接应用 UGR 公式，故需要加以修改，使它能在要求的精度内，并且两头都与该种光源的评价方法得出的结果一致。将修改后的眩光评价法称之为 GGR，即“大光源评价法”，其公式为

$$GGR = 8\lg\left[1 - \frac{8\left(1+\frac{E_d}{250}\right)}{(E_i+E_d)}\sum\left(\frac{L^2\omega}{P^2}\right)\right] \tag{3-14}$$

式中：E_d——眼睛处由该光源产生的直射照度，lx；

E_i——眼睛处的间接照度，为 $\rho_i \times L_b$；

L——光源的亮度，cd/m^2；

ω——光源的大小，sr；

P——位置系数；

ρ_i——室内表面的平均反射比；

L_b——背景亮度，cd/m^2。

GGR 与 UGR 的值是相同的。

4. 不均匀的间接照明的眩光

近年来各种上射照明灯具发展很快，上射照明的顶棚亮度是不均匀的，很难用迄今为止的所有不舒适眩光评价方法来评价，CIE TC 3.01 提出用下列公式作为不均匀间接照明的极限照度：

$$E_{av} = 1\,500 - \left(2.1 - \frac{1.5}{RI} - 1.4R_W\right)L_s \tag{3-15}$$

式中：RI——室型指数；

R_W——墙面反射比；

L_s——光源的亮度，cd/m^2；

E_{av}——平均照度，lx。

上述公式适用于要求 UGR＝19 的情况，对于其他 UGR 值，E_{av}需要乘以下列系数：

UGR＝13 时，乘以 0.3；

UGR＝16 时，乘以 0.6；

UGR＝22 时，乘以 1.6。

5. 复杂光源的眩光

包括大量使用的带格栅的低亮度镜面灯和蝙蝠翼配光的灯具，可将此类灯具分为两种：

(1)漫射光源。其亮度虽然随着方向而改变，但在整个面上其亮度可近似地作为在所看到的投影面积上是均匀不变的。统一眩光评价基本公式中的主要一项 $L^2\omega$ 可写成

$$L^2\omega = \frac{LI}{R^2} \tag{3-16}$$

对于此类灯具

$$L = \frac{I}{A_0 \cos\gamma}$$

故

$$L^2\omega = \frac{I^2}{R^2 A_0 \cos\gamma} \tag{3-17}$$

式中：R——光源至眼睛的距离，m；

I——光源在眼睛方向的光强，cd；

γ——从铅垂线至眼睛方向的角度；

A_0——光源发光面在铅垂线方向的投影面积，m^2。

(2)镜面光源。使用镜面反射器和镜面格栅时，其亮度在实际投影面上有相当变化，对此类灯具我们需要确定其有效亮度 L，比较合理的定义可以建立在假设最大光强(I_{max})的 γ_{max} 方向上全部闪亮。

$$L = \frac{I_{max}}{A_0 \cos\gamma_{max}} \tag{3-18}$$

将式(3-18)代入式(3-16)得

$$L^2\omega = \frac{I \cdot I_{max}}{R^2 A_0 \cos\gamma} \tag{3-19}$$

上列各式中：γ_{max}——从铅垂线至最大光强的角度，°；

I_{max}——光源的最大光强，cd；

L——光源的亮度，cd/m^2；

ω——光源的立体角，sr。

其他符号的意义同式(3-17)。

对于许多灯具来说，$\gamma_{max}=0$ 以及 $I_{max}=I_{\circ}$，对于蝙蝠翼配光灯具，γ_{max} 在15°～45°之间。对于一个平面光源来讲，镜面光源常常比漫射光源更易产生眩光，它们的 UGR 差为

$$\Delta UGR = 8\lg[I_{max}\cos\gamma / I\cos\gamma_{max}] \tag{3-20}$$

假如有一只低亮度的蝙蝠翼配光灯具，其 $A_0=0.4m^2$，$\gamma_{max}=30°$ 处 $I_{max}=3\,600cd$，$\gamma=30°$ 处 $I=1\,200cd$。如果 $H=1.8m$，$R=2.8m$，$P=5.3m$，$L_b=30cd/m^2$。

如按漫射类计算，其 UGR=18.6；

按镜面类计算，其 UGR=21.4。

以后者较为现实。对于半镜面反射器的计算结果，将介于上述二者之间，取其平均值为佳。

二、室外体育场地的眩光指数法

CIE 典型的室外眩光评价方法为眩光指数(GR)法。

GR 按下式计算得

$$GR = 27 + 24\lg(L_{VL}/L_{Ve}^{0.9}) \tag{3-21}$$

式中：L_{VL}——由灯具产生、直接入射到眼睛内的光线产生的等效光幕亮度；

$L_{Ve}^{0.9}$——由观察者前面环境反射到眼睛的光线产生的等效光幕亮度。

等效光幕亮度定义为

$$L_V = 10\sum_{i=1}^{n}(E_{eye}/Q_i^2) \tag{3-22}$$

式中：E_{eye} ——对观察者眼睛的照度(在垂直于视线平面上)；

Q_i ——观察者视线和第 i 个光源在视网膜上产生的入射光的方向夹角；

n ——总的灯具数。

对 L_{VL} 定义时，可认为被照面(环境)是由无限多个小的光源组成。如果只考虑观察方向为眼睛的水平面下大于 1°时，在计算 L_{VL} 中，Q 大于 1°会自动得到满足，而对 L_{VL} 大于 1°条件时，意味着与视觉中心区域(2×1°)相吻合的照明区域不予以考虑。

取眩光等级：

$$GF = 10 - GR/10 \tag{3-23}$$

眩光指数(GR)、眩光等级(GF)与眩光程度(主观感受)之间的关系列于表 3-16。

眩光指数(GR)、眩光等级(GF)与眩光程度(主观感受)之间的关系　　表 3-16

GF(眩光等级)	眩光程度	GR(眩光指数)	GF(眩光等级)	眩光程度	GR(眩光指数)
1	不可忍受	90	6	仅可接受或容许	40
2	不可忍受	80	7	可明显察觉	30
3	有所感觉	70	8	可明显察觉	20
4	有所感觉	60	9	不可明显察觉	10
5	仅可接受或容许	50			

借助于 GR，我们可以评价出眩光涉及的范围内各个小区域眩光控制的好坏。

当背景是被照区域时，可用一个简化公式计算

$$L_{Ve} = 0.035L_{AV} \tag{3-24}$$

$$\text{平均亮度 } L_{AV} = \frac{E_{hAV} \cdot \rho}{\pi} \tag{3-25}$$

式中：E_{hAV} ——区域的平均水平照度；

ρ ——区域假定为漫反射时的反射比。

靠近视线的垂直被照面其出射光通到人眼产生的等效光幕亮度的实际值大于由近似计算得到的值。可见，实际的眩光评价要好于近似计算值，亦即近似计算值是保守的。

CIE 推荐的五个标准观察者位置，共计 40 个评价观测方向，见图 3-33。理论上希望在任何场所、任何正常的视看方向的眩光指数都小于推荐的该方向上的眩光指数。训练场地的推荐值为 55，比赛场地的推荐值为 50。

对于室内体育馆，由于投光灯集中于场地上空，周边观众席上的空间亮度较低，因此，在控制眩光时，应适当提高眩光等级的标准。如乒乓球比赛时眩光指数可不大于 20，其他球类以不大于 30 为宜。

室内体育馆环境光幕亮度的计算可以参照室外时的公式，同时，考虑室内环境的特点，可将顶棚亮度与观众席亮度加权平均，作为室内环境的光幕亮度。

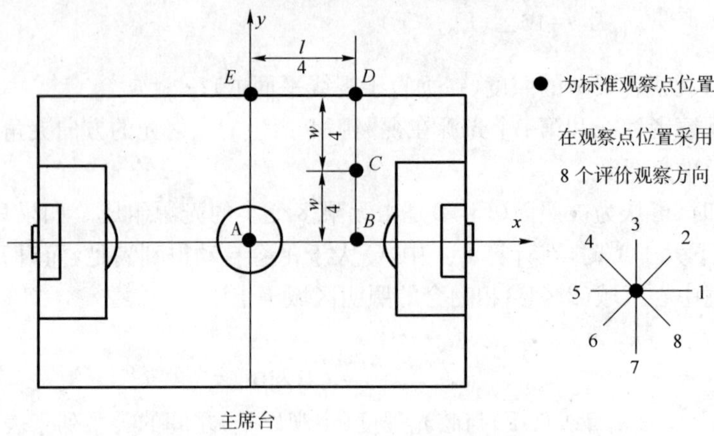

图 3-33 CIE 推荐的评价观测方向

思考题

1. 室内灯具的布置设计前，应考虑哪几个问题？

2. 何为照度均匀度？照度是否均匀取决于什么条件？设计时其值应如何考虑？

3. 何为最大允许距高比，设计时应如何考虑？

4. 某教室长 11.3m，宽 6.4m，高 3.6m，在离顶棚 0.5m 的高度内安装 YG1-1 型 40W 荧光灯，光源的光通量为 2 200lm，课桌高度为 0.8m，室内空间及各表面的反射比如图 3-34 所示。若要求课桌面的照度为 150lx，试确定所需灯具数。

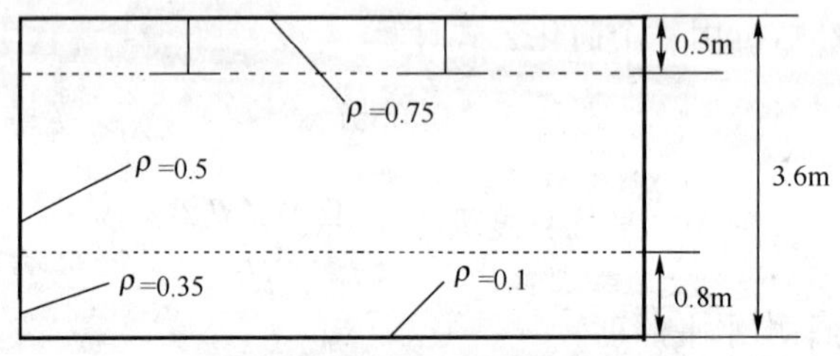

图 3-34 室内空间及各表面的反射比

5. 有一教室长 6m，宽 6.6m，灯至工作面高为 2.3m，若采用带反射罩荧光灯照明，每盏灯 40W，规定照度为 150lx，需要安装多少盏荧光灯？若采用 YG1-1 型 40W 荧光灯，光源的光通量为 2 200lm，室内空间及各表面的反射比如图 3-34 所示，需要安装多少盏荧光灯？

6. 什么是逐点计算法？在什么情况下使用合适？

7. 利用方位系数法求室内平均照度应如何进行？

8. 什么是“统一眩光评价系统（UGR）”？它是如何来评价不舒适眩光的？

第四章 室内照明设计

第一节 概　　述

建筑环境分室内和室外两部分。建筑物内部空间环境一般仅指建筑物本身，灯光的作用侧重于使用功能，配合内部空间处理、室内陈设、室内装修，利用灯具造型及其光色的协调，使室内环境具有某种气氛和意境，增加建筑艺术的美感。现代建筑照明设计，除了满足工作面必须达到规定的水平照度外，更多的融入了装饰照明的艺术风格和手法。

一、室内光照设计的要求与步骤

照明光照设计包括照度的选择、光源选用、灯具选择和布置、照明控制策略与方式的确定、照明计算等诸方面。

对以工作面上的视看对象为照明对象的照明技术称为明视照明，主要涉及照明生理学。对以周围环境为照明对象的照明技术称为环境照明，主要涉及照明心理学。不同照明设计需要考虑的主要问题列于表 4-1。

明视照明和环境照明设计的要求对照　　表 4-1

明视照明	环境照明
1. 工作面上要有充分的亮度	1. 亮或暗要根据需要进行设计
2. 亮度应当均匀	2. 照度要有差别，不可均一，采用变化的照明可造成不同的感觉
3. 不应有眩光，要尽量减少乃至消除眩光	3. 可以应用金属、玻璃或其他光泽的物体，以小面积眩光造成魅力感
4. 阴影要适当	4. 需将阴影夸大，从而起到强调突出的作用
5. 光源的显色性好	5. 宜用特殊颜色的光作为色彩照明，或用夸张手法进行色彩调节
6. 灯具布置与建筑协调	6. 可采用特殊的装饰照明手段（灯具及其设备）
7. 要考虑照明心理效果	7. 有时与明视照明要求相反，却能获得很好的气氛效果
8. 照明方案应当经济	8. 从全局来看是经济的，而从局部看可能是不经济的或过分豪华的

照明光照设计一般可按下列步骤进行：

(1)收集原始资料。工作场所的设备布置、工作流程、环境条件及对光环境的要求；已设计完成的建筑平剖面图、土建结构图，已进行室内设计的工程应提供室内设计图。

(2)确定照明方式和种类,并选择合理的照度。

(3)确定合适的光源。

(4)选择灯具的形式,并确定型号。

(5)合理布置灯具。

(6)进行照度计算,并确定光源的安装功率。

(7)根据需要计算室内各面亮度和眩光评价。

(8)确定照明控制的策略与方式。

二、室内照明方式和种类

1. 照明方式

照明方式是指照明设备按其安装部位或使用功能而构成的基本制式。按照国家制定的设计标准区分,有工业企业照明和民用建筑照明。按照照明设备安装部位区分,有建筑物外照明和建筑物内照明。

建筑物外照明,可根据实际使用功能分为建筑物泛光照明,道路照明,区街照明,公园和广场照明,溶洞照明,水景照明等,每种照明方式都有其特殊的要求。

建筑物内照明,按使用功能分有一般照明、分区一般照明、局部照明和混合照明。

(1)一般照明 不考虑特殊部位的需要,为照亮整个场地而设置的照明方式称一般照明。它可使整个场地都能获得均匀的照度,适用于对光照方向无特殊要求或不适合安装局部照明和混合照明的场所。如仓库、某些生产车间、办公室、会议室、教室、候车室、营业大厅等。

(2)分区一般照明 根据需要,提高特定区域照度的一般照明方式称分区一般照明。对照度要求比较高的工作区域,灯具可以集中均匀布置,提高其照度值,其他区域仍采用一般照明的布置方式,如工厂车间的组装线、运输带、检验场地等。

(3)局部照明 为满足某些部位的特殊需要而设置的照明方式。如在很小范围的工作面上,通常采用辅助照明设施来满足这些特殊工作的需要。像车间内机床灯、商店橱窗的射灯、办公桌上的台灯等。在需要局部照明的场所,应采用混合照明方式,不应只装配局部照明而无一般照明,因为这样会形成亮度分布不均匀而影响视觉。

(4)混合照明 由一般照明与局部照明组成的照明方式。即在一般照明的基础上再增加局部照明,这样有利于提高照度和节约电能。

2. 照明种类

(1)按光照形式的不同分类

①直接照明:将灯具发射的90%～100%的光通量直接投射到工作面上的照明。常用于对光照无特殊要求的整体环境照明,裸露装设的白炽灯、荧光灯均属此类。

②半直接照明:将灯具发射的60%～90%的光通量直接投射到工作面上的照明。

③均匀漫射照明:将灯具发射的40%～60%的光通量直接投射到工作面上的照明。

④半间接照明:将灯具发射的10%～40%的光通量直接投射到工作面上的照明。

⑤间接照明:将灯具发射的10%以下的部分光通量直接投射到工作面上的照明。

⑥定向照明:光线主要从某一特定方向投射到工作面和目标上的照明。

⑦重点照明:为突出特定的目标或引起对视野中某一部分的注意而设的定向照明。

⑧漫射照明:投射在工作面或物体上的光在任何方向上均无明显差别的照明。

⑨泛光照明:通常由投光灯来照射某一情景或目标,且其照度比其周围照度明显高的照明。

(2)按照明用途的不同分类

①正常照明:正常工作时使用的永久安装照明。

②应急照明:在正常照明电源因故障失效的情况下,供人员疏散、保障安全或继续工作用的照明。应急照明必须采用能快速点亮的可靠光源,可细分为:

a 疏散照明:正常照明因故障熄灭后,以确保有效地辨认和应用安全出口通道,使人们安全撤离建筑物。

b 安全照明:正常照明因故障熄灭后,为确保处于潜在危险之中人员安全而提供的照明。

c 备用照明:正常照明因故障熄灭后,用以确保正常工作或活动继续进行。

暂时继续工作用的备用照明,照度不低于一般照明的 10%;安全照明的照度不低于一般照明的 5%;保证人员疏散用的照明,主要通道上的照度不应低于 0.5lx。

③值班照明:供值班人员使用的照明。值班照明可利用正常照明中能单独控制的一部分,设置专用控制开关。大面积场所宜设置值班照明。

④警卫照明:根据警卫任务需要而设置的照明。

⑤障碍照明:装设在障碍物上或附近,作为障碍标志用的照明称为障碍照明。如高层建筑物的障碍标志灯、道路局部施工、管道人井施工、航标灯等。

此外还可有:

装饰照明:为美化、烘托、装饰某一特定空间环境而设置的照明。如建筑物轮廓照明、广场、绿地照明等。

广告照明:以商品的品牌或商标为主,配以广告词和其他图案的照明。该照明方式用内照式广告牌、霓虹灯广告牌、电视墙等灯光形式渲染广告的主题思想,同时又为夜幕下的街景增添了情趣。

艺术照明:通过运用不同的光源、不同的灯具、不同的投光角度、不同的灯光颜色,营造出一种特定的空间气氛的照明。

三、设计时如何确定照明方式和种类

1. 按下列要求确定照明方式

(1)工作场所通常应设置一般照明。

(2)同一场所内的不同区域有不同照度要求时,应采用分区一般照明。

(3)对于部分作业面照度要求较高,只采用一般照明不合理的场所,宜采用混合照明。

(4)在一个工作场所内不应只采用局部照明。

2. 按下列要求确定照明种类

(1)工作场所均应设置正常照明。

(2)工作场所下列情况应设置应急照明:

①正常照明因故障熄灭后,需确保正常工作或活动继续进行的场所,应设置备用照明;

②正常照明因故障熄灭后,需确保处于潜在危险之中的人员安全的场所,应设置安全照明;

③正常照明因故障熄灭后,需确保人员安全疏散的出口和通道,应设置疏散照明。

(3)大面积场所宜设置值班照明。

(4)有警戒任务的场所,应根据警戒范围的要求设置警卫照明。

(5)有危及航行安全的建筑物、构筑物上,应根据航行要求设置障碍照明。

第二节　住宅照明设计

随着人们生活水平的不断提高,居室装修的档次也不断提升,照明除了本身的实用意义,更多地担负起装饰和观感上的功能。灯饰、家具和其他陈设协调配合,使人们的生活空间表现出华丽、宁静、温馨、舒适的情趣和气氛。

一、住宅照明设计要考虑的因素

光线是衡量住宅的一个重要因素,高照度照明能令人兴奋,低照度的照明则有亲切的气氛。光的颜色也是构成环境气氛的首要因素之一。人的大部分时间要在住宅里度过,住宅照明直接关系到人们的日常生活,还与人们的年龄、心理和要求有关。所以,住宅照明设计应考虑以下因素:

(1)居住者的年龄和人数。

(2)视觉活动形式。

(3)工作面的位置和尺寸。

(4)应用的频率和周期。

(5)空间和家具的形式。

(6)结构限制。

(7)建筑和电气规范的有关规定要求。

(8)节能考虑。

二、住宅照明的基本要求

住宅照明的基本要求考虑以下几个方面。

(1)合适的照度

住宅的各个部分由于功能不同,对照度的要求也不一样,为了满足使用功能,一般住宅可以参照表1-12选择相应的照度值。

(2)平衡的亮度

住宅房间不仅功能不同,大小差别也大。要创造一个舒适的环境,住宅里各处的照度不能过明或过暗,要注意主要部分与附属部分亮度的平衡。一般较小的房间可采用均匀照度,而对于较大的房间,可以在墙壁上加上壁灯。壁灯的安装高度应在视线高度的范围内,不能超过1.8m,这样能起到增大生活空间的效果。

(3)电气设施留有余度

随着人们生活水平的不断提高,家电数量会日益增多,电源线的截面积和瓦时计的容量应适当留有一定的富余度,确保用电安全。

(4)利用灯光创造氛围

灯光照明设计时，既要考虑创造良好的学习、生活环境，又要创造舒适的视觉环境，让灯光照明在家庭装饰中真正达到赏心悦目的效果。通过光源和灯具的合理选配，创造出非常完美的光影的世界。

三、照明设计的主要内容

1. 确定照度值

(1)根据实测调研，绝大多数起居室在灯全开时，照度在100～200lx之间，平均照度可达152lx。根据我国实际情况定为100lx，而起居室的书写、阅读定为300lx。这可用增加局部照明灯形成的混合照明来达到。

(2)绝大多数卧室的照度在100lx以下，平均为71lx。根据我国实际情况，卧室的一般活动照度略低于起居室，取75lx为宜。床头阅读比起居室的书写阅读对照度要求低，取150lx。一般活动照明有一般照明来达到，床头阅读照明可由混合照明来达到。

(3)餐厅照度多数在100lx左右，我国定为150lx。

(4)目前我国的厨房照明较暗，大多数只设一般照明，操作台未设局部照明。根据实际调研，一般活动多数在100lx以下，平均照度为93lx(国外多在100～300lx)。根据我国实际情况，定为100lx。而国外在操作台上照度均较高，在200～500lx之间，这是为了操作安全和便于识别。根据我国实际情况，定为150lx，可由混合照明来达到。

(5)卫生间照明多数为100lx左右，平均照度为121lx，故定为100lx。至于洗脸、化妆、刮脸，可用镜前灯照明，照度可在200～500lx之间。

2. 合理布灯

正确的布灯方式应根据人们的活动范围和家具的位置合理安排。比如，看书读报的灯具位置应该考虑与桌面保持适当的距离，具有合适的角度，并使光线不刺眼。直接照射绘画、雕塑的灯具，应使绘画色彩真实，便于欣赏，使雕塑明暗适度，立体感强。

3. 投光范围

所谓投光范围就是达到照度标准的范围有多大，它取决于人们的活动范围和被照物的体积或面积。投光范围的调整主要靠灯罩的形状和大小以及灯具数量和悬挂高度的调整。

4. 选择灯具

灯具的种类很多，合理地选择灯具，首先要使灯具适合室内空间的体量与形状，要符合房间的用途和特性。最后要体现民族风格和地区特点，反映人们的情趣和爱好。

第三节 学校照明设计

学校是学生读书学习的地方，学校照明的目的就是为教师和学生创造一个良好的光照环境，满足学生和教师的视觉作业要求，保护视力，提高教学与学习效率。

一、学校照明的一般要求

学校设施有教室、实验室、报告厅、阶梯教室、图书阅览室以及操场等，这里主要介绍教室照明。教室的面积一般不大，学生在此需长时间阅读和写字，远距离看黑板。依据以上这些特点，对教室照明的要求如下：

1. 应有足够的照度

教室内的视觉作业主要有：学生看书、写字，看黑板上的字与图，注视教师的演示；教师看教案、观察学生、在黑板上书写等。学校以白天教学为主，也应考虑晚间上课、自习等活动。教室内除自然采光外，还必须设置人工照明。在阴、雨天或冬季的下午，人工照明应能灵活地、有效地补充自然采光的不足。所以，教室照明应有足够的照度，来满足教学需要。

我国目前教室实测照度多为200～300lx之间，平均照度为232lx，实际照度和设计照度均较低，而CIE标准规定普通教室为300lx，夜间使用的教室，如成人教育教室等，照度为500lx。我国参照CIE标准，将教室定为300lx，包括夜间使用的教室。

实验室的实测照度大多在200～300lx之间，平均照度为294lx，我国定为300lx。

美术教室实测照度也大多在200～300lx之间，国外标准多为500lx，因美术教室视觉工作精细，我国定为500lx。

多媒体教室的实测照度也大多在200～300lx之间，国外标准为400～5 300lx之间，考虑因有视屏视觉作业，照度不宜太高，定为3001x。

黑板的垂直面的照度至少应与桌面照度相同，为保护学生视力，照度标准定为500lx。

2. 亮度要合理分布

当眼睛注视一个目标时，便确立了一种适应水平。当眼睛从一个区域转向另一个区域时，就要适应新的水平。如果两个区域亮度水平相差很大，瞳孔则会急骤变化，从而会引起视觉疲劳。舒适的照明环境亮度分布见表4-2。

室内亮度比推荐值　　表4-2

相邻场所类别	环境类别		
	A	B	C
作业对象和邻近的暗处	3∶1	3∶1	5∶1
作业对象和邻近的亮处	1∶3	1∶3	1∶5
作业对象和远处暗场所	10∶1	20∶1	—
作业对象和远处亮场所	1∶10	1∶20	—
照明灯具(窗、天窗)和其相邻场所	20∶1	—	—
整个视野范围之内	40∶1	—	—

视看对象的亮度与环境亮度差别越小，舒适感越好。教室亮度分布最佳的条件如下：

(1)物件的亮度应该等于或稍大于整个视觉环境的亮度。

(2)环境视场中较大面积的亮度不应与工作面亮度差别过大，两者越接近，舒适感越好。

(3)高亮度不宜超过工作面亮度的5倍，低亮度时最低不得低于1/32。

(4)工作物件邻近的那些表面亮度不应超过工作物件本身的亮度，也不应低于工作物件亮度的1/3。

(5)不存在有害的直射眩光和反射眩光。

3. 应防止直射眩光、减少光幕反射

有的被视看物体表面存在漫反射，也有的存在镜面反射。当视看方向恰好与光源入射光线的镜面反射方向重合时，视看对象亮度显著增高，使原有的对比大为减弱，造成被视物体模糊不清，如同笼罩一层光幕，这种现象称为光幕反射。光幕反射损害作业的对比度，使可见度下降，同时造成烦人的视觉干扰，破坏视觉舒适感。

运用减少光幕反射的方法时应注意下列几点。

(1)在干扰区不应布灯，因为干扰区的灯光会加重光幕反射。

(2)灯具布置在教室课桌的侧面，使大部分投到桌面上的光来自非干扰区，以增加有效照明。

(3)灯具选用蝠翼式照明器，它从中间向下发射的光很少，大部分从侧面投向工作桌，因此光幕反射也就最小。

(4)如果环境的几何关系不变，可以通过提高照度补偿对比损失，但不应使经济代价较高。

(5)应注意减少失能眩光与瞬时适应对视功能的影响。

在照明设计时应注意不允许在教室内使用露明荧光灯，如盒式荧光灯，因为它会造成严重的失能眩光。由于眼睛经常扫视周围环境，为降低瞬时适应造成的视觉疲劳，应减少周围环境亮度与工作面亮度的差别。二者亮度越一致，瞬时适应造成的影响越小。

学校照明除应满足视觉作业要求外，尚应做到安全、可靠，方便维护与检修，并与环境协调。

二、光源与灯具选择

1. 光源选择

教室照明推荐使用荧光灯，因为荧光灯光效高、光色好、亮度低、节约电能，易于满足照度均匀的要求。普通教室可采用 36W 细管径直管荧光灯，如 T8 荧光灯管。

2. 灯具的选择

(1)普通教室宜选用有一定保护角、效率不应低于 75%的开启式配照型灯具，不宜采用裸灯及盒式荧光灯具。

(2)有要求或有条件的教室可采用带格栅或带漫射罩型灯具，其灯具效率不宜低于 60%。

(3)具有蝙蝠翼式光强分布特性的灯具，一般都有较大的保护角，其光输出扩散性好，布灯间距大，照度均匀，能有效地限制眩光和光幕反射，有利于改善教室照明质量和节能。蝙蝠翼式光强分布特性灯具的光强分布见图 4-1。

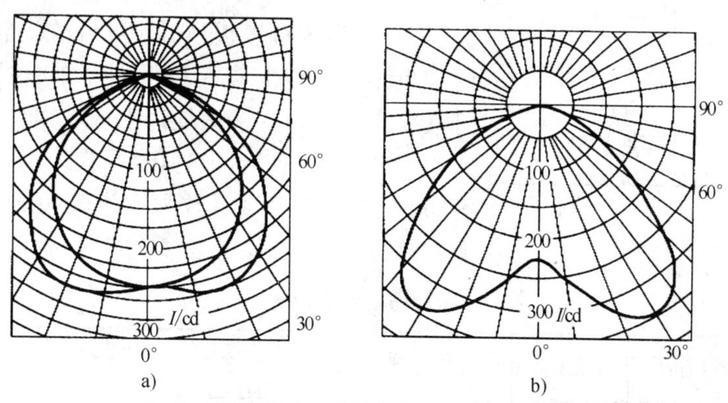

图 4-1　蝙蝠翼式光强分布特性灯具的光强分布

a)为中宽光强分布；b)为宽光强分布

(4)普通教室面积不大,为使其照度分布均匀和节能,宜采用单管荧光灯具。

三、灯具布置

(1)普通教室课桌呈规律性排列,宜采用顶棚上均匀布灯的一般照明方式。为减少眩光区和光幕反射区,荧光灯具应纵向布置,即灯具的长轴平行于学生的主视线,并与黑板垂直,如图 4-2 所示布灯方案。

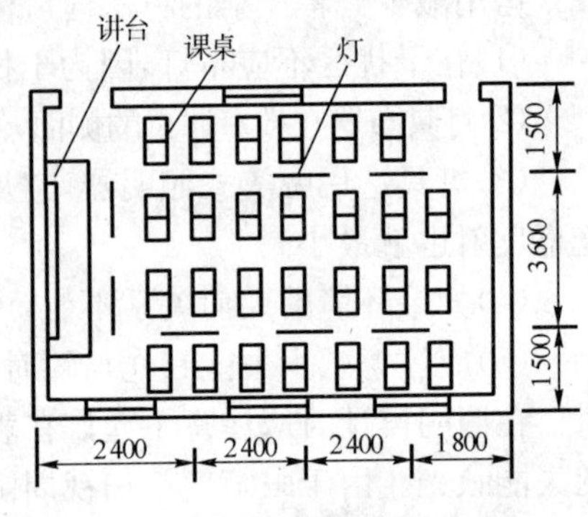

图 4-2 普通教室照明平面布置图

(2)教室照明灯具如能布置在垂直黑板的通道上空,使课桌面形成侧面或两侧面来光,照明效果更好。

(3)为保证照度均匀度,应使距高比(L/h)不大于所选用灯具的最大允许距高比。如果满足不了上述条件,可调整布灯间距 L 与灯具挂高 h,以至增加灯具、重新布灯或更改灯具来满足要求。

(4)灯具挂高对照明效果有一定影响。当灯具挂高增加,照度下降;挂高降低,眩光影响增加,均匀度下降。

普通教室灯具距地面挂高宜为 2.5～2.9m,距课桌面宜为 1.75～2.15m。

四、黑板照明

教室内如果仅设置一般照明灯具,黑板上的垂直照度很低,均匀度差。因此对黑板应设专用灯具照明,其照明要求如下:

(1)宜采用具有非对称光强分布特性的专用灯具,灯具在学生侧保护角宜大于 40°,使学生不感到直接眩光。

(2)黑板照明不应对教师产生直接眩光,也不应对学生产生反射眩光。在设计时,应合理确定灯具的挂高及与黑板墙面的距离。

其布灯原则如下:

①为避免对学生产生反射眩光,黑板灯具的布灯区为:第一排学生看黑板顶部,并以此视线反射至顶棚求出映像点距离 l,以 P 点与黑板顶部作虚线连接,见图 4-3,灯具应布置在该连接虚线以上区域内。

②教师站在讲台上,其水平视线 45°仰角以内位置不宜布置灯具,否则会对教师产生较大的直接眩光。黑板照明灯具位置,可参考表 4-3。

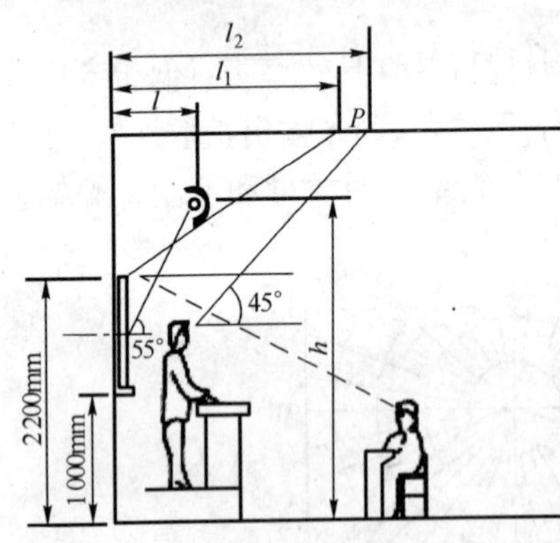

图 4-3 教室、学生、黑板与灯具之间的关系

黑板照明灯具位置 表 4-3

地面至光源的距离 h(m)	2.6	2.7	2.8	3.0	3.2	3.4	3.6
光源距装黑板的墙距离 l(m)	0.6	0.7	0.8	0.9	1.1	1.2	1.3

③黑板照明灯具数量，可参考表4-4。

黑板照明灯具数量　　表4-4

黑板宽度(m)	36W单管专用荧光灯(套)	黑板宽度(m)	36W单管专用荧光灯(套)
3～3.6	2	4～5	3

五、阶梯教室照明

对阶梯教室照明的要求如下。

(1)阶梯教室内灯具数量多，眩光干扰增大，宜选用限制眩光性能较好的灯具，如带格栅或带漫反射板(罩)型灯具、保护角较大的开启式灯具。有条件时，还可结合顶棚建筑装修，对眩光较大的照明灯具做隐蔽处理。如图4-4所示，把教室顶棚分块做成尖劈形。灯具被下突部分隐蔽，并使其出光投向前方，向后散射的灯光被截去并通过灯具反射器也向前方投射。学生几乎感觉不到直接眩光。

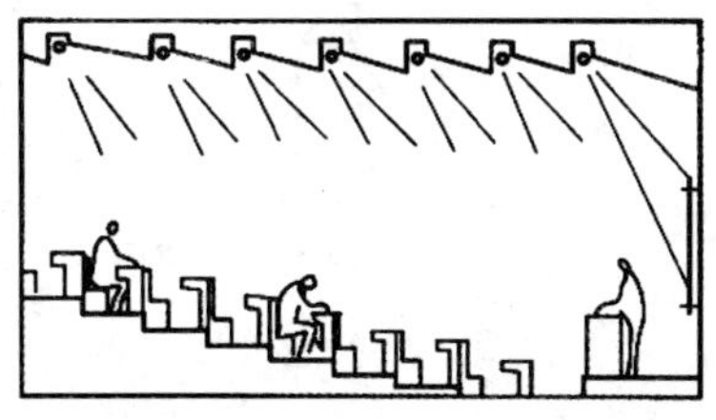
图4-4　阶梯教室照明灯具布置图

(2)为降低光幕反射及眩光影响，推荐采用光带(连续或不连续)及多管块形布灯方案，不推荐单管灯具方案。

(3)灯具宜吸顶或嵌入方式安装。当采用吊挂安装方式时，应注意前排灯具的挂高不应遮挡后排学生的视线及产生直接眩光，也不应影响幻灯、电影等放映效果。

(4)当阶梯教室内的黑板设有专用照明时，投映屏设置的位置宜与黑板分开。一般可置于黑板侧旁，放映时，也可同时开灯照明黑板。为减少黑板照明对投映效果的影响，投映屏应尽量远离黑板照明区并应向地面有一倾角。

(5)考虑幻灯和电影的放映方便，宜在讲台和放映处对室内照明进行控制。有条件时，可对一般照明的局部或全部实现调光控制。当一般照明为气体放电灯时，可装设部分白炽顶灯或壁灯，并对其进行调光控制。

第四节　工厂照明设计

工厂包括的范围很广，从基础工业的巨大厂房到精细的显微电子工业的超净车间，它们对于照明的要求是迥然不同的，但对于容易看、不疲劳的要求则是相同的。

工厂的照明必须满足生产和检验的需要，这两项工作的要求在某些情况下是相似的，在另外一些情况下，特别是生产工序自动化的情况下，检验工作就需要单独的照明设备。

《建筑照明设计标准》规定工作区域一般照明均匀度不应小于0.7，而作业面与临近周围的照度均匀度不应小于0.5。

非工作区的照度与工作区照度之比宜小于1/3。根据近年来对工作环境的研究发现，均匀无变化的环境影响人的觉醒程度，而觉醒程度又影响到工作效率，一般难度较高的工作要求觉醒程度低一些，环境应以均匀少变化为主，而难度低的工作则要求环境多一些变化，但觉醒程度太高后，又要分散注意力而降低工作效率，故均匀度的问题尚待深入研究。

一、一般照明

1. 高大厂房(高度一般大于 15m)

其一般照明采用高强气体放电灯作光源，采用较窄光束的灯具吊在屋架下弦，并与装在墙上或柱上的灯具相结合，以保证工作面上所需要的照度，见图 4-5。

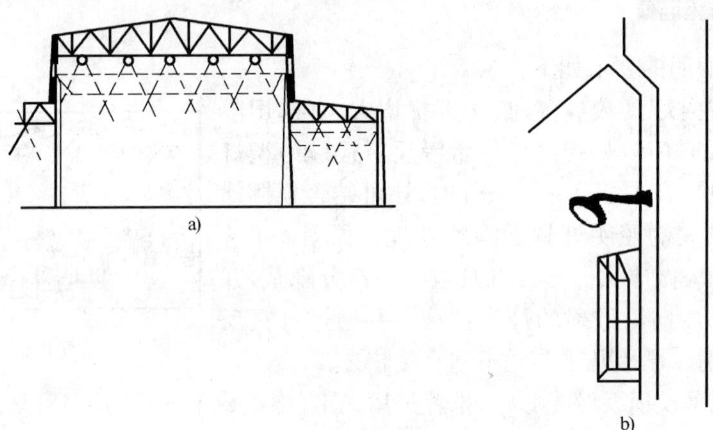

图 4-5 高大厂房灯具布置

a)顶灯;b)柱上安装照明器

2. 中等高度的厂房(5～15m)

原则上采用小功率(35W,50W,70W,100W,125W 等)的高强度气体放电灯，采用宽配光或较宽配光的灯具吊在屋架下弦。采用聚碳酸脂材料制成棱镜罩，配光较宽的工厂灯具就很适宜。

3. 一般高度为 5m 及以下的厂房

可采用荧光灯为主要光源，灯具布置可以与梁垂直，也可以与梁平行，见图 4-6 所示。最好不用裸灯管，注意减小光源与顶棚的亮度对比。

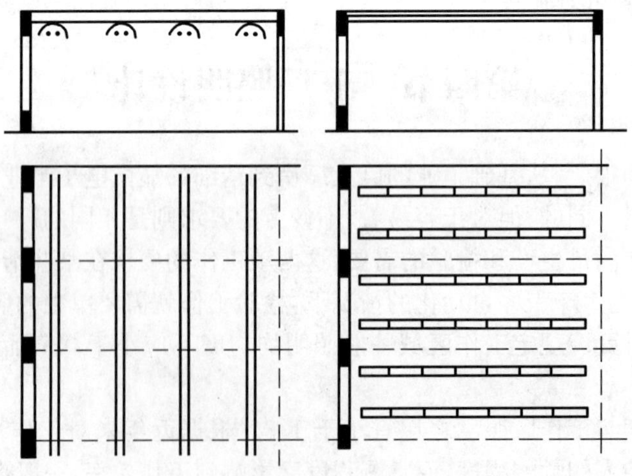

图 4-6 一般厂房灯具布置

a)灯具与梁垂直;b)灯具与梁平行

在成片的单层厂房和多层厂房中常常使用传送带进行工作。若有传送带时可如图4-7所示的布置，在传送带和两旁的工作位置上，均有相应的光带。在使用这种装得较低的光带时，灯具亮边的方位应给予特别注意。在连续或近乎连续生产时，视线的主要方向应与灯管平行。在工作中有时难以避免有光泽的表面，故为了避免反射眩光，灯具下口应适当考虑遮挡，例如使用格栅或棱镜面板等。

图4-7 灯具与传送带

4. 灯具热量的处理

灯具的热量被排除后，显然有利于荧光灯和镇流器的运行，使灯管光效提高，镇流器故障减少，寿命延长，同时又可节能。

灯具的发热量主要由光源产生，输入1W的电能每小时将产生0.86W的热量，通过对流、传导和辐射方式散发出来。这些散发的能量大部分消散在室内。嵌入式灯具散发出来的热量的分配与灯具的结构、所用材料以及室内与顶棚间的温差有关。

利用空调灯具，使空气按一定流向强制通过光源及其发热部件，带走它们产生的热量或引入空调系统加以利用。目前常用的蝙蝠翼配光灯具和密闭式棱镜灯具的气路见图4-8。前者借空气洗刷反射器和光源表面的灰尘，减少灰尘积聚，并带走65%～75%的热量；后者可收集80%～85%的热量，但气路不易控制。

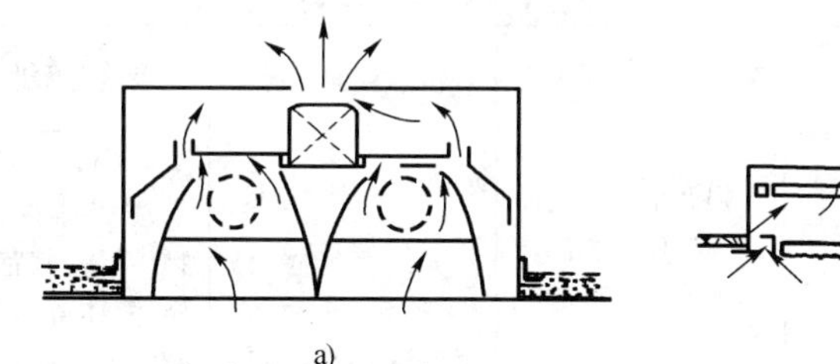

a)

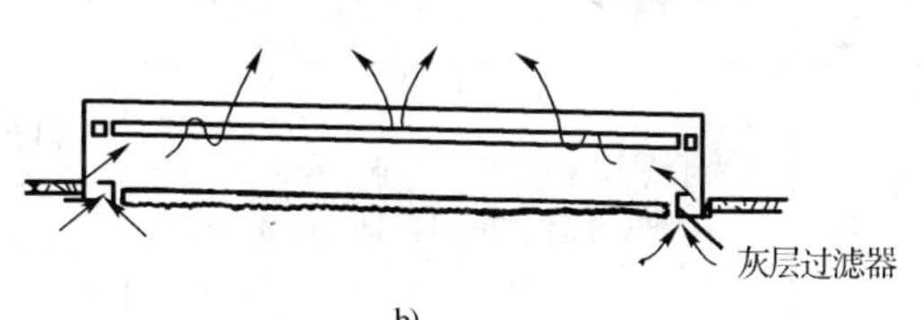

b)

图4-8 两种空调灯具

a)有格栅反射器式；b)密封棱镜板式

二、控制室照明

工业控制室中主要装设直立的控制盘和有斜面或水平面的控制台，值班人员的视力工作是持续的且比较紧张的，所有控制室的照明要求较高的照度，室内一般照明的照度为300～500lx。应有较好的亮度分布和色彩分布，并应无直射眩光和反射眩光。同时，应与声、热等其他环境因素综合考虑，以创造一个良好的室内环境。控制室照明应有很高的可靠性和稳定性。要求垂直面上有足够的照度，同时要注意水平面与垂直面不要有过大的亮度差别。一般采用荧光灯。照明装置普遍采用低亮度漫射照明装置或方向照明装置，即利用倾斜安装的或带有方向性配光的灯具组成发光顶棚或嵌入式或半嵌入式光带。

三、检验工作照明

对于一般的检验工作，检验人员的视力及其适应性、熟练程度是最重要的，其次是被检验物的性质以及照明方式。检验对象中，对于视觉工作最困难的情况是：

(1)被检验对象非常小。

(2)被检验对象与背影亮度和颜色的对比都很小。

(3)被检验物体高速运动着。

(4)要辨别微小的颜色差异。对于上述这四种最困难的情况，采用合适的照明方式能使眼睛的辨别工作变得容易起来。取决于检验对象的性质的工作照明基本方式列于表 4-5。要观察物体有无光泽及明暗程度时，照明方式的影响很大。恰当地采用集中照明或漫射照明，调整照明与观察的方向和角度，都可以使观察的东西更加容易引人注目。

检查工作照明的基本形式 表 4-5

形　式	a	b	c	d	e
基本形式					
光源	置于被检物上方	置于被检物前方	置于被检物前下方	漫射性面光源	漫透射面光源
漫射型灯具	光源平面上的凹凸、弯曲（金属、塑料板等）	半光泽面上的亮斑、凹凸（铅字、活板等）	强调平面上的凹凸（布、丝织物的纺织不均、疵点、起毛等）	光泽面上的一致性、瑕疵（金属、玻璃等），光泽面的翘曲、凹凸由反射像的变形来观察光源面上的条纹、格子的直线样子	透明体内的异物、裂痕、气泡（玻璃、液体等），半透明体的异物、不均匀（布、棉、塑料等），但是，对于带有白色的异物，要用黑色背景，以聚光性灯具照射
集光型灯具	光泽面的瑕疵、划线、冲孔、雕刻等	粗面上的光泽部分（金属磨损部、涂料的剥落等）	强调平面上的凹凸（板材、铅字、纸板等的翘曲、凹凸）		

四、特殊场所照明

工厂内的特殊场所一般指周围环境条件与一般常温干燥房间不同的场所，如多尘、潮湿、有腐蚀性气体、有火灾或爆炸危险的场所等。这些场所的照明要着重考虑安全、可靠性、便于维护和有较好的照明效果。下面分别说明各种环境不同时对灯具的防护要求。

1. 多尘场所

多尘场所的环境有下列三方面的特征：

(1)生产过程中，空间常有大量尘埃飞扬并沉积在灯具上，造成光损伤，效率下降（指普通粉尘场所，不包括可燃的火灾或右爆炸危险的粉尘场所）。

(2)导电、半导电粉尘聚积在电气绝缘装置上，受潮时，绝缘强度下降，易发生短路。

(3)当粉尘积累到一定程度，并伴有高温热源时，也可能引起火灾或爆炸。因此防护的目的是减少光源及反射器上灰尘造成的灯具效率下降。

灯具选用如下：

(1)采用整体密闭式防尘灯。将全部光源及反射器都密闭在灯具之内，这样被污染的机会少，灯具的效率高。

(2)灰尘不太多的场所用开启灯具。

(3)采用反射型灯泡，不易污染，维护工作少。

2. 潮湿场所

特别潮湿的环境是指相对温度在95%以上，充满潮气或常有凝结水出现的场所它使灯具绝缘水平下降，易造成漏电或短路。人体电阻也因水分多而下降，增加触电危险，且灯具易锈蚀。为此，灯具的引入线处应严格密封，以保证安全。在选择灯具时应注意其外科防护等级要符合防潮气进入的要求(防潮型)。当地下室中灯具悬挂高度低于2.4m而无防触电措施时，应采用36V安全电压。

3. 腐蚀性气体场所

当生产过程中溢出大量腐蚀性介质气体或在大气中有大量烟雾、二氧化硫气体等时，对于灯具或其他金属构件会造成侵蚀作用。如铸铁、铸铝厂房溢出氟气和氯气；电镀车间溢出酸性气体；化学工业中溢出各种有腐蚀性气体的场所。

因此，选用灯具时应注意下列几点：①腐蚀场所密闭防腐灯，选择抗腐蚀性强的材料及其面层制成灯具。常用材料的性能是：钢板耐碱性好而耐酸性差；铝材耐酸性好而耐碱性差；塑料、玻璃、陶瓷抗酸、碱腐蚀性均好；②对内部易受腐蚀的部件实行密闭隔离；③对腐蚀性不强烈的场所可用半开启式防腐灯。

4. 火灾危险场所

在生产过程中，产生、使用、加工、贮存可燃液(21区)或有悬浮状堆积状可燃性粉尘纤维(22区)以及固体可燃性物质(23区)时，若有火源或高温热点，其数量或配置上能引起火灾危险的场所称为有火灾危险的场所。(21区：地下油泵间、贮油槽、油泵间、油料再生间、变压器拆装修理间、变压器油存放间等；22区：煤粉制造间、木工锯料间；23区：裁纸房、图书资料档案库、纺织品库、原棉库等)。

为防止灯泡火花或热点成为火源而引起火灾，灯具在22区场所应采用将光源隔离密闭的灯具，如IP-5X灯具；在21区场所使用的固定式安装灯具，宜为IP- X5，移动式或便携式灯具，宜为IP-55；在23区场所使用的灯具，宜为IP-4X。

5. 有爆炸危险的场所

空间具有爆炸性气体、蒸汽(0区、1区、2区)、粉尘、纤维(10区、11区)，且介质达到适当浓度，形成爆炸性混合物，在有燃烧源或热点温升达到闪点的情况下能引起爆炸的场所称为有爆炸危险的场所。这些场所的灯具防暴结构的选用见表4-6和表4-7。

气体或蒸汽爆炸危险环境的灯具防爆结构的选型　表4-6

灯具及附件名称 \ 防爆结构 \ 爆炸危险环境	1区		2区	
	隔爆d	增安e	隔爆d	增安e
固定式灯	○	×	○	○
移动式灯	△	—	○	—
携带式电池灯	○	—	○	—
指示灯类	○	×	○	○
镇流器	○	△	○	○

主：○—适用；△—尽量避免；×—不适用；
——结构上不现实。

粉尘爆炸危险环境的灯具防爆结构的选型　表4-7

爆炸危险环境防爆结构	10区	11区
	隔爆（粉尘）	防尘
灯具	○	○

注：○—适用。

思考题

1. 室内光照设计的要求是什么？其方法步骤如何？
2. 设计时，如何确定照明方式和照明种类？
3. 住宅照明设计时宜注意哪些问题？
4. 试设计你所使用的教室的黑板照明？
5. 特殊场所的照明装置与一般照明场所有何区别？设计时应如何考虑？
6. 从节能角度出发，如何解决好空调风口与灯具安装位置的矛盾？

室外照明设计

室外照明的范围很广，它包括建筑物的立面与装饰照明、庭园及广场照明、体育设施照明、道路照明等。本章仅就其中设计经常涉及的部分作一般性的介绍。从总的方面说，室外照明大致分为以明视为主的明视照明，和以显出与白天不同的夜景为主的饰景照明。明视照明是为行走、或进行各种体育活动等而设，因此必须保证道路、场地有必要的照度，尽量减少对正常视线形成的眩光作用。饰景照明是要创造出夜间的景色和绚丽的气氛，它是由亮度对比来表现光的协调，而不是照度本身，因此需针对不同景物、不同环境的特点采取不同的照明手法，同时尽量避免由光源产生的眩光对视觉的影响。

明视照明方面本章主要介绍用于体育场地的投光照明及道路照明，饰景照明方面主要介绍建筑物的立面照明和夜景照明。

第一节　道 路 照 明

道路照明质量的好坏，主要依据 4 项指标，即路面的平均亮度、路面亮度分布的均匀程度、采用的照明器眩光程度和路灯排列。

一、道路照明指标

1. 道路照明评价

道路照明是为机车驾驶员和路人提供一个良好的视觉安全可靠条件，特别是保障车辆夜间在道路上能安全、迅速地行驶，驾驶员的视觉可靠性取决于照明条件下观察路面变化的能力和舒适感，即视功能和视舒适。如果照明条件恶劣，视觉分辨能力差，行车不舒适，则容易发生交通事故。确定视觉可靠性的照明评价指标见表 5-1。

确定视觉可靠性的照明评价指标　　表 5-1

视觉可靠性的组成部分	照明评价		
	亮度水平	亮度均匀度	眩光
视功能	路面平均亮度 L_{av}	总亮度均匀度 U_0	阈值增量 TI
视舒适	路面平均亮度 L_{av}	纵向均匀度 U_1	眩光限制等级 GF

(1)亮度水平

道路表面亮度水平影响着驾驶员的对比敏感度，因而也影响着知觉的可靠性。通过一系列试验表明，路面平均亮度（在观察者前面 60～160m 距离间）为 1.5～2cd/m^2，对驾驶员是合适的。

(2)亮度均匀性

为使路面亮度均匀，路灯的间距要减小，或要求灯具的配光能更合理些，这势必增加照明设备的投资。从知觉可靠性的角度来看，路面总的亮度均匀度 $U_0=L_{min}/L_{av}\geqslant 0.3\sim 0.4$ 是合适的，然而，即使在这种情况下，路面仍有一块亮一块暗的现象。所以从知觉的舒适性出发，应考虑纵向均匀度 $U_1=L_{min}/L_{max}$（沿每个车道中轴线方向的最小亮度与最大亮度之比），要求 $U_1\geqslant 0.5\sim 0.7$。

(3)眩光

CIE 关于交通道路照明设计的描述中，失能眩光被表示为“阈值增量（TI）”。它是前方道路上物体为补偿来自灯具直接光的失能效应在对比上所需的百分比增量。TI 的计算公式如下：

$$TI=\frac{650\times E_{vert}\times MF^{0.8}}{i^{0.8}\times Q^{2}} \tag{5-1}$$

式中：E_{vert}——处在新状态中的灯具在一个位于观察者眼睛处的平面上产生的照度，此平面与视线垂直；

MF——计算 $\bar{L}$ 的维护系数；

$\bar{L}$——路面平均亮度；

Q——视线与灯具中心之间的夹角度数。

观察者的眼睛位于路面水平上方 1.5m 高度处。在英国的实际情况是，观察者在横向上位于离近人行道 1/4 车道宽度的地方，和纵向上位于在计算范围之内的第一个灯具或灯具组（交错布置的近侧和单侧安装一侧）之前 2.75(H−1.5)m 的距离上，其中 H 是以 m 为单位的安装高度，视线在水平以下 1°和经过观察者眼睛纵向的垂直平面上。

2. CIE 道路分类及各种道路照明的推荐值

国际照明委员会（CIE）道路照明技术委员会公布的《有关道路的质量标准的建议》中规定了相应道路的分类及道路照明的质量。

(1)城市道路分类

城市道路按车流量的大小和车速的快慢分为快速路（A）、主干道路（B）、次干道路（C）、支路（D）、住宅区道（E）五级，见表 5-2。

CIE 的道路分类 表 5-2

道路种类	交通量	车 速	交通类型	道 路 状 况	举 例
A	大	高	机动车用	有中央隔离带，无平面交叉，在规定地点出入	高速公路
B				机动车专用，与行人道和低速交通工具隔开	干线环行线
C	大	中	机动车用	重要的人、车混用道路	
			人车混用		放射线
D	较大	低	人车混用	市内特别是商业中心的道路	主要街道
E	中	低	人车混用	住宅区道路以及与上述 A～D 类连接的道路	住宅区道路

(2)各种道路照明的推荐值

CIE对各种道路照明的主要参数据推荐值见表5-3。

CIE对各种道路照明的推荐值 表5-3

道路种类	道路周围明暗程度	路面亮度 L_r	亮度均匀度		眩光控制指数GF
			U_0	U_1	
A	明、暗	2	0.4	0.7	6
B	明	2	0.4	0.7	5
C	暗 明 暗	2 2 1	0.4 0.4 0.4	0.7 0.5 0.5	6 5 6
D	明、暗	2	0.4	0.5	4
E	明 暗	1 0.5	0.4 0.4	0.5 0.5	4 5

3. 路面的平均亮度

道路表面或路面上的物体能被人们看清楚，主要取决于物体的反射光线。反射光线愈多视感觉愈强烈，物体看得越清楚。落到路面上的照度大小并不能直接说明视感觉的强烈程度，而应取决于路面或物体的表面亮度。该亮度取决于每一单位亮度区辐射出的光量总数以及相对观察者方向的立体角。平均亮度较好的路面能提高眼睛的视觉舒适程度和灵敏度，使人及时发现前方的物体。在较好的亮度条件下，出现突发情况时，司机能很快地观察到，并及时处理，避免事故发生。

4. 路面亮度分布的均匀程度

道路不仅要求有良好的平均亮度，而且要大于最低亮度值，如果在路面某一区域亮度很低，驾驶员对物体的察觉能力会受到重大影响。路面亮度分布的均匀度包括亮度总均匀度、亮度纵向均匀度和亮度梯度。

路面亮度总均匀度定义为路面最小亮度与平均亮度之比，一般要求该值不应低于0.4，才能保持一个可以接受的察觉能力。

纵向均匀度定义为平行于道路轴线的车行或人行道上路面最小亮度与路面最大亮度的比值，它对视舒适影响极大。如果这个亮度不均匀，在路面上会连续反复出现一系列亮与暗的横带，称之为“斑马效应”。此效应会引起司机的烦燥，视觉舒适程度下降。一般建议主要道路的纵向均匀度最小值为0.7左右，以保证足够的视舒适水平，对次要的道路，可降为0.5左右。

亮度梯度指覆盖在路面上的亮度变化率，它对视舒适有重要影响。

5. 采用的照明器眩光程度

眩光有失能眩光和不舒适眩光两种。使视觉减弱的眩光称为失能眩光；使眼睛产生不舒适感的眩光称为不舒适眩光，其眩光程度用眩光控制等级GF表示。

眩光的控制主要从正确选择灯具和调整其安装高度等方法解决。眩光控制等级GF分为九级，表5-4是眩光控制等级和主观评价对应关系。

眩光控制等级和主观评价对应关系 表 5-4

GF	眩光	主观评价
1、2	无法忍受的眩光	感觉很坏
3、4	有干扰的眩光	感觉心烦
5、6	刚好容许的眩光	可以接受
7、8	能令人满意的眩光	感觉好
9	几乎感觉不到的眩光	感觉非常好

6. 路灯排列的诱导性指标

路面的诱导可分为视觉诱导和光学诱导。路面的诱导性好，驾驶员很容易看清楚道路的变化和正确理解道路前进的方向，并且能指出所处车道边界和这一车道与其他车道或道路的交叉点。视觉诱导性是靠道路、交通标志、防碰撞栏杆和照明设施来实现，驾驶员可以通过灯具的布置看清道路的变化。常用的利用照明设施实现视觉诱导性的方法有下列几种。

(1)利用照明系统本身的改变实现诱导性。利用照明系统的变化改善方位的诱导性，如在道路复杂汇合区，采用高杆照明给驾驶员以明显的信号；次要汇合区，其干路用链式照明系统，支路用其他常规布灯方式，以便区分干线和支线。在如道路弯曲部分应将灯具单侧布置在道路弯曲部分的外侧。

(2)利用光颜色变化实现诱导性。利用光源颜色之间的明显差别实现诱导性是一种非常有效的方法。如道路的汇合区可采用不同光色的光源分别代表不同去向的道路。

(3)利用灯具的式样和安装高度不同实现诱导性。利用式样不同的灯具或不同的安装高度造成系统的差别，实现诱导性。如在道路汇合区，通向高速公路停车场的支路采用不同的灯具和安装高度。

(4)照明布局。在照明汇集的地方，采用不同的布灯方法。如从中心对称布置变成双侧对称布置，使驾驶员把这种布局当成一种信号，知道自己正在接近十字路口。

二、道路照明光源和灯具的选择

1. 道路照明光源的选择

道路照明光源要根据光源的效率、光通量、使用寿命、光色和显色性、控制配光的难易程度及使用环境等因素综合选择，一般选用钠灯和金属卤化物灯。常用的道路照明光源适用场所如表 5-5 所示。

道路照明常用光源选择 表 5-5

光源种类	适用场所
低压钠灯、高压钠灯	快速路、市效道路
高压钠灯	主干路、次干路
小功率高压钠灯	支路、居民区道路
显色改进型高压钠灯或金属卤化物灯	市中心、商业中心等颜色识别要求高的道路

2. 道路照明灯具的种类与选择

道路照明灯具有三种类型，即常规灯具、链式灯具和投光灯具。常规灯具安装在灯杆上或墙壁上，它的发光方向沿着道路走向；链式灯具悬挂在钢丝绳上，发光方向主要横跨马路的；投光灯具主要用于高杆照明，如立交桥以及大面积户外照明等。

道路灯具选择应注意以下几个方面：

(1)照明灯具的配光特性符合要求。灯具的光强分布确保光线覆盖在路面上，并具有较宽的范围，光强分布曲线应均匀平滑。路灯的光分布一般是投射距离的3～4倍。光输出比即灯具效率一般应大于60%。

(2)坚固耐用，而热性能好。灯具外壳及零部件要有较高的机械强度，有抗风能力，运输安装过程中应不易损坏，要有较长的使用寿命。耐热性能良好，灯具各个部件及透光材料都应能经受光源燃点时产生的热量。

(3)电气性能安全可靠。灯具应安全可靠，即当操作人员触及灯具的各个部分时不应发生触电事故。按照国际电工委员会(IE)和国际电气设备标准审查委员会(CEE)的规定可将电冲击防护等级分为4类。并规定一般绝缘且无接地保护的灯具不能用于路灯；路灯灯具采用加强绝缘时，可无接地保护，也可采用整体功能绝缘并装有接地端子；灯具导线的最小截面必须能承担全部电负荷；导线绝缘应能满足灯具的最高启动电压，并应能承受高温；灯内导线应设接线板和固定卡子。

(4)防尘、防水、防腐蚀。为了减少灰尘、昆虫等污秽物在灯具内外表面沉积，采用封闭式灯具比开敞式灯具好得多。有的灯具带有呼吸器，灯具点燃与熄灭时，内外因温度变化而出现压力差，污秽物有可能穿透外罩嵌缝进入灯具。这种灯具密封只通过呼吸器透气，对灰尘和潮湿起到阻隔作用，使腐蚀性气体、潮气、灰尘等不会侵入灯具内。在腐蚀性气体环境中，有潮气存在时会产生强烈腐蚀性混合物，灯具壳体应采用耐腐蚀材料(如铝、玻璃钢等)，或涂上保护涂层。

(5)灯具的造型新颖，重量轻，安装维护方便。灯具造型应对环境有装饰作用，是美化环境的重要组成部分。因此，要重视灯具、灯杆的造型艺术及与周围环境的协调，以体现总体风格。灯具重量要轻、装拆方便、便于运输、施工、清扫。

三　道路照明的布灯方式

道路照明方式分为杆柱照明方式、高杆照明方式和悬链式。杆柱照明方式是在灯杆上安装1～2盏路灯，沿道路一侧、两侧或中间车带上布置，灯杆高度通常为12～15m。当高度在20m以上称为高杆照明。悬链式照明是在悬挂的钢索上装置照明灯具的一种布灯方式。

1. 杆柱照明方式

道路照明中使用方式最为广泛的是照明灯具安装在高度为15m以下的灯杆顶端，并沿道路布置灯杆。它的特点是可以在需要照明的场所任意设置灯杆，而且照明灯具可以根据道路线形变化而配置。由于每个照明灯具都能有效地照亮道路，所以不仅可以减少灯的光通量，减小灯泡功率，降低成本，而且能在弯道上得到良好的诱导性。因此，可以应用于道路本身、立体交叉点、停车场、桥梁等处。杆柱照明有图5-1所示的五种最基本的布置方式。

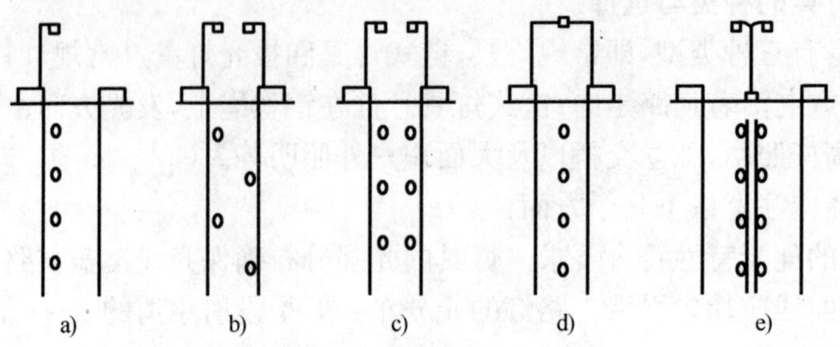

图 5-1 杆柱照明布灯方式

a)一侧布置;b)交错布置;c)相对矩形布置;d)中央悬挂布置;e)中央分离带布置

随着灯具安装高度的增加,眩光越来越少,整个照明的舒适感相应增加。但从另一角度来看,由于提高了安装高度,会使照明灯杆的成本相应增加,同时,溢向路面以外的光通量也会增加,使总效率降低。按照以往的经验,气体放电灯的灯杆高度在 10～15m 较为经济。

在干燥路面情况下,照明器外伸部分长的路面平均亮度高。但在雨天路面潮湿时路侧亮度很低,故外伸部分不能很长,一般为 1～1.5m。

照明器宜尽量采用水平安装。考虑美观,倾角可以为 5°或 15°,一般希望在 5°以下。因为倾角过大会增加不舒适眩光,慢车道和人行道的亮度降低。

要使路面亮度分布均匀,经济合理,很大程度上取决于灯具的合理配置。对不同宽度的道路,可采用不同排列方式的灯具组合,从而形成不同的配置方式。表 5-6 列出了推荐使用的配置情况。

道路照明灯具推荐布置方式　　表 5-6

配置方式名称	图　例	行车道的最大宽度/m
一侧排列		12
在钢索上沿行车道的中心轴成一列布置		18
交错排列		24
相对矩形排列		48
中央分离带配置		24
中央＋交错		48
中央＋相对矩形		90
两列在钢索上,布灯沿车道方向轴交错布置		36
两列钢索上,布灯沿车道方向轴矩形布置		60
路两侧矩形布置,第三列在钢索上布置		80

2. 高杆照明方式

高杆照明就是在 15～40m 的高杆上装多个有大功率光源的照明灯具，以少数高杆进行大面积照明的方式。这种照明方式适用于复杂的立体交叉点、汇合点、停车场、高速公路的休息场、广场等大面积照明的场所。这种照明方式有以下优点：

(1)照明范围广阔，光通利用率高。

(2)使用高效率，大功率光源，经济性好。

(3)由于杆塔很高，下面亮度均匀度高。

(4)用于道路交叉或立体交叉点时，车辆驾驶人员很容易从远处看到高杆照明，便于预知前方情况。

(5)高杆一般在车道以外安装，易于维修、清扫和换灯，不影响交通秩序。

(6)可以兼顾附近建筑物、树木、纪念碑等的照明，以改善环境照明条件，并可兼作景物照明。

高杆照明的结构有柱式和塔式，灯架有能升降和不能升降两种。可升降灯盘的维修比较方便，并可携带 1～2 人升到杆顶进行检修。其供电方式有触头式及可移动软电缆式。此种形式不便于调整灯具的瞄准角度。升降可用升降机、电动绞车实现，小型灯杆(3～4 只灯)还可用手动绞车。

固定式灯盘不可升降。检修时，只能靠爬梯或者高架车。其优点是有利于到灯盘上调整灯具的瞄准角度，缺点是上下不方便，尤其是天气恶劣时，危险性较大，不易维护。

高杆照明方式必须根据需要和具体条件，并进行技术经济比较，才能做出抉择。

3. 悬链照明方式

悬链，又称悬挂线或吊架线。在档距较大的杆柱上张挂钢索作为吊线，吊线上装置多个照明灯具的照明方式称为悬链式照明。悬链式照明的优点如下：

(1)照明灯具的排列间隔比较密，还可以装置成使配光沿着道路横向扩展的方式，因而可以得到比较高的照度和较好的均匀度。

(2)由于照明灯具配光扩展方向沿道路横向发射，因此可以把灯具配光接近水平方向的光强加大，而眩光却很少，以形成一个舒适的光照环境。此种配光在雨天路面潮湿的情况下更具有优越性。

(3)照明灯具布置较密，有良好的诱导性。

(4)照明灯具的光束沿着道路轴向直线分布。路面的干湿度不同时，亮度变化少，即晴天和雨天均有良好的照明效果。

(5)杆柱数量减少，事故率很低。

四、道路照明计算

道路照明常用的计算方法有两种：利用系数法计算路面平均照度；逐点法计算路面任意点的水平照度。在此仅介绍利用系数法计算路面平均照度的方法，但必须利用灯具厂给出产品的数据曲线。

1. 道路照明设计步骤

(1)根据光源、灯具的配光特性、电气特性等初步选择光源和灯具。根据当地条件和实践经验初选灯具布置方式、灯具的安装高度、间距、悬挑长度和仰角。

(2)进行平均亮度等参数的计算。

(3)将计算的结果与要求的标准值进行比较。若计算结果达不到或超过标准,应调整设计方案,变更灯具的类型、布置方式、安装高度、间距、光源类型、功率等,重新进行计算直至符合标准。如此反复,通常可以做出几种都能符合标准的设计方案。

(4)对几种设计方案进行技术经济和能耗的综合分析比较,适当考虑当地的习惯、爱好,最终确定一种最佳设计方案。

2. 计算公式

计算道路平均照度 E_{av} 和灯间距 S 的公式(5-2)、(5-3)。

$$E_{av}=\frac{\Phi UKN}{SW} \tag{5-2}$$

$$S=\frac{\Phi UKN}{E_{av}W} \tag{5-3}$$

式中:Φ——光源的总光通量,lm;

U——利用系数(由灯具利用系数曲线查出);

K——维护系数;

W——道路宽度,m;

S——路灯安装间距,m;

N——与排列方式有关的数值,当路灯一侧排列或交错排列时 $N=1$,相对矩形排列时 $N=2$。

利用式(5-2)计算时,注意灯的照射范围,要在满足照度均匀度要求的前提下,才能计算出S值。

3. 利用系数 U 的确定

路灯的利用系数曲线是以灯垂直路面的垂线为界,一侧为车道侧,另一侧为人行道侧的条件绘制得到的。利用系数的变化按照路宽 W 与灯的安装高度 h 之比 W/h 给出相关曲线值。路面总利用系数 U 按图 5-2 求出。图中 a)图为灯具布置图,b)图为利用系数曲线。

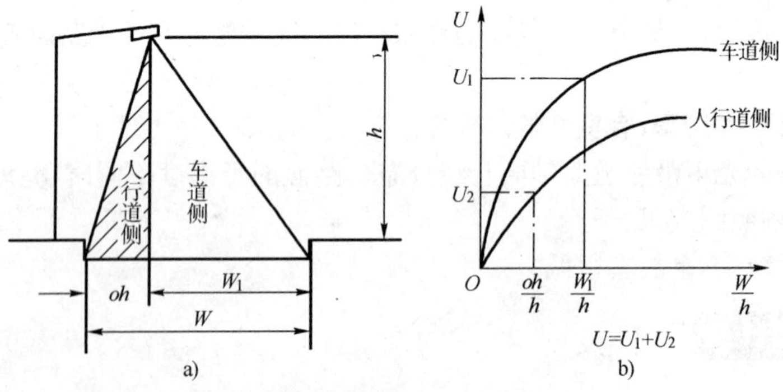

图 5-2 道路一侧路灯照明利用系数计算

4. 道路照明计算举例

例 5-1 某道路宽 15m,为次干道,路面为沥青混凝土,试设计道路照明。

解:(1)选用 HR-ZD407 型灯具,光源为 150W 高压钠灯,照度设计为 8lx,采用对称布灯方式,仰角 θ 为 15°,见图 5-3。

(2)按图 5-4 查出利用系数

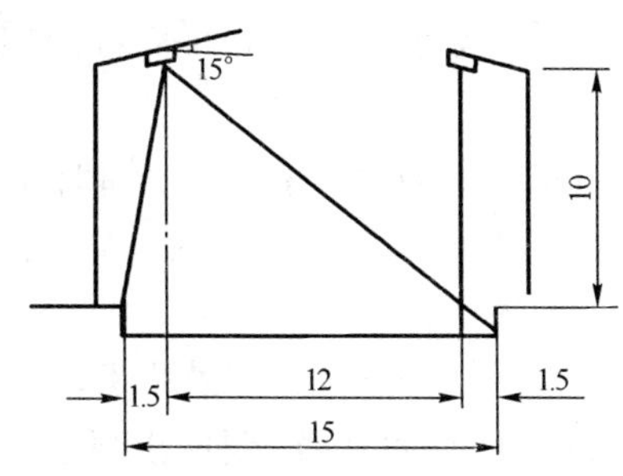

图 5-3 道路照明计算布灯(m)

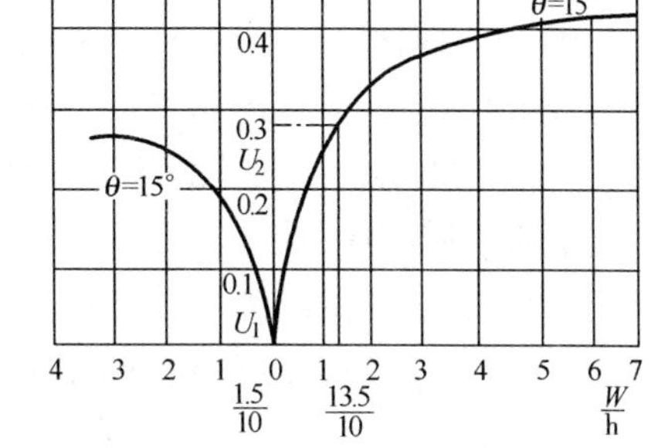

图 5-4 HR-ZD407 型灯具利用系数曲线

灯杆高度一般取路宽的 70%,所以灯杆高度 h=0.7×15=10.5(m),取灯杆高为 10m。

人行道侧利用系数 U_1=1.5/10=0.04(查图 5-4 人行道侧曲线)

车道侧利用系数 U_2=13.5/10=0.29(查图 5-4 车道侧曲线)

总利用系数 U=0.29+0.04=0.33

(3)求平均照度

NG-150 型光源光通 Φ=16 000lm,维护系数 K=0.65,灯间距 S=40m。

根据公式 5-2,则

$$E_{av}=\frac{\Phi UKN}{SW}=\frac{16\,000\times 0.33\times 0.65\times 2}{40\times 15}=11.4(\text{lx})$$

第二节 夜景照明

灯光夜景已成为现代城市文明的重要标志。夜景照明对美化城市,展现城市风采,增强城市的魅力,提高城市的知名度和美誉度,优化人们夜生活,促进旅游、商业、交通运输、服务业,特别是照明工业的发展,减少交通事故与夜间犯罪等均具有重要的意义和深远的影响。它一般包括:建筑物立面照明和景观照明两部分。

一、夜景照明的应用范围

运用灯光表现物体的自身特征时,可以是自然物或风景点,也可以是古建筑或现代建筑,通常主要对象有下列几种。

(1)纪念性建筑。纪念性建筑是一些具有艺术、美学特征的建筑,如毛主席纪念堂、人民英雄纪念碑、人民大会堂等,夜景照明使它们在夜晚也一样巍峨壮观。

(2)重要建筑物。重要建筑物均有用夜景照明再现的可能和必要性,例如宾馆饭店、博物馆、图书馆、银行大厦、立交桥、火车站、飞机场、塔、电视塔、牌坊、钟楼、码头、港口、广场、墙、水坝等。通过这些建筑的夜景照明美化城市,吸引更多的游客,增加效益。

(3)商业建筑。商店照明主要将铺面照明、橱窗照明、广告标志灯光照明以及街道照明融为一体，静与动相结合，造型各异，立体交错，五彩缤纷，以呈现出繁华热闹的景象，从而增加市场的活力。

(4)自然景点。自然景点(如悬崖、山峡、瀑布等)夜景可以增添生气，岩洞、暗河、钟乳石等大自然景观，采用夜景照明可增加神秘的色彩。

(5)艺术品和亭阁。艺术品是以各种原料或材质创造出来的物体，有纯粹装饰的作用，例如塑像、浮雕、门楼以及一些景观等。亭是一种小的建筑，用来装饰或点缀空间，例如凉亭、塔楼等。使用夜景照明后，这些艺术品和亭阁在夜间也能又增生辉。

(6)公园。为了欣赏或消遣，公园内的树木、花坛、甬道、小径也可设置夜景照明。

(7)水景。水景如喷水池、喷泉、静水和湖泊等，它们与照明的结合，创造出更加迷人的景色。

(8)城市广场。广场内有标示性的景观、树木、喷水池、露天剧场、草坪、花坛等等，形成一定规模的景观。

二、夜景照明光源选择

1. 白炽灯

白炽灯的特点是显色性好，适应面宽，可以调光，可以经常开关，为动感照明提供了可能性。灯泡玻璃可以做成无色或彩色，适于装饰照明。白炽灯常用于轮廓照明、灯带、灯串、水下照明和壁灯等。

2. 卤钨灯

卤钨灯在夜景照明中常用于小功率投光灯。

3. 密封光束灯泡(PAR 灯)

此种灯的泡壳是由厚玻璃制成，内壁镀银，前面是平面或棱镜面的透明玻璃。采用这种光学系统可以取消装在外面的反射器。灯泡的光束角度在 6°～12°，灯具有防雨和防水功能。彩色 PAR 灯用彩色(蓝、绿、黄、红)玻璃制造。灯的功率一般在 150W 以下，国外也有大功率产品，寿命为 2 000h，此种灯用于室外投光照明。

4. 霓虹灯

这是一种冷阴极放电灯，有各种颜色，并可根据用户要求做成各种图案或文字。灯的光效低，但寿命长；能频繁开关、迅速点亮而不影响寿命，可做成动态装饰照明。霓虹灯可用做高大建筑物上的广告、轮廓照明和装饰图案等，也可用于卡拉 OK 歌舞厅、夜总会、厅堂、饭店、宾馆内装饰等。

5. 金属卤化物灯

此种灯内含有汞蒸气和不同的金属卤化物添加剂，灯泡发出白光，光效高，色温为 3 000～6 000K，显色指数 65～90，寿命长可达 10 000h，灯泡功率范围为 50～3 500W。此灯启动和再启动都需要时间，所以不能用于动感照明。它被广泛用于室外泛光照明。除金属卤化物灯之外还有彩色金卤灯，如绿色(碘化铊灯)、蓝色(碘化钠灯)、红色(碘化锂灯)、紫色(碘化镓灯)等。彩色灯国产灯泡寿命较低，色纯度差，功率小于 1 000W。彩色金卤灯广泛用于泛光照明，一般作为装饰和点缀之用，不宜大面积采用。

6. 高压钠灯

高压钠灯是一种金黄色光的高强气体放电灯，色温为 2 000K，光效很高，显色性差，平均显色指数只有 25。还有一种改善光色的高压钠灯（NGX 型灯），它的显色性有所改善，可达 60。钠灯寿命长 10 000 h 以上。由于它是黄色光，在夜景照明中应用广泛，特别对于暖色调的建筑物十分适合，如用于黄色、褐色等建筑的立面照明。它不适用于绿色植物照明，也不能用于动感照明。

7. 低压钠灯

低压钠灯是单色光源，比高压钠灯还要黄，其色温为 1 700K，光效很高，寿命长。因是单色光，所以不宜用显色指数说明显色性。它只能用于特殊的光照场合，如黄色、橙色表面照明、轮廓照明，或用作重点照明，例如一些拱顶、桥、拱门之类的建筑物。

8. 发光二极管（LED）光带

将 LED 管子插在印刷电路板上，然后封装在用类似聚碳酸脂等材料做成的透明（半透明）的外壳内，组成横断面是圆形或长方形的条状光带，光带的长度可根据需要做成任意长度，此光带沿建筑物轮廓敷设，即可实现轮廓照明。

可以采用单色 LED 做成单一色光带，也可以采用三种颜色（三基色）的 LED 混光产生多种颜色，利用控制器可以进行动态照明。

LED 光带体量可做得比霓虹灯灯管大很多，勾勒轮廓给人一种粗犷挺拔的感觉，而且采用的是安全电压（12V、24V），省电节能，基本上无需维护，亮度比光导纤维亮，是一种很有前途的产品。

9. 场致发光（EL）光带

EL 是在玻璃上或塑料上涂荧光粉，在电场作用下发光。随着各种低压荧光粉的开发，EL 已进入实用阶段。使用的薄膜厚度不断变薄（已达 0.17mm），亮度不断提高（达到 1 000cd/m^2）。它可以做成白色及各种颜色。它不仅具有 LED 的优点，还可以随意改变形状，将其制成光带沿建筑物轮廓敷设，实现轮廓照明。

10. 光纤照明系统

光纤照明系统由光发生器、光导纤维管（光纤）、光输出装置（仅用于端发光光纤）三部分组成。光纤照明系统有两种类型，一种是利用光纤的全反射特性，将光从发生器传输到光输出的装置，称为端发光；另一种是使入射光线方向与光纤轴线的夹角大于临界角，即入射光线方向不满足全反射条件，有一部分光线从光纤侧面透出来，做成侧发光光纤。侧发光光纤用于轮廓照明很合适，可以任意弯曲，外套透明抗紫外 PVC 套管，整条发光，类似霓虹灯效果，故有人称它为光纤霓虹。

对于侧发光的光纤，由于光线在传导过程中发生了折射，会产生衰减，传导距离较长时会造成亮度不均匀。可在末端装一个反射装置，使光线从末端反射回来，再在光纤中传导，也可采用在双端同时连接光发生器或采用链式连接发生器的方式，以改善光纤管表面亮底的不均匀性。

侧发光光纤比霓虹灯暗，适合用在周围环境亮度不太高的地方，否则效果会不理想。

三、建筑物的立面照明

室外建筑物照明可使大型商业建筑、办公大楼、宾馆饭店、纪念馆等建筑物在夜间产生魅力动人、印象深刻的艺术效果，充分表现建筑作品的特征和建筑物的形象，使夜晚的城市显得生机勃勃，并为人们提供明亮舒适的生活空间。

室外建筑物照明采用下列几种方法：

1. 彩色串灯照明

一般适用于古建筑物或立面对称且较低的建筑，现在常用霓虹灯、导光管、光导纤维、发光管以及小功率彩灯管等现代新型灯具勾勒出建筑物轮廓。导光管外观为圆形管，管中安装有微小光学棱柱状结构的蚀刻镜照明薄膜，当灯光从一端入射时，蚀刻镜照明薄膜产生反射和透射使导光管发光。导光管具有光线柔和、美观耐用、省电、不发热、无污染、可弯曲、不怕水、不容易损坏等特点，提高了灯具的发光效率，大大减少了灯具的眩光和维修率，并且可独立方便安装和维修光源。使用时可多个导光管串接安装。

2. 室内泛光照明

常用于办公楼或采用大玻璃、玻璃幕墙设计的现代高大建筑物，通常是利用建筑物内部照明透光将窗户等照亮，使建筑物各部位通过透出的灯光，与外面夜色形成强烈的明暗反差，加强装饰效果，建筑物在夜色中显现富有生气和立体感。这种照明方式节约了一次性投资，便于维修。但长期运行费用较高，在国内较少采用。

3. 室外泛光照明

常用于有重要意义和观赏价值的现代化高楼大厦、商业建筑和塔式建筑物等。采用泛光照明应具有以下条件：被照建筑物的表面应具有一定的反射比，这样，投光灯就把光照射在建筑物立面上，再通过它的反射，使人们能在远距离看到建筑物；被照建筑表面的反射性质最好为漫反射或扩散反射。

(1)泛光照明设计程序：

①根据建筑物的性质和周围环境确定所希望的艺术效果。

②依据有关规范及建筑物的表面材料、位置、环境等因素和艺术效果要求确定建筑物各个面的照度值和色表。

③根据建筑物的体形、周围条件确定灯的位置。

④依据确定的灯位确定灯具的类型和光源。

⑤依据灯具、光源的类型以及灯具至建筑物立面的距离和角度计算照度，以确定灯具的数量、功率及投射方向。

⑥做泛光照明的供配电控制以及线路敷设等设计。

(2)光源和照度选择

建筑物泛光照明一般选用钠灯和金属卤化物灯作为光源。

泛光照明所需照度的大小应视建筑物墙面材料的反射率和周围的亮度条件而定。相同光通量的照明灯光投射到不同反射率的墙面上所产生的亮度是不同的。如果建筑物的周围环境较亮，则需要较多的灯光才能获得所要求的对比效果。建筑物泛光照明的照度推荐值见表5-7。

建筑物泛光照明的照度推荐值 表 5-7

墙面色泽	墙面材料	反射系数（%）	周围环境条件		
			明亮的	暗的	很暗的
			推荐平均照度(lx)		
明	明亮的大理石、白色或奶油色瓷砖、白色粉刷	75～85	150	50	25
中	混凝土、着淡色油漆、明亮的灰色或褐黄色石灰石、面砖	45～70	200	100	50
暗	灰色石灰石、砂岩、普通黄褐色的砖块	20～45	300	150	75
暗	普通红砖、褐色砂岩、黑色或灰色的砖块	10～20	500	200	100

(3)灯具的安装位置

选择灯具的安装位置时，要尽量使被照建筑物表面有比较均匀的照度，能够形成适当的阴影和亮度对比效果。并注意建筑物本身所具有的特点。投光灯可以安装在建筑物下方、上方、远处等隐蔽的地方。一般有下列方法。

①在邻近建筑物上设置。注意隐蔽灯具，如图 5-5 所示。

②在靠近建筑物地面设置。一般设在花床、树丛等后面，如图 5-6 所示。

③在建筑物本体上设置。可设在建筑物凸出部分，但不要破坏建筑物的表面形象，如图 5-7 所示。

④在街道侧或建筑物前设置灯柱，设置时灯柱要与周围环境相协调，不能破坏建筑整体风格。如图 5-8 所示。这种方法的优点是：灯具装设高，避免了眩光对道路和行人的影响；灯具距建筑物不太远，节约了电能；设置灵活，安装方便，易于维修。

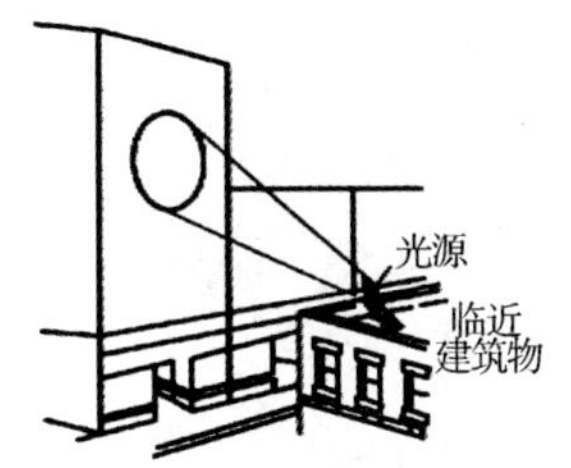

图 5-5 灯具在邻近建筑物上设置

图 5-6 灯具在靠近建筑物地面设置

图 5-7 灯具在建筑物本体上设置

图 5-8 灯具在灯柱上设置

在运用上述四种方法时，还应注意：在离开建筑物设置灯具时，其距离 D 与建筑物高度 H 之比不小于 1/10，可得到较均匀的照明；在建筑物本体上安装灯具时，投光灯凸出长度取 0.7～1.0m，小于 0.7m 时，会使被照建筑物照明均匀度变坏，超过 1.0m 时，会在灯具的附近出现暗角，使建筑物周边形成阴影区。

(4)利用发光强度法计算投光灯盏数

发光强度为确定方向上光源辐射的光通量密度，建筑物立面所需的发光强度 I 用公式(5-4)和公式(5-5)计算。图示见图 5-9。

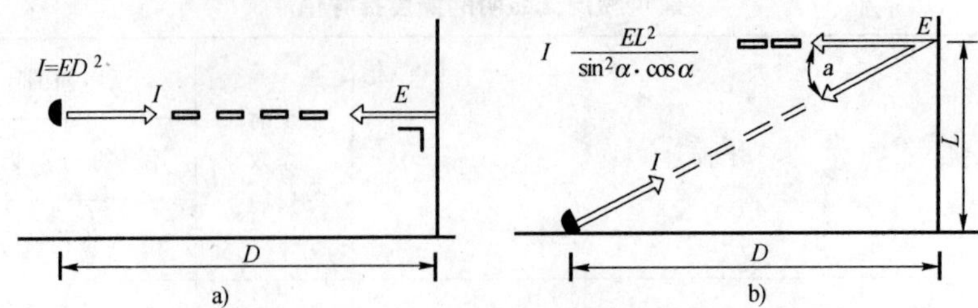

图 5-9 发光强度计算示意图

a)为正射;b)为斜射

正射时:

$$I=ED^2 \tag{5-4}$$

斜射时:

$$I=\frac{EL^2}{\sin^2\alpha\times\cos\alpha} \tag{5-5}$$

式中:E——立面上的垂直照度;

L——投光灯投射高度,m;

D——投光灯距建筑物的距离,m;

α——光束在立面上的入射角,$\alpha=\tan^{-1}\times\frac{L}{D}$。

用计算出的 I 值除以单盏灯发光强度 I_0(从出厂数据中查出),就得到所需要的投光灯盏数,即

$$N=\frac{I}{I_0} \tag{5-6}$$

例 5-2 某尖塔顶高度为 90m。投光灯设置在距塔 75m、高 20m 的建筑物屋顶,试设计泛光照明。

解:(1)确定灯型和照度:选定照度为 50LX。选用天津 812 型投光灯,光源为钪钠灯 400W,光强 $I=249\ 300$cd。

(2)确定投光灯盏数:$D=75$m,$L=90-20=70$(m)

$$\alpha=\tan^{-1}\frac{L}{D}=\tan^{-1}\frac{70}{75}=43^\circ$$

由(5-5)求出 $I=720\ 000$cd;

由(5-6)求出投光灯盏数 $N=\frac{I}{I_0}=\frac{720\ 000}{249\ 300}\approx 3$(盏)

选用 3 盏投光灯就能满足要求了。

这种高塔建筑应从两个方向或三个方向投射,所以本例宜用 3 盏投光灯为一组,设置两到三组投射,就能达到预期效果。

四、景观照明

1. 园林景观照明

在公园、庭园、绿化带、住居小区等处种植树木、灌木、花草等,用它们的颜色、排列等来装饰环境,使环境美化并有生气。如果在夜间对这些花草树木施以照明,则能再现或重塑环境的

美色。但出于美学和经济的原因，照明整个绿色环境是不可能的。因此，要选择具有特色的景观进行夜晚照明。而每处园林都有自己的特征，因此不可能有统一的照明模式，要根据具体特征确定方案。

(1)园林照明方法

①按照树木的几何形状(圆锥形、圆形、分散型等)以及植物在空间展示的程度进行照明，照明与其形态一致。

②光源的颜色不应改变树木原来的颜色，宜用汞灯、金属卤化物灯等加强绿色。随着季节的变化灯光也应相应变化。

③在落叶树上装上灯串可起到装饰效果，但应避免烧坏树叶。

④灯具安装方法有三种：只有一个观察方向时，灯具固定在略高于水平面的混凝土基座上，但不得影响割草机的维护工作；在有多个观察点时，为了避免眩光可将灯具安装在低于水平面的沟内；另外，在投光灯的背后种植灌木丛用来遮挡灯具，或用圆石、花盆、土山、假山等遮挡灯具。

⑤灯具应选用水密型，并能防虫、防除草剂和杀虫剂等。

⑥一般情况下，园林中哪里树木多，就在哪里安装少量适宜的照明。

⑦对树木从下部向上照，即向树丛中投射光，使树叶形成光彩的图案，令枝叶有奇妙的外观。

⑧窄小的或树叶茂密的树木，可以传统的方式从正面进行泛光照明。这样在暗背景下，看起来更出色。

⑨若在亮背景上形成未被照亮的树木的剪影，会很引人注目。

⑩需要创造有趣的效果时，可以突出表现一棵树，把它独立出来，或对一组树中的一棵树，用特殊照明方式处理。当为一棵树照明时，不同的角度会有不同的效果，这样过路游人经过时可见不断变化的图案。

(2)投光灯的不知及安装方法

①成排树木和组合式树群照明的灯光布置见图 5-10。

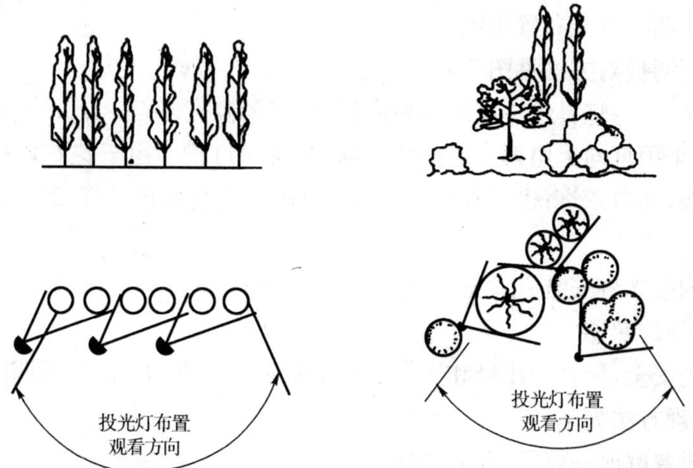

图 5-10 成排树木和组合式树群照明的灯光布置图

②单体树及成组树群(斜照式投光)照明的灯光布置见图 5-11。

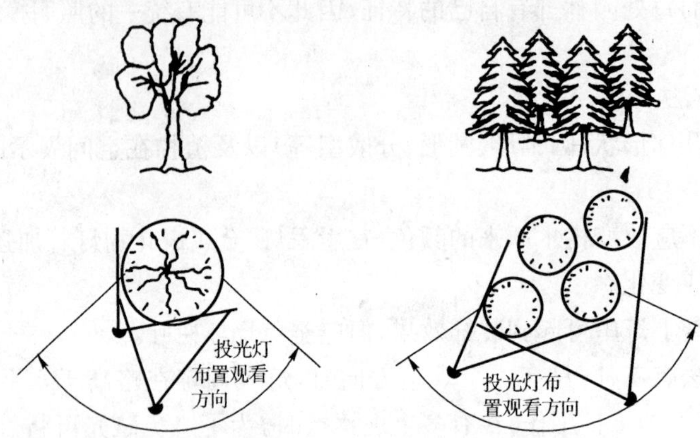

图 5-11 单体树及成组树群照明的灯光布置图

③单体树及成组树群照明(从地面向上投照)的灯光布置见图 5-12。

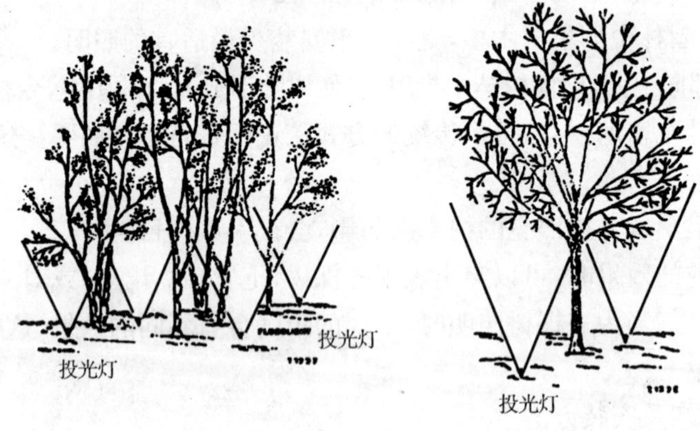

图 5-12 单体树及成组树群(从地面向上投照的灯光布置图)

④成排树木照明的灯光布置见图 5-13。

⑤花坛夜间照明投射方法见图 5-14。

其布灯方法如下:将灯具装在花坛中央或侧边,灯的高度 0.5～1.0m。灯有蘑菇式,光线只向下照射;也可采用灯向上照射。对低矮植物,用反射灯槽。由于花有各种颜色,要求使用显色指数高的光源,如白炽灯;也可采用小功率长寿的高显色高压钠灯(2 500K,R_a 为 80)或小功率金卤灯。

园林照明中的投光灯安装方式见图 5-15。

(3)园林中小径的照明

为确保公众的安全,园林中小径和步行道应予照明。照明的目的是指明障碍物、道路转弯处、台阶等。其处理方法如下:

①在小径上设置庭园柱灯,注重装饰性。

②在林荫道上使用部分隐蔽在树后分散布置的矮柱庭园照明。

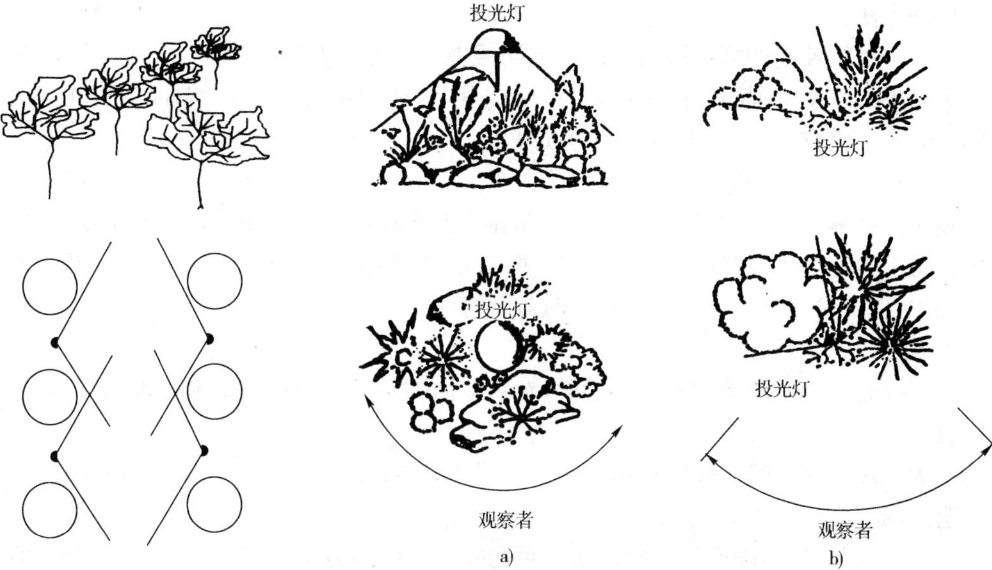

图 5-13　成排树木照明的灯光布置

图 5-14　花坛夜间照明投射方法
a)由上向下照射花坛；b)灯具装在下部向上投射花坛

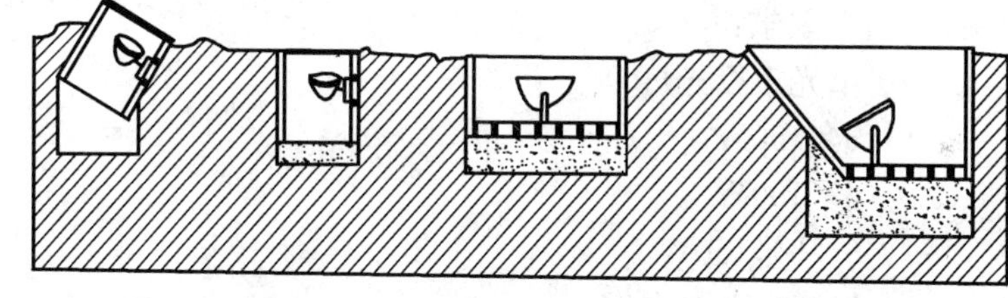

图 5-15　园林照明中的投光灯安装方式

③在树木枝干相互掩映的小路中，在树的主干及主干分叉处安装小型散射防水灯泡，以提供充分的间接照明。光线直接照射树叶，下面的小径会得到一种柔和的散射照明。

④在树脚下安装投射灯照亮树干，可以得到完善的景观。

2. 水景照明

水景分池塘、湖泊、河流、瀑布、喷水池等。

(1)静水池塘和湖泊照明

水面静止时形成镜面，可映出岸上的景物。对用泛光照明的建筑物、雕塑、树木等，尤其是桥梁，夜晚水面上的倒影增添宁静的气氛。

布置照明是应注意以下几点：

①光线不能照射水面，使水面保持黑暗。

②光源设置愈低愈好，光束平射或向上斜射。

③水面需洁净，如有污物或水生植物会使反射变弱或变形。

(2)河流照明(图 5-16)

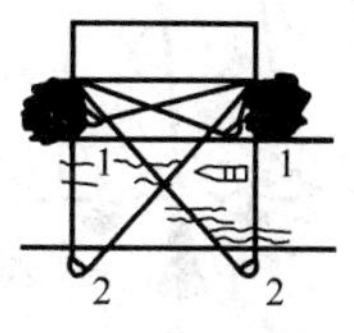

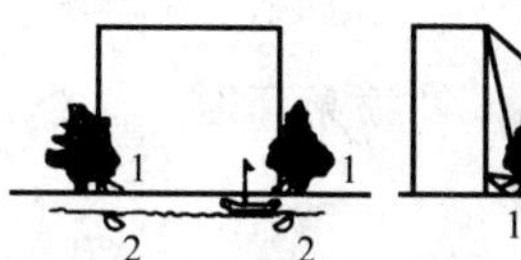

图 5-16　河流照明

处理方法如下：

①对于缓缓流淌的河面可用与湖面照明相类似的方法处理。

②如果河水是汹涌翻滚的水面，可以通过岸上的投光灯直接照射水面，反射光呈现不断变化的动态光，会自然产生令人感兴趣的效果。

(3)喷泉照明(图 5-17)

喷泉照明采用水下灯具，一般为彩色灯泡，灯泡可为白炽灯、卤钨灯、PAR 灯。灯具浸在水中容易发生触电事故，故应采用超低压供电或采用隔离变压器 IT 系统供电，也可采用漏电开关保护，但此种保护方式漏电流较大时难于合闸。

喷泉照明的处理方法：

①将投光灯设在水池内喷口的后面，在水池内喷水落下的水面下也装投光灯，灯具离水面不超过 10cm。

②对又高又细的喷水柱应选用窄光束灯投射；对喷涌的泉水在始端和终端设置宽光束灯具照明。

③大型水晶芭蕾，随音乐声响改变光色与喷泉的喷射方案及水柱高度，通过方案的组合变换实现声、光、水柱结合的多种景观。

各类喷泉灯光的要求不同，简述如下：

①垂直喷泉(见图 5-17)要求：

喷射高度	窄光束投光灯
3m	3×150W
3～6m	6×150W
7～10m	6～9×150W
12m	3×25W(在中心)
	6×250W(在同心环内)

②非垂直喷泉(图 5-18)要求：

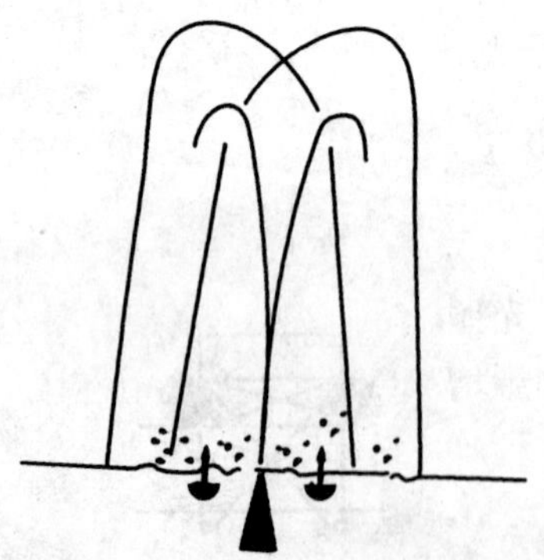

图 5-17 喷泉照明

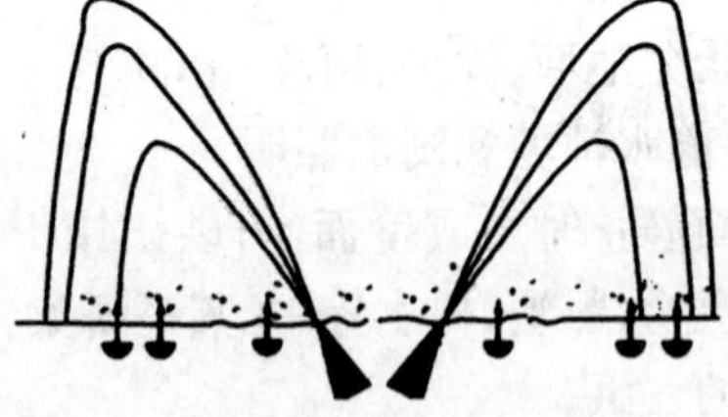

图 5-18 非垂直喷泉照明

喷泉高度	喷水始端	喷水终端
1～3m	1×150W(窄光束)	1×150W(窄光束)
3～5m	2×150W(窄光束)	3×150W(窄光束)

5～10m	3×250W(窄光束)	3×250W(窄光束)
10～20m	3×250W(窄光束)	6×500W(窄光束)

灯具可布置成两排，每排3只。

③倾斜喷泉(图5-19)要求：

喷泉高度	喷水始端	喷水终端
1～3m	1×150W(窄光束)	1×150W(窄光束)
3～6m	2×150W(窄光束)	2×250W(窄光束)
6～10m	3×250W(窄光束)	2×250W(窄光束)

④圆形喷泉要求

这是喷泉的组合方案之一，中间设一个垂直喷泉，外围设喷涌喷泉，投光灯兼顾垂直喷泉和喷涌喷泉，在喷泉出口附近布置，见图5-20。

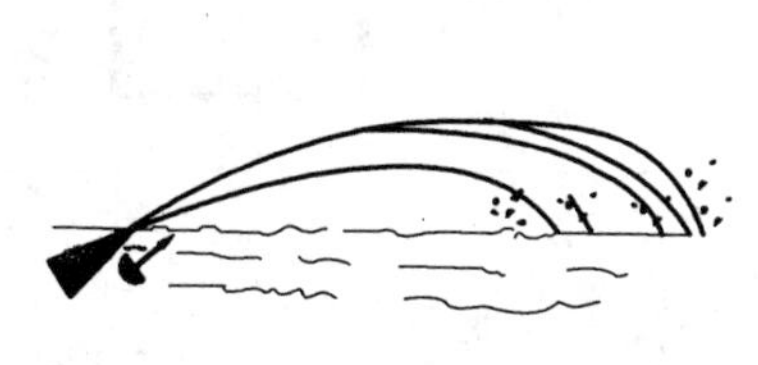

图5-19　倾斜喷泉照明

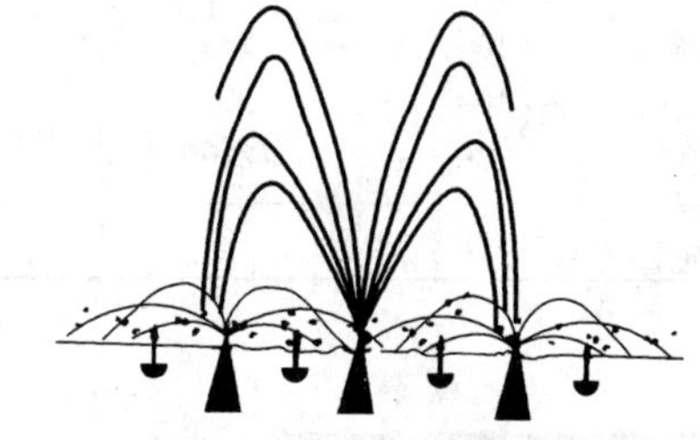

图5-20　圆形喷泉照明

(4)瀑布照明(图5-21)

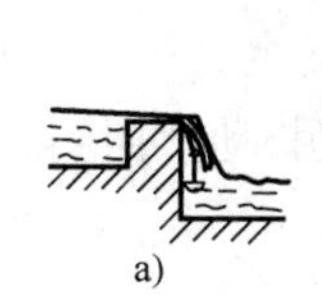

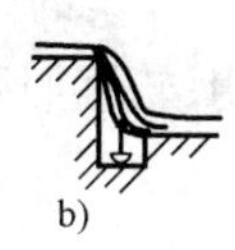

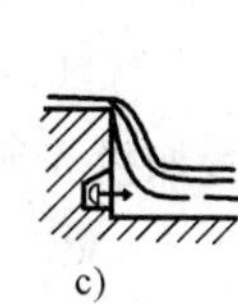

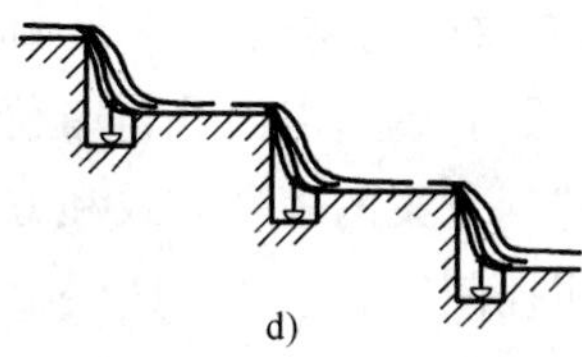

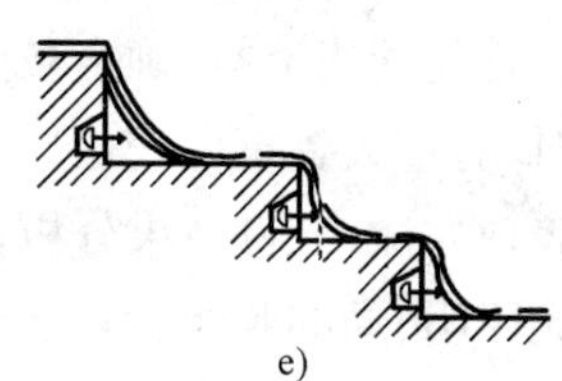

图5-21　瀑布照明

瀑布照明中的灯具固定在水槽的台阶上，注意灯具应能承受落水的冲击。

瀑布照明处理方法如下：

①灯具应安装在水流下落处的底部。

②可以从水坝形成的水幕的后方照明，使水中折射出的光产生多彩的景色。使用混合的色光将会产生迷人的效果。颜色变化的灯应使用单独开关控制。

③灯的输出光通取决于瀑布的落差、水流量、有关的落水层厚度以及流出水口形状、水流散开的程度等。一般在瀑布宽的方向上每米装3只500W灯泡，也可采用荧光灯。

④具有变色动感的照明可与水流的变化配合，实现艺术的水流、灯光、音响的自动控制。

(5)彩色投光灯种类

彩色投光灯的种类见表5-8，SD型水下彩色投光灯规格见表5-9，灯具的结构见图5-22。

彩色投光灯种类及光透射率　　表 5-8

颜　色	可见光透过率	颜　色	可见光透过率
黄	0.5～0.55	玫瑰红	0.22～0.27
大红	0.16～0.21	深绿	0.05～0.10
孔雀蓝	0.06～0.10	淡紫	0.25～0.30
淡蓝	0.15～0.20	深紫	0.06～0.11
天蓝	0.13～0.18	无色	1.0

SD 型水下彩色投光灯规格　表 5-9

型　号	功率(W)	尺寸(mm)	
		D	H
SDA1-500	500	210	350
SDA2-300	300	210	
SDA3-200	200	210	
SDB1-150	150	210	320
SDB2-100	100	210	
SDC1-200	200	210	
SDE-60	60	125	300

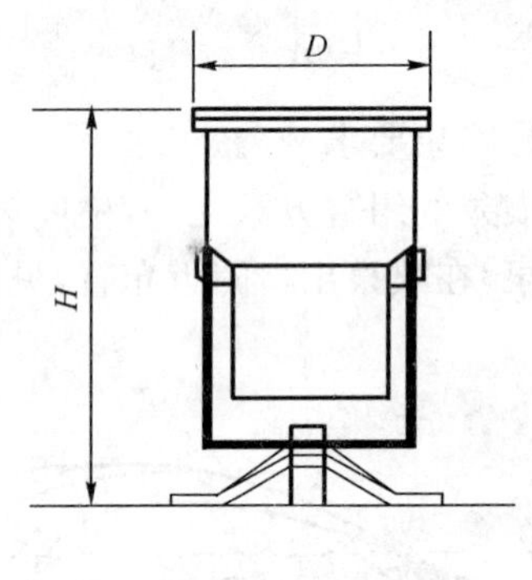

图 5-22　水下灯具图

五、夜景照明设计步骤

1. 方案的创意和构思

首先搜集资料，确定被照对象所属类别，进一步确定要突出的重点。其次是进行试验，必要时，对重大建筑可进行局部照明试验，以便获得有价值的信息，利于方案的确定。第三是确定表现方法，通过效果分析，选定方案的表现方式和方法，如投光照明、轮廓照明、动感照明、内透光照明、局部照明、声光照明控制等。

2. 确定灯具安装的位置

投光灯具可以放在建筑物附近的地面上或附近建筑物上，安装在建筑物的本体上，也可设在电杆上、塔架上、专用灯架上。确定时要考虑的主要因素有：符合所要求的照明效果；得到建筑物所有者以及周围建筑物所有者的准许；对附近的交通或航空、航海部门的航行有无影响；施工或电源供给是否方便。

3. 确定物体的亮度、照度标准及灯光的颜色

在确定被照物亮度时除依据照明效果、环境亮度、建筑物的材料颜色反射比以外，还应考虑使用频度。如果使用频度很高，就要特别注意节能。此外，还要考虑设计标准，要根据地区的重要性、建筑物本身的重要性以及地区的应用水平等确定方案的照度标准。确定灯光的颜色时，要考虑主光色是暖色还是冷色，主要应考虑被照建筑的颜色和要表现的主调。同时确定装饰彩色光的应用。

4. 灯具、光源的选型及方案的确定

选择光源主要考虑使之效率高、寿命长、颜色和显色性符合设计要求。对气体放电灯还应注意配套接线方式、功率因数高低等。选择灯具主要注重效率高低、光束角是否符合设计要求、灯具的防护等级是否符合室外应用,以及其造型、重量、安装方法等。

5. 参数计算

选定光源、灯具类型后,应通过计算验证。数据满足设计要求后才能最终确定。在确定以上各项后,还要对各种可能的方案进行技术经济比较,以确定最佳方案。最佳方案确定后,才能确定灯具的位置、灯架形式、防止眩光的措施等。

6. 设计电气线路,画施工图

对配电系统及其控制方式、保护方式等进行论证,并对电气线路进行设计计算,画出施工图。

思考题

1. 道路照明的照明质量应符合哪些要求?

2. CIE 对道路照明的照明水平为什么建议"亮度值"而不是"照度值"。

3. 简述选择道路照明灯具时应注意哪几个问题?

4. 城市夜景照明的作用是什么? 简述其设计步骤。

5. 室外建筑物照明常采用哪几种方法。它们各有什么特点。

6. 什么是泛光照明? 如何实施? 结合你周围的泛光照明,分析其照明质量,并提出改进意见。

7. 什么是景观照明? 如何实施? 结合你周围的景观照明,分析其照明质量,并提出改进意见。

第六章 照明电气设计

目前在照明装置中采用的都是电光源，为保证电光源的正常、安全、可靠地工作，同时便于管理维护，又利于节约电能，就必须有合理的供配电系统和控制方式给予保证。为此，照明电气设计就成了照明设计中不可缺少的一部分。

第一节 概 述

一、照明电气设计的任务

(1)满足光照设计确定的各种光源对电压大小、电能质量的要求，使它们能工作在额定状态，以保证照明质量和电光源的寿命。

(2)选择合理、方便的控制方式，以便照明系统的管理、维护和节能。

(3)保证人身和照明装置的电气安全。

(4)尽量减少电气部分的投资和年运行费用。

二、照明电气设计步骤

(1)收集原始资料：电源情况、照明负荷对供电连续性的要求，具体房间功能。

(2)确定照明供电系统：电源、电压的选择；网络接线方式的确定；保护设备、控制方式的确定；电气安全措施的确定。

(3)线路计算：负荷计算、电压损失计算、保护装置整定计算，照明功率密度(LPD)计算。

(4)确定导线型号、规格及其敷设方式，并选择供电、控制设备及其安装位置。

(5)绘制照明设计施工图：绘制照明供电系统图和照明平面布置图。列出主要设备、材料清单，编制概算、预算(在没有专职概预算人员的情况)。

第二节 照明供配电系统

一、照明线路电压与负荷等级的划分

1. 照明线路电压

(1)供电电压

照明线路的供电电压，直接影响到配电方式和线路敷设的投资费用。当负荷相同时，若采用较高的电压等级，线路负荷电流便相应减小，因而就可以选用较小的导线截面。我国的配电网络电压，在低压范围内的标准等级为500V、380V、220V、127V、110V、36V、24V、12V等。而一般照明用的白炽灯电压等级主要有220V、110V、36V、24V、12V等。所谓光源的电压是指对光源供电的网络电压，不是指灯泡（灯管）两端的电压降。供电电压必须符合标准的网络电压等级和光源的电压等级。

从安全方面考虑，照明的电源电压一般按下列原则选择。

①在正常环境中，一般照明光源的电源电压应采用220V。1 500W及以上的高强度气体放电灯的电源电压易采用380V。

②在有触电危险的场所，例如地面潮湿或周围有许多易触及金属结构的房间，当灯具的安装高度高地面小于2.4m时，无防止触及措施的固定式或移动式照明的供电电压不宜超过36V。

③移动式和手提式灯具应采用Ⅲ类灯具（Ⅰ类灯具：灯具的防触电保护不仅靠基本绝缘，还包括附加安全措施，即把外露可导电部件连接到保护线上。Ⅱ类灯具：防触电保护不仅依靠基本绝缘，且具有附加安全措施，如双重绝缘或加强绝缘。Ⅲ类灯具：防触电保护依靠电源电压为安全特低电压SELV)，用安全特低电压供电，其电压应为在干燥场所不大于50V；在潮湿场所不大于25V。

④由专用蓄电池供电的照明电压，可根据容量的大小和使用要求，分别采用220V、24V或12V等。

(2)允许的电压偏移

电压偏移是指光源两端实际电压偏离光源额定电压的程度。照明光源只有在额定电压下工作才有最好的照明效果。照明设备所受的实际电压如与其额定电压有偏移时，其运行特性将恶化。例如，白炽灯在低于额定值10%电压下运行，其使用寿命大大增长，但其光通量却较额定电压时降低30%左右。反之，升高电压10%，则其光通量增加30%，但使用期限便迅速缩短。

在供电网络的所有运行方式中，维持用电设备的端电压始终等于额定值是很困难的。因此，在网络设计和运行时，必须规定用电设备端电压的容许偏移值。一般来说，各类灯泡(管)的端电压偏移，不宜高于其额定电压的105%，亦不宜低于其额定电压的下列数值。

①一般工作场所的室内照明为95%。

②远离变电所的小面积工作场所难于满足95%时，可降低到90%。

③应急照明和用安全特低电压供电的照明为90%。

(3)供照明用的配电变压器设置要求

①照明负荷宜与带有冲击性负荷(如大功率接触焊机、大型吊车的电动机等)的变压器分开供电。

②无窗厂房或工艺设备对电压质量要求较高的场所，宜采用有载自动调压变压器。

③在照明负荷容量较大的场所，在技术经济合理的情况下，宜采用照明专用变压器。

④采用共用变压器的场所，正常照明线路宜与电力线路分开。

⑤合理减少系统阻抗，如尽量缩短线路长度，适当加大导线和电缆的截面等。

2. 负荷等级的划分

按照供电的可靠性、中断供电所造成的损失或影响程度，将照明负荷分为三级，即一级负荷、二级负荷、三级负荷。一级和二级负荷具体分级情况见表6-1。不属于一级和二级负荷的均为三级负荷。

照明负荷的分级

表6-1

负荷级别	场所
一级负荷	①重要办公建筑的主要办公室、会议室、总值班室、档案室及主要通道照明； ②一、二级旅馆的宴会厅、餐厅、娱乐厅、高级客房、康乐设施、厨房及主要通道照明； ③大型博物馆、展览馆的珍贵展品展室照明； ④甲级剧演员化妆室照明； ⑤省、自治区、直辖市级以上体育馆和体育场的比赛厅(场)、主席台、贵宾室、接待室及广场照明； ⑥大型百货公司营业厅、门厅照明； ⑦直播的广播电台播音室、控制室、微波设备室、发射机房的照明； ⑧电视台直播的演播厅、中心机房、发射机房的照明； ⑨民用机场候机楼、外航驻机场办事处、机场宾馆、旅客过夜用房、站坪照明及民用机场旅客活动场所的应急照明； ⑩市话局、电信枢纽、卫星地面站内的应急照明及营业厅照明等
二级负荷	①高层普通住宅楼梯照明，高层宿舍主要通道照明； ②部、省级办公建筑的主要办公室、会议室、总值班室、档案室及主要通道照明； ③高等院校高层教学楼主要通道照明； ④一、二级旅馆一般客房照明； ⑤银行营业厅、门厅照明(对面积较大的营业厅供继续工作的应急照明为一级负荷)； ⑥广播电台、电视台楼梯照明； ⑦市话局、电信枢纽、卫星地面站楼梯照明； ⑧冷库照明； ⑨具有大量一级负荷建筑的附属锅炉房、冷冻站、空调机房的照明

二、照明负荷供电方式与照明配电系统

1. 照明负荷的供电方式

(1)一级负荷电源

一级负荷应由两个电源供电，当一个电源发生故障时，另一个电源可以照常供电。照明一级负荷与电力一级负荷应结合一起考虑。如果一级负荷功率较大时，应采用两路高压供电；如果一级负荷功率不大，应优先从电力系统或从临近单位取得第二路电源，也可采用应急发电机组。如果一级负荷仅为照明负荷时，宜采用蓄电池组作备用电源。

对一级负荷中的特别重要负荷，除上述两个电源外，还必须增设应急电源，以保证对特别重要负荷的供电。严禁将其他负荷接入应急供电系统。常用的应急电源有：独立于正常电源的发电机组；供电网络中有效独立于正常电源的专门馈电线路；蓄电池。

根据允许中断供电时间，选择应急电源如下：静态交流不间断电源装置适用于允许中断供电时间为毫秒级的供电；带有自动投入装置的独立于正常电源的专门馈电线路，适用于允许中

断供电时间为1.5s以上的供电；快捷自起动的柴油发电机组适用于允许中断供电时间为15s以上的供电。

一级负荷照明电源供电方式见图6-1～图6-4。

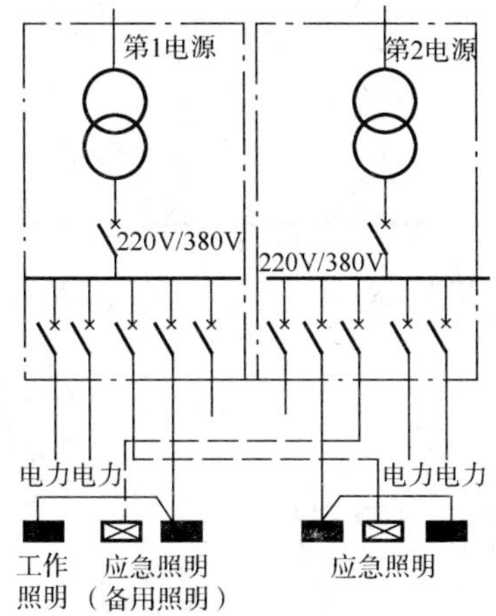

图6-1　单变压器变电站供电

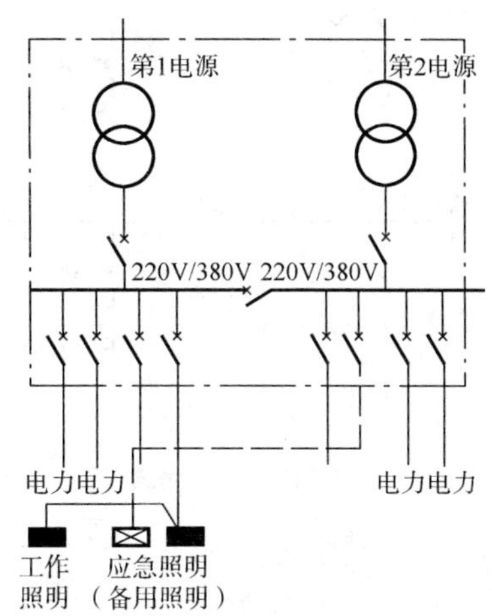

图6-2　双变压器变电站供电

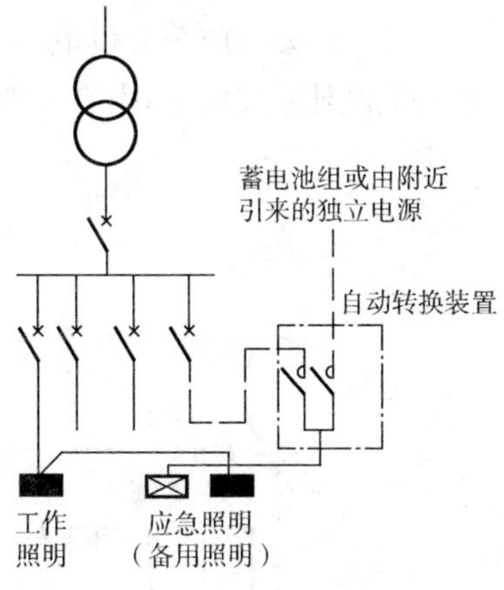

图6-3　负荷容量小时供电方式

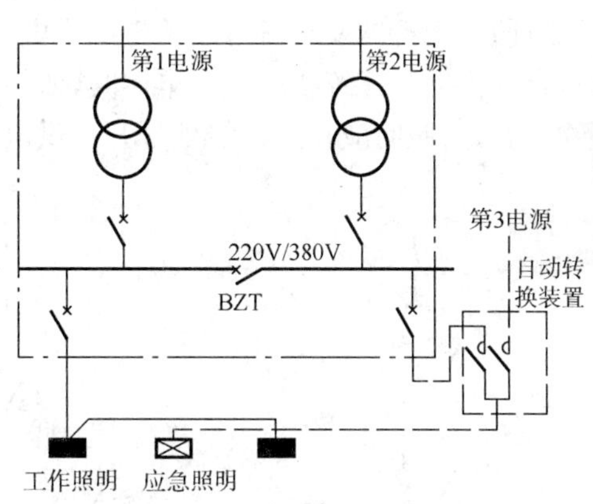

图6-4　特别重要负荷供电方式

图6-1电源来自两个单变压器变电站，并且两个变压器电源是互相独立的高压电源。图6-2电源来自双变压器变电站，两台变压器的电源是独立的，设有联络开关。图6-3照明负荷为单台变压器供电，应急照明电源引自蓄电池组、柴油发电机组或临近单位的第二路电源。图6-4是特别重要负荷的供电方式，它由两个独立电源的变压器供电，低压母线设联络开关并可自动投入，工作照明与应急照明分别接在不同低压母线上，并应设第三独立电源。此电源可引自备用发电机组、在电网中有效地独立于正常电源的专门馈电线路或蓄电池。应急照明电源应能自动投入。选择何种方式应根据中断供电时间确定。

(2)二级负荷电源

对二级负荷供电的要求是：当电力变压器或线路发生故障时不致中断供电，或中断后能迅速恢复。与一级负荷供电的差别在于二级负荷的高压电源可以是一个电源，但应做到变压器和线路均有备份。二级照明负荷的供电方式见图 6-5、图 6-6。

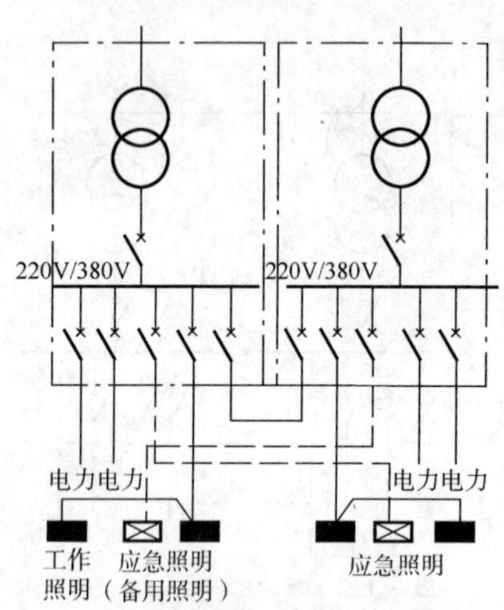

图 6-5 单台变压器变电站供电方式

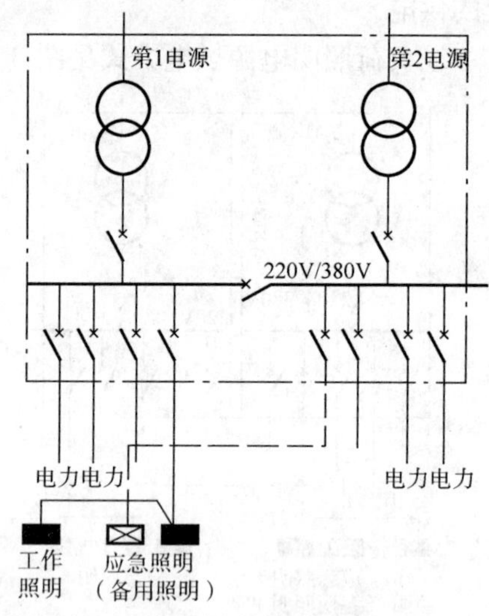

图 6-6 双变压器变电站供电方式

(3)三级负荷(一般负荷)电源

对照明无特殊要求者可由单电源供电，动力和照明负荷功率较大时应分开供电，功率较小时可合并供电。建筑物内有变电所时，照明与动力由低压屏以放射形式供电；没有变电所的建筑物，动力与照明应在进户线处分开。供电方式见图 6-7～图 6-9。

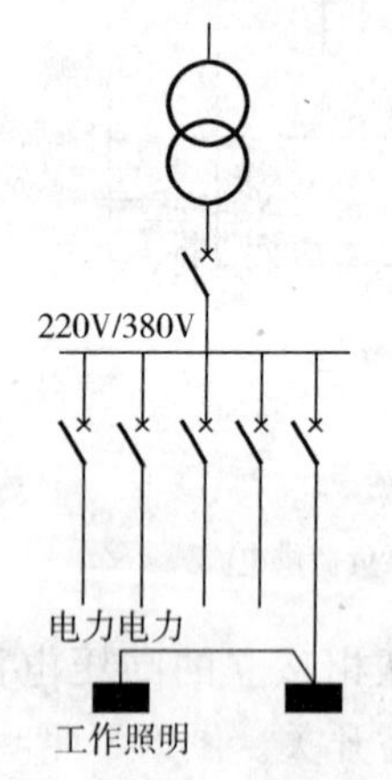

图 6-7 建筑物内有变电站的供电方式

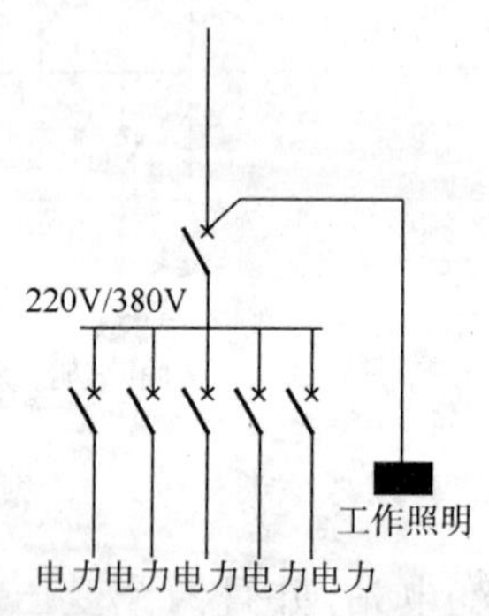

图 6-8 建筑物内没有变电站时动力、照明混合供电

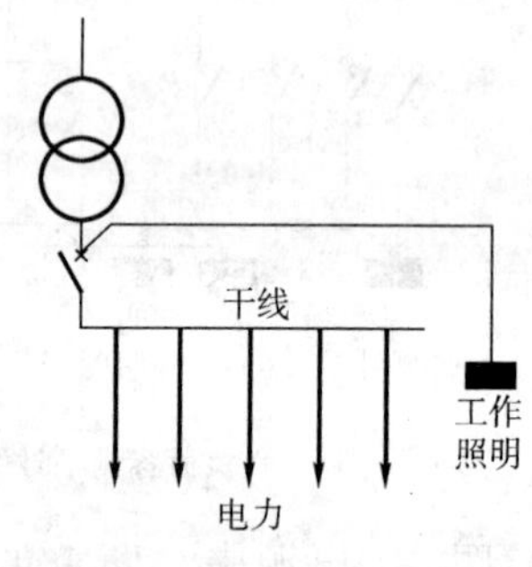

图 6-9 建筑物内动力采用母干线供电时照明接线

2. 照明配电系统

照明供电网络主要是指照明电源从低压配电屏到用户配电箱之间的接线方式。主要由馈电线、干线、分支线及配电盘组成。汇集支线接入干线的配电装置称为分配电箱，汇集干线接入总进户线的配电装置称为总配电箱。馈电线是将电能从变电所低压配电屏送到区域(或用户)总配电柜(箱)的线路；干线是将电能从总配电柜(箱)送至各个分照明配电箱的线路；分支线是将电能从各分配电箱送至各户配电箱的线路。如图 6-10 所示。

(1)常用的配电方式

配电方式有多种,可根据实际情况选定。而基本的配电方式有放射式、树干式、混合式、链式四种。如图 6-11 所示。

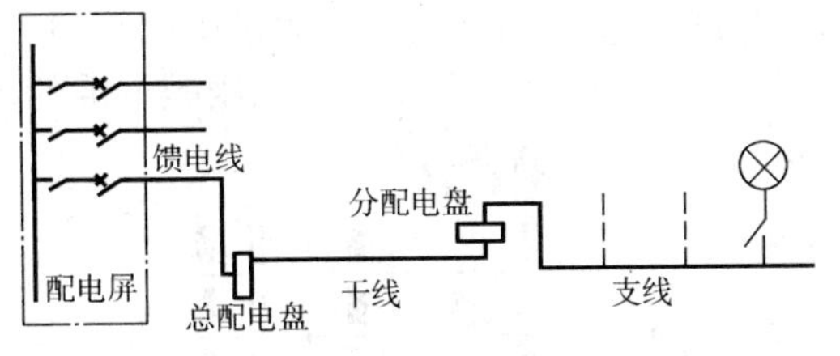

图 6-10 照明供电网络的组成形式

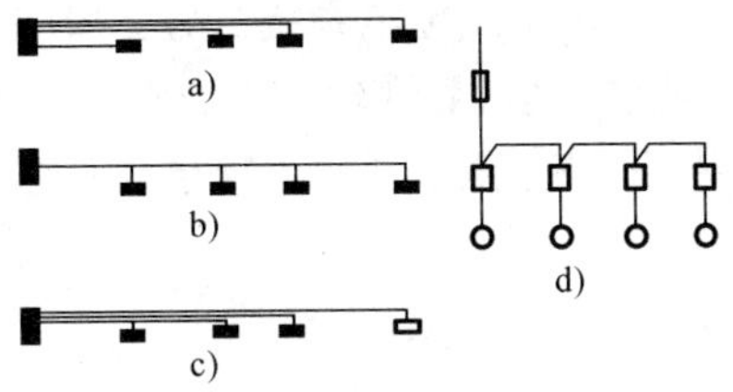

图 6-11 基本的配电方式

a)放射式;b)树干式;c)混合式;d)链式

①放射式

图 6-11a)是放射式配电系统,其优点是各负荷独立受电,线路发生故障时,不影响其他回路继续供电,故可靠性较高;回路中电动机起动引起的电压波动,对其他回路的影响较小。但建设费用较高,有色金属耗量较大。放射式配电一般用于重要的负荷。

②树干式

图 6-11b)是树干式配电系统。与放射式相比,其优点是建设费用低。但干线出现故障时影响范围大,可靠性差。

③混合式

图 6-11c)是混合式配电系统。它是放射式和树干式的综合运用,具有两者的优点,所以在实际工程中应用最为广泛。

④链式

图 6-11d)是链式配电系统。它与树干式相似,适用于距离配电所较远,而彼此之间相距又较近的不重要的小容量设备,链接的设备一般不超过 3~4 台。

照明配电宜采用混合式系统。

(2)典型的配电系统

在实际应用中,各类建筑的照明配电系统都是上述四种基本方式的综合。下面介绍几种典型的照明配电系统。

①多层公共建筑的照明配电系统

如图 6-12 所示是多层公共建筑(如办公楼、教学楼等)的配电系统。其进户线直接进入大楼的配电间的总配电箱,由总配电箱采取干线立管式向各层分配电箱馈电,再经分配电箱引出支线向各房间的照明器和用电设备供电。

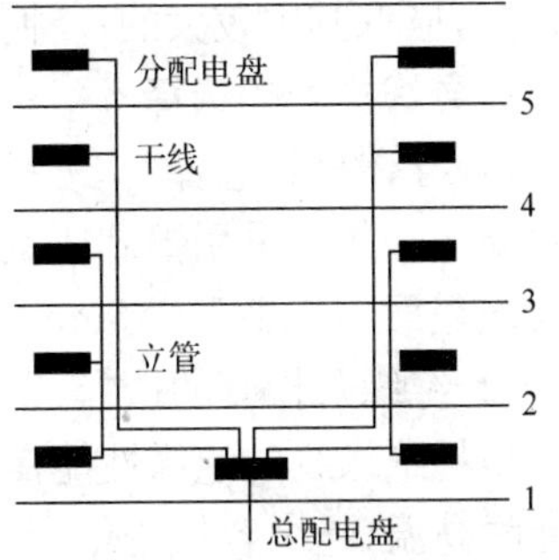

图 6-12 多层公共建筑的照明配电系统

②住宅的照明配电系统

如图 6-13 所示是典型的住宅照明配电系统。它以每一楼梯间作为一单元,进户线引至楼的总配电箱,再由干线引至每一单元的配电箱,各单元配电箱采用树干式(或放射式)向各层用户的分配电箱馈电。为了便于管理,住宅楼的总配电箱和单元配电箱一般装在楼梯公共过道的墙面上。分配电箱装设电度表,以便用户单独计算电费。

③高层建筑的照明配电系统

如图 6-14 所示是高层建筑照明配电系统常用的三种方案。其中方案 a)、b)为混合式，它们先将整幢楼按层分为若干供电区，每区的层数为 2～6 层。每路干线向一个供电区配电，故又称为分区树干式配电系统。方案 a)与 b)基本相同，但方案 b)增加了一个分区配电箱，它与方案 a)比较，其可靠性较高。方案 c)采用大树干配电方式，从而大大减少了低压配电屏的数量，安装、维护方便。适用于楼层楼量多，负荷较大的大型建筑物。

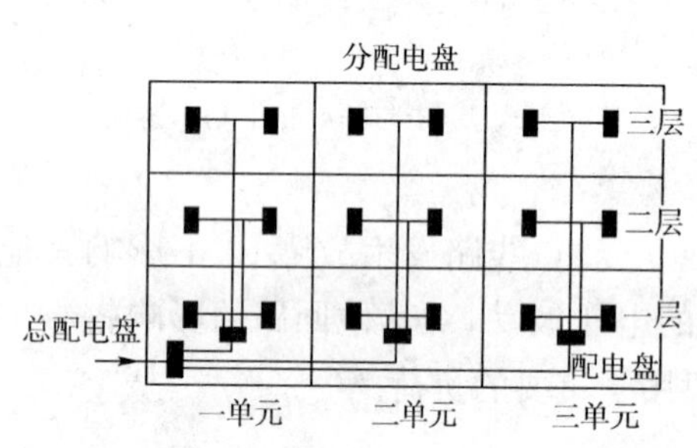

图 6-13 住宅的照明配电系统

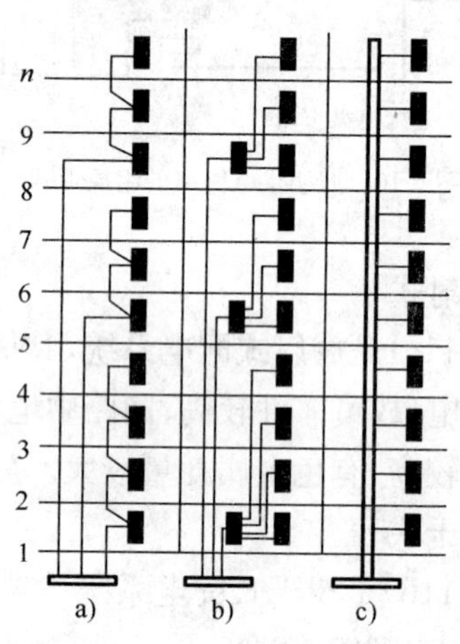

图 6-14 高层建筑的照明配电系统

三、照明线路导线的选择

照明线路一般具有距离长、负荷相对比较分散的特点，所以配电网络导线和电缆的选择一般按照下列原则进行：按使用环境和敷设方法选择导线和电缆的类型；按线缆敷设的环境条件来选择线缆和绝缘材质；按机械强度选择导线的最小允许截面；按允许载流量选择导线和电缆的截面；按电压损失校验导线和电缆的截面。按上述条件选择的导线和电缆具有几种规格的截面时，应取其中较大的一种。

1. 导线类型的选择

(1)导体材料选择

导线一般可采用铜芯或铝芯的线，照明配电干线和分支线，应采用铜芯绝缘电线或电缆；分支线截面不应小于 2.5mm²。

(2)绝缘及护套的选择

塑料绝缘线的绝缘性能良好，价格较低，无论明设或穿管敷设均可代替橡皮绝缘线。由于不能耐高温，绝缘容易老化，所以塑料绝缘线不宜在室外敷设。

橡皮绝缘线根据玻璃丝或棉纱原料的货源情况选配编织层材料，其型号不再区分而统一用 BX 及 BLX 表示。

氯丁橡皮绝缘线的特点是耐油性能好，不易霉，不延燃，光老化过程缓慢，因此可以在室外敷设。

在各类导线中，氯丁橡皮线耐气候老化性能和不延燃性能良好，并且有一定的耐油、耐腐蚀性能。聚氯乙烯绝缘导线价格较低，但易于老化而变硬；橡皮绝缘线耐老化性能良好，但价格较高。

照明线路常用的导线型号及用途见表6-2。

照明线路常用的导线型号及用途 表6-2

导线型号	名称	主要用途
BX(BLX)	铜(铝)芯橡皮绝缘线	固定明、暗敷
BXF(BLXF)	铜(铝)芯氯丁橡皮绝缘线	固定明、暗敷,尤其适用于户外
BV(BLV)	铜(铝)芯聚氯乙烯绝缘线	固定明、暗敷
BV-105(BLV-105)	耐热105℃铜(铝)芯聚氯乙烯绝缘线	用于温度较高的场所
BVV(BLVV)	铜(铝)芯聚氯乙烯绝缘、聚氯乙烯护套线	用于直贴墙壁敷设
BXR	铜芯橡皮绝缘软线	用于250V以下的移动电器
RV	铜芯聚氯乙烯软线	用于250V以下的移动电器
RVB	铜芯聚氯乙烯绝缘扁平线	用于250V以下的移动电器
RVS	铜芯聚乙烯绝缘软绞线	用于250V以下的移动电器
RVV	铜芯聚氯乙烯绝缘、聚氯乙烯护套软线	用于250V以下的移动电器
RVX-105	铜芯耐热聚氯乙烯绝缘软线	同上,耐热105℃

2. 中性线(N)和保护线(PE)截面的选择

(1)中性线截面选择

中性线截面可按下列条件选定:在单相或二相的线路中,中性线截面应与相线相等;在三相四线制的平衡线路中(如负荷均为白炽灯、卤钨灯),其中性线截面应不小于相线载流量的50%,但当相线截面为10mm²及以下时,中性线截面宜与相线相同;在荧光灯、荧光高压汞灯、高压钠灯等气体放电灯三相四线供电线路中,即使三相平衡,由于各相电流中存在着三次谐波电流,使正弦波的电压波形发生畸变,中性线中会流过3的倍数的奇次谐波电流,因此截面应按最大一相的电流选择。

(2)保护线截面的选择

保护线(PE)截面选择,按规定其电导不得小于相线电导的50%,且要满足单相接地故障保护的要求。

(3)保护中性线(PEN线)截面的选择

对于兼有保护线(PE)和中性线(N)双重功能的PEN线,其截面选择应同时满足上述保护线和中性线的截面要求,即按它们的最大者选取。采用单芯导线作PEN线干线时,铜芯导线不应小于10mm²,铝芯导线不应小于16mm²。采用多芯导线或电缆作PEN线干线时,其截面不应小于4mm²。

四、照明线路的保护

引起照明线路过电流的原因主要是短路或过负荷。短路大多由线路的绝缘破坏引起,短路电流通常比负荷电流大许多倍,最容易引起火灾或事故。过负荷则主要是由于照明负荷过大而引起。照明线路的保护主要有短路保护和过负荷保护两种。照明线路的过电流保护装置一般采用熔断器或低压断路器。这种保护装置在照明线路的电流超过整定值时,能自动将被保护的线路切断。

1. 照明线路保护设备的设置

照明线路均应装设短路保护设备。如下场所的线路还应装设过负荷保护：住宅、重要的仓库、公共建筑、商店、工业企业办公及生活用房、有火灾危险的房间及有爆炸危险的场所；有延燃性外层的绝缘导线明敷在易燃体或难燃物的建筑结构上。

分配电箱和其他配电装置的出线处；无人值班变电所供电的建筑物进线处；220V 变压器的高低压侧、线路截面减小的始端等位置均应安装保护装置。

2. 照明线路保护措施

对于照明低压配电线路，其主要保护措施有短路保护、过负荷保护和接地故障保护。

(1)低压配电线路的短路保护

所有低压配电线路都应装设短路保护，一般可采用熔断器或低压断路器。由于线路的导线截面根据计算负荷选取，因此在正常运行的情况下，负荷电流不会超过导线的长期允许载流量。但是为了避开线路中短时间过负荷的影响(如大功率异步电动机的起动等)，同时又能可靠地保护线路，采用熔断器作短路保护时，熔体的额定电流应小于或等于电缆或穿管绝缘导线允许截流量的 2.5 倍。对于明敷导线，由于绝缘等级偏低，绝缘容易老化等原因，熔体的额定电流应小于或等于导线允许载流量的 1.5 倍。当采用低压断路器作短路保护时，由于其过电流脱扣器具有延时性并且可调，可以避开线路中的短时过负荷电流，所以，过电流脱扣器的整定电流一般应小于或等于绝缘导线允许载流量的 1.1 倍。

短路保护还应考虑线路末端发生短路时保护装置动作的可靠性。当上述保护装置作为配电线路的短路保护时，要求在被保护线路的末端发生单相接地短路以及两相短路时，其短路电流值应大于或等于熔断器熔体额定电流的 4 倍；如用低压断路器保护，则应大于或等于低压断路器过电流脱扣器整定电流的 1.5 倍。

(2)低压配电线路的过负荷保护

低压配电线路在下列场合应装设过负荷保护：不论在何种房间内，由易燃外层无保护型电线(如 BX、BLX、BXS 型电线等)构成的明配线路；所有照明配电线路。对于无火灾危险及无爆炸危险的仓库中的照明线路，可不装设过负荷保护。过负荷保护一般可由熔断器或自动开关构成，熔断器熔体的额定电流或自动开关过电流脱扣器的整定电流应小于或等于导线允许载流量的 0.8 倍。

(3)低压配电线路的过压保护

对于民用建筑低压配电线路，一般只要求有短路和过载保护两种，但从发展情况来看，还应考虑过电压保护。这是因为某些低压供电线路有时会意外地出现过电压，如高压架空线断落在低压线路上，三相四线制供电系统的零线断落引起中性点偏移，以及雷击低压线路等都可能使低压供电线路上出现超过正常值的电压，使接在该低压线路上的用电设备因电压过高而损坏。为了避免这种意外情况，应在低压配电线路上采取适当分级装设过压保护的措施，如在用户配电盘上装设带过压保护功能的漏电保护开关等。

3. 常用的保护装置

常用的照明线路的保护装置主要是熔断器、自动空气短路器(自动开关)和成套保护装置，如照明配电箱等。

(1)熔断器

熔断器是一种保护电器,它主要由熔体和安装熔体用的绝缘器组成。它在低压电网中主要用于短路保护,有时也用于过载保护。熔断器的保护作用是靠熔体来完成的,一定截面的熔体只能承受一定值的电流,当通过的电流超过规定值时,熔体将熔断,从而起到保护的作用。熔体熔断所需时间与电流的大小有关,当通过熔体的电流越大时,熔断的时间越短。

最常用的低压熔断器的系列产品设备有:RC 系列瓷插式熔断器,用于负载较小的照明电路;RL 系列螺旋式熔断器,适用于配电线路的过载和短路保护,也常作为电动机的短路保护电器;RM 无填料密封管式熔断器;RT 系列有填料密封闭管式熔断器,灭弧能力强,分断能力高,并有限流作用。

(2)低压断路器

低压断路器又称自动空气开关,属于一种能自动切断电路故障的控制兼保护的电器,按其用途可分为:配电用断路器、电动机保护用断路器、照明用断路器。按其结构可分为塑料外壳式、框架式、快速式、限流式等。但基本类型主要有万能式和装置式两系列,分别用 W 和 Z 表示。

为了满足保护动作的选择性,过电流脱扣器的保护方式有:过载和短路均瞬时动作;过载具有延时,而短路瞬时动作;过载和短路均为长延时动作;过载和短路均为短延时动作。

目前常用低压断路器的型号主要有 DW16、DW15、DZ5、DZ20、DZ12、DZ6 等系列,近年来一些厂家生产出了一些具有国际先进水平的新产品,如施耐德有限公司生产的 C65N 系列产品,具有体积小、重量轻,工作可靠的特点。C65N 系列断路器的主要技术数据见表 6-3。

C65N 系列断路器的主要技术数据　　表 6-3

型　　号	极数	额定电压/V	脱扣器额定电流/A	分断能力
C65N	单极	230/400	1、2、4、6、10、16、20、25、32、40、50、63	6 000
	双极			
	三极			
	四极			
C65a	单极	230/400	6、10、16、20、25、32、40、50、63	4 500
	双极			
	三极			
	四极			
C65H	单极	230/400	1、2、4、6、10、16、20、25、32、40、50、63	10 000
	双极			
	三极			
	四极			
C65L	单极	230/400	1、2、4、6、10、16、20、25、32、40、50、63	15 000
	双极			
	三极			
	四极			

(3)漏电保护装置

对于照明线路,无论是采用TN还是采用TT系统保护,都有不足之处。如三种TN系统的保护装置对于线路绝缘损坏所引起的漏电就不一定能正常工作。在家用电器种类日益增多,使用愈来愈普遍的情况下,在各种保护系统中另加漏电保护装置的优点十分明显。漏电保护器又称配电保护器,主要用来对有致命危险的人身触电进行保护,以及防止因电气设备或线路漏电而引起的火灾。

漏电保护器分类很多,比如按其动作原理可分为电压型、电流型和脉冲型;按其脱扣的形式可分为电磁式和电子式;按其保护功能及结构又可分为漏电继电器、漏电断路器、漏电开关及漏电保护插座。

(4)照明配电箱

标准照明配电箱是按国家标准统一设计的全国通用的定型产品。照明配电箱内主要装有控制各支路的刀闸开关或低压断路器、熔断器,有的还装有漏电保护开关等。近年来推出的照明配电箱种类繁多,如XM-4型、XM(R)-7型、XM(R)-8型和GXM(R)型照明配电箱。

第三节 照明电气设计注意事项

搞好照明电气设计应按《建筑照明设计标准》GB 50034—2004进行,并注意以下几点:

(1)照明配电宜采用放射式和树干式结合的系统。

(2)三相配电干线的各相负荷宜分配平衡,最大相负荷不宜超过三相负荷平均值的115%,最小相负荷不宜小于三相负荷平均值的85%。

(3)照明配电箱宜设置在靠近照明负荷中心便于操作维护的位置。

(4)每一照明单相分支回路的电流不宜超过16A,所接光源数不宜超过25个;连接建筑组合灯具时,回路电流不宜超过25A,光源数不宜超过60个;连接高强度气体放电灯的单相分支回路的电流不宜超过30A。

(5)插座不宜和照明灯接在同一分支回路。

(6)居住建筑应按户设置电能表;工厂在有条件时宜按车间设置电能表;办公楼宜按租户或单位设置电能表。

(7)照明配电干线和分支线,应采用铜芯绝缘电线或电缆,分支线截面不应小于2.5mm^2。

(8)照明配电线路应按负荷计算电流和灯端允许电压值选择导体截面积。

(9)主要供给气体放电灯的三相配电线路,其中性线截面应满足不平衡电流及谐波电流的要求,且不应小于相线截面。

(10)办公建筑和工业建筑的走廊、楼梯间、门厅等公共场所的照明,宜采用集中控制,并按建筑使用条件和天然采光状况采取分区、分组控制措施。

(11)体育馆、影剧院、候机厅、候车厅等公共场所应采用集中控制,并按需要采取调光或降低照度的控制措施。

(12)旅馆的每间(套)客房应设置节能控制型总开关。

(13)居住建筑有天然采光的楼梯间、走道的照明,除应急照明外,宜采用节能自熄开关。

(14)每个照明开关所控光源数不宜太多。每个房间灯的开关数不宜少于2个(只设置1

只光源的除外)。

(15)房间或场所装设有两列或多列灯具时,宜按下列方式分组控制:

①所控灯列与侧窗平行;

②生产场所按车间、工段或工序分组;

③电化教室、会议厅、多功能厅、报告厅等场所,按靠近或远离讲台分组。

(16)有条件的场所,宜采用下列控制方式:

①天然采光良好的场所,按该场所照度自动开关或调光;

②个人使用的办公室,采用人体感应或动静感应等方式自动开关灯;

③旅馆的门厅、电梯大堂和客房层走廊等场所,采用夜间定时降低照度的自动调光装置;

④大中型建筑,按具体条件采用集中或集散的、多功能或单一功能的自动控制系统。

思考题

1. 照明对供电质量有哪些要求?在照明设计中如何考虑这些要求?
2. 不同等级的照明负荷对供电可靠性的要求有什么不同?
3. 什么是照明供电网络?简述照明常用的配电方式。
4. 简述照明线路常用的保护装置和采用的保护措施。
5. 在照明配电设计时应充分考虑哪些问题?

第七章 照明节能

照明设计节能指导思想是体现以人为本,注重舒适、健康的环境,包括个性化、智能化、健康化、艺术化。当前国际上认为,在考虑和制定节能政策、法规和措施时,所遵循的原则必须在保证有足够的照明数量和质量的前提下,尽可能节能,这才是照明节能的唯一正确原则。照明节能主要是通过采用高效节能照明产品,提高质量,优化照明设计等手段,达到受益的目的。

照明节能是一项系统工程,主要是提高系统(光源、灯具、启动设备)的总效率,照明方式、控制,天然光利用以及加强维护管理等方面综合考虑。采用光效高寿命长的各类气体放电光源,重点推广细管和各种紧凑型荧光灯,尽量减少白炽灯的使用量。逐步减少自镇流式高压汞灯的使用量。大力推广高压钠灯和金属卤化物灯,多将小功率灯用于公共场所和室内照明中。优选高效、配光合理的直接型灯具,尽力推荐电子镇流器和低功耗电感镇流器。

选择合理的照明方式,一般照明、重点照明、装饰照明及混合照明相结合。选用多种控灯方式,如分区控制和适当增加开关点及各类节电开关等管理措施。在公共场所、室外照明中,以集中控制、遥控或自动控光装置,并按不同的工作区域确定适宜的照度。

照明节能是建筑节能的一部分,是一项不断发展的技术。在本章中仅粗略地讨论节能光源、节能灯具、节能照明控制和照明节能计算。

第一节 节能光源

推广使用高光效光源。各种照明光源的电能转换中,高压钠灯的光效为最高,而荧光灯和金属卤化物灯次之,高压汞灯不高,而白炽灯为最低。为节约电能要合理选择光源,其主要措施如下:尽量减少白炽灯的使用量;优先使用细管荧光灯和紧凑型荧光灯;逐步减少高压汞灯的使用量,特别是不应随意使用自镇流高压汞灯;积极推广高效、长寿命的高压钠灯和金属卤化物灯。

一、新型光源

1. 直管荧光灯

过去,我国制造技术落后的 T12(40W、ϕ38)直管荧光灯,几十年来一贯制地使用。20 世纪 80 年代末引进 T8(36W、ϕ26)直管荧光灯,它以其光效高(提高 27%～44%)、寿命长(延长

60%)、耗费材料少(ϕ26 取代 ϕ38)而成为节能的环保新一代产品。20 世纪 90 年得到较快的推广。更令人振奋的是,T5(32W、ϕ16)荧光灯从提出至今已趋于成熟,前几年 T5 均为直管,现在 T5 环形管(单环、双环)增多,特别是汞和荧光灯粉的用量大大减少,不但有利于保护环境,而且带来可观的经济效益,被称为真正的绿色照明光源。业内人士一致认为,其发光效率高、节能效果好、显色性好、无频闪、无噪声、寿命长、光衰低,已成为国家重点推荐的节能光源之一。

2. 紧凑型荧光灯

20 世纪 80 年代中期,我国研制出多种型式(U、H 等)的紧凑型荧光灯,其管径小,易于使用三基色荧光粉和电子镇流器,以进一步提高显色性、光效及消除噪声。适于取代白炽灯,其光效略低于 T8 直管荧光灯。它的品种规格繁多,欧洲近几年的应用明显增加,在公共场所取代白炽灯的比例在逐年增大,应用范围也愈加广泛。由于紧凑型荧光灯已形成面、线、点三种结构多品种,国外推出的螺旋型紧凑型荧光灯,其光效与灯管长之比达到最高值。

3. 直流荧光灯

20 世纪 90 年代,青岛海洋大学领先于发达国家,成功地研制出直流荧光灯。它以其高光效(相当于工频荧光灯)、无频闪和无电磁辐射等优良性能,具有上佳的视觉效果,且利于用户身体健康。这项成果提高了光环境质量。

4. 混光照明

近 20 年来,该灯发展迅速,先后出现了高压汞灯、高压钠灯、高显钠灯、金属卤化物灯。尽管这些光源各具特点,但仍不能满足工程设计的广泛需求,因此出现了混光照明技术。混光光源是国际上 20 世纪 70 年代开始的一项新兴照明技术,它将两种及以上不同光源安装在同一个灯具内,发挥不同光源的各自优势,从而达到提高光效,改善光色的作用。混光照明方式有两种:一种为场所内混光,一种为灯具内混光,后者又包括双灯混光和单灯混光。双灯混光照明已广泛用于各种场所,并取得了较好的效果。其中以高压钠灯与高压汞灯(或金属卤化物灯)混光的光效较高、节电较显著。但在使用中还存在着诸多问题:两种光源混光不均匀,分别接入镇流器、触发器,且安装接线复杂,平均寿命也不同。当一种光源损坏,在维护更换不及时,另一种还在运行,会降低显色指数和光效,然而单灯混光照明恰恰能弥补以上的不足。表 7-1 为两种混光方式的性能比较。

单灯与双灯混光照明技术参数 表 7-1

名　称	双灯混光	单灯混光	名　称	双灯混光	单灯混光
光效(lm/W)	61	77	体积百分比(%)	100	50
显色指数 R_a	50	58	造价百分比(%)	100	80～90
色温(K)	3 000	3 100	节能效率(%)	100	120
混光效果	较差	好	安装复杂系数	1	0.5
配光效果	差	好	灯具效率(%)	70	80.6

受到光源制造水平限制,对于既具有光效高、光色好、显色性好,又具有长寿命的光

源很难制造出来。例如:高压钠灯光效很高、寿命长,但光色和显色性却很差;镝灯的光效高、显色性很好,而寿命却较短;高显色高压钠灯的光色较好、显色性好,但光效低很多。使用混光照明则可兼顾节能和改善光色及显色性。混光照明有下列优点:使用高压钠灯混光能发挥钠灯高光效、长寿命的特点,节能效果显著,运行费用低;混光光色一般均为中间色,比冷色、暖色更易被人们接受,调整方便,照明环境舒适性好;混光光源光谱丰富,显色性得到了改善,适用于显色性要求较高的场所(目前单光源尚无法满足需求)。各类混光的节能效果详表 7-2。

此外,还有前面提到的场致发光灯和 LED 发光二极管。

混光照明节能技术参数 表 7-2

混光种类	为白炽灯耗电的比率(%)	节能率(%)	较单独使用高强气体放电灯节能率(%)
荧光高压汞灯高压钠灯	20	80	NGX 型灯比混光节能 6,混光比 ZJD 型灯节能 3
金属卤化物灯高压钠灯	16	83	混光比 NGX 型灯节能 11,混光比 ZJD 型灯节能 19.5
金属卤化物灯中显钠灯	18.5	81	NGX 型灯比混光节能 6,混光比 ZJD 型灯节能 3

二、光源选择要素

有的地区认为现在电力供应不那么紧张了,照明节电不重要了,这就是没有从环保的高度去认识节能。虽然设计人已经具有诸多的工程实践经验,还应及时按照国际间共识修正个人的见解。譬如,我国目前的光源产品结构不合理,高光效气体放电灯仅占总产量的 12%~15%,比美国、日本等国低得多,而光效低的白炽灯占领着市场。这里有主管部门调控政策力度不够的问题,更重要的是设计人员等使用者的内在因素。首先从光源的七大要素(光效、显色性、色温、使用寿命、启动性能、装饰性、单位比价)出发,在满足头两条的前提下,兼顾其余因素进行选择。

光源效率该指标在工程选型中是至关重要的,和照明节能数量直接发生关系。除白炽灯、卤钨灯以外,气体放电灯还要考虑镇流器的电损耗,求出光源的总效率。常用的光源效率列在表 7-3、表 7-4 中,气体放电灯效率为包括镇流器的总效率。为了说明光效的高低,表中将气体放电灯与 200W 白炽灯作比较。从表里可看出光源功率越大比值越高,即越是节能。其节能值的多少又因光源而异。

光源效率与比值技术参数 表 7-3

名称	功率(W)	发光效率(lm/W)	比值	备注
白炽灯	40	8.45	0.6	
	60	10.5	0.72	
	100	12.5	0.86	
	200	14.6	1	
荧光灯	30	35	4	
	40	50	5.7	

续上表

名　称	功率(W)	发光效率(lm/W)	比　值	备　注
荧光高压汞灯	50	27	1.84	
	80	32.7	2.2	
	125	34.4	2.4	
	250	39.7	2.7	
	400	48.7	3.3	
	1 000	50	3.4	
高压钠灯	35	54.9	3.8	
	50	66.7	4.6	
	70	72.3	5	
	100	77.6	5.3	
	150	91.4	6.3	
	250	97.2	6.7	
	400	104.8	7.2	
	100	117.1	8	
中显钠灯	100	62.1	4.3	
	150	74.3	5.1	
	250	78.1	5.3	
	400	83	5.7	
高效金属卤素灯	175	66.7	4.6	
	250	70.7	4.8	
	400	78.3	5.4	
	1 000	102.8	5.7	
钪钠灯	125	51.7	3.5	
	250	72.1	4.9	
	400	74.2	5.1	
	1 000	66.7	4.6	
紧凑型荧光灯	7	40	4.57	H 型灯
	9	41.7	4.77	
	11	59.2	6.8	
	13	62.7	7.2	
	18	48	5.5	
	24	54.8	6.3	
	36	55.8	6.4	
	13	40.63	4.64	SL 型灯
	18	38.64	4.42	
	16	50	5.71	2D 型灯
	28	50	5.71	

注:①光源功率越大光效越高,使用瓦数高的灯泡比较节能。

②本表以 200W 白炽灯作为 1,而计算出各类光源的对比值。40W 白炽灯作为和荧光灯、紧凑型荧光灯的对比值。

光源节能技术参数 表 7-4

各类光源	电力消耗与白炽灯比率（%）	节能率（%）	各类光源	电力消耗与白炽灯比率（%）	节能率（%）
高压钠灯	25～12.5	75～87	荧光灯	25～16	75～83
改进型高压钠灯	25～16	75～83	紧凑型荧光灯	22～14.3	77～86
金属卤化物灯	20～14.3	80～86			

当采用高效光源时，所需灯数虽减少，但对低天棚的房间会使照度不均匀，因此在设计时还应综合考虑其他条件。为了节能，在设计中应采用节能光源。以节能为目标的光源选择见表 7-5；对于室外照明来分析，若选用低压卤钨灯作为投光照明光源比传统投光灯要节能约 66%，对应瓦数是低压卤钨灯的 20、35、50 和 78W，相当于传统投光灯的 60、100、150 和 250W。

光源选择节能技术参数 表 7-5

原始光源	推荐光源	节能效果（%）		应用场所
		对比率	节电率	
白炽灯	荧光灯及紧凑型荧光灯	耗电为白炽灯的 22～14.3	27～86	办公室、商业、科技、餐馆、旅馆等
白炽灯荧光高压钠灯	功率较大的灯泡采用高强气体放电灯	耗电为白炽灯的 25～14.3	75～86	各类车间、体育馆、厅堂等耗电为荧光高压汞灯的 50%
白炽灯荧光高压汞灯	金属卤化物灯与中显钠灯混光照明	耗电为白炽灯的 18.5	81	对光色、显色性要求较高的各类车间或体育设施
荧光灯	小于 150W 小功率高强气体放电灯	耗电为荧光灯的 75～66	25～33	高度不小于 4m 的场所
上型白炽投光灯	冷光定向照明低压卤钨灯		66	展示橱窗、旅馆、家庭等

注：白炽灯、荧光高压汞灯采用推荐光源后，节电 50%。

三、光源选型

1. 慎用白炽灯

目前，白炽灯在国际上的生产和使用量仍占光源的首位，但因其光效低、能耗大、寿命短，应尽量减少使用数量，无特殊需要不应采用大于 150W 的大功率灯。白炽灯的节能主要是提高光利用率，通过涂复介质层反射红外线加热灯丝，减少灯丝电耗；光源外配反光罩，提高光的定向利用率。现适用市电的 PAR 灯比 MR 型灯省掉了变压器。

如有需要宜采用光效高的双螺旋、涂反射层白炽灯或小功率的冷反射单端卤钨灯。这是继紧凑型荧光灯后于 80 年代获得迅速发展的一种热辐射光源，功率为 10～75W。它具有光效高、寿命长、体积小、装饰性强、显色性好等优点，在欧美各国已获广泛应用。此外，地下室、电梯出(入)口、影剧院安全门及座位排号等处疏散指示照明，可考虑采用低电耗的电(场)致发光灯。

2. 推广细管、紧凑型荧光灯

荧光灯光效较高，寿命长，获得普遍应用，目前重点推广细管径(26mm)的荧光灯和各种形状的紧凑型荧光灯以代替粗管径(38mm)荧光灯和白炽灯。美国 1992 年已禁止销售 40W 粗管径荧光灯。当然，新型光源质量以及品种不全，也是一个问题。如 T8 型灯性能较好，仅有 18W 和 36W 两个型号，且多数是 6 200K、69.41m/W。

选型时，层高小于 4.5m 适于低压气体放电荧光灯，可通过对直管型和紧凑型的光效、显色性、使用寿命、装饰性和费用进行比较后，择优选取。

(1)光效：36W 直管型灯为 70～901m/W，15～36W 紧凑型灯为 55～801m/W。前者高效、显色性、使用寿命、装饰性和费用进行比较后，择优选取。

(2)显色性：直管型灯 R_a＝60～85，紧凑型灯多数 R_a 为 82，少数 R_a75～80。后者优于前者。

(3)使用寿命：T8 直管型灯 8 000h，紧凑型灯多为 5 000h(飞利浦 8 000～10 000h)。前者优于后者。

(4)装饰性：紧凑型灯尺寸小，在公共建筑中优于直管型灯。

(5)费用：按单位比价，直管型灯明显优于紧凑型灯。

3. 选择优质直管荧光灯类

如前所述，T8 管荧光灯应广泛推广。一般房间及场所优先采用荧光灯。以 36W 为例，根据色温、显色性和光效，选择下面的三种形式灯：

(1)TLD-36W/33 型：色温 4 100K，R_a＝63，光效 79.21m/W。对于办公、教室等生产场所，其照度多为中等水平，配以中等色温，且光效较高，只是显色性能差一点。

(2)TLD-36W/29 型：色温 2 900K，R_a＝51，光效 79.21m/W。对于宾馆、饭店、餐厅、家庭比较适合，虽然显色性差一点，但光效较高。

(3)TLD-36W/840、TLD-36W/835 型：R_a＝85，光效 931m/W。对于商店(特别是服装、纺织品销售部)、展览馆等显色性要求高的场所，非常适宜用超级 T8 管。虽然价位高昂，但单位比价仍低于普通 T8 管，它能获得显色好、光效高、比价低三方面的效益。根据目前照明国标要求，办公、教室、车库等场所均可全面采用此种光源。

4. 直流荧光灯潜力巨大

这种灯较交流荧光灯优势显著。特别是作为书写等作业的台灯，不会受到电磁波的危害。因为光源闪烁会降低视觉功效，加深疲劳的程度。国内外许多专家经过潜心研究后，测试出电感镇流器和电子镇流器对人体的健康的影响是不同的，后者引起的疲劳较前者减少 50%。可以预言，直流荧光灯这项绿色照明的典型产品是今后的发展方向。

5. 推广高光效、长寿命的高压钠灯和金属卤化物灯

钠灯光效大于 1 201m/W，寿命 12 000h。金属卤化物灯光效可达 901m/W，寿命 10 000h。高强气体放电灯(HID)适于层高不小于 4.5m 建筑，它的三个品种可因地制宜：广场、道路等无显色性要求的选用高压钠灯；有较高显色性要求的场所，宜用金属卤化物灯和高显钠灯；至于荧光高压汞灯无多少优点，停止使用。

6. 混光光源方案选择

主要是根据使用场所对光源光度和色度的要求而定。了解与比较各种光源的光度与色度特性，是正确选择光源的前提条件。表 7-6 给出了几种常源各个参数性能的对比。

单灯混光照明技术参数　　表 7-6

参　数	荧光高压汞灯	高压钠灯	金属卤化物灯	中显钠金卤混光灯	中显钠汞混光灯	钠汞混光灯	双内管金卤灯
光效(lm/W)	50	100	90	95	85	7	90
显色指数 R_a	30	25	65	80	70	>50	60
色温(K)	5 500	2 000	4 300	3 500	3 400	3 100	4 300
平均寿命(h)	6 000	2 400	10 000	10 000	10 000	10 000	20 000

(1)对显色性要求不高的场所：可以选用钠汞或中显钠汞混光灯，这两种光源虽然显色指数不太高，但配光均匀，比高压汞灯和高压钠灯双灯混光的照明效果大有改善。不仅光效高，且寿命长，显色指数提高显著，光源特性稳定，节能效果明显。适用于工业厂房、港口、道路等场所。

(2)对光度和光色要求较高的场所：可以选用中显钠金卤混光灯，其显色指数、光效、寿命都较高。适用于对显色性要求较高的精密加工、装配车间及有运行设备的高大厂房。

(3)中显钠汞灯：不易受电源电压波动的影响，其启动电压低(180V 以下)，在 20% 额定电压时，能保证灯泡的正常启动。气体放电灯在低电压时如不能正常启动，触发器产生的高压冲击就会对灯泡拉弧，这对灯泡的寿命影响很大。此外该光源寿命长，其熄弧电压小于 160V，不会因电压低导致该启动触发器的高压冲击而损坏灯泡及减少寿命。适用于火力电厂的输煤系统中，大功率的电动机频繁地运行在启动、制动状态中及电压经常波动的场所。

(4)中显钠金卤灯：在近几年来使用较多，金卤灯以其显色性较好、光效高、光色好、寿命长等优点受到肯定(在单色光源中是较好的一种)，只是要求电源电压波动在±5%的范围内，电源电压过高或过低，都将会影响灯泡的正常点燃寿命。此外，金卤灯还存在显色指数及光衰严重的不足之处，不适于对显色性要求较高的场所。而中显钠金卤灯 R_a 大于 90，光衰减得慢。由于在该灯中金卤灯和钠灯各占一半，虽然金卤灯有同样的光衰，但钠灯在使用中，能弥补金卤灯中钠元素的渗透减少，钠元素是红光补充了低端光谱，使整个光源光衰减少。由于光衰少，中显钠金卤灯在使用中显色性基本不变，这样就保持了优良的光环境。适用于体育场馆、候机候车大厅、工企厂房的照明。

第二节　节 能 灯 具

采用高光效节能灯具。在满足眩光限制要求下，应选择直接型灯具；根据使用不同，选择控光合理的灯具；选用光通量维持率好的灯具；采取光利用系数高的灯具；采用照明与空调一体化灯具。

一、常规灯具的选用

1. 露明式荧光灯

如 YG6-2、YG6-3、YG31-2 形灯，三角形吸顶灯、盒式荧光灯 YGl-1、山字形荧光灯 PKY503、板式荧光灯 PKY502—1 等。此类灯具属半直接形灯，下半球光通多于上半球光通，灯具效率大于 80%。由于灯具上半球光有一定的比例，室内空间亮度高，光环境亮度对比小，舒适而不易疲劳，宜用于室内各面反射率较高的场所(办公室、商店、公共场所)。选用此类灯具时应注意以下两点：灯具效率及空间亮度高，当工作面上的利用系数不高，又要得到高照度时不宜选用。且室内各面反射条件好(不好)的适用(不宜)使用；对于两条灯管以上的灯具，灯管间距离过小者，其出光率很低则不宜选用。

2. 控照型荧光灯

采用铁板制成反射罩，内涂白色烤漆，或采用高纯铝反射罩包括蝙蝠翼配光灯具，白漆涂装灯具配光为中照型，如要求窄配光应使用铝反射灯罩。此类灯具适用于工作面要求照度高，室内反射条件较差的场所。单管控照灯效率 84.2%，双管仅有 69.2%，是因为两个灯管之间距离太近造成的，所以双管灯需进一步改进。蝙蝠翼配光灯具主要用于教室照明。

3. 小太阳灯

该灯是照明系统中的新型产品。高端落地灯采用的这项技术，是由一对 15W 白炽灯泡和一套 68W 金属卤化物灯的复合，能提供 6 000lm 光通量和 3 000K 色温的一束强光。其灯的成本显然比卤钨灯高，目前仅适于宾馆、科研单位和豪华住宅等场所，待成本降低后会得到广泛地应用。

此灯只用卤钨灯 30%的功率，就可以提供像卤钨灯那样的高光输出和良好的显色性。点灯顺序是，接通电源，最初由白炽灯提供短时间低流明输出的光照，然后，金属卤化物灯延时 30～45s 后，达到全部的光输出。在相同条件下测试发现，100W 的落地灯所提供的照度，较 300W 普通卤钨灯提供的照度还略高。再就是该灯的紫外线较低。通常在高级装修的房间内采用卤钨灯时，大量紫外线令人难以忍受，尤其对光敏感的纤维(如丝和某些合成纤维)、花挂毯和油画等，如长期暴露在卤钨灯发射出或透过窗户射入阳光发射的紫外线光中，会遭到严重的损坏。卤钨灯若未设有效的遮光罩，其光源中紫外线光很强。这时小太阳灯便显示出低紫外线的优越性了，不但提供了高质量照明又保护了家具和展览品，是一种很有价值的灯具。

它还非常适宜于那些长时间用灯的单位，如科研设计、金融机构等，由于灯的能量效率很高，因此有利于补偿高额的初始费用。如果每年照明时间以 4 000h 计，该灯节约的电费在3～4年便能回收初期投资所增加的部分。更何况使用寿命较卤钨灯要长得多，可减少更换灯管和维修灯管的费用。

4. 太阳能路灯

它利用太阳能转化为电能后，存储在蓄电池内，当光线暗到一定程度时，光控开关会自动释放能源，启动照明设备。

二、改进灯罩涂膜技术

在通常工作环境中,灯具的反射器和保护玻璃有可能会受到不同程度的污染,导致灯具效率的下降,在隧道、地铁、地下商场等污染严重的场合问题尤其严重。而要在这些公共场所清洁灯具又很不方便的。在20世纪20年代Fujishimito等发现半导体二氧化钛电极在紫外线照射下的光催化作用,可有效地分解有机物,并用于水和空气的净化处理,也用于除臭、杀菌和消毒。近年来,又发现了锐钛矿石结构的TiO_2透明薄膜也具有这种光催化特性。Honda等在1998年尝试把这种膜用于照明灯具,使附在反射器或防护玻璃上的有机污染物降低,从而达到灯具自洁的作用,取得了较好的效果。

随着人们生活水平的提高,普遍对生活质量也有较高的要求。为保持室内空气的清洁,去除室内家具等释放的有害气体,出现了一种用紫外线激活的光催化型空气清新器。就是用涂有TiO_2膜的灯具,可以同时起照明和空气清新器的作用。

三、气体放电灯启动设备的选用

作为气体放电灯的配套产品,电子镇流器与传统电感镇流器在工作原理和功能上没有质的区别,只是前者工作在25～50KH_Z段,后者则在工频50H_Z工作,其任务都是在灯的两端电极上产生较高的点火电压。当气体放电发光现象产生后,使其保持稳定的工作点,不至于失控延续到弧光放电将灯烧坏,而起到镇流作用的。

1. 电子镇流器

目前已迅速崛起,现已全面进入实用阶段,其突出优点:节能20%,无低频闪烁,不需要启辉器,电压在110V时就可启动,延长灯管使用寿命,节省铜材和硅钢片。因此,各国都相当重视电子镇流器的发展,我国实施了以荧光灯电子镇流器为主体的"绿色照明工作",作为目前大力推广的重点节能项目。

早期的电子镇流器电路大多由分立元件构成,采用自激振荡技术实现高频逆变,电路容易出现过压、过流和过热问题,产品分散性大、可靠性差、容易损坏。软开关是电力电子技术中新发展起来的,在改善功率开关器件的运行轨迹、减少电磁干扰(EMI)、提高功率、变换效率、增加产品可靠性和减小体积重量方面起到重要作用。表7-7示出了高功率因数、高性能、高性能价格比和可调光智能型电子镇流器的技术参数。

电子镇流器技术参数 表7-7

名称	性能				特点	适用场合
	功率因数 $\cos\varphi$	谐波含量(%)	三次谐波(%)	灯电流波峰系数		
普通型	≤0.6	≥130	90	1.2～1.6	高频化使之体积小重量轻有节电功能	小功率,电源电压波动小,电源容量较大处
高功率因数型	≥0.9	≤40	≤18	1.9～2.5	采用无源滤波和保护,有(无)功均有改善	中等功率、电源电压波动小及容量不大处

续上表

名　称	性　能				特　点	适用场合
	功率因数 cosφ	谐波含量（%）	三次谐波（%）	灯电流波峰系数		
高性能电子型	≥0.98	≤9	≤5	1.36～1.6	采用有源滤波、完善保护，可誉为绿色电子镇流器	可用于光带，大面积作业，适用电网电压波动大，电源容量比较紧张及新建筑等
高性能价格比型	≥0.98	≤9	≤5	1.36～1.6	使用场效应管，实行集成技术模块化	可广泛推广使用
可调光智能型					按需要调整荧光灯亮度，以达到进一步节能效果	高档次写字楼等无人值班场所选用

2. 电感镇流器

在今后相当长的一段时间内，电感镇流器也不会退出历史舞台，当然，这里所指的并非是传统型高耗能低效率的产品，而是新一代改进型产品，即节能型电感镇流器。一概而论地认为电感镇流器将被电子镇流器所取代的看法是不够科学的，不符合实际的。新型节能型电感镇流器替代传统产品将不可逆转。

节能型电感镇流器从减少其铜损和铁损入手，采用优质硅钢片、增大铁心截面等新的设计思想和措施，对传统电感镇流器进行改造。证明其效果显著，各项技术指标均大幅度地提高，部分接近或达到了电子镇流器的水平，而价格却大大低于后者。据可靠测试数据显示，高强气体放电灯用节能型电感镇流器自身能耗已由原来的15%～18%下降到8%，灯具减少了55%的功耗，取得了相当可观的经济效益。

第三节　合理照明控制

合理使用现成的天然光、补偿灯具流明的衰减、补偿、空间设计、减少空调浪费是是省钱的好办法。一个无级（连续）灯光控制系统的总节电量为20%～50%。天然光不是室内省电所必需的，重要的是照明控制系统不能干扰用户，也就是说一个成功的控制系统对于使用者来说应当是毫无感觉的。控制系统可在新安装的照明设施中使用，也可用于改造工程。合理的设计与运转有利于省电。灯光控制系统完全可以与建筑设备监控系统连接在一起，经验表明，系统越简单就越容易操作，也就越可靠，详见表7-8。

具体来说，当前节约能源的方式有一条重要标准，即以“合理的投资回报”来衡量。每年节省1 000美元，所花费的成本在2 000～4 000美元之间，最好是少于3 000美元。3年内收回投资，包括资金成本，这才是可行的。当然，这只是可量化部分的要求。节约能源还应考虑改善现有的工作环境，而不对工作造成干扰。除了节能之外，一套成功的照明控制系统应符合下列要求：对在照明区域的人员不造成干扰；可靠性高；符合照度标准及EMC（CE）标准；必须有合理的偿还期。照明控制系统可基于下面两种或至少一种技术：无级灯光控制或开关灯光控制。这两项技术都起着重要的作用，但在不同的应用中不一定都要满足上述各项要求。

照明控制节能 表7-8

序号	方案	内容	分析
1	流明衰减	所有放电灯都会“老化”或在使用过程中光通量降低，在照明设计中维护系数为0.6～0.8，假定系数是0.7，新灯的亮度水平比其应有水平高出30%	采用调节亮度系统，便可补偿这种老化过程，使其保持在目标水平。一套合适的空中系统可节省12%～25%
2	空间设计补偿	照明设计时，有许多未知因素，所以要作出一些评估，往往偏于保守，空间设计只要选择加上一套合理系统，便可补偿空间设计的费用	如天棚格栅，或设计规定要求采用可连续反光的灯槽等，的确可以提高照度水平
3	天然光利用	虽然天然光节能量难以预测。只要和建筑设计配合，便可大致了解到，为了最大限度地提高天然光节能，以同样的方式来控制灯光很重要	线路走向应与窗保持平行，办公室里适当的布线和合理的采光可节电20%～30%。有天然采光的房间，白天节电可达40%
4	特定时间内减少照度	在清扫或不使用时可通过调暗灯光的办法(如调低50%)，采用时间控制的办法便可获得可观的节能量	控制可由定时器或人员感应器来实现。其节电量取决于人进出楼宇的次数
5	无级系统节能	该控制系统从整体上测算可节能25%～50%，典型节能量为35%	天然光并不能达到最佳的节能效果
6	开关式照明控制	系统通常是以人、时间或日光控制为基础来取得好的效果，但可能会干扰他人(取决于人员出入模式)，选择采用该系统前应谨慎决策	在许多情况下，人员会受到干扰或对系统产生不满。节能量在很大程度上取决于人员出入状况，所以难以预测

虽然良好的视功能同相应的最低照度功率是人们追求的目标。但是，当大厦投入使用后，便渐渐忽略这一点了。实际上，完全可以在午休或人们离去时不开灯，集中控制的场所予以拉闸，单独控制的开敞办公等场所，将开关靠近入口处安装，便于在离开的阶段关灯。据核实，即使在短暂的午休等时刻，关灯所节省的电费，远远超过光源因增加启动次数而缩短寿命的损失。

从美国办公照明来看，他们越来越多地使用装载家具内的灯具和工作照明，既降低变更工作地点重新布局的费用，又便于操作灯具。开敞空间中，则趋向于采用便于重新布置的定型设计工作台。经测试，某办公楼因使用了装载灯具的家具，使灯具减少了50%以上的照明负荷，其能量消费降低率大于30%，单位面积仅为17.75W/m^{2}和13.5W/m^2，初投资只有15.17美元/m^2。

一、手动控制

环境调光是利用先进电子技术制作的高新质量产品，用来对日常生活和工作照明环境的灯光亮度进行控制和调节。一方面，它可任意调节各个回路灯的照明强度从 0～100%连续变化；另一方面，它将一个区域（空间）内的各回路照明组合在一起，形成一个总体要求的"场景"，该"场景"随着各路灯光亮度的强弱变化，再加上对灯具的色彩处理，其组合必然是呈现丰富多彩的效果，就像人们通常在舞台上看到变幻多端的灯光一样。居民也可以在创造出不同的灯光场面：热闹的宴会、舒适的阅读、温馨的家庭以及浪漫梦幻的气氛。它将一般照明、重点照明、装饰照明集于一体。各"场景"可预先设置在控制器中，调用时，只需按下按钮就能方便选择。

调光不仅使用方便，还有显著的节能功效。根据美国照明学会提供的资料，光亮度和节约的电能以及灯泡寿命的关系如表 7-9 所示。采用各种类型的节电开关和管理措施，如定时开关、调光开关、光电自动控制器、节电控制器、限电器、电子控制门锁节电器以及照明自控管理系统（表 7-10）等。

环境调光节能技术参数 表 7-9

序号	光亮度（%）	节电率（%）	延长灯泡寿命倍数（倍）	序号	光亮度（%）	节电率（%）	延长灯泡寿命倍数（倍）
1	90	10	2	3	50	40	20
2	75	20	4	4	25	60	＞20

照明控制节能技术参数 表 7-10

序号	方法	功能	节电率（%）
1	利用天然光	自动检测出入射的天然光的照度变化，决定照明点亮的范围，以此适时控制熄灯、分段调光、多段调光	20～25
2	调节光亮度	按使用要求进行无级调光	10～60
3	设定时间程序	制作若干时间程序，一天和一年分别适时控制空间照明，减少无用的灯光	15～20
4	人体传感器	感知人员是否存在，而实现室内有人点灯，无人熄灭	46
5	光电传感器	感知照度达到某种程度时开、熄灯	50
6	确立点灯模式	依据运行及空间等状况，决定控制照明的点灯模式	40～50
7	保持空间照度	正常工作状态使各个照明区域均保持规定照度	8
8	调整初期照度	自动调整照明设备初期使用，及清洁后产生的照度过剩现象	30/年
9	便利灯具操作	公共场所、室外照明可由人们就地遥控、按钮进行照明节能控制的开、关、调光等操作	＞10

二、自动控制

1. 传统灯具控制缺陷

在建筑电气设计中,控制对象最多的要属照明灯具,一直采用跷板开关或拉线开关,但在设计及应用过程中,这种方式有许多缺陷。

(1)开关位置

通常设在位于入口处的墙上。不在人们生活或工作的中心,使用起来有诸多不便。如:夜幕降临,天然光线变暗时,到门口开灯;入睡时要起身去关灯;晚上起夜在黑暗中找开关;老人可能更加感觉不便;儿童因够不着开关而在昏暗的光线下学习、生活;现代化办公大空间中受开关地点的限制,不得不到远离工作区的墙上,在一排开关中找到控制你所需灯具的那一个,最后还必须到那里关掉它,这似乎与现代化的办公环境不尽协调。

同时,开关位置设置更不易满足二次分隔或装修的需要,装修时可能还需改造线路,在墙(尤其在钢筋混凝土墙)上重新布置开关控制管线,很不方便。

(2)房间分隔材料

遇到铝合金玻璃等分隔材料时,很难找到设置开关的合适位置,另外在一些分隔材料中敷设开关控制管、线、盒,也颇费工时。

(3)开关并非是美化室内环境的装饰

尤其在装修质量要求较高的场所,对室内环境的影响更加明显。由此可见,传统的灯具控制方法弊端多,遥控功能值得效仿。

2. 照明"遥控"优越性

(1)"遥控"开关特性

红外线遥控器由发射器和接收器两部分组成,发射器向接收器发出指令信号,接收器按指令对设备实施功能控制。只实现一功能控制的遥控器为单通道遥控器,称之为红外线遥控开关。它具有良好的抗干扰性及指向性,其有效工作距离一般为 8～10m,增加聚光系统时可以达到 12m。在无线电技术发达的今天,红外线遥控技术其所控制的最大负载功率为 400W,其接收频率为 $38kH_Z$。

所以发射器也可以用家电遥控器来代替,此接收器既可以遥控也可以手控。此手控开关视实际情况可单设跷板开关或设在灯具上。接收器视实际情况可以设在灯具上,也可以设在跷板开关上。

(2)"遥控"开关应用

由红外遥控开关的功能可以看出,如果电气设计中引入红外线遥控开关来解决传统控制方式的缺陷,无疑会使我们的设计和电气功能提高一步。尤其是家用电器的控制大多采用了红外线遥控器(如电视机、空调、音响、影碟机等),遥控器为人们带来使用上的方便。

将遥控接收器设在灯具上,还可以省掉开关控制管线,使设计简化。由于控制管线的减少,既减少了管线交叉和导线保护管的管径,又降低了对地面垫层厚度的土建要求。对于施工而言其优越性也很明显,如:在砖混结构中它可以减少在板缝中开关控制管线的曲曲弯弯,以及减少在墙上为敷设开关控制管线而必需的剔槽,在框剪结构中,只需在顶板敷设线而不必再向后砌墙上预留管线盒，并减少由于穿线而造成的接线麻烦，同时房间拉线盒及开关的减少也使墙面变得“干净”。另外，红外开关操作上的灵活，使面控变成点空，有利于节能。

三、电气照明控制

(1)一个开关控制的灯数。不宜太多，小办公室应每灯一开关，开关位置要合适，以便随手关灯。

(2)根据不同功能场所设置开关。如按班组设开关。体育设施按不同运动项目分区设开关，并提供不同的照度水平。

(3)靠窗一侧的灯具单独控制。天然光充足时关灯，或采用断路器控制方式，如图7-1所示。

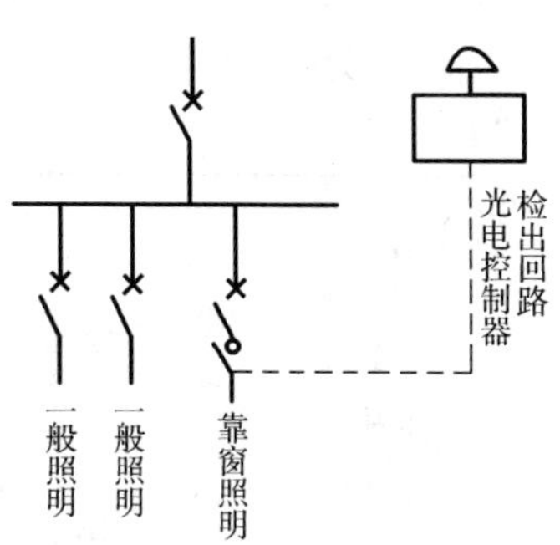

图7-1　光电自动控制

(4)采用调光、定时、光控开关。限制照明使用时间、调节照度等实现节电。定时开关(电子式、气囊式、时钟式等)的控制时间由1min到数小时，用于住宅楼梯照明、路灯、广告照明、标志灯、庭园灯、值班照明等。

(5)按不同时间顺序增减照明。如商店的照明依控制顺序图，在一天内可根据客流量的多少适当增减照明，实现节能。

(6)无天然采光的办公楼。走廊灯应推广使用节能灯，使用自动控光，上下班时100%开灯，工作时间减少为50%，夜间只保持25%或者更少，以实现节能。

(7)户外照明调控装置。可编程的智能控制，可以根据设备使用地经度、纬度准确地自动预知每天日升日落时间，控制线路的开闭；独立节能段时间设定，专门用于后半夜节能控制。其降压调流节能功能不仅适用于普遍白炽灯，而且适用于气体放电的高效光源(高压汞灯、高压钠灯等)。对于特定场合的照明时间控制。

四、中央控制系统

1. 硬件构成

可采用中央控制或分散控制系统。前者是通过一个电源控制器控制整个照明线路，而后者则只将控制器作为照明器中的一部分使成本费用降低，在许多情况下，中央控制会更为经济。一个基本的中央灯光控制系统由两个部分组成：

电源控制器：安装在线路的源头(通常是在配电箱)和光电感应器：安装在线路中央的天棚上。它将信号发送给电源控制器，而控制器则调节输送至线路的电流，以保持一个恒定的照度水平。所有的照明器都配有标准的电感镇流器、启辉器和光源。

2. 系统控制范围

采用这种技术可将灯光控制在50%～100%的范围内，在荧光灯的情况下相当于42%～100%的功率范围。甚至连高强气体放电的光源均能控制。光源的控制档必须是标准的类型，而绝对不含任何功率因数校正电容，因为它们会干扰电源控制器。功率因数的调整是在电源控制器集中进行的。根据不同灯的类型，调光范围可达20%～100%。

五、智能照明控制

目前市场上出现全数字、模块化、分布式照明控制系统，它包括调光器及数字传感器等，集合成一个多功能装置。如表7-11所示。其适用的照明环境比较广泛，具有很高的可靠性，易于实现节能。对不必要的灯具需调暗或是自动关灭，有效利用天然光，优化运行费用，同时可以保护灯具，使其光源不受电压波动的影响而致损。对于建筑设备自动化系统可以监控照明、节约能源、延长照明灯预先编排的时间程序来进行开关控制，并监视其状态，而工作状况可用文字及图形显示于彩色显示屏上，经打印出来后作为记录。

智能照明控制　　表7-11

序号	名　称	内　容	备　注
1	调光模块	荧光灯、白炽灯、节能灯，调光模块分别有1、2、4、6、12回路	每回路负载有2、4、5、10、15、20A等
2	非调光模块	有4(10A/路)、6(2A/路)、12回路(4、10A/路)。 以上两种模块都是数字式，可编程且兼有电压波动限制、软启动开关等功能	运用于任何灯具
3	控制面板	控制多个调光模块、可编程、预置各种灯光场景	可取代传统开关
4	智能传感器	具有动静探测、光感探测、遥控接收功能	可取代传统开关
5	智能控制器	全自动控制系统可根据不同日期、时间，对所控制的不同区域分布进行灯光变化调节	控制多达256个区域的灯光变化，存储96种预设置

灯具的使用寿命也是直接影响照明系统运行费用的重要因素。譬如大厦内用得较多的气体放电荧光灯，电网电压过高和电涌电压是损坏灯管灯丝的致命因素，现代智能照明的软启动(关断)技术，有效地抑制了电网的冲击电压和电涌电压，避免了灯丝的热冲击。同时可通过系统人为地限制电压等措施延长灯具的使用年限。如果应用智能照明系统，尽管照度还是偏高设计，但由于在初始使用时就可以设定照度在标准值，而在灯具老化或墙面反射率降低时，系统可以智能调光，仍能恒定设定照度，对衰减因素起到自动补偿作用，从而避免了初始使用时的高照度能源浪费。

此外，照明系统的能耗仅次于供热、通风与空调系统，并导致冷气负荷的增加，照明控制显得更加重要，只有在现代办公大楼等采用照明系统智能化控制，才能合理实现有效节能。如用程序设定灯的开关时间，在需要时才把灯点亮。利用动静传感器的测量，一旦人离开室内5min以上时便自动关灯。智能照明控制系统能自动调节光照度。当室外天然光强(弱)时，室内灯光自动调暗(亮)。靠近窗户的办公室比在内廊的办公灯光照度相对降低，保持办公室有恒定的照度，用最少的能源创造最佳的工作环境。同时结合智能照明对"衰减因素"的自动补偿作用。按以上方式的照明智能化设计时，可节约30%～50%的照明用电。

六、规范中对照明节能控制的要求

(1)公共场所的照明，常常无人及时关灯，为了节电，宜有集中控制。按天然采光分组，是为了白天天然光良好时，可分别开关灯。

(2)体育场馆、候机(车)楼等公共建筑应由专门人员管理、控制开关灯,必要时的调光,应集中控制,不应分散就地开关。有条件时最好是按时钟和照度进行自动控制。

(3)旅馆的客房设电源总开关,并和房门钥匙或门卡联锁开关,主要是为节能。因为住旅馆的宾客离开客房时往往不注意关灯,造成电能浪费。但客房冰箱等电源不宜切断。另外,总开关切断时宜有10s左右的延时。

(4)住宅楼的楼梯间用手动开关灯不方便,往往是变成长明灯,甚至通宵长明。所以建议采用声音结合光照自动控制开关,运行使用中有利节能。

(5)房间或场所内一个开关控制的灯数不宜太多,一般2～4个灯设2个开关,6～8个灯设2～4个开关,以使个别人工作时,按需要点亮那部分灯。

(6)房间或场所装设有两列或多列灯具时,宜按下列方式分组控制:

①所控灯列与侧窗平行;

②生产场所按车间、工段或工序分组;

③电化教室、会议厅、多功能厅、报告厅等场所,按靠近或远离讲台分组。

控制灯列与窗平行,有利于利用天然光:按车间、工序分组控制,方便使用,可以关闭不需要的灯光:报告厅、会议厅等场所,是为了在使用投影仪等类设备时,关闭讲台和邻近区段的灯光。

(7)有条件的场所,宜采用下列控制方式:

①天然采光良好的场所,按该场所照度自动开关灯或调光;

②个人使用的办公室,采用人体感应或动静感应等方式自动开关灯;

③旅馆的门厅、电梯大堂和客房层走廊等场所,采用夜间定时降低照度的自动调光装置;

④大中型建筑,按具体条件采用集中或集散的、多功能或单一功能的自动控制系统。

对于一些高档次建筑和智能建筑或其中某些场所,有条件时,可采用调光、调压或其他自控措施,以节约电能。

第四节　照明节能计算

一、照明功率密度(LPD)

照明功率密度 Lighting Power density(LPD)是指在一个满足现行照度标准的照明场所,照明灯具总的安装功率(含起动装置功率消耗)与该场所的面积之比,其计算公式为:

$$\mathrm{LPD}=\frac{\sum P}{S} \qquad (\mathrm{W/m^2}) \tag{7-1}$$

式中:LPD——该场所的功率密度,$\mathrm{W/m^2}$;

$\sum P$——该场所不同灯具的安装功率之和,W;

S——该场所的总的面积,$\mathrm{m^2}$。

1.居住建筑的功率密度

居住建筑每户照明功率密度值不宜大于表7-12的规定。当房间或场所的照度值高于或低于本表规定的对应照度值时,其照明功率密度值应按比例提高或折减。

居住建筑每户照明功率密度值　表 7-12

房间或场所	照明功率密度(W/m²)		对应照度值(lx)
	现行值	目标值	
起居室	7	6	100
卧室			75
餐厅			150
厨房			100
卫生间			100

2. 办公建筑的功率密度

办公建筑照明功率密度值不应大于表 7-13 的规定。当房间或场所的照度值高于或低于本表规定的对应照度值时，其照明功率密度值应按比例提高或折减。

办公建筑照明功率密度值　表 7-13

房间或场所	照明功率密度(W/m²)		对应照度值(lx)
	现行值	目标值	
普通办公室	11	9	300
高档办公室、设计室	18	15	500
会议室	11	9	300
营业厅	13	11	300
文件整理、复印、发行室	11	9	300
档案室	8	7	200

3. 商业建筑的功率密度

商业建筑照明功率密度值不应大于表 7-14 的规定。当房间或场所的照度值高于或低于本表规定的对应照度值时，其照明功率密度值应按比例提高或折减。

商业建筑照明功率密度值　表 7-14

房间或场所	照明功率密度(W/m²)		对应照度值(lx)
	现行值	目标值	
一般商店营业厅	12	10	300
高档商店营业厅	19	16	500
一般超市营业厅	13	11	300
高档超市营业厅	20	17	500

设有重点照明的商店营业厅，该楼层营业厅的照明功率密度值每平方米可增加 5W。

4. 旅馆建筑的功率密度

旅馆建筑照明功率密度值不应大于表 7-15 的规定。当房间或场所的照度值高于或低于本表规定的对应照度值时，其照明功率密度值应按比例提高或折减。

旅馆建筑照明功率密度值　　表 7-15

房间或场所	照明功率密度(W/m²)		对应照度值(lx)
	现行值	目标值	
客房	15	13	—
中餐厅	13	11	200
多功能厅	18	15	300
客房层走廊	5	4	50
门厅	15	13	300

5. 医院建筑的功率密度

医院建筑照明功率密度值不应大于表 7-16 的规定。当房间或场所的照度值高于或低子本表规定的对应照度值时，其照明功率密度值应按比例提高或折减。

医院建筑照明功率密度值　　表 7-16

房间或场所	照明功率密度(W/m²)		对应照度值(lx)
	现行值	目标值	
治疗室、诊室	11	9	300
化验室	18	15	500
手术室	30	25	750
候诊室、挂号厅	8	7	200
病 房	6	5	100
护士站	11	9	300
药 房	20	17	500
重症监护室	11	9	300

6. 学校建筑的功率密度

学校建筑照明功率密度值不应大于表 7-17 的规定。当房间或场所的照度值高于或低于本表规定的对应照度值时，其照明功率密度值应按比例提高或折减。

学校建筑照明功率密度值　　表 7-17

房间或场所	照明功率密度(W/m²)		对应照度值(lx)
	现行值	目标值	
教室、阅览室	11	9	300
实验室	11	9	300
美术教室	18	15	500
多媒体教室	11	9	300

7. 工业建筑的功率密度

工业建筑照明功率密度值不应大于表 7-18 的规定。当房间或场所的照度值高于或低于本表规定的对应照度值时，其照明功率密度值应按比例提高或折减。

工业建筑照明功率密度值 表 7-18

房间或场所		照明功率密度(W/m²)		对应照度值(lx)
		现行值	目标值	
1 通用房间或场所				
试验室	一般	11	9	300
	精细	18	15	500
检验	一般	11	9	300
	精细	27	23	750
计量室、测量室		18	15	500
变、配电站	配电装置室	8	7	200
	变压器室	5	4	100
电源设备室、发电机室		8	7	200
控制室	一般控制室	11	9	300
	主控制室	18	15	500
电话站、网络中心、计算机站		18	15	500
动力站	风机房、空调机房	5	4	100
	泵房	5	4	100
	冷冻站	8	7	150
动力站	压缩空气站	8	7	150
	锅炉房、煤气站的操作层	6	5	100
仓库	大件库(如钢坯、钢材、大成品、气瓶)	3	3	50
	一般件库	5	4	100
	精细件库(如工具、小零件)	8	7	200
车辆加油站		6	5	100
2 机、电工业				
机械加工	粗加工	8	7	200
	一般加工(公差≥0.1mm)	12	11	300
	精密加工(公差<0.1mm)	19	17	500
机电、仪表装配	大件	8	7	200
	一般件	12	11	300
	精密	19	17	500
	特精密	27	24	750
电线、电缆制造		12	11	300
线圈绕制	大线圈	12	11	300
	中等线圈	19	17	500
	精细线圈	27	24	750

续上表

房间或场所		照明功率密度(W/m²)		对应照度值(lx)
		现行值	目标值	
线圈浇注		12	11	300
焊接	一般	8	7	200
	精密	12	11	300
钣金		12	11	300
冲压、剪切		12	11	300
热处理		8	7	200
铸造	熔化、浇铸	9	8	200
	造型	13	12	300
精密铸造的制模、脱壳		19	17	500
锻工		9	8	200
电镀		13	12	300
喷漆	一般	15	14	300
	精细	25	23	500
酸洗、腐蚀、清洗		15	14	300
抛光	一般装饰性	13	12	300
	精细	20	15	500
复合材料加工、铺叠、装饰		19	17	500
机电修理	一般	8	7	200
	精密	12	11	300
3　电子工业				
电子元器件		20	18	500
电子零部件		20	18	500
电子材料		12	10	300
酸、碱、药液及粉配制		14	12	300

注:房间或场所的室形指数值等于或小于1时,本表的照明功率密度值可增加20%。

8. 设装饰性灯具场所

设装饰性灯具场所,可将实际采用的装饰性灯具总功率的50%计入照明功率密度值的计算。

有些场所为了加强装饰效果,安装了枝形花灯、壁灯、艺术吊灯等装饰性灯具,这种场所可以增加照明安装功率。增加的数值按实际采用的装饰性灯具总功率的50%计算LPD值,这是考虑到装饰性灯具的利用系数较低,所以假定它有一半左右的光通量起到提高作业面照度的效果。设计应用举例如下:

某场所得面积为100m²,照明灯具总安装功率为2 000W(含镇流器功耗),其中装饰性灯具的安装功率为800W,其他灯具安装功率为1 200W。按本条规定,装饰性灯具的安装功率按50%计入LPD值得计算则该场所得实际LPD值应为：

$$LPD=\frac{1\,200+800\times 50\%}{100}=16W/m^2$$

二、照明功率密度的计算实例

例7-1 某实验室面积为$12\times 5m^2$，桌面高0.8m，灯具吊高3.8m，吸顶安装。拟采用YG6-2型双管$2\times 40W$吸顶式荧光灯照明，灯具效率为86%。假定墙面反射系数P_q为0.6，顶棚反射系数P_t为0.7，试计算桌面最低照度，并确定房间内的灯具数。

解：采用光通利用系数法计算

根据题意知：$h=3.8-0.8=3m$，$S=12\times 5=60m^2$。查表1-19，实验室平均照度值为300lx。

(1)确定室形系数

$$K_{RC}=\frac{5h(a+b)}{ab}=\frac{5\times 3\times (12+5)}{12\times 5}\approx 4.25$$

(2)根据已知的$P_t=0.7=70\%$，$P_q=0.6=60\%$和求得的$K_{RC}=4.25$，查附录2中的YG6-2荧光灯的利用系数，采用插值法查取K_u，步骤如下：

按$K_{RC}=4.25$，$P_t=0.7=70\%$，$P_q=0.6=60\%$，查附录2，先取$K_{RC}=4$和$K_{RC}=5$，$P_t=70\%$，$P_q=50\%$和$P_q=70\%$时的K_u值，见表7-19a)；然后在$K_{RC}=4$和$K_{RC}=5$之间插入$K_{RC}=4.25$，得表7-19b)；再在表7-19b)中$P_q=50\%$和$P_q=70\%$之间插入$P_q=60\%$，得表7-19c)，从而得到所要求的光通利用系数$K_u=0.555$。

求取K_u得计算过程举例如下：

如当$K_{RC}=4.25$，$P_t=70\%$时有$K_u=0.62-\frac{(0.62-0.56)}{5-4}\times(4.25-4)=0.605$

当$K_{RC}=4.25$，$P_t=60\%$时有$K_u=0.605-\frac{(0.605-0.505)}{70-50}\times(70-50)=0.555$

表7-19a)

P_t		70	
P_q		70	50
		K_u	
K_{RC}	4	0.62	0.52
	5	0.56	0.46

表7-19b)

P_t		70	
P_q		70	50
		K_u	
K_{RC}	4.25	0.605	0.505

表7-19c)

P_t		70
P_q		60
		K_u
K_{RC}	4.25	0.555

(3)查附录3，距高比$L/h=1.22$，得$Z=1.29$，则桌面最低照度

$$E_{min}=\frac{E_{av}}{Z}=\frac{300}{1.29}=232.6lx$$

(4)查表1-25，得维护系数$k=0.8$，则$\sum\Phi=\frac{E_{av}S}{K_u k}=\frac{300\times 60}{0.555\times 0.8}=40\,541lx$

由附录2知：$\Phi=2\times 2\,400=4\,800lm$，故房间内的灯具数

$$N=\frac{\sum\Phi}{\Phi}=\frac{40\,541}{4\,800}\approx 8.4\text{套}$$

可按8套或9套布置，如按9套布置时验算平均照度为

$$E_{av}=\frac{N\Phi K_u k}{S}=\frac{9\times 4\,800\times 0.555\times 0.8}{60}=319.7\text{lx}$$

稍大于平均照度推荐值，可以满足使用要求。但新照明标准规定：实验室在300lx时，LPD（功率密度）=11W/m²，R_a>80。

普通粉粗管荧光灯含镇流器的总安装功率为(40+8)×9×2=864W，故LPD值为$\frac{864}{60}$=14.4W/m²。

折算到300lx的LPD值为13.5W/m²，大于11W/m²，不符合现行规范。

可见，普通粉粗管荧光灯(T12)在新标准要求下存在两个问题：一是LPD值高，二是R_a值小，故应采用新型光源T8三基色粉荧光灯(36W)R_a>80，色温4 000K，光通量3 250lm。

重新计算

$$\Phi=2\times 3\,250=6\,500\text{lm},N=\frac{\sum\Phi}{\Phi}=\frac{42\,162.2}{6\,500}=6.5$$

现选6盏，$E_{av}=\frac{N\Phi K_u k}{S}=\frac{6\times 6\,500\times 0.555\times 0.8}{60}=288.6\text{lx}$，在照度误差允许范围之内。

含电感镇流器的总的安装功率为(36+8)×6×2=528W

LPD值为 $\frac{528}{60}=8.8\text{W/m}^2$

折算到300lx的LPD值为：9.15(W/m²)，小于11W/m²，故选用T8型6盏灯具是合理的。

思考题

1. 哪些光源是节能的电光源？各有什么特点？
2. 何为混光照明，它有什么优点？
3. 照明光源设计时，节能是首先要考虑的问题，请你根据周围的情况，说明如何选择节能光源和节能灯具。
4. 试阐述合理的照明控制，并指出它们的特点。
5.《建筑照明设计规范》中对照明节能控制有什么要求？

下篇

电气安全技术

概论

第一节 电 气 事 故

电能的开发和应用给人类的生产和生活带来了巨大的变革，大大促进社会的进步和文明。在现代社会中，电能已被广泛应用于工农业生产和人民生活等各个领域。然而，在用电的同时，如果对电能可能产生的危害认识不足，控制和管理不当，防护措施不利，在电能的传递和转换的过程中，将会发生异常情况，造成电气事故。

一、电气事故的类型

根据能量转移论的观点，电气事故是由于电能非正常地作用于人体或系统所造成的。根据电能的不同作用形式、可将电气事故分为触电事故、静电危害事故、雷电灾害事故、电磁场危害和电气系统故障危害事故等。

1. 触电事故

(1)电击。这是电流通过人体，刺激机体组织，使肌肉非自主地发生痉挛性收缩而造成的伤害，严重时会破坏人的心脏、肺部、神经系统的正常工作，形成危及生命的伤害。

电击对人体的效应是由通过的电流决定的，而电流对人体的伤害程度是与通过人体电流的强度、种类、持续时间、通过途径及人体状况等多种因素有关。

按照人体触及带电体的方式，电击可分为以下几种情况：

①单相触电。这是指人体接触到地面或其他接地导体的同时，人体另一部位触及某一相带电体所引起的电击。发生电击时，所触及的带电体为正常运行的带电体时，称为直接接触电击。而当电气设备发生事故(例如绝缘损外、造成设备外壳意外带电的情况下)，人体触及意外带电体所发生的电击称为间接接触电击。根据国内外的统计资料，单相触电事故占全部触电事故的 70%以上。因此，防止触电事故的技术措施应将单相触电作为重点。

②两相触电。这是指人体的两个部位同时触及两相带电体所引起的电击。在此情况下人体所承受的电压为三相系统中的线电压，因电压相对较大，其危险性也较大。

③跨步电压触电。这是指站立或行走的人体，受引出现于人体两脚之间的电压，即跨步电压作用所引起的电击。跨步电压是当带电体接地，电流自接地的带电体流入地下时，在接地点

周围的土壤中产生的电压降形成的。

(2)电伤。这是电流的热效应、化学效应、机械效应等对人体所造成的伤害、此伤害多见于机体的外部,往往在机体表面留下伤痕。能够形成电伤的电流通常比较大。

电伤属于局部伤害,其危险程度决定于受伤面积、受伤深度、受伤部位等。

电伤包括电烧伤、电烙印、皮肤金属化、机械损伤、电光眼等多种伤害。

2. 静电危害事故

静电危害事故是由静电电荷或静电场能量引起的。在生产工艺过程中以及操作人员的操作过程中,某些材料的相对运动、接触与分离等原因导致了相对静止的正电荷和负电荷的积累,即产生了静电。由此产生的静电其能量不大,不会直接使人致命。但是,其电压可能高达数十千伏乃至数百千伏,发生放电,产生放电火花。静电危害事故主要有以下几个方面:

(1)在有爆炸和火灾危险的场所,静电放电火花会成为可燃性物质的点火源,造成爆炸和火灾事故。

(2)人体因受到静电电击的刺激、可能引进二次事故,如坠落、跌伤等。此外,对静电电击的恐惧心理还对工作效率产生不利影响。

(3)某些生产过程中,静电的物理现象会对生产产生妨碍,导致产品质量不良,电子设备损坏,造成生产故障,乃至停工。

3. 雷电灾害事故

雷电是大气中的一种放电现象。雷电放电具有电流大、电压高的特点。其能量释放出来可能形成极大的破坏力。其破坏作用主要有以下几个方面:

(1)直击雷放电、二次放电、雷电流的热量会引发火灾和爆炸。

(2)雷电的直接击中、金属导体的二次放电、跨步电压的作用及火灾与爆炸的间接作用,均会造成人员的伤亡。

(3)强大的雷电流、高电压可导致电气设备击穿或烧毁。发电机、变压器、电力线路等遭受雷击,可导致大规模停电事故。雷击可直接毁坏建筑物、构筑物。

4. 射频电磁场危害

射频指无线电波的频率或者相应的电磁振荡频率。泛指 100kHz 以上的频率。射频伤害是由电磁场的能量造成的。射频电磁场的危害主要有:

(1)在射频电磁场作用下,人体会吸收辐射能量并受到不同程度的伤害,过量的辐射可引起中枢神经系统的机能障碍,出现神经衰弱症侯群等临床症状;可造成植物神经紊乱,出现心率或血压异常,如心动过缓、血压下降或心动过速、高血压等;可引起眼睛损伤,造成晶体浑浊,严重时导致白内障;可使睾丸发生功能失常,造成暂时或永久的不育症,并可能使后代产生疾患;可造成皮肤表层灼伤或深度灼伤等。

(2)在高强度的射频电磁场作用厂,可能产生感应放电、会造成电引爆器件发生意外引爆。感应放电对具有爆炸、火灾危险的场所来说是一个不容忽视的危险因素。此外,受电磁场作用感应出的电压较高时,会给人以明显的电击。

5. 电气系统故障危害

电气系统故障危害是由于电能在输送、分配、转换过程中失去控制而产生的。断线、短路、异常接地、漏电、误合闸、误掉闸、电气设备或电气元件损坏、电子设备受电磁干扰而发生误动作等都属于电路故障。系统中电气线路或电气设备的故障也会导致人员伤亡及重大财产损失。电气系统故障危害主要体现在以下几方面：

(1)引起火灾和爆炸。线路、开关、熔断器、插座、照明器具、电热器具、电动机等均可能引起火灾和爆炸；电力变压器、多油断路器等电气设备不仅有较大的火灾危险，还有爆炸的危险。在火灾和爆炸事故中，电气火灾和爆炸事故占有很大的比例。就引起火灾的原因而言，电气原因仅次于一般明火而位居第二。

(2)异常带电。电气系统中，原本不带电的部分因电路故障而异常带电，可导致触电事故发生。例如：电气设备因绝缘不良产生漏电，使其金属外壳带电；高压电路故障接地时，在接地处附近呈现出较高的跨步电压，形成触电的危险条件。

(3)异常停电。在某些特定场合，异常停电会造成设备损坏和人身伤亡。如正在浇注钢水的吊车，因骤然停电而失控，导致钢水洒出，引起人身伤亡事故；医院手术室可能因异常停电而被迫停止手术，无法正常施救而危及病人生命；排出有毒气体的风机固异常停电而停转，致使有毒气体超过允许浓度而危及人身安全等；公共场所发生异常停电，会引起妨碍公共安全的事故；异常停电还可能引起电子计算机系统的故障、造成难以挽回的损失。

二、电气事故的特征

电气事故的第一个特点是非直观性。由于电既看不到、听不到，又嗅不着，其本身不具备人们直观所识别的特征，因此其潜在危险就不易为人们所察觉。比如，若水容器出现破裂，水就会漏出，直观上就可知道容器出现了破损，但若电气设备的绝缘发生了破坏，有电压加在设备外壳上，这时凭人的感观是无法知道设备发生了漏电的，这就给电击事故的产生创造了条件。

电气事故的第二个特征是途径广。比如电击伤害，大的方面可分为直接电击与间接电击，再细分下去，有设备漏电产生的电击，也有带电体接触到电气装置以外的导体(如水管等)而发生的电击，还有可能因 PE 线断线造成设备外壳带电而发生电击。再比如雷电危害，可能因闪电产生的机械能损坏建筑物，也可能因闪电的热能引发火灾，还可能因雷电流下泄产生的电磁感应过电压损坏设备或产生火花击穿，或者接地体散流场产生跨步电压造成电击伤害等。由于供配电系统所处环境复杂，电气危害产生和传递的途径也极为多样，这就使得对电气危害的防护十分困难和复杂，需要周密、细致和全面的考虑。

电气事故的第三个特征是能量范围广，能量谱密度分布也多种多样。大的如雷电能量，雷电流可达数百千安，且高频和直流成分大；小的如电击电流，以工频电流为主，电流仅为毫安级。对于大能量的危害，合理控制能量的泄放是主要的防护手段，因此泄放能量的能力大小是保护设施的重要指标；而对小能量的危害，能否灵敏地感知这种危害是防护的关键，因此保护设施的灵敏性又成了重要的技术指标。

电气事故的第四个特征是作用时间长短不一。短者如雷电过程，持续时间仅为微秒级；长者如导线间的间歇性电弧短路，通常要持续数分钟至数小时才会引发火灾；而电气设备的轻度过载，持续时间可达若干年，使绝缘的寿命缩短，最终才因绝缘损坏而产生漏电、短路或火灾。对不同持续时间的电气危害，其保护设施的响应速度和方式也应有所不同。

电气事故的第五个特征是不同危害之间的关联性。如绝缘损坏导致短路，而短路又可能引发绝缘燃烧；又如建筑物防雷装置可极大地减小雷击产生的破坏，但雷电流在防雷装置中通过时又可能产生反击、感应过电压、低压配电系统中性点电位升高等新的危害。因此，电气危害的防护应该是全面的，不能只顾一点而不及其余。

三、触电事故的规律

大量的统计资料表明，触电事故的分布是具有规律性的。触电事故的分布规律为制定安全措施、最大限度地减少触电事故发生率提供了有效依据。根据国内外的触电事故统计资料分析，触电事故的分布具有如下规律：

1. 触电事故季节性明显

一年之中，二、三季度是事故多发期，尤其在6～9月份最为集中。其原因主要是这段时间正值炎热季节，人体穿着单薄且皮肤多汗，相应增大了触电的危险性。另外，这段时间潮湿多雨，电气设备的绝缘性能有所降低。再有，这段时间许多地区处于农忙季节，用电量增加，农村触电事故也随之增加。

2. 低压设备触电事故多

低压触电事故远多于高压触电事故，其原因主要是低压设备远多于高压设备。而且，缺乏电气安全知识的人员多是与低压设备接触。因此，应将低压方面作为防止触电事故的重点。

3. 携带式设备和移动式设备触电事故多

这主要是因为这些设备经常移动、工作条件较差，容易发生故障。另外在使用时需要手紧握进行操作。

4. 电气连接部位触电事故多

在电气连接部位机械牢固性较差，电气可靠性也较低，是电气系统的薄弱环节，较易出现故障。

5. 农村触电事故多

这主要是因为农村用电条件较差，设备简陋，技术水平低，管理不严，电气安全知识缺乏等。

6. 冶金、矿业、建筑、机械行业触电事故多

这些行业存在工作现场环境复杂，潮湿、高温，移动式设备和携带式设备多，现场金属设备多等不利因素，使触电事故相对较多。

7. 青年、中年人以及非电工人员触电事故多

这主要是因为这些人员是设备操作人员的主体，他们直接接触电气设备，部分人还缺乏电气安全的知识。

8. 误操作事故多

这主要是由于防止误操作的技术措施和管理措施不完备造成的。

触电事故的分布规律并不是一成不变的，在一定条件下，也会发生变化。例如，对电气操作人员来说，高压触电事故反而比低压触电事故多。而且，通过在低压系统推广漏电保护装置，使低压触电事故大大降低，可使低压触电事故与高压触电事故的比例发生变化。上述规律对于电气安全检查、电气安全工作计划、实施电气安全措施以及电气设备的设计、安装和管理等工作提供了重要的依据。

四、触电防护措施

1. 直接触电防护

直接触电是指人体与正常工作中的裸露带电部分直接接触而遭受电击。其主要防护措施如下：

(1)将裸露带电部分包以适合的绝缘。

(2)设置遮拦或外护物以防止人体与裸露带电部分接触。

(3)设置阻挡物以防止人体无意识地触及裸露带电部分。

阻挡物可不用钥匙或工具就能移动，但必须固定住，以防无意识的移动。这一措施只适用于专业人员。

(4)将裸露带电部分置于人的伸臂范围以外。

伸臂范围的规定距离如图 8-1 所示。图中 S 为人的站立面，当人站立处前方有阻挡物时，伸臂范围应从阻挡物算起。从 S 面算起的向上的伸臂范围为 2.5m，在常有人手持长或大的物体的场所，伸臂范围尚应适当加大。

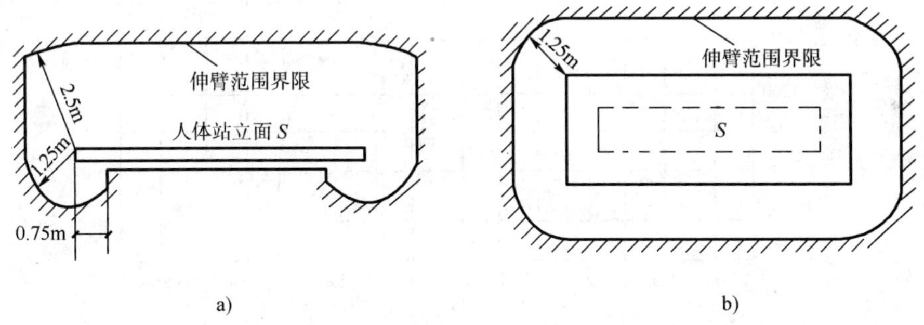

图 8-1　伸臂范围的规定距离
a)俯视图；b)顶视图

(5)装设漏电保护器作为后备保护，其额定动作电流为 30mA。它只能作为上述(1)～(4)项防直接触电保护措施的后备措施，不能代替上述措施。

2. 间接触电防护

因绝缘损坏，致使相线与 PE 线、外露可导电部分、装置外可导电部分以及大地间的短路称为接地故障。这时原来不带电压的电气装置外露可导电部分或装置外可导电部分将呈现故障电压。人体与之接触而招致的电击称之为间接触电。其主要的防护措施如下：

(1)用自动切断电源的保护(包括漏电电流动作保护)，并辅以总等电位联结。

(2)使工作人员不致同时触及两个不同电位点的保护。

(3)使用双重绝缘或者加强绝缘的保护。

(4)用不接地的局部等电位联结的保护。

(5)采用电气隔离。

第二节　电流的人体效应和安全电压

一、电流通过人体时的效应

电对人的伤害主要是电流流经人体后产生的。因此，研究电流通过人体时所产生的效应，是电气安全方面的一个基础性课题。

经过各国科学家几十年的努力，目前在电流通过人体的效应的研究方面已取得了显著的成果。本节着重阐述 15～100Hz 交流电通过人体时的效应，专家们提出了三个不同性质的效应阈。一是“感觉阈”，即人对电流开始有所觉察；二是“摆脱阈”，即人对所握持的电极能自主摆脱；三是“室颤阈”，即会发生致命的心室纤维性颤动(以下简称室颤)。这三个效应阈阈值为，“感觉阈”0.5mA，与通电时间长短无关；“摆脱阈”约 10mA；“室颤阈”与通电时间密切相关，以曲线形式表达(图 8-2 曲线 c)。

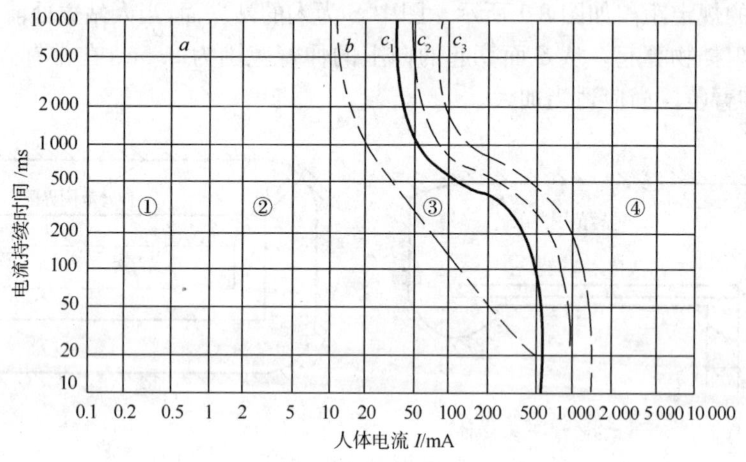

图 8-2　15～100Hz 交流电流流过人体时的电流—时间—效应分区图

1. 电流、通电时间与电流的效应关系

图 8-2 是 15～100Hz 交流电通过人体时的电流—时间—效应分区图，它反映了电流、通电时间与电流的效应这三者的关系。图中分为四个区域：区域①是无效应区，在这个区域内人对电流通常无感觉，线条 a 即为“感觉阈”；区域②为无有害生理效应区，“摆脱阈”处在这个区域中；区域③为有病态生理效应而无器质性损伤的区域，但可能出现肌肉痉挛、呼吸困难和可逆性的心房纤维性颤动，随着电流和通电时间的增加，可引起非室颤的短暂的心脏停跳；区域④除了有区域③的病态生理效应外，还可能出现室颤。曲线 c 反映的就是“室颤阈”。曲线 c_1 与 c_2 之间的区域，室颤的发生概率约为 5%；曲线 c_2 与 c_3 之间的区域，室颤的发生概率约为 50%；曲线 c_3 以右的区域，室颤的发生概率在 50%以上。随着电流和通电时间的增加，可能出现心脏停跳、呼吸停止和严重灼伤。

图 8-2 中的曲线 c 呈现阶梯形，它反映的是国际上在这个领域里的最新研究成果，即室颤

阈值与通电时间密切相关，而且以一个心跳周期（人的心跳周期约为750ms）为中心，呈现出两个不同水平的“台阶”。通电时间短于一个心脏周期时，室颤阈值处于高水平台阶上，两个台阶之间差值较大。

流过人体的电流越大，人体的生理反应越明显，感觉越强烈，引起心室颤动所需要的时间越短，危险性越大。通常把流过人体的电流分为感知电流、摆脱电流和心室颤动电流。

（1）感知电流

感知电流也叫感觉电流，是指人体开始有通电感觉的最小电流。感知电流流过人体时，对人体不会有伤害。实验表明：对于不同的人、不同性别的人感知电流是不同的。一般来说，成年男性的平均感知电流大约：交流（工频）为1.1mA；直流为5.2mA。成年女性的平均感知电流约为：交流（工频）为0.7mA；直流为3.5mA。

感知电流还与电流的频率有关，随着频率的增加，感知电流的数值也相应增加。例如当频率从50Hz增加到5 000Hz时，成年男性的平均感知电流将从1.1mA增加到7mA。

（2）摆脱电流

摆脱电流是指人体触电后，在不需要任何外来帮助的情况下，能自主摆脱电源的最大电流。实验表明，在摆脱电流作用下，由于触电者能自行脱离电源，所以不会有触电的危险。成年男性的平均摆脱电流约为：交流（工频）为16mA；直流为76mA。成年女性的平均摆脱电流约为：交流（工频）为10.5mA；直流为51mA。

（3）心室颤动电流

心室颤动电流是指人体触电后，引起心室颤动概率大于5%的极限电流。当触电时间小于5s时，心室颤动电流的计算式为

$$I=\frac{165}{\sqrt{t}}$$

式中：I——心室颤动电流，mA；

t——触电持续时间，s，取$8.3\times10^{-3}\sim5$s。

当触电持续时间大于5s时，则以30mA作为心室颤动的极限电流。这个数值是通过大量的试验结果得出来的。因为当流过人体的电流大于30mA时，才会有发生心室颤动的危险。

2. 影响电流对人体伤害程度的其他因素

（1）触电电压的高低

一般来说，当人体电阻一定时，触电电压越高，流过人体的电流越大，危险性也就越大。

（2）人体电阻的大小

当触电电压一定时，人体电阻越小，流过人体的电流就越大，危险性也就越大。

可见，通过人体的电流大小不同，引起的人体生理反应也不同，而通过人体电流的大小，主要与接触电压和电流通路的阻抗有关。对于供配电系统来说，容易计算的反映电击危险性的电气参量在大多数情况下是接触电压，因此只有知道了人体阻抗，才能推算出流过人体的电流大小，从而正确地评估电击危险性，这就是研究人体阻抗的原因。

①人体阻抗的构成

人体阻抗由皮肤阻抗和人体内阻抗构成，其总阻抗呈阻容性，等效电路如图 8-3 所示。

a. 皮肤阻抗 Z_p 皮肤可视为是由半绝缘层和许多小的导电体（毛孔）组成的电阻电容网络。电流增加时皮肤阻抗会降低，皮肤阻抗也会随频率的增加而下降。

皮肤阻抗与接触面积、湿度、是否受伤等因素关系较大。

b. 人体内阻抗 Z_i 人体内阻抗基本上是阻性的，其数值由电流通路决定，接触表面积所占成分较小，但当接触表面积小至几个平方毫米时，人体内阻抗就会增大。

各种电流通路的人体内阻抗如图 8-4 所示。其中数值表示各种电流通路时的人体阻抗相当于手到手通路阻抗的百分数，无括号的数值是电流通路为从一手到所测定部位的值，有括号的数值是电流通路为从两手至相应部位的值。

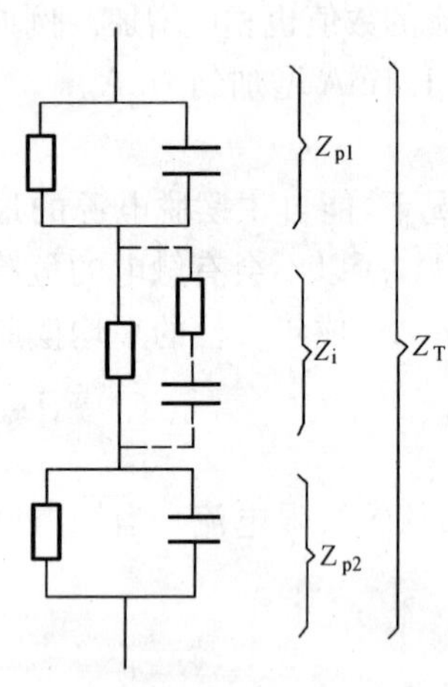

图 8-3 人体阻抗的等效电路

Z_i-体内阻抗；Z_{p1}，Z_{p2}-皮肤阻抗；Z_T-总阻抗

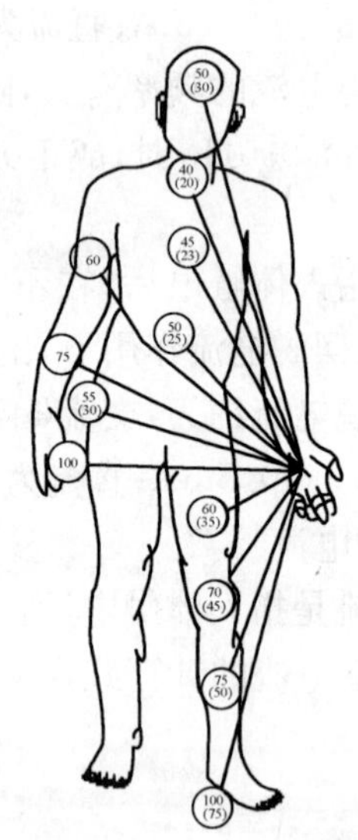

图 8-4 人体内阻抗随电流通路的变化

注：1. 从一手到两脚的阻抗为手到手阻抗的 75%，从两手到两脚的阻抗为手到手阻抗的 50%。
2. 这些百分数也可以作为人体总阻抗的近似值。

②人体总阻抗及其特性

人体总阻抗由电流通路、接触电压、通电时间、频率、皮肤湿度、接触面积、施加压力和温度等因素共同确定。研究发现，当接触电压约在 50V 以下时，由于皮肤阻抗 Z_p 的变化很大（即使对同一个人也如此），人体总阻抗 Z_T 也同样有很大变化；随着接触电压的升高，人体总阻抗越来越不取决于皮肤阻抗；当皮肤被击穿破损后，人体总阻抗值接近于人体内阻抗 Z_i。

人体总阻抗呈阻容性。活人体阻抗与接触电压关系的统计值如图 8-5 所示。从图中可见，当接触电压为 220V 时，只有 5%的人的人体阻抗小于约 1 000Ω，而阻抗小于约 2 125Ω 的人占受试总人数的 95%，即有 90%的人体阻抗在 1 000～2 125Ω 之间。

人体总阻抗值与频率呈负相关性，这可能是因为皮肤容抗随频率的增加而下降，从而导致总阻抗降低的缘故。

综上所述，在正常环境下人体总阻抗的典型值可取为 1 000Ω，而在人体接触电压出现的瞬间，由于电容尚未充电（相当于短路），皮肤阻抗可忽略不计，这时的人体总阻抗称为初始电阻 R_i，R_i 约等于人体内阻抗 Z_i，典型取值为 500Ω。

（3）电流流过人体的途径

这对触电伤害程度影响很大。电流通过心脏，会引起心室颤动，较大的电流还会使心脏停止跳动。电流通过中枢神经或脊椎时，会引起有关的生理机能失调，如窒息致死等。电流通过脊椎时，会使人截瘫。电流通过头部时，会使人昏迷，若电流较大时，会对大脑产生严重伤害而致死。所以，当电流从左手到胸部、从左手到右手、从颅顶到双脚是最危险的电流途径。从右脚到胸部、从右手到脚、从手到手的电流途径也很危险。从脚到脚的电流途径，一般危险性较小，但不等于没有危险。例如跨步电压触电时，开始电流仅通过两脚，触电后由于双脚剧烈痉挛而摔倒，此时电流就会流经其他要害部位，同样会造成严重后果。另外，即使是两脚触电，也会有一部分电流流经心脏，同样会带来危险。当电流仅通过肌肉、肌腱时，即使造成严重的电灼伤甚至碳化，对生命也不会造成危险。

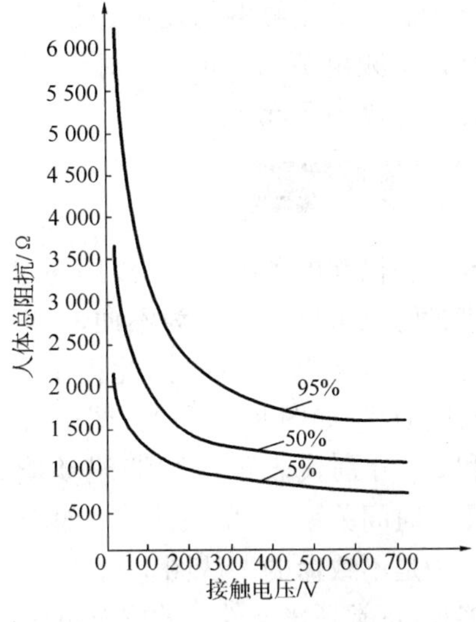

图 8-5　接触电压为 700V 以下时适用于活体的人体总阻抗统计图

（4）电流的种类及频率的高低

实验表明，在同一电压作用下，当电流频率不同时，对人体的伤害程度也不相同。20～400H_z 交流电流的摆脱电流值最小，这就是说触电危险性较大，其中又以 50～60H_z 工频电流的危险性最大。低于或高于上述频率范围时，危险性相对减小。频率在 2 000H_z 以上时，危险性反而降低。但高频电流比工频电流容易引起电灼伤，千万不可忽视。

直流电的触电危险性比交流电小，除了由于频率因数的影响外（直流电的频率为零），还因为交流电表示的是有效值，它的最大值是有效值的 $\sqrt{2}$ 倍，而直流电的大小确是恒定不变的。例如 220V 交流电，它的最大值是 311V，而 220V 的直流电却始终是 220V。

（5）人体的状况

一般来说，当遭受同样的电击时，女性的伤害程度比男性较重；小孩比成年人较重；患有心脏病、精神病、结核病等病症或体弱多病的人比健康的人较重；当喝醉酒、疲劳过度、出汗过多的人伤害较重。

二、人体允许电流

人体允许电流是指对人体没有伤害的最大电流。

电流流过人体时，由于每个人的生理条件不同，对电流的反映也不相同。有的人敏感一些，即使通过几毫安的工频电流也忍受不了，有的人甚至通过几十毫安的工频电流也不在乎。因此，很难确定一个对每个人都很适用的允许电流值。一般来说，只要流过人体的电流不大于摆脱电流值，触电人都能自主地摆脱电源，从而就可以避免触电的危险。因此，一般可以把摆脱电流值看作是人体的允许电流。但为了安全起见，成年男性的允许工频电流为 9mA，成年女性的允许工频电流为6mA。在空中、水面等处可能因电击导致高空摔跌、溺死等二次伤害的地方，人体的允许工频电流5mA。当供电网络中装有防止触电的速断保护装置时，人体的允许工频电流为30mA。对于直流电源，人体允许电流为50mA。

三、安全电压

在供配电系统中，直接用通过人体的电流来检验电击危险性甚为不便，一般比较容易检验的是接触电压，IEC因此提出了接触电压—时间曲线，如图8-6所示。图中有两条曲线L_1和L_2，分别代表正常和潮湿环境条件下的电压—时间关系，发生在曲线左侧区域的触电被认为是不致命的。从图上可知，不论通电时间多长，正常环境条件下的安全电压为50V，潮湿环境条件下的安全电压为25V。这两个数值是对大多数电击防护措施的效果进行评价的依据性数据。

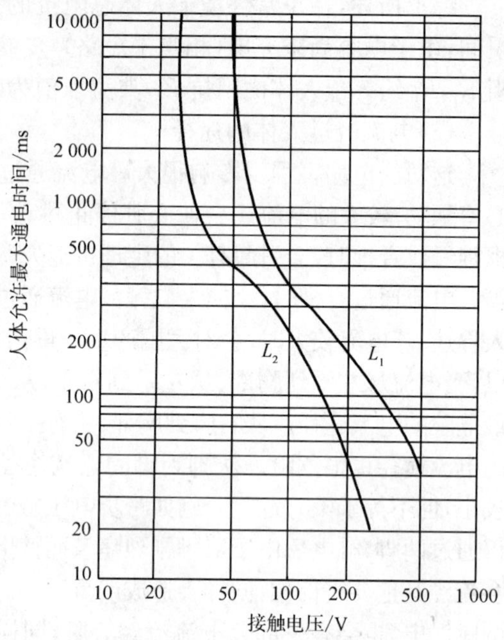

图8-6　不同接触电压下人体允许最大通电时间
L_1-正常环境条件；L_2-潮湿环境条件

第三节　电　气　绝　缘

电气绝缘是指利用绝缘材料对带电体进行封闭和隔离。长久以来，绝缘一直是作为防止触电事故的重要措施，良好的绝缘也是保证电气系统正常运行的基本条件。

一、绝缘材料的电气性能

绝缘材料又称为电介质，其导电能力很小，但并非绝对不导电。工程上应用的绝缘材料的电阻率一般都不低于$1\times10^7\Omega\cdot m$。

绝缘材料的主要作用是用于对带电的或不同电位的导体进行隔离，使电流按照确定的线路流动。绝缘材料的品种很多，一般分为：

(1)气体绝缘材料　常用的有空气、氮、氢、二氧化碳和六氟化硫等。

(2)液体绝缘材料　常用的有从石油原油中提炼出来的绝缘矿物油、十二烷基苯、聚丁二烯、砖油和三氯联苯等合成油以及蓖麻油。

(3)固体绝缘材料　常用的有树脂绝缘漆、纸、纸板等绝缘纤维制品；漆布、漆管和绑扎带等绝缘浸渍纤维制品；绝缘云母制品；电工用薄膜、复合制品；粘带、电工用层压制品；电工用塑料和橡胶、玻璃、陶瓷等。

电气设备的质量和使用寿命在很大程度上取决于绝缘材料的电、热、机械和理化性能，而绝缘材料的性能和寿命与材料的组成成分、分子结构有着密切的关系。绝缘材料的电气性能主要表现在电场作用下材料的导电性能、介电性能及绝缘强度。它们分别以绝缘电阻率、相对介电常数，介质损耗角及击穿场强四个参数来表示。

①绝缘电阻率和绝缘电阻。任何电介质都不可能是绝对的绝缘体，总存在一些本身离子和杂质离子。在电场的作用下，它们可作有方向的运动，形成漏导电流，通常又称为泄漏电流。材料绝缘性能的好坏，主要由绝缘材料所具有的电阻(即绝缘电阻)大小来反映。其值为加于绝缘物上的直流电压与流经绝缘物的电流(即泄漏电流)之比，单位为Ω。而绝缘电阻率是绝缘材料所在电场强度与通过绝缘材料的电流密度之比，单位为Ω·m。在外加电压作用下的绝缘材料的等效电路如图8-7a)所示；在直流电压作用下的电流如图8-7b)所示。图中，电阻支路的电流 I_i 即为漏导电流；流经电容和电阻串联支路的电流 I_a 称为吸收电流，是由缓慢极化和离子体积电荷形成的电流；电容支路的电流 I_c 称为充电电流。

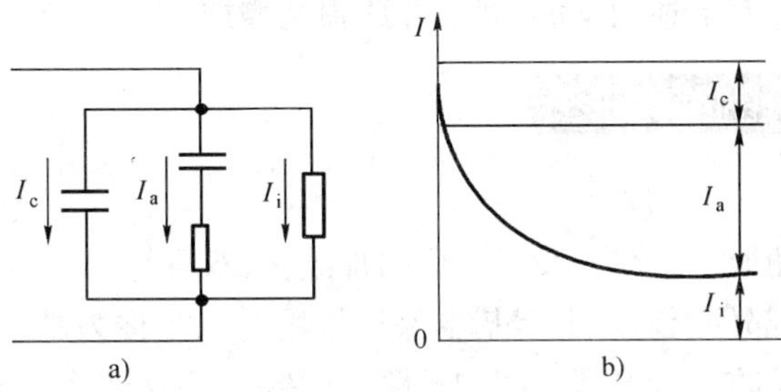

图8-7　绝缘材料导电

a)等效电路；b)电流曲线

绝缘电阻率和绝缘电阻分别是绝缘结构和绝缘材料的主要电气性能参数之一。

温度、湿度、杂质含量的增加都会降低电介质的电阻率。

温度升高时，分子热运动加剧，使离子容易迁移，电阻率按指数规律下降。

湿度升高。一方面水分的浸入使电介质增加了导电离子，使绝缘电阻下降；另一方面，对亲水物质，表面的水分还会大大降低其表面电阻率。电气设备特别是户外设备，在运行过程中，往往因受潮引起边缘材料电阻率下降、造成泄漏电流过大而使设备损坏。因此，为了预防事故的发生，应定期检查设备绝缘电阻的变化。

杂质的含量增加，增加了内部的导电离子，也使电介质表面污染并吸附水分，从而降低了体积电阻率和表面电阻率。

在较高的电场强度作用下，固体和液体电介质的离子迁移能力随电场强度的增强而增大，使电阻率下降。当电场强度临近电介质的击穿电场强度时，因出现大量电子迁移，使绝缘电阻按指数规律下降。

②介电常数。电介质在处于电场作用下时，电介质中分子、原子中的正电荷和负电荷发生偏移，使得正、负电荷的中心不再重合，形成电偶极子。电偶极子的形成及其定向排列称为电介质的极化。电介质极化后，在电介质表面上产生束缚电荷，束缚电荷不能自由移动。

介电常数是表明电介质极化特征的性能参数。介电常数越大，电介质极化能力越强，产生的束缚电荷就越多。束缚电荷也产生电场，且该电场总是削弱外电场的。

绝缘材料的介电常数受电源频率、温度、湿度等因素而产生变化。

随频率增加，有的极化过程在半周期内来不及完成，以致极化程度下降，介电常数减小。

随温度增加，偶极子转向极化易于进行，介电常数增大，但当温度超过某一限度后，由于热运动加剧，极化反而困难一些，介电常数减小。

随湿度增加，材料吸收水分，由于水的相对介电常数很高(在 80 左右)，且水分的侵入能增加极化作用，使得电介质的介电常数明显增加。因此，通过测量介电常数，能够判断电介质受潮程度等。

大气压力对气体材料的介电常数有明显影响，压力增大，密度就增大，相对介电常数也增大。

③介质损耗。在交流电压作用下，电介质中的部分电能不可逆地转变成热能，这部分能量叫做介质损耗。单位时间内消耗的能量叫做介质损耗功率。介质损耗一种是由漏导电流引起的；另一种是由于极化所引起的。介质损耗使介质发热，这是电介质发生热击穿的根源。

影响绝缘材料介质损耗的因素主要有频率、温度、湿度、电场强度和辐射。影响过程比较复杂，从总的趋势来说，随着上述因素的增强，介质损耗增加。

二、按保护功能区分的绝缘形式

1. 绝缘形式

绝缘形式按其保护功能，可分为基本绝缘、附加绝缘、双重绝缘和加强绝缘四种。

(1)基本绝缘　带电部件上对触电起基本保护作用的绝缘称为基本绝缘。若这种绝缘的主要功能不是防触电而是防止带电部件间的短路，则又称为工作绝缘。

(2)附加绝缘　附加绝缘又叫辅助绝缘或保护绝缘，它是为了在基本绝缘一旦损坏的情况下防止触电而在基本绝缘之外附加的一种独立绝缘。

(3)双重绝缘　双重绝缘是一种绝缘的组合形式，即基本绝缘和附加绝缘两者组成的绝缘。

(4)加强绝缘　加强绝缘是相当于双重绝缘保护程度的单独绝缘结构。"单独绝缘结构"不一定是一个单一体，它可以由几层组成，但层间必须结合紧密，形成一个整体，各层无法分作基本绝缘和附加绝缘各自进行单独的试验。

双重绝缘和加强绝缘的结构示意图如图 8-8 所示，图中分图 a)、b)、c)、d)为双重绝缘，e)、f)为加强绝缘。

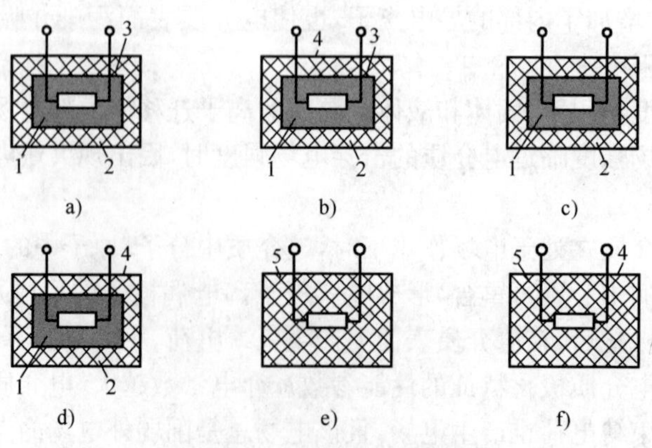

图 8-8　双重绝缘和加强绝缘

1-基本(工作)绝缘；2-附加(保护)绝缘；3-不可能触及的金属体；4-可触及的金属体；5-加强绝缘

2. 不同电击防护类别电气设备的电击防护措施

(1)0 类设备

仅依靠基本绝缘作电击防护的设备称为 0 类设备。0 类设备基本绝缘一旦失效，是否发生电击危险完全取决于设备所处的环境，故 0 类设备一般只能在非导电场所中使用。由于该类设备的电击防护条件较差，在一些发达国家已明令禁止生产。

(2)I 类设备

I 类设备的电击防护不仅依靠基本绝缘，还包括一项附加安全措施，即设备能被人触及的可导电部分连有保护线，可用来与工作场所固定布线中的保护线相连接。也就是说，该类设备一旦基本绝缘实效，还可以通过由这根保护线所建立的防护措施来防止电击。在我国日常使用的电器中，I 类设备占了绝大多数，因此如何利用好这根保护线来提高 I 类设备电击防护水平，是十分重要的课题。

(3)II 类设备

II 类设备具有双重绝缘或加强绝缘，这类设备不采用安全接地措施设置保护线，按其外壳特征又可分为以下三类。

①第一类为全部绝缘外壳；

②第二类为全部金属外壳；

③第三类为部分绝缘外壳和部分金属外壳。

由于 II 类设备的电击防护仅取决于设备本身的技术措施，既不依赖于系统(电网)又不依赖于所处的场所，因而是一种值得大力发展的设备类型，但在使用时也应遵守一定的条件，才能确保安全，这些条件主要有以下两条。

①具有全部或部分金后外壳的第二、三类设备，其金属外壳不得与系统(电网)发生电气联系，以免从系统引入高电位，也不得接地。只有当设备所在场所采用“不接地的局部等电位联结”时，才可考虑将金属外壳或外壳的金属部分与等电位体电气联结。

②II 类设备的电源连接线也应符合加强绝缘或双重绝缘的要求，电源插头上不得有起导电作用以外的金属件，电源连接线与外壳之间至少应有两层单独的绝缘层。

(4)III 类设备

III 类设备靠使用安全特低电压(SELV)防止电击。该类设备的外露可导电部分不得与保护线或其他装置外可导电部分(如大地，水管等)电气连接，以避免意外引入高电位。同样，若设备所在场所采用了“不接地的局部等电位联结”，则该类设备的外露可导电部分可与等电位体电气联结。

三、绝缘的破坏

在电气设备的运行过程中，绝缘材料会由于电场、热、化学、机械、生物等因素的作用，使绝缘性能发生劣化。

1. 绝缘击穿

当施加于电介质上的电场强度高于临界值时，会使通过电介质的电流突然猛增，这时绝缘材料被破坏，完全失去了绝缘性能，这种现象称为电介质的击穿。发生击穿时的电压称为击穿电压，击穿时的电场强度简称击穿场强。

(1)气体电介质的击穿　气体击穿是由碰撞电离导致的电击穿。在强电场中，气体的带电质点(主要是电子)在电场中获得足够的动能，当它与气体分子发生碰撞时，能够使中性分子电离为正离子和电子。新形成的电子又在电场中积累能量而碰撞其他分子，使其电离，这就是碰撞电离。碰撞电离过程是一个连锁反应过程，每一个电子碰撞产生一系列新电子，因而形成电子崩。电子崩向阳极发展，最后形成一条具有高电导的通道，导致气体击穿。

在工程上常采用高真空和高气压的方法来提高气体的击穿场强。空气的击穿场强约为25～30kV/cm。

(2)液体电介质的击穿　液体电介质的击穿特性与其纯净度有关，一般认为纯净液体的击穿与气体的击穿机理相似，是由电子碰撞电离最后导致击穿。但液体的密度大，电子自由行程短，积聚能量小，因此击穿场强比气体高。工程上液体绝缘材料不可避免地含有气体、液体和固体杂质，如液体中含有乳化状水滴和纤维时，由于水和纤维的极性强，在强电场的作用下使纤维极化而定向排列，并运动到电场强度最高处连成小桥，小桥贯穿两电极间引起电导剧增，局部温度骤升，最后导致击穿。例如，变压器油中含有极少量水分就会大大降低油的击穿场强。

为此，在液体绝缘材料使用之前，必须对其进行纯化、脱水、脱气处理；在使用过程中应避免这些杂质的侵入。

液体电介质击穿后，绝缘性能在一定程度上可以得到恢复。

(3)固体电介质的击穿　固体电介质的击穿有电击穿、热击穿、电化学击穿、放电击穿等形式。

①电击穿。这是固体电介质在强电场作用下，其内少量处于导带的电子剧烈运动，与晶格上的原子(或离子)碰撞而使之游离，并迅速扩展下去导致的击穿。电击穿的特点是电压作用时间短，击穿电压高。电击穿的击穿场强与电场均匀程度密切相关，但与环境温度及电压作用时间几乎无关。

②热击穿。这是固体电介质在强电场作用下，由于介质损耗等原因所产生的热量不能够及时散发出去，会因温度上升，导致电介质局部熔化、烧焦或烧裂，最后造成击穿。热击穿的特点是电压作用时间长，击穿电压较低。热击穿电压随环境温度上升而下降，但与电场均匀程度关系不大。

③电化学击穿。这是固体电介质在强电场作用下，由游离、发热和化学反应等因素的综合效应造成的击穿。其特点是电压作用时间长，击穿电压往往很低。它与绝缘材料本身的耐游离性能、制造工艺、工作条件等因素有关。

④放电击穿。这是固体电介质在强电场作用下，内部气泡首先发生碰撞游离而放电，继而加热其他杂质，使之汽化形成气泡，由气泡放电进一步发展，导致击穿。放电击穿的击穿电压与绝缘材料的质量有关。

固体电介质一旦击穿，将失去其绝缘性能。

实际上，绝缘结构发生击穿，往往是电、热、放电、电化学等多种形式同时存在，很难截然分开。一般来说，脉冲电压下的击穿一般属电击穿。当电压作用时间达数十小时乃至数年时，大多数属于电化学击穿。

2. 绝缘老化

电气设备在运行过程中，其绝缘材料由于受热、电、光、氧、机械力(包括超声波)、辐射线、微生物等因素的长期作用，产生一系列不可逆的物理变化和化学变化，导致绝缘材料的电气性能和力学性能的劣化。

绝缘老化过程构十分复杂，就其老化机理而言，主要有热老化机理和电老化机理。

(1)热老化 一般在低压电气设备中，促使绝缘材料老化的主要因素是热。每种绝缘材料都有其极限耐热温度，当超过这一极限温度时，其老化将加剧，电气设备的寿命就缩短。在电工技术中，常把电动机和电器中的绝缘结构和绝缘系统按耐热等级进行分类。表 8-1 所列是我国绝缘材料标准规定的绝缘耐热分级的极限温度。

绝缘耐热分级及其极限温度 表 8-1

耐热分级	极限温度/℃	耐热分级	极限温度/℃
Y	90	F	155
A	105	H	180
E	120	C	>180
B	130		

(2)电老化 它主要是由局部放电引起的。在高压电气设备中，促使绝缘材料老化的主要原因是局部放电。局部放电时产生的臭氧、氮氧化物、高速粒子都会降低绝缘材料的性能，局部放电还会使材料局部发热，促使材料性能恶化。

3. 绝缘损坏

绝缘损坏是指由于不正确选用绝缘材料，不正确地进行电气设备及线路的安装，不合理地使用电气设备等，导致绝缘材料受到外界腐蚀性液体、气体、蒸汽、潮气、粉尘的污染和侵蚀，或受到外界热源、机械因素的作用，在较短的时间内失去其电气性能或力学性能的现象。另外，动物和植物也可能破坏电气设备和电气线路的绝缘结构。

四、绝缘检测和绝缘试验

绝缘检测和绝缘试验的目的是检查电气设备或线路的绝缘指标是否符合要求。主要包括绝缘电阻试验、耐压试验、泄漏电流试验和介质损耗试验。其中泄漏电流试验和介质损耗试验只对一些要求较高的高压电气设备才有必要进行。现仅对绝缘电阻测量和耐压试验进行介绍。

1. 绝缘电阻测量

绝缘电阻是衡量绝缘性能优劣的最基本的指标。在绝缘结构的制造和使用中，经常需要测定其绝缘电阻。通过绝缘电阻的测定，可以在一定程度上判定某些电气设备的绝缘好坏，判断某些电气设备(如电动机、变压器)的受潮情况等，以防因绝缘电阻降低或损坏而造成漏电、短路、电击等电气事故。绝缘电阻可以用比较法(属于伏安法)测量，也可以用泄漏法来进行测量，但通常用兆欧表(摇表)测量。这里仅就应用兆欧表测量绝缘材料的电阻进行介绍。

兆欧表主要由作为电源的手摇发电机(或其他直流电源)和作为测量机构的磁电式流比计(双动线圈流比计)组成。测量时,实际上是给被测物加上直流电压,测量其通过的泄漏电流,在表的盘面上读到的是经过换算的绝缘电阻值。

在兆欧表上有三个接线端钮,分别标为接地E、电路L和屏蔽G。一般测量仅用E,L两端,E通常接地或接设备外壳,L接被测线路,电动机、电器的导线或电功机绕组。测量电缆芯线对外皮的绝缘电阻时,为消除芯线绝缘层表面漏电引起的误差,还应在绝缘上包以锡箔并使之与G端连接,如图8-9所示。这样就使得流经绝缘表面的电流不再经过流比计的测量线圈,而是直接流经G端构成回路,所以,测得的绝缘电阻只是电缆绝缘的体积电阻。

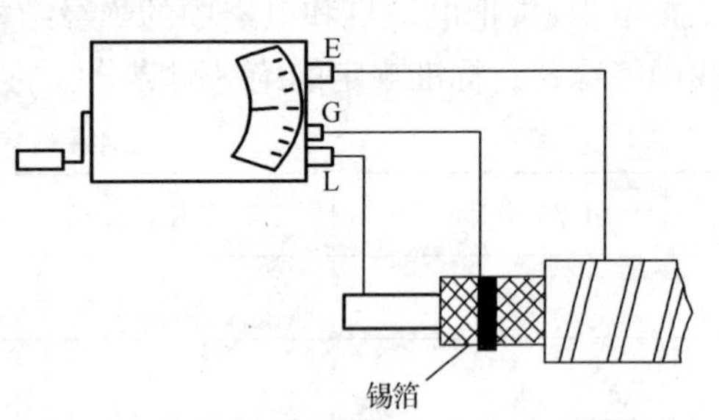

图8-9　电缆绝缘电阻测量

使用兆欧表测量绝缘电阻时,应注意下列事项:

(1)应根据被测物的额定电压正确选用不同电压等级的兆欧表,所用兆欧表的工作电压应高于绝缘物的额定工作电压。一般情况下,测量额定电压500V以下的线路或设备的绝缘电阻,应采用工作电压力500V或1 000V的兆欧表;测量额定电压500V以上的线路或设备的绝缘电阻,应采用工作电压为1 000V或2 500V的兆欧表。

(2)与兆欧表端钮接线的导线应用单线,单独连接,不能用双股绝缘导线,以免测量时因双股线或绞线绝缘不良而引起误差。

(3)测量前,必须断开被测物的电源,并进行放电;测量终了也应进行放电。一般不应短于2～3min。对于高电压、大电容的电缆线路,放电时间应适当延长,以消除静电荷,防止发生触电危险。

(4)测量前,应对兆欧表进行检查。首先,使兆欧表端钮处于开路状态,转动摇把,观察指针是否在"∞",然后,再将E和L两端短接起来,慢慢转动摇把,观察指针是否迅速指向"0"位。

(5)进行测量时、摇把的转速应由慢到快,到120r/min左右时,发电机输出额定电压。摇把转速应保持均匀、稳定,一般摇动1min左右,待指针稳定后再进行读数。

(6)测量过程中,如指针指向"0"。表明被测量物绝缘失效,应停止转动摇把,以防表内线圈发热烧坏。

(7)禁止在雷电时或邻近设备带有高电压时用兆欧表进行测量工作。

(8)测量应尽可能在设备刚刚停止运转时进行,这样,由于测量时的温度条件接近运转时的实际温度,使测量结果符合运转时的实际情况。

2. 耐压试验

电气设备的耐压试验主要以检查电气设备承受过电压的能力。在电力系统中,线路及发电、输变电设备的绝缘,除了在额定交流或直流电压下长期运行外,还要短时承受大气过电压、内部过电压等过电压的作用。另外，其他技术领域的电气设备也会遇到各种特殊类型的高电压。因此，耐压试验是保证电气设备安全运行的有效手段。耐压试验主要有工频交流耐压试验、直流耐压试验和冲击电压试验等。其中，工频交流耐压试验最为常用，这种方法接近运行实际，所需设备简单。对部分设备，如电力电线、高压电动机等少数电气设备因电容很大，无法进行交流耐压试验时，则进行直流耐压试验。

第四节　电气设备外壳的防护等级

一、外壳与外壳防护的概念

电气设备的“外壳”是指与电气设备直接关联的界定设备空间范围的壳体，那些设置在设备以外的为保证人身安全或防止人员进入的栅栏、围护等设施，不能被算作是“外壳”。

外壳防护是电气安全的一项重要措施，它既是保护人身安全的措施，又是保护设备自身安全的措施。标准规定了外壳的两种防护形式。

第一种防护形式：防止人体触及或接近壳内带电部分和触及壳内的运动部件(光滑的转轴和类似部件除外)，防止固体异物进入外壳内部。

第二种防护形式：防止水进入外壳内部而引起有害的影响。

但是，对于机械损坏、易爆、腐蚀性气体或潮湿、霉菌、虫害、应力效应等条件下的防护等级，标准中并未做出规定。对这些有害因素的防护措施，在其他一些相关标准中有专门规定。例如对于防爆电器，就有隔爆型、增安型、充油型、充砂型、本质安全型、正压型、无火花型等多种形式，在这些形式中，外壳是作为因素之一被考虑进去的，但不是唯一因素，也就是说，这些形式是否成立，不是由外壳因素唯一确定的，而我们这里要讨论的电气设备外壳的这两种防护形式，是完全由外壳的机械结构确定的。

二、外壳防护等级的代号及划分代号

1. 代号

表示外壳防护等级的代号由表征字母“IP”和附加在后面的两个表征数字组成，写作：IPXX，其中第一位数字表示第一种防护形式的各个等级，第二位数字则表示第二种防护形式等级，表征数字的含义分别见表 8-2 和表 8-3。

例如，某设备的外壳防护等级为 IP30，就是指该外壳能防止大于 2.5mm 的固体异物进入，但不防水。当只需用一个表征数字表示某一防护等级时，被省略的数字应以字母 X 代替，如 IPX3、IP2X 等。

当电器各部分具有不同的防护等级时，应首先标明最低的防护等级。若再需标明其他部分，则按该部分的防护等级分别标志。

低压电器的常用外壳防护等级见表 8-4。

与电气设备按电击防护方式的分“类”不同的是，设备外壳的防护等级是以“级”来划分的，因此其不同级别的安全防护性能有高低之分。

第一位表征数字表示的防护等级　表 8-2

第一位表征数字	防护等级	
	简述	含义
0	无防护	无专门防护
1	防止大于 50mm 的固体异物	能防止人体的某一大面积(如手)偶然或意外地触及壳内带电部分或运动部件，但不能防止有意识的接近这些部分。能防止直径大于 50mm 的固体异物进入壳内
2	防止大于 12mm 的固体异物	能防止手指或长度不大于 80mm 的类似物体触及壳内带电部分或运动部件。能防止直径大于 12mm 的固体异物进入壳内
3	防止大于 2.5mm 的固体异物	能防止直径(或厚度)大于 2.5mm 的工具、金属线等进入壳内。能防止直径大于 2.5mm 的固体异物进入壳内
4	防止大于 1mm 的固体异物	能防止直径(或厚度)大于 1mm 的工具、金属线等进入壳内。能防止直径大于 1mm 的固体异物进入壳内
5	防尘	不能完全防止尘埃进入壳内，但进尘量不足以影响电器正常运行
6	尘密	无尘埃进入

注:①本表"简述"栏不作为防护形式的规定，只能作为概要介绍。
②本表第一位表征数字为 1 至 4 的电器，所能防止的固体异物系包括形状规则或不规则的物体，其 3 个相互垂直的尺寸均超过"含义"栏中相应规定的数值。
③具有泄水孔和通风孔等的电器外壳，必须符合于该电器所属的防护等级"IP"号的要求。

第二位表征数字表示的防护等级　表 8-3

第二位表征数字	防护等级	
	简述	含义
0	无防护	无专门防护
1	防滴	垂直滴水应无有害影响
2	15°防滴	当电器从正常位置的任何方向倾斜至 15°以内任一角度时，垂直滴水应无有害影响
3	防淋水	与垂直线成 60°范围以内的淋水应无有害影响
4	防溅水	承受任何方向的溅水应无有害影响
5	防喷水	承受任何方向的喷水应无有害影响
6	防海浪	承受猛烈的海浪冲击或强烈喷水时，电器的进水量应不致达到有害影响
7	防浸水影响	当电器浸入规定压力的水中经规定时间后，电器的进水量应不致达到有害的影响
8	防潜水影响	电器在规定压力下长时间潜水时，水应不进入壳内

低压电器常用外壳防护等级　表 8-4

防护等级 第二个特征数字 / 第一个特征数字	0	1	2	3	4	5	6	7	8
0	IP00	—	—	—	—	—	—	—	—
1	IP10	IP11	IP12	—	—	—	—	—	—
2	IP20	IP21	IP22	IP23	—	—	—	—	—

续上表

第二个特征数字 / 防护等级 / 第一个特征数字	0	1	2	3	4	5	6	7	8
3	IP30	IP31	IP32	IP33	IP34	—	—	—	—
4	IP40	IP41	IP42	IP43	IP44	—	—	—	—
5	IP50	—	—	—	IP54	IP55	—	—	—
6	IP60	—	—	—		IP65	IP66	IP67	IP68

思考题

1. 何为电击？电击可分为哪几种情况？
2. 何为电伤？它造成的伤害有哪些？
3. 简述电气系统的故障危害。
4. 电气事故有何特征？
5. 简述触电事故的规律和防护措施。
6. 直接危及人员生命安全的电气量是什么？
7. 什么是电气设备的“外壳”？电气设备外壳防护形式和外壳防护等级分别指的是什么？
8. 当发生触电事故时，交流电的频率越高，危险性越大，这种说法是否正确？
9. 两人触电持续时间分别为4s和6s，触电电压为60V，问他们会有发生心室颤动的危险吗？
10. 电气设备的绝缘是怎样被破坏的？
11. 绝缘电阻是怎样测量的？

供配电系统的电气安全防护

第一节　电气系统接地概述

用金属把电气设备的某一部分与地做良好的连接，称为接地。埋入地中并直接与大地接触的金属导体，称为接地体（或接地极），兼作接地用的直接与大地接触的各种金属构件、钢筋混凝土建筑物的基础、金属管道和设备等，称为自然接地体；为了接地埋入地中的接地体，称为人工接地体。连接设备接地部位与接地体的金属导线，称为接地线。接地体和接地线的总和，称为接地装置。

一、安全接地

电气设备接地的目的，首先是为了保证人身安全，由于电气设备某处绝缘损坏使外壳带电，当人触及时，电气设备的接地装置可使人体避免触电的危险。其次是为了保证电器设备以及建筑物的安全，一般采用过电压保护接地、静电感应接地等。

接地电阻是指电流从埋入地中的接地体流向周围土壤时，接地体与大地远处的电位差与该电流之比，而不是接地体表面电阻。当电气设备发生接地故障时，电流就通过接地体向大地作半球形散开，如图 9-1 所示，这一电流称为接地电流。

图 9-1　电流场在接地体周围地面的电流分布

图 9-2 表示了接地电流在接地体周围地面上形成的电位分布。试验证明，电位分布的范围只要考虑距单根接地体或接地故障点 20m 左右的半球范围。呈半球形的球面已经很大，距接地点 20m 处的电位与无穷远处的电位几乎相等，实际上已没有什么电压梯度存在。这表明，接地电流在大地中散逸时，在各点有不同的电位梯度和电压。电位梯度或电位为零的地方称为电气上的“地”或“大地”。

减小跨步电压的措施是设置由多根接地体组成的接地装置。最好的办法是用多根接地体连接成闭合回路，这时接地体回路之内的电压分布比较均匀，即电位梯度很小，可以减小跨步电压，如图 9-2 所示。

二、安全接地的类型

安全接地系统可表示为——[1][2]接地系统。[1]位置可以是T或I，表示系统电源侧中性点接地状态。T 表示一点直接接地，I 表示所有带电部分与地绝缘，或一点经阻抗接地。[2]位置可以是 T 或 N，表示系统负荷侧接地状态。T 表示用电设备的外露可导电部分对地直接电气连接，与电力系统的任何接地点无关。N 表示用电设备的外露可导电部分与电力系统的接地点直接电气连接。

1. IT 系统

IT 系统就是电源中性点不接地、用电设备外因可导电部分直接接地的系统，如图 9-3 所示。IT 系统可以有中性线，但 IEC 强烈建议不设置中性线(因为如设置中性线，在 IT 系统中 N 线任何一点发生接地故障，该系统将不再是 IT 系统了)。IT 系统中，连接设备外露可导电部分和接地体的导线，就是 PE 线。

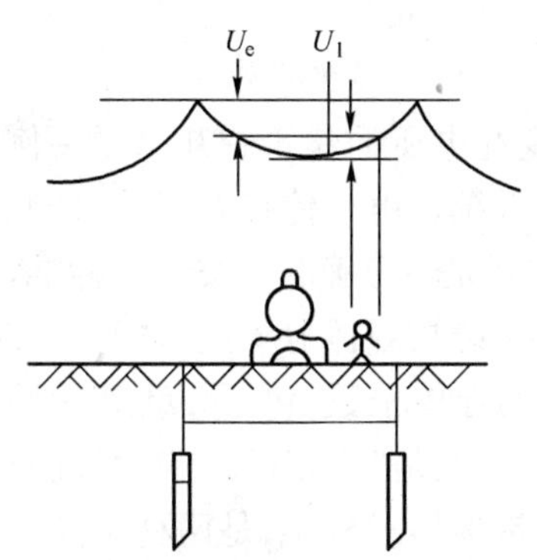

图 9-2　减少接触电压措施

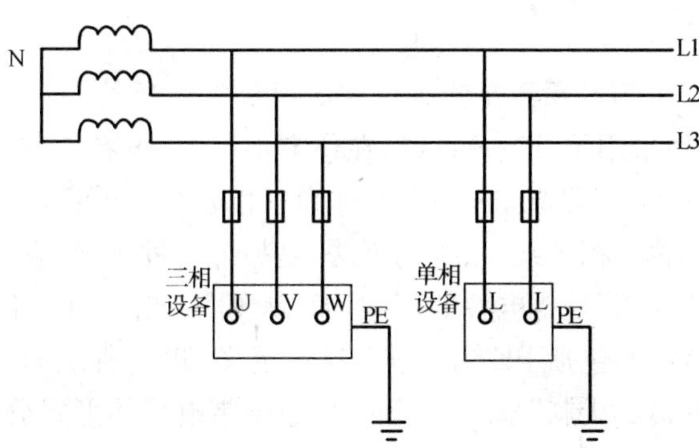

图 9-3　IT 系统接线

IT 系统常用于对供电连续性要求较高的配电系统，或用于对电击防护要求较高的场所，前者如矿山的巷道供电，后者如医院手术室的配电等。

2. TT 系统

TT 系统就是电源中性点直接接地、用电设备外露可导电部分也直接接地的系统，如图 9-4 所示。通常将电源中性点的接地叫做工作接地，而设备外露可导电部分的接地叫做保护接地。TT 系统中，这两个接地必须是相互独立的。设备接地可以是每一设备都有各自独立的接地装置，也可以若干设备共用一个接地装置，图 9-4 中单相设备和单相插座就是共用接地装置的。

在有些国家中 TT 系统的应用十分广泛，工业与民用的配电系统都大量采用 TT 系统。在我国 TT 系统主要用于城市公共配电网和农网。在实施剩余电流保护的基础上，TT 系统有很多的优点，是一种值得推广的接地形式。在农网改造中，TT 系统的使用已比较普遍。

3. TN 系统

TN 系统即电源中性点直接接地、设备外露可导电部分与电源中性点直接电气连接的系统，它有三种形式，分述如下。

(1)TN—S 系统

TN-S 系统如图 9-5 所示,固中相线 L1~L3、中性线 N 与 TT 系统相同,与 TT 系统不同的是,用电设备外露可导电部分通过 PE 线连接到电源中性点,与系统中性点共用接地体,而不是连接到自己专用的接地体。在这种系统中,中性线(N 线)和保护线(PE 线)是分开的,这就是 TN－S 中"-S"的含义。TN-S 系统的最大特征是 N 线与 PE 线在系统中性点分开后,不能再有任何电气连接,这一条件一旦破坏,TN-S 系统便不再成立。

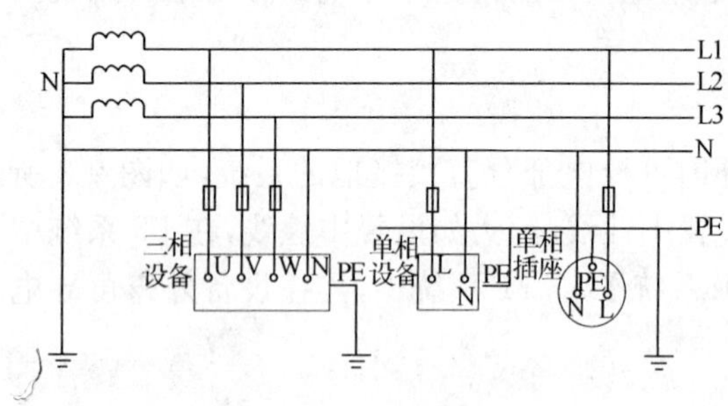

图 9-4　TT 系统接线

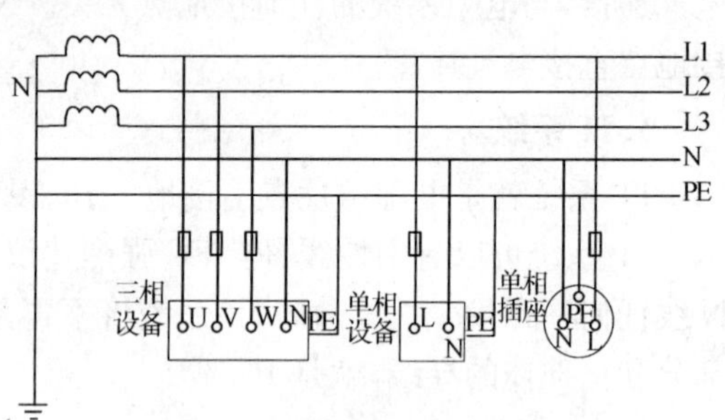

图 9-5　TN-S 系统接线

TN-S 系统是我国现在应用最为广泛的一种系统,在自带变配电所的建筑中几乎无一例外地采用了 TN-S 系统,在住宅小区中,也有一些采用了 TN-S 系统。由于传统习惯的影响,现在还经常将 TN-S 系统称为三相五线制系统,严格地讲这一称呼是不正确的。按 IEC 标准,所谓"×相×线"系统的提法,是另外一种含义,它是指低压配电系统按导体分类的形式,所谓的"×相"是指电源的相数,而"×线"是指正常工作时通过电流的导体根数,包括相线和中性线,但不包括 PE 线。按照这一定义,我们所说的 TN-S 系统,实际上是"三相四线制"系统或"单相二线制"系统。因此,按系统带电导体形式分类,与按系统接地形式分类,是两种不同性质的分类方法。

(2)TN-C 系统

TN-C 系统如图 9-6 所示,它将 PE 线和 N 线的功能综合起来,由一根称为 PEN 线的导体来同时承担两者的功能。在用电设备处,PEN 线既连接到负荷中性点上,又连接到设备外露的可导电部分。由于它所固有的技术上的种种弊端,现在已很少采用,尤其是在民用配电中已基本上不允许采用 TN-C 系统。

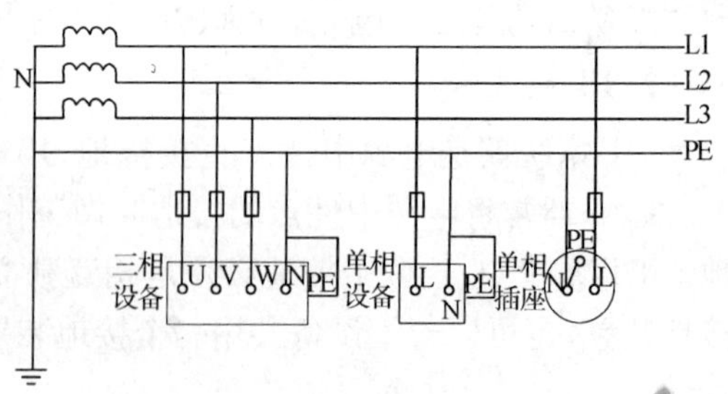

图 9-6　TN-C 系统接线

(3)TN-C-S 系统

TN-C-S 系统是 TN-C 系统和 TN-S 系统的结合形式,如图 9-7 所示。TN-C-S 系统中,从电源出来的那一段采用 TN-C 系统,因为在这一段中无用电设备,只起电能的传输作用,到用电负荷附近某一点处,将 PEN 线分开形成单独的 N 线和 PE 线,从这一点开始,系统相当于 TN-S 系统。

TN-C-S 系统也是现在应用比较广泛的一种系统。工厂的低压配电系统、城市公共低压电网、小区的低压配电系统等采用 TN-C-S 系统的较多。一般在采用 TN-C-S 系统时，都要同时采用重复接地这一技术措施，即在系统由 TN-C 变成 TN-S 处，将 PEN 线再次接地，以提高系统的安全性能。

以上各种系统中，用电设备外露可导电部分的连接方式只是针对 I 类设备而言，对其他类的用电设备，多数时候不存在设备外壳的接地问题。

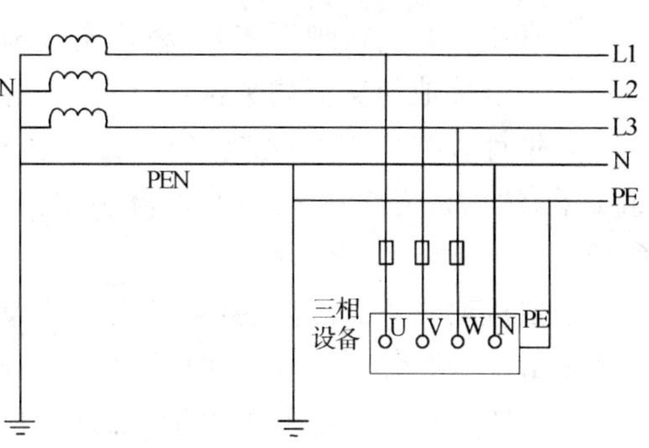

图 9-7 TN-C-S 系统接线

三、电子设备的接地概述

1. 信号接地及功率接地

电子设备的信号接地(或称逻辑接地)是信号回路中放大器、混频器、扫描电路、逻辑电路等的统一基准电位接地。信号接地的目的是不致引起信号量的误差。功率接地是所有继电器、电动机、电源装置、大电流装置、指示灯等电路的统一接地。功率接地的目的以保证在这些电路中的干扰信号泄漏到地中时，不至于干扰灵敏的信号回路。

2. 屏蔽接地

屏蔽接地的作用有两项:①为了防止外来电磁波的干扰和侵入，造成电子设备的误动作或通信质量的下降;②为了防止电子设备产生的高频能向外部泄放。为此需要将线路中的滤波器、变压器的静电屏蔽层、电缆的屏蔽层、屏蔽室的屏蔽网等进行接地，称为屏蔽接地。高层建筑为减少竖井内垂直管道受雷电流感应产生的感应电动势，将竖井混凝土壁内的钢筋予以接地，也属于屏蔽接地。

3. 防静电接地

静电是由于摩擦等原因而产生的积蓄电荷，要防止静电放电产生事故或影响电子设备的正常工作，就需要使静电荷迅速向大地泄放的接地装置，这种接地称为防静电接地。

4. 等电位接地

医院中的某些特殊的检查和治疗室、手术室以及病房中，病人所能接触到的金属部分(如床架、床灯、医疗电器等)，不应发生有危险的电位差，因此需把这些金属部分相互连接起来，成为等电位体并予以接地，称为等电位接地。高层建筑中为了减少雷电流造成的电位差，将每层的钢筋网及大型金属物体连接成一体并接地，也属于等电位接地。

5. 安全接地

安全接地即将电子设备的金属外壳、框架等接地或接零，以保证人身的安全。

6. 电子计算机接地

电子计算机接地主要是“逻辑接地”、“功率接地”和“安全接地”。

小型电子计算机内部的逻辑接地、功率接地、安全接地一般在机柜内已接到同一个接地端子上，称为混合接地系统。

计算机柜内的逻辑接地、功率接地、安全接地分别都接到木地板下与大地相绝缘的铜排上，称为悬浮接地。在大型电子计算机中采用这种方式难以满足较高的绝缘性能要求，故这种接地方式大多用于小型电子计算机系统。

交直流分开的接地系统是:将逻辑接地与直流功率接地合在一起接在单独的接地网上;将机柜的安全接地与交流功率接地合在一起接在公用接地网上。

若将计算机中逻辑接地、功率接地、安全接地分开,各自接到机柜上三个相互绝缘的接地端子,然后由三个接地端子各自引出独立的接地线,都接在一个接地网上称为一点接地系统。

单独接地时若出现问题,容易查清故障原因,但安装要求复杂。各个接地电阻一般要求不大于 10Ω。采取分开接地线而后联合在一起接地(一点接地系统),可能比较容易处理和检查故障。一般要求接地电阻不大于 4Ω。

第二节　低压系统电击防护

电击发生时流过人体的电流,除雷击或静电等少数情况外,绝大部分情况下是由供配电系统提供的。所谓系统的电击防护措施,就是通过实施在供配电系统上的技术手段,在电击或电击可能性发生的时候,切断这个电流供应的通道,或降低这个电流的大小,从而保障人身安全。

本节主要讨论不同接地形式的低压配电系统中间接电击的防护问题,若无特别说明,均按正常环境条件下安全电压 $U_L=50V$、人体阻抗为纯电阻、且电阻值 $R_M=1\,000\Omega$ 进行分析计算。

一、IT 系统的间接电击防护

IT 系统即系统中性点不接地,设备外露可导电部分接地的配电系统。这种系统发生单相接地故障时仍可继续运行,供电连续性较好,因此在矿井等容易发生单相接地故障的场所多有采用。另外,在其他接地形式的低压配电系统中,通过隔离变压器构造局部的 IT 系统,对降低电击危险性效果显著。因此,在路灯照明、医院手术室等特殊场所也常有应用。

1. 正常运行状态

IT 系统正常运行如图 9-8 所示,此时系统由于存在对地分布电容和分布电导,使得各相均有对地的泄漏电流。并将分布电容的效应集中考虑,如图中虚线所示。此时三相电容电流平衡,各相电容电流互为回路,无电容电流流入大地,因此接地电阻 R_E 上无电流流过,设备外壳电位为参考地电位。系统中性点尽管不接地,但若假设将系统中性点 N 通过一个电阻 R_N 接地,R_N 上也不会有电流流过,即 R_N 两端电压为零。因此系统中性点与地等电位,也即系统中性点电位为地电位,各相线路对地电压等于备相线路对中性点电压,均为相电压。图中 E 为参考地电位点,每相对地电容电流为

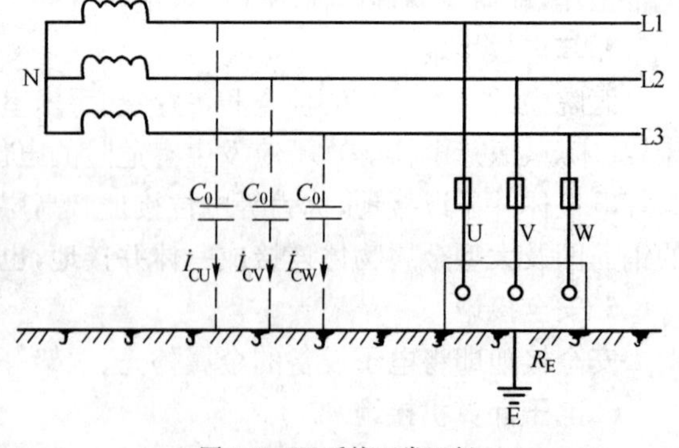

图 9-8　IT 系统正常运行

$$|\dot{I}_{CU}| = |\dot{I}_{CV}| = |\dot{I}_{CW}| = U_{\varphi}\omega C_0 \tag{9-1}$$

式中：U_{φ}——电源相电压；

C_0——单相对地电容。

2. 单相接地

设系统中设备发生 U 相碰壳，如图 9-9 所示，此时线路 L1 相对地电压 $\dot{U}_{UE}$大幅降低，因此系统中性点对地电压 $\dot{U}_{NE} = \dot{U}_{NU} + \dot{U}_{UE} = \dot{U}_{UE} - \dot{U}_{UN}$ 升高到接近相电压，L2 相对地电压为 $\dot{U}_{VE} = \dot{U}_{VN} + \dot{U}_{NE}$，L3 相对地电压为 $\dot{U}_{WE} = \dot{U}_{WV} + \dot{U}_{NE}$，由于三相电压不再平衡，三相电流之和也不再为零，因此有电容电流流入大地，通过 R_E 流回电源，此时若有人触及设备外露可导电部分，则形成人体接触电阻 R_t 与设备接地电阻 R_E 对该电容电流分流，电击危险性取决于 R_E 与 R_t 的相对大小和接地电容电流大小。例如若 $R_E = 10\Omega$，$R_t \approx R_m = 1\ 000\Omega$，接地电容电流之和为 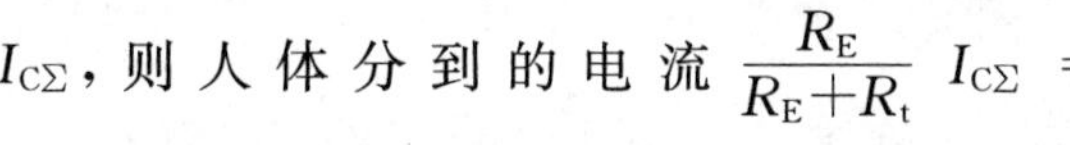 $I_{C\Sigma}$，则人体分到的电流 $\frac{R_E}{R_E+R_t} I_{C\Sigma} = \frac{10\Omega}{10\Omega+1\ 000\Omega} I_{C\Sigma} \approx 0,01 I_{C\Sigma}$。而倘若没有设备接地（等效于 $R_E \to \infty$），则通过人体的电流为 $I_{C\Sigma}$，可见通过设备接地，流过人体的电流被大大降低。

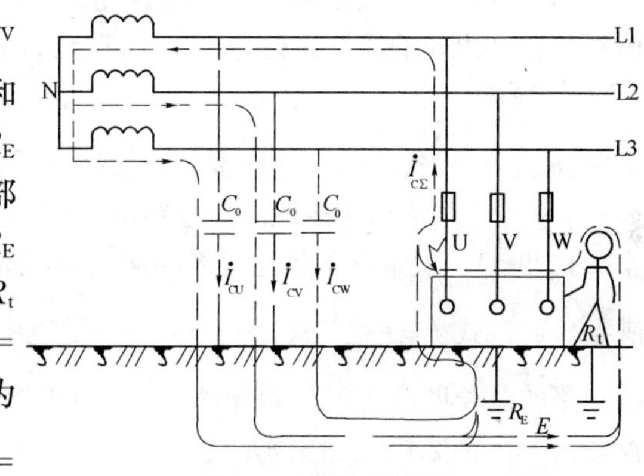

图 9-9 IT 系统单相接地

(1)单相接地电容电流计算

单回线路的电容电流与线路类型、敷设方式、敷设部位等有关，目前还没有见到有关的试验数据，一般采用估算的方法。估算的依据性公式如下：

正常工作时单相对地电容电流 I_C为

$$I_C = \frac{U_{\varphi} l}{1/\omega C_0} = U_{\varphi} l \omega C_0 \tag{9-2}$$

式中：U_{φ}——系统相电压，kV；

l——回路长度，km；

C_0——线路单位长度对地电容，μF/km。

对于单相接地故障，接地电容电流为正常电容电流的 3 倍，即

$$I_{C\Sigma} = 3U_{\varphi} l \omega C_0 \tag{9-3}$$

式中：$I_{C\Sigma}$——单相接地时通过接地点流入大地的电容电流的上限值。

因此，只要能估算出 C_0，便能计算出 $I_{C\Sigma}$。电缆线路的 C_0 一般在每千米零点几 μF 范围内。但 C_0 的计算也受诸多因素影响，不易准确计算，因此工程上对电缆线路常用下面经验公式进行估算

$$I_{C\Sigma} = \sqrt{3} U_{\varphi} l \times 10^2 \tag{9-4}$$

式中：$I_{C\Sigma}$——接地电容电流，mA；

U_{φ}——系统电源相电压，kV；

l——回路长度，km。

如对于380V/220V系统，$U_{\varphi}=0.22\text{kV}$，则每公里电缆的电容电流正常时约为每相$(\sqrt{3}\times0.22\text{kV}\times1\text{km}\times10^{2})/3\approx13(\text{mA})$，而发生单相接地故障时流入大地的电容电流约为38mA左右。

(2)单相接地故障的安全条件

当发生第一次接地故障时只要满足式(9-5)的条件，则可不中断系统运行，此时应由绝缘监视装置发出音响或灯光信号。不中断运行的条件为

$$R_{E}I_{C\Sigma}\leqslant50\text{V} \tag{9-5}$$

式中：R_{E}——设备外露可导电部分的接地电阻，Ω；

$I_{C\Sigma}$——系统总的接地故障电容电流，A。

式(9-5)一般情况下是比较容易满足的，如若$R_{E}=10\Omega$，则只要$I_{C\Sigma}<50\text{V}/10\Omega=5\text{A}$就能满足。而按式$I_{C\Sigma}=\sum_{i=1}^{n}\sqrt{3}U_{\varphi}l_{i}\times10^{2}=\sqrt{3}U_{\varphi}\times10^{2}\sum_{i=1}^{n}l_{i}$，$I_{C\Sigma}$要达到5A，对380V/220V系统，系统回路的总长度应达到$5\,000\text{mA}/(\sqrt{3}\times0.22\text{kV}\times10^{2})=131\text{kM}$。因此只要合理控制系统规模，式(9-5)的要求是能够满足的。

3. 两相接地

IT系统某一相发生接地称为一次接地，此时只要接地电容电流$I_{C\Sigma}$在设备外壳上产生的预期接触电压U_{t}小于50V，则可认为无电击危险性，系统可继续运行。但若在以后的运行过程中，另一设备中与一次接地不同的相别上又发生了接地故障，则称为二次接地，此时形成了类似相间短路的情形，如图9-10所示。此时设备1、2外壳上的对地电压为R_{E1}、R_{E2}对线电压$\sqrt{3}U_{\varphi}$的分压，若$R_{E1}=R_{E2}$，则两台设备的外壳对地电压均为$\frac{\sqrt{3}}{2}U_{\varphi}$；若$R_{E1}\neq R_{E2}$，则总有一台设备外壳电压高于$\frac{\sqrt{3}}{2}U_{\varphi}$。对于380V/220V低压配电系统来说，$\frac{\sqrt{3}}{2}U_{\varphi}\approx190\text{V}$，这个电压远大于安全电压50V，因此，此时熔断器不仅要熔断，而且要在规定时间内熔断，若不能满足熔断时间要求，则应考虑其他措施，如装设剩余电流保护装置或采用共同接地等。

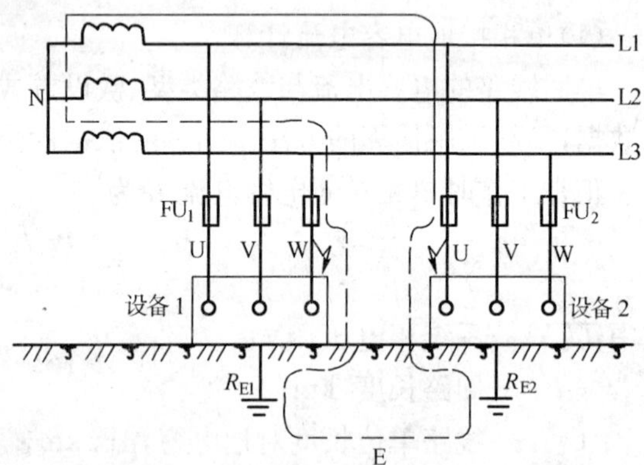

图9-10 IT系统二次异相接地分析

4. IT系统中相电压获取

虽然IT系统可以设置中性线，但一般不推荐设置，这是因为IT系统多用于易于发生单相接地的场所，在这种场所中中性线接地发生的概率也应与相线一样高。因中性线引自系统中性点，一旦发生中性线接地，也就相当于系统中性点发生了接地，此时IT系统就变成了TT

系统。即系统的接地形式发生了质的变化，此时针对IT系统设置的各种保护措施将可能失效，系统运行的连续性和电击防护水平都将受到影响。所以，一般情况下IT系统最好不要设置中性线。

那么，在IT系统中若有用电设备需要相电压（如220V）电源又该怎样处理呢？一般有两种方法：一种是用10kV/0.23kV变压器直接从10kV电源取得，另一种是通过380V/220V变压器从IT系统的线电压取得。

二、TT系统的间接电击防护

TT系统即系统中性点直接接地、设备外露可导电部分也直接接地的配电系统。TT系统由于接地装置就在设备附近，因此PE线断线的机率小，且易被发现，另外TT系统设备有正常运行时外壳不带电、故障时外壳高电位不会沿PE线传递至全系统等优点，使TT系统在爆炸与火灾危险性场所、低压公共电网和向户外电气装置配电的系统等处有技术优势，其应用范围也渐趋广泛。

1. TT系统可降低人体的接触电压

TT系统单相接地故障如图9-11所示，系统接地电阻 R_N 和设备接地电阻 R_E 对故障相相电压 U_φ 分压。此时人体预期接触电压 U_t 为 R_E 上分得的电压。

$$U_t \approx \frac{R_E}{R_E + R_N} U_\varphi \qquad (9\text{-}6)$$

当人体接触到设备外露可导电部分时，相当于人体接触电阻 R_t 与设备接地电阻 R_E 并联，此时 U_t 肯定有变化，但人体接触电阻 R_t 在1 000Ω以上，远大于 R_E 故 $R_E /\!/ R_t \approx R_E$，因此可以认为，仍可以预期接触电压 U_t 不大于50V为安全条件，即要求

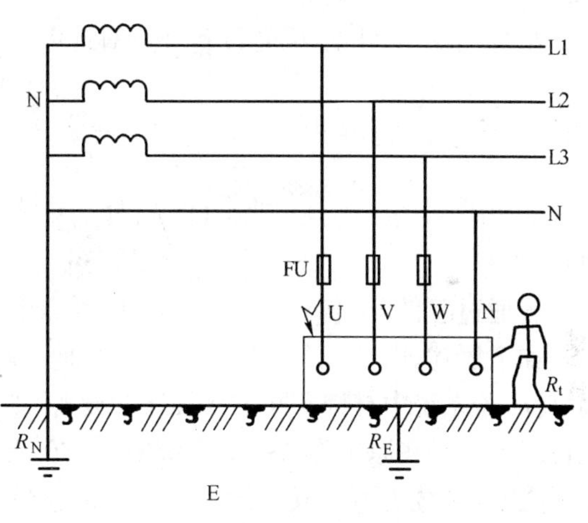

图9-11 TT系统单相接地故障分析

$$U_t = \frac{R_E}{R_E + R_N} U_\varphi < 50V \qquad (9\text{-}7)$$

一般 $R_N = 4\Omega$，要满足式(9-7)，则需要 $R_E \leqslant 1.18\Omega$。这么小的接地电阻值是很难实现。因此在多数情况下，设备接地虽然能够有效降低接触电压，但要降低到安全限值以下还是有困难的。

2. TT系统不能使过电流保护电器可靠工作

假设 $R_N = R_E = 4\Omega$，则单相碰壳时，接地电流为（忽略变压器和线路阻抗）

$$I_d \approx \frac{220V}{(4+4)\Omega} = 27.5A$$

对于固定式设备，要求过电流保护电器在5s内动作切断电源，若过电流保护电器为熔断器，则

要求熔体额定电流 $I_{r(FU)}$ 小于 I_d 的 1/5，才能可靠保证熔断器在 5s 内动作，即

$$\frac{I_d}{I_{r(FU)}} \geqslant 5$$

于是 $I_{r(FU)}=\frac{27.5}{5}=5.5$A。一般在整定熔断器熔体额定电流时，为防止误动作，要求熔体额定电流为计算电流的 1.5～2.5 倍，即 $I_{r(FU)} \geqslant (1.5\sim2.5)I_C$（$I_C$ 为计算电流），故应有 $I_C \leqslant (2.8\sim3.7)$A，即只有计算电流 3.7A 以下的设备，单相碰壳时才能使保护电器在 5s 内可靠动作。若是手握式设备，要求 0.4s 内动作，则允许的计算电流更小。

可见，单相碰壳时系统的过电流保护电器很难及时动作，甚至根本不动作。

3. TT 系统应用时应注意的问题

(1)中性点对地电位偏移

TT 系统在正常远行时，中性点为地电位，但一旦发生了碰壳故障，则中性点对地电位就会发生改变，这就是所谓的中性点对地电位偏移。

根据图 9-11 可见，碰壳设备外皮对地电位 $\dot{U}_{UE}$ 为

$$\dot{U}_{UE}=\dot{U}_{UN}\frac{R_E}{R_E+R_N} \tag{9-8}$$

如果 $R_E=R_N$，则 $|\dot{U}_{UE}|=110$V，$|\dot{U}_{NE}|=|\dot{U}_{UN}-\dot{U}_{UE}|=110V$，即中性点将带 110V 对地电压。

若通过降低 R_E 使 $U_{UE}=50$V，则中性点上对地电压将升高到 170V。

如上所述，由于 TT 系统发生单相接地故障时系统中性点电位升高，导致中性线电位也升高，此时若系统中有按 TN 方式接线的设备，则设备外露可导电部分的电位也会升高到中性点电位。尤其是在原本为 TN 的系统中，若有一台设备错误地采用了直接接地，则当这台设备发生碰壳时，系统中所有其他设备外壳上都会带中性点电位，如图 9-12 所示，是相当危险的，因此在未采取其他措施的情况下(如可采取剩余电流保护器)，严禁 TT 与 TN 系统混用。

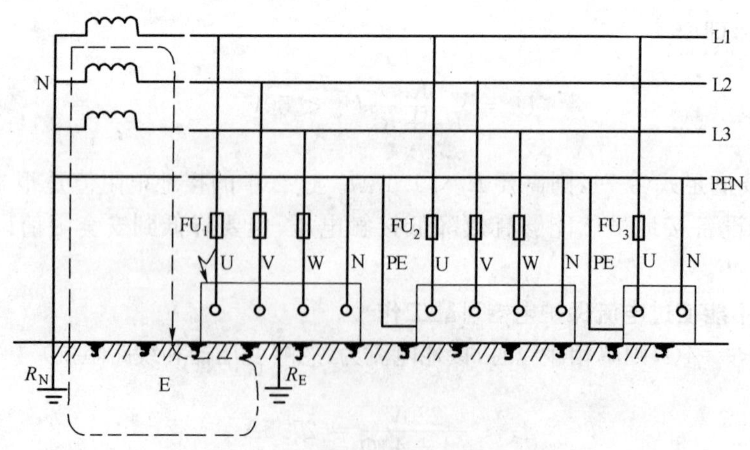

图 9-12　TT 系统与 TN 系统混用的危险

(2)自动断开电源的安全条件

自动断开电源的保护应符合下式要求

$$R_E I_a \leqslant 50V \tag{9-9}$$

式中：R_E——设备外露可导电部分的接地电阻与PE线的接地电阻之和；

I_a——在保证电击防护安全的规定时间内使保护装置动作的电流。

对式(9-9)作以下几点解释。

①R_E 应是设备接地装置接地电阻与连接设备外壳和接地装置的PE线阻抗的复数和，为方便计算，将PE线的阻抗看成是纯电阻与接地电阻直接相加，这种近似使安全条件更为严格，故可以认可。

②TT系统的故障回路阻抗包括变压器、相线和接地故障点阻抗，以及设备接地电阻和变压器中性点接地电阻。故障回路阻抗较大，故障电流小，且故障点阻抗是难以估算的接触电阻，因此故障电流也难以估算。式(9-11)不采用故障电流 I_d 而采用保护电器动作电流 I_a 来规定安全条件正是基于此。$R_E I_a \leqslant 50V$ 表明，若实际接地故障电流 $I_d < I_a$，则 $R_E I_d \leqslant 50V$，保护器虽不能(或不能及时)切断电源，但接触电压小于50V，可认为是安全的；而若 $I_d \geqslant I_a$，虽然 $R_E I_d$ 可能大于50V，但故障能在规定时间内切断，因此也是安全的。这样既避开了难以确定 I_d 这一困难，又通过可准确确定的 I_a 将安全要求反映了出来，这是一种典型的工程处理手法。

③保护电器在规定时间内的动作电流 I_a，对不同的保护电器来说有所不同，对于低压断路器的瞬时脱扣器，I_a 就是它的动作电流；若故障电流太小以致不能使瞬时脱扣器动作，则应考虑长延时脱扣器在规定时间内动作的最小电流；若采用熔断器保护，则理论上应根据熔体额定电流 $I_{r(FU)}$ 查得其在规定时间内动作的电流值，若采用剩余电流保护，则 I_a 应为其额定漏电动作电流 $I_{\Delta n}$。

④规定动作时间的确定。在接地故障被切断前，故障设备外露可导电部分对地电压仍可能高于50V，因此仍需按规定时间切断故障。当采用反时限特性过电流保护电器(如熔断器、低压断路器的长延时脱扣器等)时，对固定式设备应在5s内切除故障，但对于手握式和移动式设备，TT系统通常采用剩余电流保护，动作时间为瞬动。

4. 分别接地与共同接地

在TT和IT系统中，若每台设备都使用各自独立的接地装置，就叫做分别接地，而若干台设备共用一个接地装置，则叫做共同接地。当采用共同接地方式时，若不同设备发生异相碰壳故障，则实现共同接地的PE线会使其成为相间短路，通过过电流保护电器动作可以切除故障，如图9-13a)所示。IT系统发生一台设备单相碰壳时仍可继续运行，这时外壳电压一般低于安全电压限值，所以尽管这个电压会沿共同接地的PE线传导至所有设备外壳，也不会有电击危险。但在运行过程中另一台设备又发生异相碰壳故障的情况是可能出现的，此时若采用分别接地，则两台设备的接地电阻对线电压分压，对380V/220V系统来说，不管设备接地电阻多大，总有一台设备所分电压不小于190V，而大多数情况下设备接地电阻大小基本相等，即各分得约190V电压，这个电压是十分危险的；而采用共同接地后，相间短路电流会使过电流保护电器动作，从而消除电击危险。因此共同接地对IT系统来说是一个比较好的方式。采用共同接地的缺点是一台设备外壳上的故障电压会传导至参与共同接地的每一台设备外壳上，若保护电器不能迅速动作，则十分危险。故在 TT 系统中，若没有设置能瞬间切除故障回路的剩余电流保护，则不宜采用共同接地。

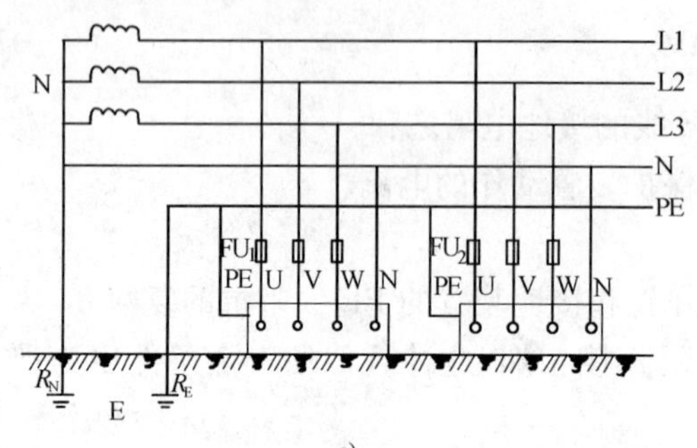

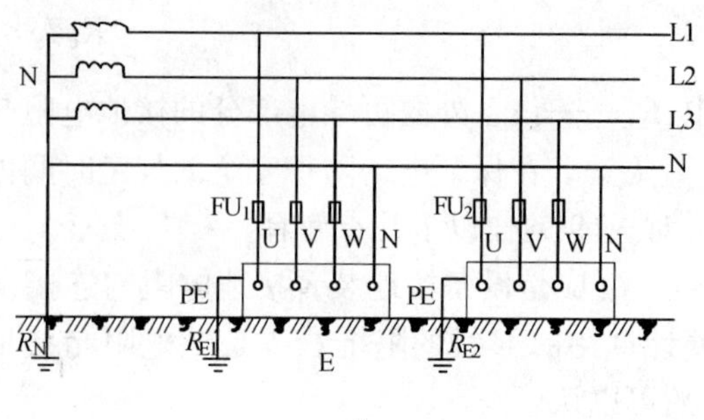

图 9-13　共同接地与分别接地

a)共同接地；b)分别接地

三、TN 系统的间接电击防护

TN 系统主要是靠将单相碰完故障变成单相短路故障，并通过短路保护切断电源来实施电击防护的。因此单相短路电流的大小对 TN 系统电击防护性能具有重要影响。从电击防护的角度来说，单相短路电流大，或过电流保护电器动作电流值小，对电击防护都是有利的。

1. 用过电流保护电器切断电源

TN 系统发生单相碰壳故障如图 9-14 所示，通过单相接地电流作用于过电流保护电器并使其动作来消除电击危险。切断电源包含两层意思：一是要能够可靠地切断（即保护电器应动作），二是应在规定时间内切断。因此，较大的接地电流对保护总是有利的，下面讨论几种情况。

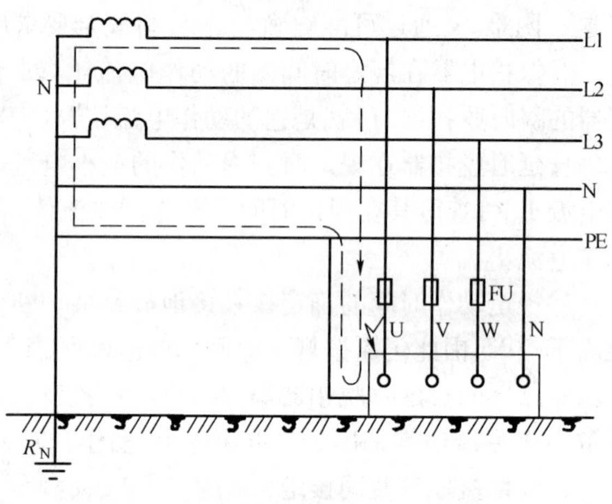

图 9-14　TN-S 系统碰壳故障分析

(1)故障设备距电源越远，单相短路（接地）电流 I_d 因故障回路阻抗增大就会越小，但从式(9-10)分析可知，人体预期接触电压 U_t 基本不变，即要求的电源被切断时间依旧不变。因此可知，故障设备距电源的距离越远，对电击防护越不利。

$$U_t = I_d \mid Z_{PE} \mid = \left| \frac{Z_{PE}}{Z_{PE} + Z_1 + Z_T} \right| U_{\varphi(av)} \tag{9-10}$$

式中：Z_1——相线计算阻抗，Ω；

Z_{PE}——PE 线计算阻抗，Ω；

Z_T——变压器计算阻抗，Ω；

$U_{\varphi(av)}$——平均相电压，V。

(2)降低线路(包括相线和 PE 线)阻抗，对电击防护是有利的，因为这时的 I_d 会增大，从而有利于过流保护电器动作，降低 PE 线阻抗还有一个好处，就是可降低预期接触电压 U_t。因此加大导线截面，不仅能降低电能损耗和电压损失，有利于提高线路的过载保护灵敏度，还可提高电击防护水平。

(3)变压器计算阻抗 Z_T 的大小也对 I_d 有影响，故选择适合的联结组别(如 D,yn11)可大幅降低 Z_T 的大小，对电击防护是有利的。

2. TN 系统应用时应注意的问题

(1)动作时间要求

相线对地标称电压为 220V 的 TN 系统配电线路的接地故障保护，其切断故障回路的时间应符合下列规定：

①配电线路或仅供给固定式电气设备用电的末端线路，不宜大于 5s。

②供给手握式电气设备和移动式电气设备的末端线路或插座回路，不应大于 0.4s。

上述第一条规定为不大于 5s，是因为固定式设备外露可导电部分不是被手抓握住的，易出现在接地故障发生时人手正好与之接触的情况，即使正好接触也易于摆脱。5s 这一时间值的规定是考虑了防电气火灾以及电气设备和线路绝缘热稳定的要求，同时也考虑了躲开大电动机起动电流的影响，以及当线路较长导致末端故障电流较小，使得保护电器动作时间长等因素，因此 5s 值的规定并非十分严格，采用了“宜”这一严格程度不是很强的用词。

上述第二条严格规定了 0.4s 的时间限值(采用了“应”这一严格程度很强的用词)，是因为对于手握式或移动式设备来说，当发生碰壳故障时人的手掌肌肉对电流的反应是不由自主地紧握不放，不能迅速摆脱带电体，从而长时间承受接触电压，况且手握式和移动式设备往往容易发生接地故障，这就更增加了这种危险性，因此规定了 0.4s 这一时间限值。这一限值的规定已考虑了总等电位联结的作用、PE 线与相线截面之比由 1∶3 到 1∶1 的变化、以及线路电压偏移等影响。

还有一种情况，即一条线路上既有手握式(或移动式)设备，又有固定式设备，这时应按不利的条件即 0.4s 考虑切断电源时间。另有一种相似的情况，即同一配电箱引出的两条回路中，一条是接的手握式(或移动式)设备，另一条是接的固定式设备，这时固定式设备发生接地故障时，预期接触电压会沿 PE 线传递到手握式设备外壳上，因此也应该在 0.4s 内切除故障，或通过等电位联结措施使配电箱 PE 排上的接触电压降至 U_L(安全电压限值)以下。

另外，IEC 标准还规定了 TN 系统中其他电压等级下的切断时间允许值，如 120V 时为 0.8s，400V(380V)时为 0.2s，大于 400V(380V)时为 0.1s 等，以上括号外为 IEC 推荐的电压等级，括号内为我国相应的电压等级。

(2)安全条件

当由过电流保护电器作接地故障保护时，其可被用作为电击防护的条件为

$$I_d \geqslant I_a \tag{9-11}$$

式中：I_d——单相接地电流；

I_a——保证保护电器在规定时间内自动切断故障回路的最小电流值。

I_d 可按式(9-12)计算

$$I_d=\left|\frac{U_{\varphi(av)}}{Z_{PE}+Z_1+Z_T}\right|=\frac{U_{\varphi(av)}}{|Z_{\varphi P}+Z_T|} \tag{9-12}$$

式中:$Z_{\varphi P}$——相保回路阻抗。

下面讨论在使用几种常见的保护电器时如何满足式(9-10)的安全条件。

①熔断器　对于由熔断器作过电流保护电器的情况,由于熔断器特性的分散性,以及试验条件与使用场所条件的不同,不宜直接从其"安—秒"特性曲线上通过 I_d 来查动作时间Δt。根据国标 GB 50054《低压配电设计规范》给出了在规定时限下使熔断器动作所需的短路电流 I_d 与熔断器熔体额定电流 $I_{r(FU)}$ 的最小比值,分别见表 9-1 和表 9-2。

切断接地故障回路时间小于或等于 5s 时的 $I_d/I_{r(FU)}$ 最小比值　表 9-1

熔体额定电流/A	4～10	12～63	80～200	250～500
$I_d/I_{r(FU)}$	4.5	5	6	7

切断接地故障回路时间小于或等于 0.4s 的 $I_d/I_{r(FU)}$ 最小比值　表 9-2

熔体额定电流/A	4～10	16～32	40～63	80～200
$I_d/I_{r(FU)}$	8	9	10	11

②低压断路器　若 I_d 能使瞬时脱扣器可靠动作,则满足安全条件;若 I_d 能使短延时脱扣器可靠动作,则是否满足安全条件取决于短延时脱扣器的动作时间整定值;若 I_d 仅能使长延时脱扣器可靠动作,则应从断路器特性曲线上按最不利条件查出其动作时间来判断是否满足安全条件。对于设置有瞬时动作的接地保护的低压断路器,只要 I_d 能使其可靠动作,就认为满足安全条件。

以上所述"能使脱扣器可靠动作",是指考虑了一定裕量后 I_d 仍大于脱扣器动作整定值,对于瞬时脱扣器和短延时脱扣器而言,当 I_d 大于或等于动作整定值的 1.3 倍时,就认为能使脱扣器可靠动作。

③剩余电流保护电器　首先,单相接地故障电流必须是剩余电流,才能使用剩余电流保护,否则不论 I_d 多大,保护都不会动作。在满足这一条件的前提下,对于瞬时动作的剩余电流保护电器,只要 I_d 大于其额定漏电动作电流 $I_{\Delta n}$,就可认为满足安全条件;对于延时动作的剩余电流保护电器,除要求 $I_d > I_{\Delta n}$ 外,还要看其动作时限是否满足要求。

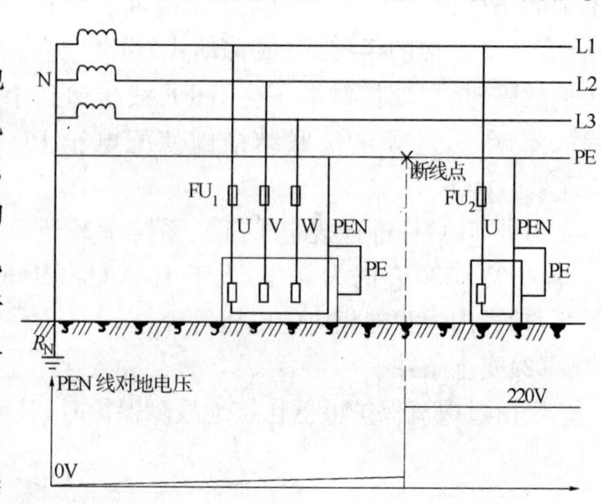

图 9-15　TN-C 系统存在的问题分析

(3)TN-C 系统的缺陷

①正常运行时设备外露可导电部分带电　如图 9-15 所示,三相 TN-C 系统正常运

行时三相不平衡电流、3n次谐波电流都会流过中性线。由于现在用电设备中产生谐波的设备大量增加，如电子整流气体放电灯、各种开关电源等，使得3n次谐波电流在很多系统中已超过三相不平衡电流而成为PEN线上主要的电流，这些电流会在PEN线上产生压降，因系统中性点对地电位仍为0，故PEN线对地电压沿PEN线逐渐增大，有报导称已测得高达到近120V的电压。在这种情况下如仍采用TN-C系统，则正常工作时PEN线上电压就会传导至设备外壳，从而发生电击危险。另外，对于单相TN-C系统，PEN线上电流就等于相线电流，该电流产生的电压也会传导至设备外壳上。因此，不论是单相还是三相的TN-C系统，正常运行时设备外壳带电是不可避免的。

②PEN线断线会使设备外壳带上危险电压　单相TN-C系统一旦发生中性线断线，相线电压会通过负载阻抗传导至PEN线断点以后的部分。这时由于负载阻抗上无电流通过，其压降为零，因此在断点后相电压完全传导至PEN线。这个相电压会通过PEN线传导到断点以后的每一台设备外壳上，十分危险。另外，对于三相系统，当三相符合不平衡时，PEN线断线会使符合中性点对地电位发生偏移，这个电压也会通过断点后的PEN线传导至各设备外壳，其大小与符合不平衡的程度有关，最严重时也能达到相电压。因此，不论对于单相还是三相系统，TN-C系统发生中性线断线都是非常危险的。

因此，一些可能导致与PEN线断线相同效果的技术措施都是不允许的，如在PEN线上装设熔断器，或者装设能同时断开相线和PEN线的开关等。

(4)双电源TN-S系统的接法

当采用两个或者两个以上电源同时供电时，如图9-16所示，两个电源采用了各自独立的工作接地系统。从形式上看，N线和PE线在一个电源的中性点分开以后，在另一个电源的中性点又重新连接，这不符合“N线和PE线在一个电源的中性点分开以后不允许再有电气连接”的TN-S系统结构要求。从概念上讲，当图中a点两侧完全对称时，PE线a点对地电位应该为零；而当a点两侧不完全对称时，a点对地电位不为零的情况是可以发生的，此时PE线上有电流流过，即该PE线已不满足PE线成立的基本条件，该系统作为TN-S系统也就已经不成立了。

因此，若TN-S系统中有两个或两个以上的电源同时工作时，各电源的工作接地应共用一个接地体，这样才能保证TN—S系统的正确性，如图9-17所示。

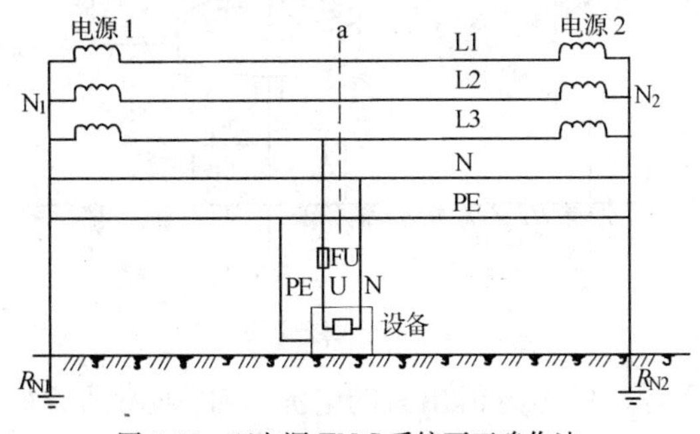

图9-16　双电源TN-S系统不正确作法

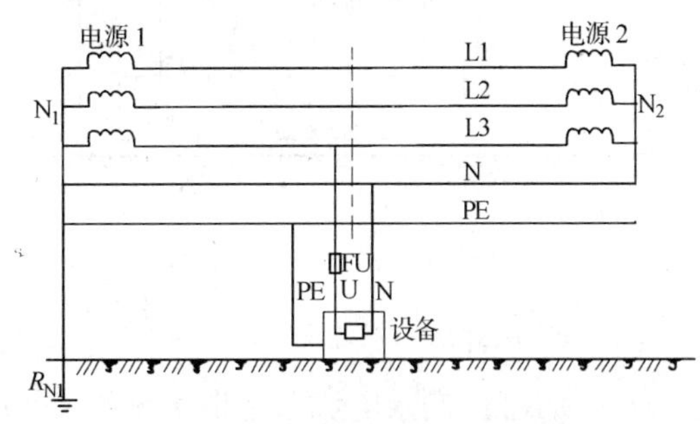

图9-17　双电源TN-S系统的正确作法

(5)TN-C-S系统中的重复接地

在TN-C-S系统中，在由TN-C转为了TN-S处一般都要作重复接地，其作用分析如

图 9-18 所示。

首先，重复接地对 TN-C 部分的作用仍然有效。其次，当设备发生碰壳故障时，重复接地有降低接触电压和增大短路电流的作用，因为此时从 TN-C 与 TN-S 转换处到电源中性点的阻抗由无重复接地时的单纯 PEN 线阻抗，变成了有重复接地后的 PEN 线阻抗与($R_N + R_{RE}$)的并联。使这一段的阻抗变小，从而使得故障回路的总阻抗变小，短路电流增大。同时因为从故障设备到电源中性点阻抗变小，使设备外壳所分电压减小，从而降低了接触电压。

四、剩余电流保护器

1. 工作原理

剩余电流保护电器(Residual Current Operated Protective Devices，简称 RCD)是 IEC 对电流型漏电保护电器的规定名称。剩余电流保护电器的核心部分为剩余电流检测器件，电磁型剩余电流保护电器中使用零序电流互感器作检测器件的例子，如图9-19 所示。图中将正常工作时有电流通过的所有线路穿过零序电流互感器的铁芯环，根据基尔霍夫电流定律，正常工作时，这些电流之和为零。不会在铁芯环中产生磁通并感应出二次侧电流，而当设备发生碰壳故障时，有电流从接地电阻 R_E 上流回电源，这时，$\dot{I}_U + \dot{I}_V + \dot{I}_W = \dot{I}_{R_E} \neq 0$，($\dot{I}_U + \dot{I}_V + \dot{I}_W$)产生的磁场会在互感器二次侧绕组产生感应电动势，从而在闭合的副边线圈内产生电流。这个电流就是漏电故障发生的信号，称一次侧 $|\dot{I}_U + \dot{I}_V + \dot{I}_W| \neq 0$ 的部分为剩余电流。根据检测到的剩余电流大小，保护电器通过预先设定的程序发出各种指令，或切断电源，或发出信号等。

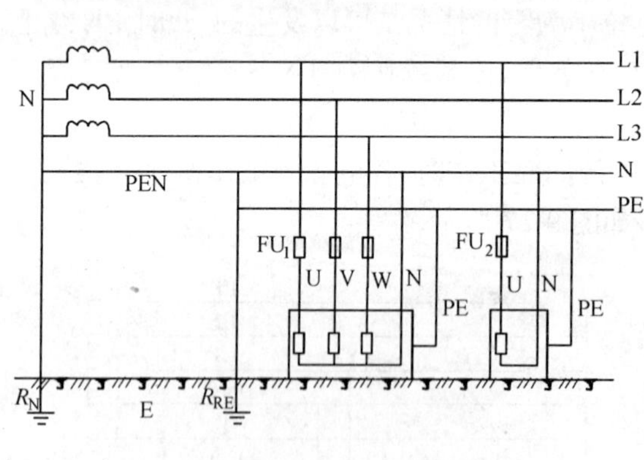

图 9-18 TN-C-S 系统的重复接地

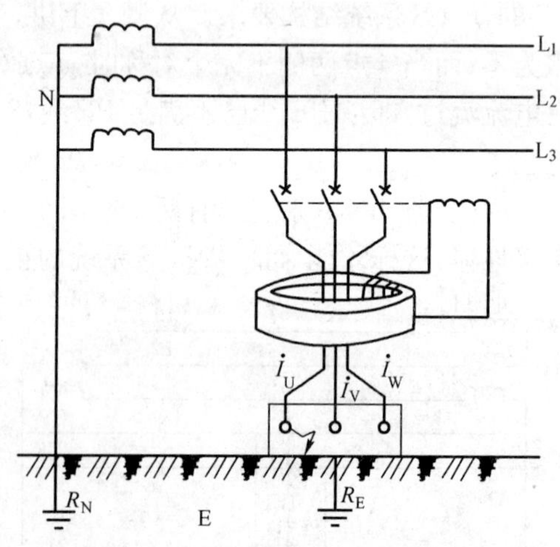

图 9-19 剩余电流检测

这里所说的“剩余电流”，是指从设备工作端于以外的地方流出去的电流，也即通常所说的漏电电流。一般情况下，这个电流是从 I 类设备的 PE 端子流走的，但当人体发生直接电击时，从人体上流过的电流便成了剩余电流，因此剩余电流保护可用于直接电击防护的补充保护。

2. 特性参数

(1)额定漏电动作电流 $I_{\Delta n}$ 指在规定条件下,漏电开关必须动作的漏电电流值。

我国标准规定的额定漏电动作电流值有:6mA、10mA、15mA、30mA、50mA、75mA、100mA、200mA、300mA、500mA、1 000mA、3 000mA、10 000mA、20 000mA,其中 30mA 及以下属于高灵敏度,主要用于电击防护;50～1 000mA 属于中等灵敏度,用于电击防护和漏电火灾防护;1 000mA 以上属于低灵敏度,用于漏电火灾防护和接地故障监视。

(2)额定漏电不动作电流 $I_{\Delta n0}$ 指在规定条件下,漏电开关必须不动作的漏电电流值。

额定漏电不动作电流 $I_{\Delta n0}$ 总是与额定漏电动作电流 $I_{\Delta n}$ 成对出现的,优选值为 $I_{\Delta n0}=0.5I_{\Delta n}$。如果说 $I_{\Delta n}$ 是保证漏电开关不拒动的下限电流值的话,则 $I_{\Delta n0}$ 是保证漏电开关不误动的上限电流值。

(3)额定电压 U_r 常用的有 380V,220V。

(4)额定电流 I_n 常用的有 6A、10A、16A、20A、60A、80A、125A、160A、200A、250A。

(5)分断时间 分断时间与漏电开关的用途有关,作为间接电击防护的漏电开关最大分断时间见表 9-3,而作为直接电击补充保护的漏电开关最大分断时间见表 9-4。

间接电击保护用漏电保护器的最大分断时间 表 9-3

$I_{\Delta n}$/A	I_n/A	最大分断时间(s)		
		$I_{\Delta n}$	$2I_{\Delta n}$	$5I_{\Delta n}$
≥0.03	任何值	0.2	0.1	0.04
	≥40①	0.2	—	0.15

注:①适用于漏电保护组合器。

直接电击补充保护用漏电保护器的最大分断时间 表 9-4

$I_{\Delta n}$/A	I_n/A	最大分断时间(s)		
		$I_{\Delta n}$	$2I_{\Delta n}$	0.25A
≤0.03	任何值	0.2	0.1	0.04

表 9-3 和表 9-4 中,"最大分断时间"栏下的电流值,是指通过漏电开关的试验电流值。例如,在表 9-3 中,当通过漏电开关的电流等于额定漏电动作电流 $I_{\Delta n}$ 时,动作时间应不大于 0.2s,而当通过的电流为 $5I_{\Delta n}$ 时,动作时间就不应大于 0.04s。

作为防火用的延时型漏电保护器,其延时时间为 0.2s、0.4s、0.8s、1s、1.5s、2s。

以 $I_{\Delta n}$ 和 $I_{\Delta n0}$ 的应用为例,说明使用以上参数时应注意的问题。若工程设计中要求漏电保护电器在通过它的剩余电流大于等于 I_1 时必须动作(不拒动),而当通过它的电流小于等于 I_2 时必须不动作(不误动),则在选用漏电保护电器时,应使 $I_1 \geq I_{\Delta n}$,$I_2 \leq I_{\Delta n0}$ 当我们在判断一只漏电保护电器是否合格时,若刚好使漏电保护器动作的电流值为 I_Δ,则一定要 $I_\Delta \leq I_{\Delta n}$ 和 $I_\Delta \geq I_{\Delta n0}$ 同时满足,该只漏电保护器才是合格的。换言之,在制造产品时,RCD 的实际漏电动作电流 I_Δ 在[$I_{\Delta n0}$,$I_{\Delta n}$]之间是正确的,而在设计的时候,应使设计要求的漏电动作电流值 I_1 和漏电不动作电流值 I_2 在[$I_{\Delta n0}$,$I_{\Delta n}$]之外才是正确的。

3. 剩余电流保护器的应用

漏电开关主要用作间接电击和漏电火灾防护，也可用作直接电击防护，但这时只是作为直接电击防护的补充措施，而不能取代绝缘、屏护与间距等基础防护措施。由于RCD在配电系统中应用广泛，正确地使用RCD就显得十分重要，否则不但不能很好地起到电击防护的作用，还可能造成额外的停电或其他系统故障。

(1)RCD在IT系统中的应用

IT系统中发生一次接地故障时一般不要求切断电源，系统仍可继续运行，此时应由绝缘监视装置发出接地故障信号。当发生二次异相接地(碰壳)故障时，若故障设备本身的过电流保护装置不能在规定时间内动作，则应装设RCD切除故障。因此，漏电保护开关参数的选择，应使其额定漏电不动作电流 $I_{\Delta no}$ 大于设备一次接地时的漏电电流，即电容电流 I_{CM}，而额定漏电动作电流 $I_{\Delta n}$ 应小于二次异相故障时的故障电流。

(2)RCD在TT系统中的应用

TT系统由于靠设备接地电阻将预期触电电压降低到安全电压以下十分困难，而故障电流通常又不能使过电流保护电器可靠动作，因而RCD的设置就显得尤为重要。

①RCD在TT系统中的典型接线　如图9-20所示，图中包含了三相无中性线、三相有中性线和单相负荷的情况。当所有设备都采用了RCD时，采用分别接地和共同接地均可。但当有的设备没有装设RCD时，未采用RCD的设备与装设RCD的设备不能采取共同接地。如图9-21a)所示，当末装RCD的设备2发生碰壳故障时，外壳电压将传导至设备1，而设备1的RCD对设备2的碰壳故障不起作用，因而是不安全的。对这种情况，可对采用共同接地的所有设备设置一个共同的RCD，如图9-21b)所示。但这种作法在一台设备发生漏电时，所有设备都将停电，扩大了停电范围。

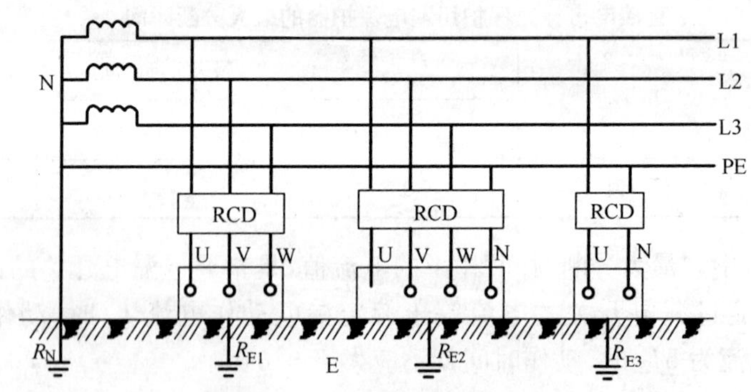

图9-20　TT系统中RCD典型接线示例

②接地仍是最基本的安全措施　不能因为采用了漏电保护而忽视了接地的重要性，实际上，在TT系统中漏电保护得以被采用，接地极形成的剩余电流通道是基本条件。但采用了漏电保护后，对接地电阻阻值的要求大大降低了。按 $R_E I_a \leqslant 50V$，TT系统的安全条件要求，式中 I_a 为在规定时间内使保护装置动作的电流，当采用RCD时，I_a 应为额定漏电动作电流 $I_{\Delta n}$，按此要求，对于瞬动(t≤0.2s)的RCD，$I_{\Delta n}$ 与接地电阻阻值在满足 $R_E I_a \leqslant 50V$ 条件时的关系见表9-5。

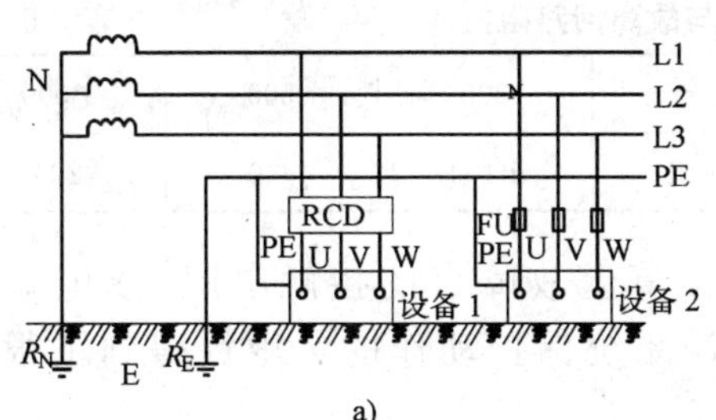

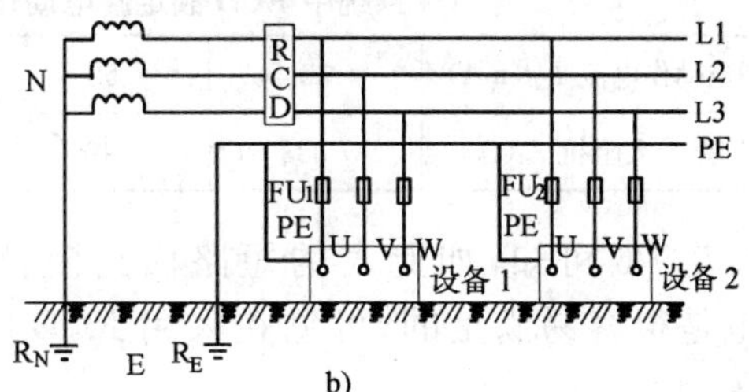

图 9-21 TT 系统采用共同接地时 RCD 的设置

a)不正确接法；b)正确接法

TT 系统中 RCD 额定漏电动作电流 $I_{\Delta n}$ 与设备接地电阻的关系 表 9-5

额定漏电动作电流 $I_{\Delta n}$(mA)	30	50	100	200	500	1 000
设备最大接地电阻(Ω)	1 667	1 000	500	250	100	50

可见，安装 RCD 对接地电阻阻值要求大大减少了。

(3)RCD 在 TN 系统中的应用

尽管 TN 系统中的过电流保护在很多情况下都能在规定时间内切除故障，但即使在这种情况下 TN 系统仍宜设置漏电保护。一则因为在系统设计时一般不会(有时也不可能)逐一校验每台设备(甚至可能是插座)处发生单相接地时过电流保护是否能满足电击防护要求；二则过电流保护不能防直接电击；三则当 PE 线或 PEN 线发生断线时，过电流保护对碰壳故障不再有作用。因此在 TN 系统中设置剩余电流保护，对补充和完善 TN 系统的电击防护性能及防漏电火灾性能是有很大益处的。

①TN-S 系统中 RCD 的作用

TN-S 系统中 RCD 的典型接法如图 9-22 所示。采用漏电保护后，电击防护对单相接地故障电流的要求大大降低。TN-S 的安全条件是 $I_d \geqslant I_a$，I_d 为单相接地故障电流，I_a 为使保护装置在规定时间内动作的电流，因 $I_d = U_\varphi / Z_s$，U_φ 为相电压，Z_s 为故障回路计算阻抗，则

$$I_a Z_s \leqslant U_\varphi \tag{9-13}$$

以 $U_\varphi = 220V$，$I_a = I_{\Delta n}$ 计算，对 Z_s 的要求见表 9-6。

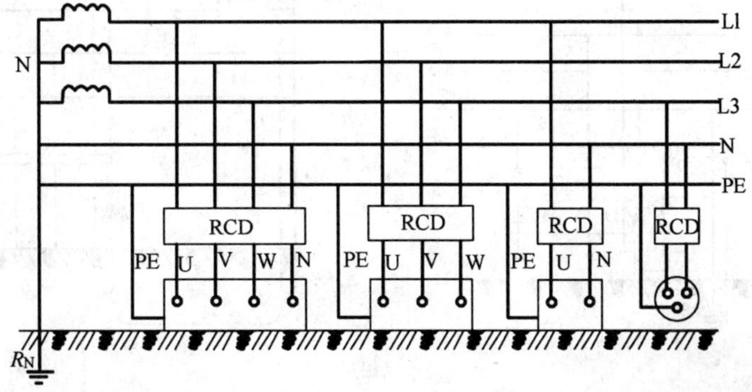

图 9-22 TN-S 系统中 RCD 的典型接线示例

TN 系统中 RCD 额定漏电动作电流与故障回路阻抗的关系　　表 9-6

额定漏电动作电流 $I_{\Delta n}$(mA)	30	50	100	200	500	1 000
故障回路最大阻抗 Z_s(Ω)	7 333	4 400	2 200	1 100	440	220

由表 9-6 可知，如此大的短路回路阻抗，即使算上故障点的接触电阻(或电弧阻抗)，也是很容易满足的，可见在采用 RCD 后，TN 系统保护动作的灵敏性得到了很大的提高。

②TN-C-S 系统中 RCD 对重复接地的作用

RCD 能否正常工作，剩余电流通道是否完好十分重要，对 TN-C-S 系统，剩余电流通道总有一段是 PEN 线，一旦 PEN 线断线，则剩余电流通道便被破坏，RCD 正常工作的条件便不成立，而重复接地可很好地解决这一问题。重复接地的电阻值不一定很小，但只要故障回路总阻抗(含重复接地电阻)满足表 9-6 中所列数值，则 RCD 就能可靠动作，如图 9-23 所示。

(4)正常工作时的泄漏电流

正常工作时系统对地的泄漏电流是引起 RCD 误动作的重要原因之一，对单相系统尤其如此。对地泄漏电流引起 RCD 误动作的原理如图 9-24 所示，图中集中示出了相线 L 和中性线 N、保护线 PE 的对地分布电容。因正常工作时 N 线电位基本上为地电位，故 N 线对地电容上基本上无电流产生；PE 线本身就是地电位，故 FE 线对地电容上也无电流产生；而相线对地电压为 220V，因此相线对地电容上有电流产生，其大小等于 $U_{\varphi}\omega C$(U_{φ} 为相电压)，该电流从相线流出，但不经中性线流回系统，而是从系统中性点接地电阻流回系统，对于 RCD 来说，这个电流便成为剩余电流。一旦这个电流达到 $I_{\Delta n}$，使会引起 RCD 误动作。泄漏电流的存在，给配 RCD 动作值 $I_{\Delta n}$ 的选取带来了困难。一方面为了使保护更灵敏，需要使 $I_{\Delta n}$ 尽可能小，但为了使 RCD 在泄漏电流作用下不发生误动作，又应使 $I_{\Delta n}$ 尽可能大，而 $I_{\Delta no}=I_{\Delta n}/2$。因此确定泄漏电流的大小，对于确定 RCD 的参数有着重要意义。由于泄漏电流大小与导线敷设方式、敷设部位和环境、气候等因素相关。因此准确确定泄漏电流大小是有困难的，表 9-7 给出了单位长度导线的泄漏电流值，表 9-8 给出了常用电器的泄漏电流值、表 9-9 给出了电动机的泄漏电流，可供参考。

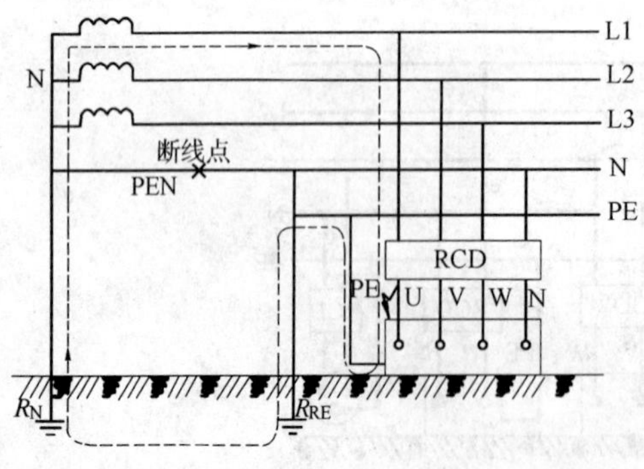

图 9-23　重复接地在 PEN 断线时对 RCD 的作用

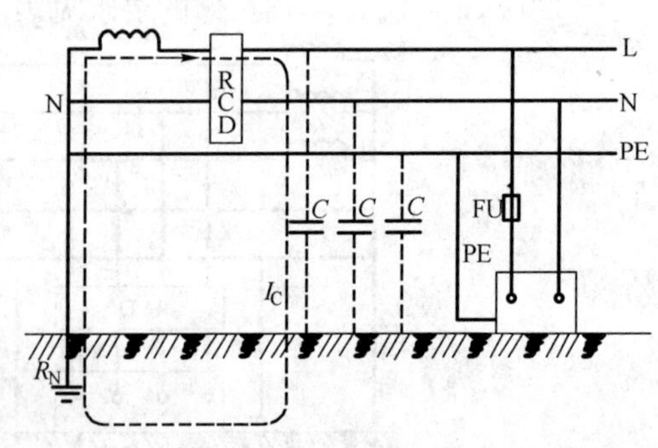

图 9-24　泄漏电流引起 RCD 误动作

220V/380V 单相及三相线路埋地、沿墙辐射穿管电线每公里泄漏电流　　表 9-7

截面积(mm²) 泄漏电流(mA/km) 绝缘材质	4	6	10	16	25	35	50	95	120	150	185	240
聚氯乙烯	52	52	56	62	70	70	79	99	109	112	116	127
橡皮	27	32	39	40	45	49	49	55	60	60	60	61
聚乙烯	17	20	25	26	29	33	33	33	38	38	38	39

荧光灯、家用电器及计算机泄漏电流　　表 9-8

设 备 名 称	形　　式	泄漏电流(mA)
荧光灯	安装在金属构件上	0.1
	安装在木质或混凝土构件上	0.02
家用电器	手握式 I 级设备	≤0.75
	固定式 I 级设备	≤3.5
	II 级设备	≤0.25
	I 级电热设备	≤0.75～5
计算机	移动式	1.0
	固定式	3.5
	组合式	15.0

电动机泄漏电流　　表 9-9

额定功率(kW) 泄漏电流(mA) 运行方式	1.5	2.2	5.5	7.5	11	15	18.5	22	30	37	15	55	75
正常运行	0.15	0.18	0.29	0.38	0.50	0.57	0.65	0.72	0.87	1.00	1.09	1.22	1.48
电动机起动	0.58	0.79	1.57	2.05	2.39	2.63	3.03	3.48	4.58	5.57	6.60	7.99	10.54

理论上讲，为了使 RCD 在泄漏电流作用下不误动作，应使 RCD 的额定漏电不动作电流 $I_{\Delta n0}$ 大于泄漏电流。但实际应用时，一般用额定漏电动作电流 $I_{\Delta n}$ 计算，并考虑一定的富裕量，计算要求如下（I_{1k} 为泄漏电流）：

①用于单台用电设备时，$I_{\Delta n} \geqslant 4I_{1k}$；

②用于线路时，$I_{\Delta n} \geqslant 2.5I_{1k}$ 且同时 $I_{\Delta n}$ 还应满足大于等于其中最大一台用电设备正常运行时泄漏电流的 4 倍的条件；

③用于全网保护时，$I_{\Delta n} \geqslant 2I_{1k}$。

(5)各级剩余电流保护器的配合

剩余电流保护与短路保护或过载保护类似，也应该具有选择性，这种选择性靠动作时间或动作电流来配合，配合原则如下。

①电流配合 上一级漏电开关的额定漏电动作电流 $I_{\Delta n} \times (1/2)$ 大于下一级漏电开关的额定漏电动作电流。

应注意的是，这一条件只是确定上级开关 $I_{\Delta n}$ 的条件之一，例如，若下级开关 $I_{\Delta n}=30\text{mA}$。则上级开关 $I_{\Delta n}=80\text{mA}$ 即满足要求，但若下级共有 10 个回路，每一回路正常工作时的泄漏电流均为 10mA，则此时流过上级开关的泄漏电流就为 100mA，此时应按泄漏电流确定上级开关 $I_{\Delta n}$。

上式中"1/2"的由来是这样的，理论上上、下级开关的配合，应是"上级开关的额定漏电不动作电流 $I_{\Delta no}$ 大于下级开关额定漏电动作电流 $I_{\Delta n}$，而上级开关的 $I_{\Delta no}=I_{\Delta n}/2$，这是 RCD 产品标准的推荐值，所以用 $I_{\Delta n}$ 替代 $I_{\Delta no}$ 时，应乘以 1/2"。

②时间配合 上级漏电保护的动作时限应大于下级漏电保护的动作时限。因为 RCD 的动作与低压断路器长延时脱扣器动作不同，无动作惯性，一旦漏电电流被切断，动作过程立刻停止并返回，故一般可不考虑返回时间问题。

以上的时间配合和电流配合，只要有一种配合满足要求，就可以认为上、下级之间具有了选择性。

五、电气隔离

电气隔离是指使一个器件或电路与另外的器件或电路在电气上完全断开的技术措施，其目的是通过隔离提供一个完全独立的规定的防护等级，使得即使基础绝缘失效，在机壳上也不会发生电击危险。

在工程上，最常用的方法是用 1∶1 的隔离变压器进行电气隔离。

采用电气隔离的系统如图 9-25 所示，其中设备 0 为采用电动机一发电机的电气隔离，设备 1、2、3 为采用变压器的电气隔离。从图中可清楚地看出，隔离变压器两侧只是通过磁路联系的，没有直接的电气联系，符合电气隔离的条件。在工程应用中，应保证这种隔离条件不被破坏才行。

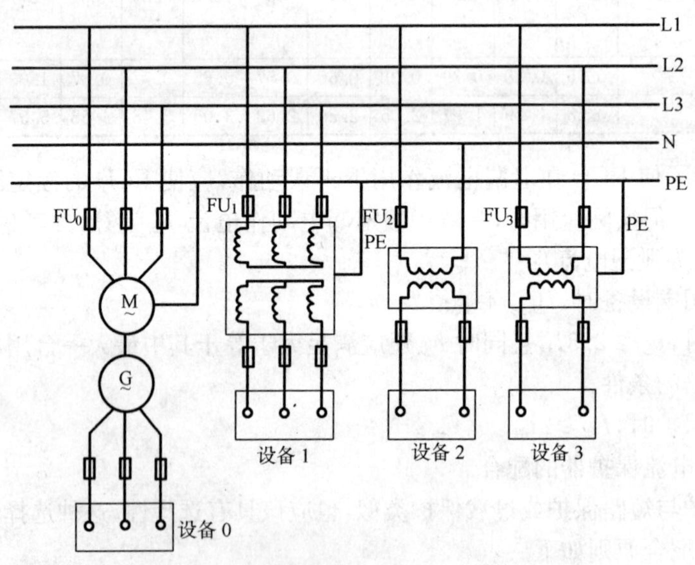

图 9-25 电气隔离示例

应用电气隔离须满足以下安全条件：

(1)隔离安压器具有加强绝缘的结构。

(2)二次边保持独立，即不接大地、不接保护导体、不接其他电气回路。

(3)二次回路电压不得超过 500V,长度不应超过 200m。

(4)根据需要,二次边装设绝缘监视装置;采用间距、屏护措施或进行等电位连接。

六、安全电压

1. 安全电压的限值和额定值

(1)限值 限值为任何两根导体间可能出现的最高电压值。我同标准规定工频电压有效值的限值为 50V。直流电压的极限值为 120V。当接触面积大于 $1cm^2$,接触时间超过 1s 时,建议干燥环境中工频电压有效值的限制为 33V,直流电压限值为 70V;潮湿环境中工频电压有效值为 16V,直流电压限值为 35V。

(2)额定值 我国规定工频有效值的额定值有 42V、36V、24V、12V 和 6V。特别危险环境中使用的手持电动工具应采用 42V 安全电压;有电击危险环境中使用的手持照明灯和局部照明灯应采用 36V 或 24v 安全电压;金属容器内、特别潮湿处等特别危险环境中使用的手持照明灯采用 12V 安全电压;水下作业等场所应采用 6V 安全电压。

2. 安全电压电源和回路配置

(1)安全电源 安全电压应采用具有加强绝缘的隔离电源。可以采用隔离变压器、发电机、蓄电池或电子装置作为安全电压的电源。

(2)回路配置 安全电压回路必须与较高电压的回路保持电气隔离,并不得与大地、保护导体或其他电气回路连接,但变压器一次与二次之间的屏蔽隔离层应按规定接地或接零。安全电压的配线应与其他电压的配线分开敷设。

(3)插座 安全电压的插座应与其他电压的插座有明显区别,或采用其他措施防止插销插错。

(4)短路保护 电源变压器的一次边和二次边均应装设熔断器作短路保护。

第三节 建筑物的电击防护

建筑物的电击防护是通过在工作场所采取安全措施来降低甚至消除电机危险性,它主要包括非导电场所和等电位联结两种方法。

一、非导电场所

非导电场所是指利用不导电的材料制成地板、墙壁、顶棚等,使人员所处环境成为一个有较高对地绝缘水平的场所。在这种场所中,当人体一点与带电体接触时,不可能通过大地形成电流回路,从而保证了人身安全。工程上,非导电场所应符合以下安全条件。

(1)地板和墙壁每一点对地电阻,交流有效值 500V 及以下时应不小于 50kΩ,交流有效值 500V 以上时应不小于 100kΩ。

(2)尽管地面、墙面的绝缘使场所内与场所外失去了电气联系,但就场所内而言,若同时触及了带不同电位的带电体,仍有电击危险,因此,仍应采取屏护与间距等措施,以避免人员因同时触及可能带不同电位的导体面发生电击伤害事故。如图 9-26 所示,当两台设备间净距大于 2.5m 时,可认为不能被人员同时触及,满足通过间距防止电击的条件;而当两台设备间净距小于 2.5m 时,必须通过隔离防止电击,这时由于被隔离的两部分均可能有人员在场,故应采用绝缘材料作隔离体，若用导体作隔离体，则被隔离两侧的人员有可能将各自设备上的不同电位引至隔离体，从而发生电击。

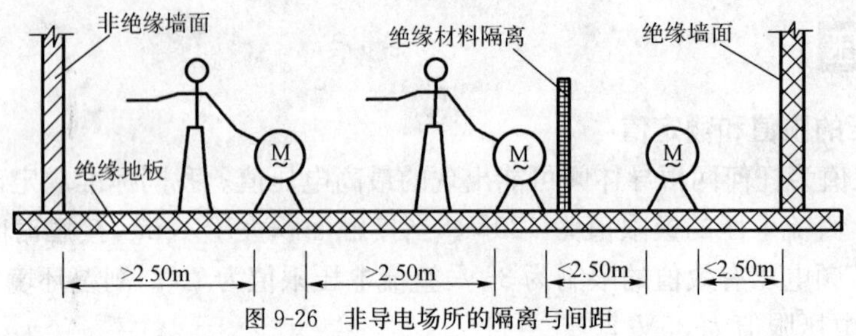

图 9-26　非导电场所的隔离与间距

(3)为了保证不导电场所特征，场所内不得设置 PE 线。

(4)非导电场所内的装置外可导电部分不允许在非导电场所外出现电位。如图 9-27 所示，金属风管一部分在非导电场所内，另一部分在非导电场所外，若非导电场所内人员一只手触及带电体，另一只手触及金属风管，则带电体的电位通过人体和金属管道会传导至非导电场所外，而非导电场所外不能保证金属管道与大地或其他导体的绝缘，于是就有可能在这个电位的作用下形成电流回路，危及人身安全。同时，也存在非导电场所外的电位通过该金属管道引入非导电场所内的可能性。因此，在有这种可能性存在时，应采取适当的技术措施来保证安全，如对装置外可导电部分绝缘或隔离等。

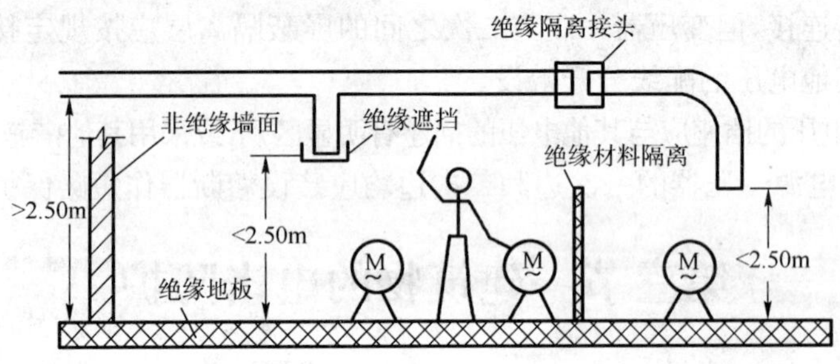

图 9-27　非导电场所与外界的隔离

二、等电位联结

与非导电场所类似，等电位联结也是一种“场所”的电击防护措施，所不同的是，非导电场所靠阻断电流流通的通道来防止电击发生，而等电位联结靠降低接触电压来降低电击危险性。最典型的例子是在可能发生人手触及带电体的场所，在带电体对地电压一定的情况下，通过等电位联结，抬高地板的对地电压，从而降低人体手、脚之间的电位差，以此来降低电击危险性。

应该指出，等电位联结不只是一种建筑物的电击防护措施。如采用电气隔离对多台设备供电时，就需要对不同设备外壳采取等电位措施，以防止不同设备发生异相碰壳而外壳又被人员同时触及时所发生的电击伤害事故，这时等电位联结的作用，除了降低接触电压外，还可造成短路，使过电流保护电器在短路电流作用下动作来切断电源。

1. 等电位联结原理

以 TT 系统为例，如图 9-28、图 9-29 所示，图 9-28a)为一个无等电位联结的 TT 系统接线图，图 9-28b)为发生碰壳故障时接地体散流场的等位线和地坪面电位分布，以无穷远处地电位为参考零电位。图中，U_a 为设备外壳对地电位，U_b 为接地体对地电位，U_a 与 U_b 之差为接地 PE 线 ab 段上的压降。人体预期接触电压 U_t 为设备外壳电位与人员站立处地坪面电位之差，最不利情况为人体离接地体较远，站立处地坪面电位接近参考零电位，这时 $U_t=U_a$，它包括了接地体上压降与接地 PE 线上压降，为这二者之和。

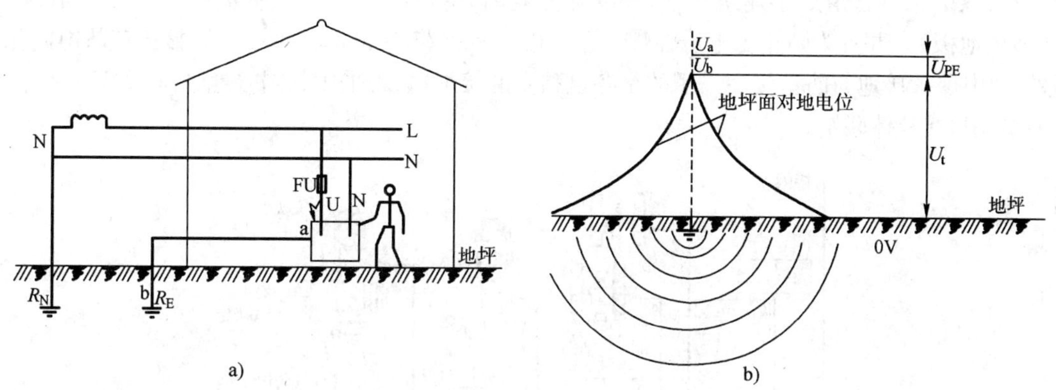

图 9-28 无等电位联结时的预期接触电压

有等电位联结的情况如图 9-29a)所示，此时将进入建筑物的水管、暖气管、建筑物地板内钢筋等作电气联结，形成等电位联结体，并与设备接地装置 R_E 电气联结。图 b)表示当设备发生单相碰壳故障时接地体散流场的等位线和地坪面上的电位分布，从图中可见，人体预期接触电压 U_t 仅为 PE 线 ae 段上的压降。此时等电位体 c 上电位与接地体设备侧电位基本相等，因而在等电位体作用范围内的地坪面电位被抬高，使得人体接触电压 U_t 被大幅降低。

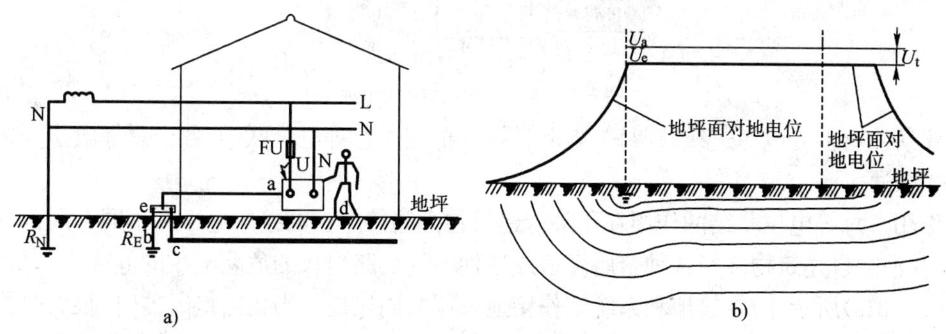

图 9-29 有等电位联结时的预期接触电压

2. 总等电位、辅助电位和局部等电位联结

在建筑电气工程中，常见的等电位联结措施有三种，即总等电位联结、辅助等电位联结和局部等电位联结，其中局部等电位联结是辅助等电位联结的一种扩展。这三者在原理上都是相同的，不同之处在于作用范围和工程作法。

(1)总等电位联结(Main Equipotential Bonding，MEB)

①作法 总等电位联结是在建筑物电源进线处采取的一种等电位联结措施，它所需联结的导电部分有：

a 进线配电箱的 PE(或 PEN)母排；

b 公共设施的金属管道，如上、下水，热力，煤气等管道；

c 应尽可能包括建筑物金属结构；

d 如果有人工接地，也包括其接地极引线。

总等电位联结系统的示意图如图 9-30 所示。应注意的是，在与煤气管道作等电位联结时，应采取措施将管道处于建筑物内、外的部分隔离开，以防止将煤气管道作为电流的散流通道(即接地极)。并且为防止雷电流在煤气管道内产生火花，在此隔离两端应跨接火花放电间隙。另外，图中保护接地与防雷接地采用的是各自独立的接地体，若采用共同接地，应将 MEB 板以短捷的路径与接地体联结。

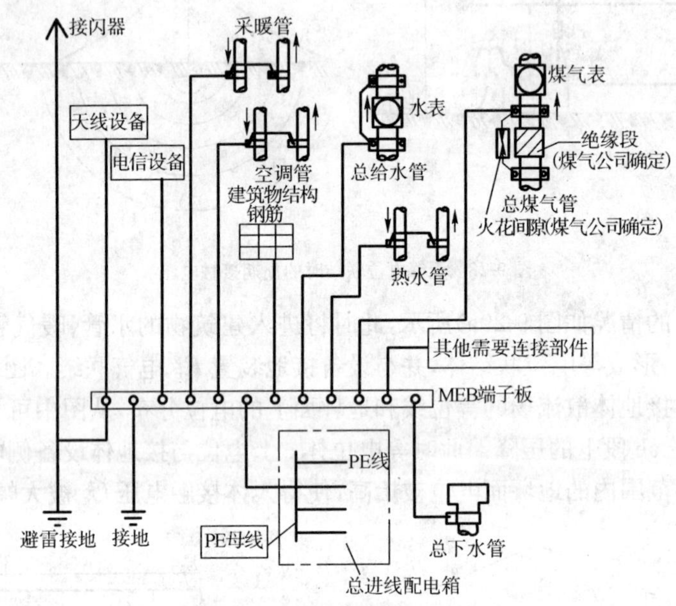

图 9-30 总等电位联结系统示例

若建筑物有多处电源进线，则每一电源进线处都应作总等电位联结，各个总等电位联结端子板应互相联通。

②作用 总等电位联结的作用在于降低建筑物内间接电击的接触电压和不同金属部件间的电位差，并消除自建筑物外经各种金属管道或各种电气线路引入的危险电压的危害。

如图 9-31a)所示，防雷接地和系统工作接地采用共同接地。当雷击接闪器时，很大的雷电流会在接地电阻上产生很大的压降，这个电压通过接地体传导至 PE 线，若有金属管道未作等电位联结，且此时正好有人员同时触及金属管道和设备外壳。就会发生电击事故。

又如图 9-31b)所示。进户金属管道未作等电位联结，当室外架空裸导线断线接触到金属管道时，高电位会由金属管道引至室内，若人触及金属管道，则可能发生电击事故；而图 9-32 所示为有等电位联结的情况，这时 PE 线、地板钢筋、进户金属管道等均作总等电位联结、此时即使人员触及带电的金属管道，在人体上也不会产生电位差，因而是安全的。

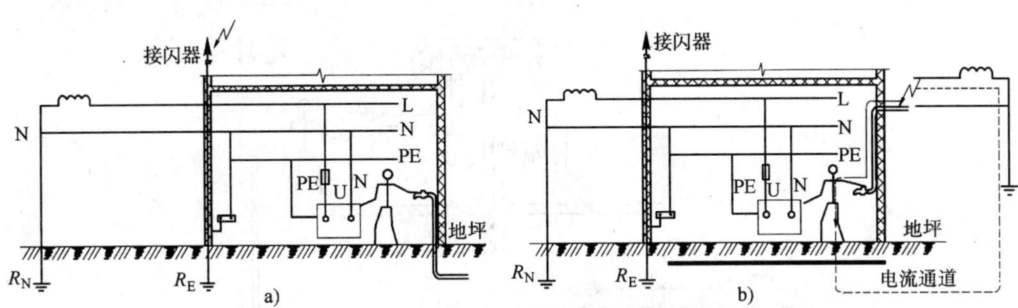

图 9-31 无总等电位联结

a)无总等电位联结的危害(一);b)无总等电位联结的危害(二)

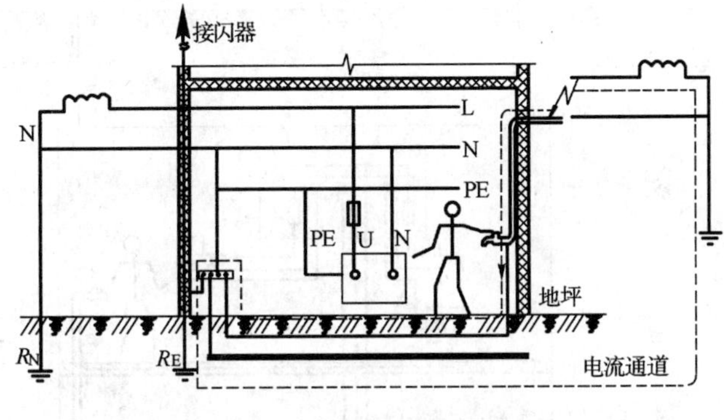

图 9-32 有总等电位联结

(2)辅助等电位联结(Supplementary Equipotenttal Bouding,SEB)

①功能及作法 将两个可能带不同电位的设备外露可导部分和(或)装置外可导电部分用导线直接联结,使故障接触电压大幅降低。

②示例 如图 9-33a)所示,分配电箱 AP 既向固定式设备 M 供电,又向手握式设备 H 供电。当 M 发生碰壳故障时,其过流保护应在 5s 内动作,而这时 M 外壳上的危险电压会经 PE 排通过 PE 线 ab 段传导至 H,而 H 的保护装置根本不会动作。这时手握设备 H 的人员若同时触及其他装置外可导电部分 E(图中为一给水龙头),则人体将承受故障电流 I_d 在 PE 线 mn 段上产生的压降,这对要求 0.4s 内切除故障电压的手控式设备 H 来说是不安全的。若此时将设备 M 通过 PE 线 de 与水管 E 作辅助等电位联结,如图 9-33(b)所示,则此时故障电流 I_d 被分成 I_{d1} 和 I_{d2} 两部分回流至 MEB 板,此时 $I_{d1}<I_d$,PE 线 mn 段上压降降低,从而使 b 点电位降低,同时 I_{d2} 在水管 eq 段和 PE 线 qn 段上产生压降,使 e 点电位升高,这样,人体接触电压 $U_t=U_b-U_e=U_{be}$ 会大幅降低,从而使人员安全得到保障。(以上电位均以 MEB 板为电位参考点)

由此可见,辅助等电位联结既可直接用于降低接触电压,又可作为总等电位联结的一个补充进一步降低接触电压。

(3)局部等电位联结(LocaI Equipotential,LEB)当需要在一局部场所范围内作多个辅助等电位联结时,可将多个辅助等电位联结通过一个等电位联结端子板来实现,这种方式叫做局部等电位联结,这块端子板称为局部等电位联结端子板。

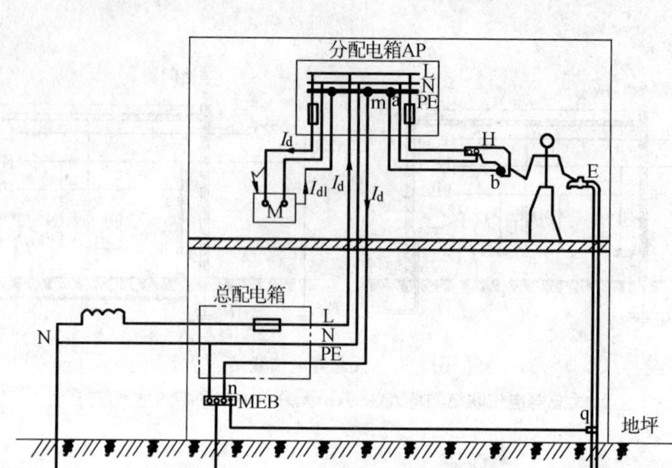

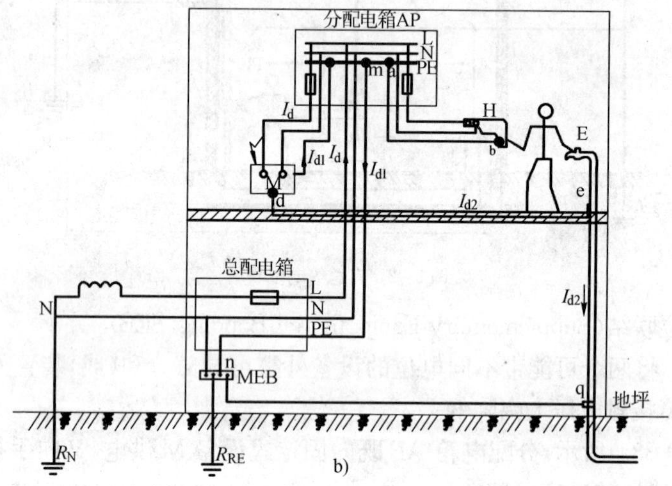

图 9-33 辅助等电位联结作用分析

局部等电位联结应通过局部等电位联结端子板将以下部分联结起来：

①PE 母线或 PE 干线；

②公用设施金属管道；

③尽可能包括建筑物金属构件；

④其他装置外可导电体和装置的外露可导电部分。

在图 9-34 的例子中，若采用局部等电位联结，则其接线方法如图 9-34 所示。

3. 不接地的等电位联结

不接地的等电位联结是等电位联结措施的一种特殊应用，一般用于非导电场所。如图 9-35所示，当非导电场所中两台设备外壳净距小于等于 2.5m 时，可视为能被人员同时触及，若因故障使两设备外壳带不同电位，则人员同时触及时就会有电击危险，因此需要作辅助等电位联结。对由外界引入的不接地的导体，只要与其他设备净距不大于 2.5m，也需作辅助等电位联结；而对由外界引入的接地的导体，为保证不导电场所成立，需用绝缘罩盖遮盖。三孔单相插座因很可能供移动式或手握式设备，与其他设备间的距离不确定，因此其保护线插孔也应与就近设备作辅等电位联结。

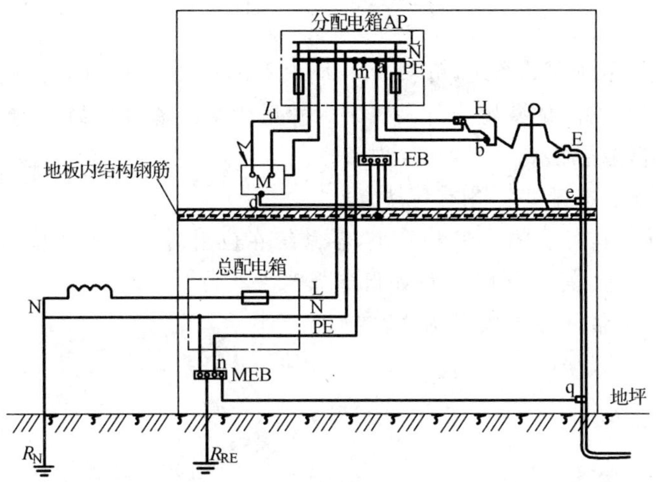

图 9-34　局部等电位联结

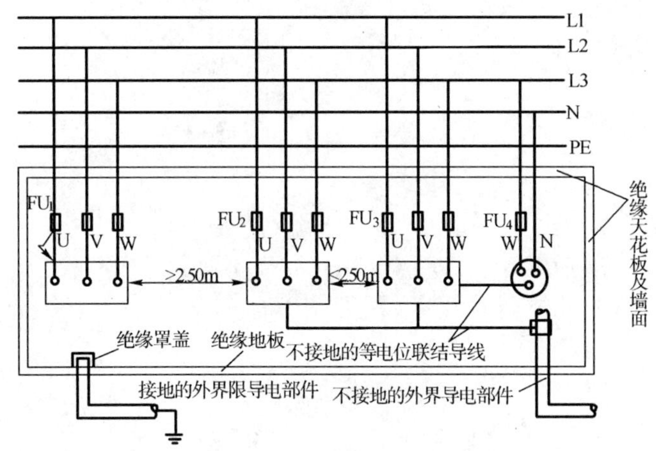

图 9-35 不接地的等电位联结

思考题

1. 何谓 TN 系统？在 TN 系统中进行重复接地有什么意义？
2. 接触电压和跨步电压是如何形成的？有何区别？
3. 什么是保护接地？什么是保护接零？有何区别？
4. 什么叫接地电阻？人工接地的接地电阻主要指的是哪一部分电阻？
5. 什么叫共用接地和独立接地？各有何有缺点？
6. 建筑物的电击防护措施主要有哪些？
7. 某 380V IT 系统有两路电缆馈线 L_1 和 L_2，L_1 长度为 150m，L_2 长度为 230m，，两条线

路上所有设备的接地电阻均为10Ω，且采用分别接地。试计算当线路L_1上某台设备发生单相碰壳故障且被人触及时，流过人体电流的大小。（不考虑设备本身的对地泄露电流，人体接触阻抗取为纯阻性1 000Ω。）

8. 某路灯回路采用了TT系统，灯具功率$P_r=250W$，$\cos\varphi=0.6$，灯具接地电阻为10Ω，系统中性点接地电阻为4Ω。试整定作灯具短路保护用的熔断器熔体额定电流，并校验在单相碰壳故障发生时熔断器能否在规定时间5s内动作。

9. 等电位连接方法有哪些？各有何缺点？

10. 剩余电流保护器可应用于何种系统，各系统在应用时应注意哪些问题？

11. 在选择RCD时，其$I_{\Delta n}$和$I_{\Delta no}$将如何选择？并举例说明。

12. 供配电系统中常见过电压有哪些？

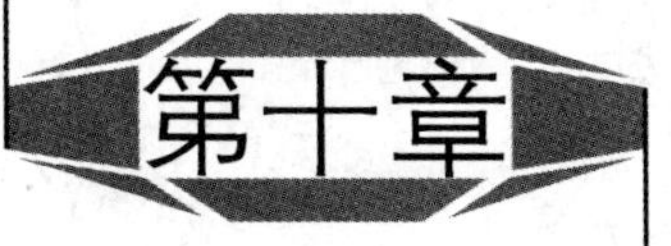

第十章 建筑物的雷击防护

雷电是一种强烈的大气放电现象。雷电闪击能够对地面上的建筑物和设施产生严重的破坏作用，它是间接和直接造成许多灾害的根源之一。长期以来，关于建筑物的防雷保护问题一直是建筑电气工程中一个必须考虑的重要问题，随着现代建筑智能化趋势的迅猛发展，这一问题的重要性正日益显著。

第一节　概　　述

一、雷电的形成

1. 雷云的形成

一般认为，雷云是在某些适当的气象和地理条件下，由强大的潮湿热气流不断上升进入稀薄大气层后冷凝的结果。在夏季，由于太阳的照射，使得地面上的水分部分地转化为蒸汽，同时地面本身也因吸收太阳的辐射热量而温度升高，这种晒热的地面又将进一步加热地面附近的暖湿空气。空气受热后发生膨胀，其密度减小，压强也减小，因此热空气就会上升，从而形成上升的热气流。太阳辐射几乎不能直接使空气变热，热气流每上升 1km，其温度约下降 10℃。当热气流上升到高空稀薄大气层遇到这里的冷空气时，气流团中的水蒸气就会冷凝并结成小水滴，形成雷云。除此之外，当冷气团或暖气团水平移动时，在其前锋交界面两侧，温度相差很大，锋面下侧的冷气团将锋面上侧的暖气团抬高，形成锋面雷云，如图 10-1 所示。与热雷云相比，锋面雷云的覆盖范围是相当大的。

图 10-1　锋面雷云形成示意

雷云的带电可能是一个综合性过程，主要需要考虑以下三种效应。

(1)水滴分裂效应

云中的水滴在强气流作用下会被吹裂，较大的残滴带正电荷，较小的残滴带负电荷。由于较小的残滴质量轻，会被气流携带走，于是在云的各个部分可能会出现不同的电荷。

(2)感应起电效应

大量测试结果表明，地球带负电，其电荷量约为 50 万库仑，而在地球的上空存在着一个带正电荷的电离层，于是在电离层与地面之间就形成了一个电力线指向地面的大气电场 。在这一大气电场的作用下，云中的水滴将被感应极化，其上部出现负电荷，下部出现正电荷。

(3)水滴结冰效应

水在结冰时会带正电荷，而未结冰的水带负电荷。因此，在云中的冰晶粒区中，当上升气流将冰晶粒上面的水分带走后，就会产生电荷分离，使冰晶粒带上正电荷。

一般情况下，雷允内部的各个部分都会出现电荷，有的部分带正电荷，有的部分带负电荷，电荷分布很不规则，且分布的随机性很大。但是，如果从远处看雷云的外部，可以把雷云内部的电荷分布宏观地看成是三个电荷集中区，如图 10-2 所示，正电荷集中区 P 在雷云中的上部，负电荷集中区 N 在雷云中的下部，弱正电荷集中区 P′在雷云的底部。

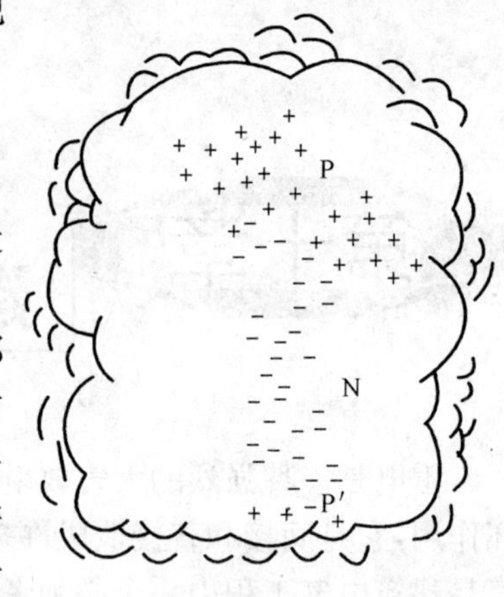

图 10-2　雷云内部的三个电荷集中区

实际上，雷云内部的电荷分布远不是均匀集中的，常会形成很多个电荷密集中心，每个电荷密集中心的电荷量约为0.1～10库仑，而一大块雷云的整体净电荷可达上百库仑。雷云内部的平均电场强度约为1.5×10^5V/m，在雷击时可达 3.5×10^5V/m，雷云下方地面上的场强一般为$(1.5\sim4.5)\times10^4$V/m，最大可达 1.5×10^5V/m。由图 10-2 可见，如果从雷云下方观察雷云，雷云好像是带负电荷的，它在云与地之间产生电场的方向与晴天大气电场的方向是相反的。因此，在雷暴到来时，常会观察到大气中电场会突然改变方向，如图 10-3 所示。在晴天时，大气电场方向是上正下负，指向地面，见图 10-3a)。在出现雷云时，由于雷云自身电荷及其在地面上的感应作用，使云与地之间的电场突然改变方向，变为上负下正，指向雷云，见图 10-3b)。当雷云发展到成熟阶段时，云与地之间的这种反向的电场强度将进一步增大，这就为雷云向地面或地面目标的放电创造了条件，如图 10-3c)所示。

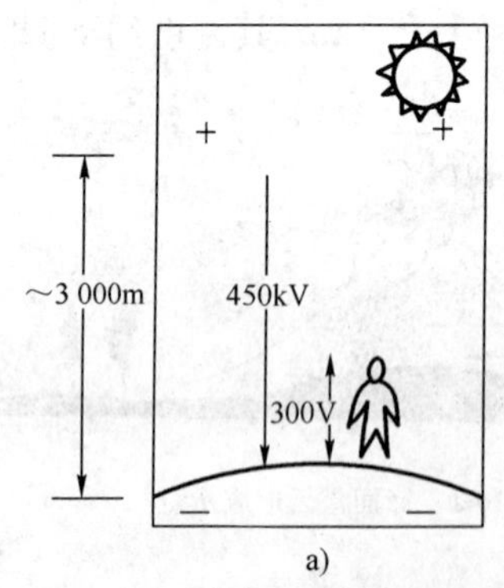

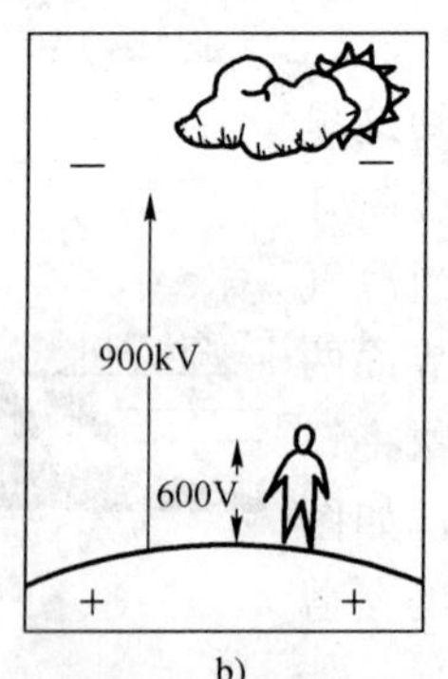

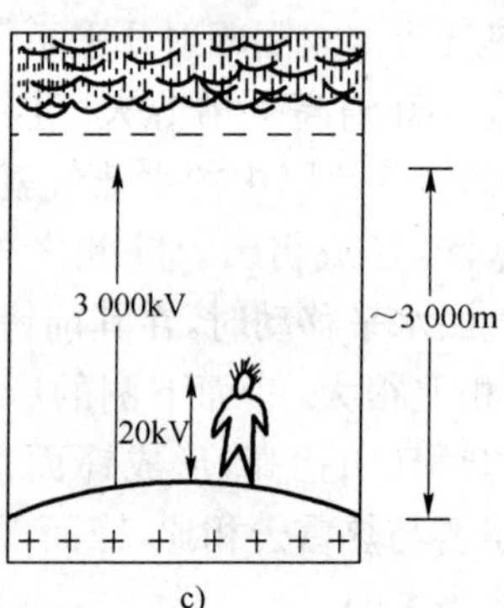

图 10-3　雷暴到来时云地间电场及电位差变化

a)晴天大气电场；b)雷云出现时大气电场反向；c)雷云前反向大气电场增强

2. 雷云放电过程

雷云对地放电过程可分为三个阶段，即先导放电阶段、回击阶段和余晖阶段。现分别加以介绍。

(1)先导放电阶段

带电雷云在地面上空形成后，由于静电感应的作用，雷云电荷在地面上感应出反极性的电荷。雷云下部的电荷大多数为负极性的，因此，在地面上感应出的电荷多为正极性的，如图10-4a)所示。随着雷云的发展，在其内部负电荷集中区N与弱正电荷集中区P′之间的电场强度将达到足够高的数值(超过10^6V/m)，能够将这里的水滴和冰晶粒之间的空气击穿，使得这两个电荷集中区间首先发生放电，如图10-4b)所示。这一内部放电所形成的流注(由一系列再生电子崩构成的游离波)向下方延伸，为雷云对地放电打下基础。当雷云发展到使云与地之间的局部空间场强超过空气的绝缘强度[约(2.5～3)×10^6V/m]时，局部空气的游离将会发生，使得这里的空气由原来的绝缘状态转变为导电状态。空气的游离从雷云底部开始，使流注越过雷云底部边缘向下发展，各流注的发展将形成一种向下运动的热游离通道，即下行先导，如图10-4c)所示。在先导的头部实际上是由许多流注组成的游离区，先导放电就是依靠其头部的流注放电来维持的。估计先导前端的对地电位可高达10～100MV，这种流注区的大小与雷云及先导通道中所带电荷的多少有关，它的位置对地面或地面物体上的落雷点(雷击点)将起着决定性的作用。下行先导放电并不是连续进行的，不能一次性贯通雷云与地之间的全部空间，而是以阶跃的方式分级发展。每一段先导的发展速度很快，平均约为10^7m/s，但它在发展到一定长度(平均约50m)后就要停歇一段时间(约30～90μs)，然后再继续发展，所以先导放电发展的总体速度相对比较慢，约为(1～2)10^5m/s。由于先导通道具有较高的电导率，雷云中的负电荷将沿先导通道分布，并随先导的发展而不断向下伸展，相应地，在地面及地面物体上感应出的正电荷也逐步增多。使得先导通道前端与地面之间的电场强度也逐渐增大，这将会进一步促进下行先导向地面的发展。

(2)回击阶段

下行先导通道发展到临近地面时，由于其头部与地面物体之间的距离很短，场强可达到非常高的数值，使得这里的空气急剧游离，从而把先导通道中的负电荷与地面或地面物体上的正电荷接通，如图10-4d)所示。正、负电荷将分别向上和向下运动，去中和各自异性电荷，于是就开始了回击阶段。回击也常称为主放电，如图10-4e)所示。回击阶段所需的时间极短，只有50～100μs，其发展速度也比先导放电快得多，约为(2～15)10^7m/s。由回击所产生的雷电流很大，可达几百千安。在回击阶段，由于电荷的强烈中和以及放电通道中电流很大，使得通道的温度迅速升高，发出耀眼的闪光，这就是人们所见到的闪电。同时，由于放电通道的高温使周围的空气骤然膨胀，以及在放电光花作用下使空气分解，并产生瓦斯爆炸，回击时将发出强大的雷鸣，这也就是人们在看到闪电后所听到的震耳欲聋的雷声。

a)

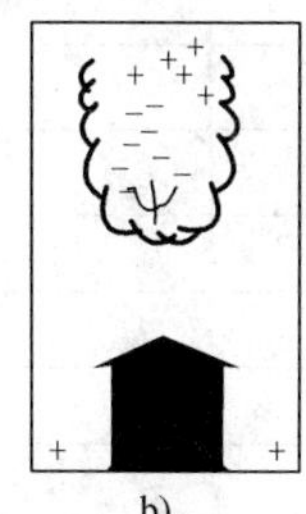
b)

c)

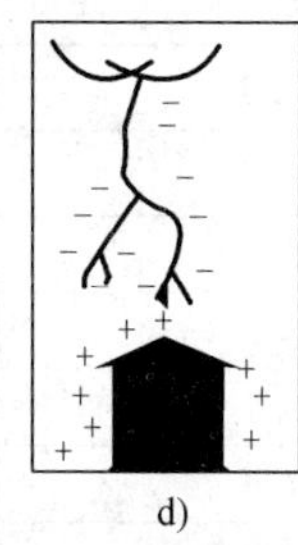
d)

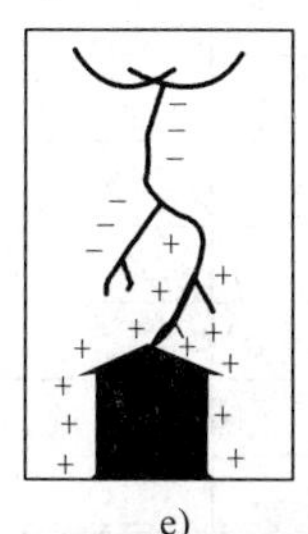
e)

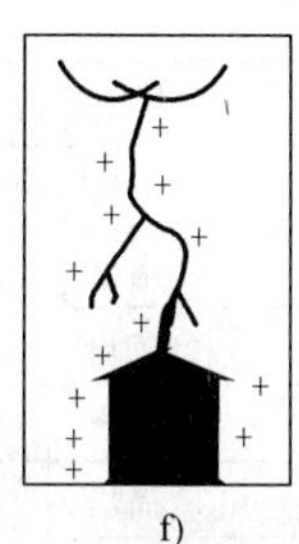
f)

图10-4　雷云对地的放电过程

a)放电前雷云中电荷结构；b)雷云内N与P′先放电击穿；c)雷云底部形成下行先导；d)下行先导到达地面物体；e)回击开始；f)回击发展到云端

(3)余晖阶段

回击阶段在回击到达雷云端时就结束,如图10-4f)所示。然后,雷云中已放电的电荷区中的残余电荷经过主放电通道流向大地,这时通道中尚维持着一定的辉光,故称为余晖阶段。回击结束后,通道中的电导率大为减小,电荷运动较慢,所以在余晖阶段所产生的雷电流不大,约为100～1 000A,但其持续时间却很长,可达0.03～0.05s。

二、雷电参数

1.雷电日

地面上不同地区雷电活动的频繁程度通常是以年平均雷电日数度量的。雷电日的定义是:在指定地区内一年四季所发生雷电放电的天数,以 T_d 表示。一天内只要听到一次或一次以上的雷声就算是一个雷电日。这里所说的雷声既包括雷云对地放电发出的,也包括雷云之间放电发出的,由此可知,雷电日并不仅仅表征地面落雷的频繁程度。由于在不同年份中观测到的雷电日数变化较大,所以要将多年份雷电日观测数据进行平均,取其平均值(即年平均值)作为防雷设计中使用的雷电日数据。由于我国幅员辽阔,各地区的雷电日数之间存在着较大的差异。全国各地的雷电活动情况大致可归结为:华南比西南强,华北比东北强,西南比长江流域强,长江流域比华北强,华北比东北强,海南省和广东的雷州半岛是我国雷电活动最为频繁的地区,它们的年平均雷电日高达100～133。北纬23.5℃以南一般在80以上,北纬23.5℃到长江一带约为40～80,长江以北大部分地区(包括东北)多在20～40之间,全国一些重要城市的年平均雷电日见表10-1。根据雷电活动的频繁程度,通常把我国年平均雷电日数超过90的地区叫做强雷区,把超过40的地区叫做多雷区,把不足15的地区叫做少雷区。

全国一些重要城市的年平均雷电日　　表10-1

城　市	雷　电　日	城　市	雷　电　日
北京	36.7	武汉	37.8
天津	28.6	长沙	49.5
石家庄	31.5	广州	87.6
太原	36.4	南宁	88.6
呼和浩特	37.5	成都	36.9
沈阳	27.1	贵阳	48.9
长春	36.6	昆明	62.8
哈尔滨	30.9	拉萨	73.2
上海	32.2	西安	17.3
南京	35.1	兰州	23.6
杭州	40.0	西宁	32.9
合肥	30.1	银川	19.7
福州	57.6	乌鲁木齐	9.3
南昌	58.5	海口	113.8
济南	26.3	台北	27.9
郑州	22.6	香港	34.0

2. 地面落雷密度

雷电日的统计未区分雷云之间放电和雷云对地放电,从大量的观察结果来看,雷云之间放电远多于雷云对地放电。在一定区域内,如果雷电日数越多,则雷云之间放电的比重也就越大。雷云之间放电与雷云对地放电之比在温带约为 1.5～3,在热带约为 3～6。应当说,对于建筑物防雷设计来说,更具有实际意义的是雷云对地放电的年平均次数,但目前还缺乏这方面比较可靠的观察统计数据。

雷云对地放电的频繁程度可以用地面落雷密度 γ 来表示,γ 是指每个雷电日每平方公里地面上的平均落雷次数。事实上,地面落雷密度 γ 与年平均雷电日数 T_d 有关,如果 T_d 增大,则 γ 也将随之增大。由于我国幅员广大,T_d 变化很大,γ 变化也很大,因此在防雷设计中一律采用同一个 γ 值将会造成误差。关于地面落雷密度 γ 与年平均雷电日数 T_d 之间的关系,可采用以下经验公式来近似计算

$$\gamma = \alpha T_d^c \tag{10-1}$$

式中:T_d——当地年平均雷电日数;

α——常数,取值为 0.024;

c——常数,取值为 0.3。

于是,每平方公里年平均落雷次数 N_g 可表示

$$N_g = \gamma T_d = \alpha T_d^{1+c} = 0.024 T_d^{1.3} \tag{10-2}$$

上式中的 N_g 也常称为年平均落雷密度。

在了解了地面落雷密度概念之后,就可以利用它来估算建筑物的年雷击次数。建筑物的年雷击次数 N 与建筑物的等值受雷面积 S_e、建筑物所处地区的年平均落雷密度 N_g 以及建筑物所处的地形有关,可按以下经验公式来估算

$$N = kN_gS_e \tag{10-3}$$

式中:k——校正系数,在一般情况下取 1,对位于旷野孤立的建筑物取 2,对金属屋面的木结构建筑物取 1.7,对位于河边、湖边、山坡下或山地中土壤电阻率较小处、地下水出口处、土山顶部、山谷风口等处的建筑物,以及特别潮湿的建筑物取 15;

N_g——建筑物所在地区的年平均落雷密度,次/(km^2·a);

S_e——建筑物的等值受雷面积,km^2。

考虑到建筑物的引雷效应,其等值受雷面积 S_e 应为其顶部几何面积向外扩展的面积。现以一个长、宽、高分别为 L、W、H 的建筑物为例,来说明估算 S_e 的方法,如图 10-5 所示。当建筑物高度 H 小于 100m 时,其扩展宽度 D 为

$$D = \sqrt{H(200 - H)} \tag{10-4}$$

等值受雷面积为

$$S_e = [LW + 2(L + W)D + \pi D^2] \times 10^{-6} \tag{10-5}$$

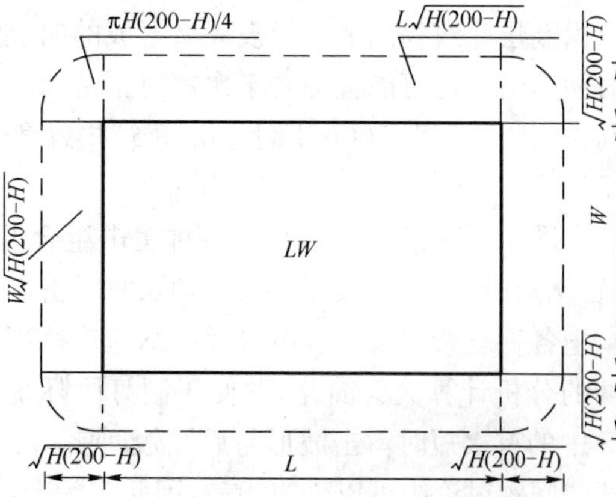

图 10-5 建筑物的等值受雷面积

式中：D——建筑物每边的扩展宽度，m；

L、W、H——建筑物的长、宽、高，m。

当建筑物的高度 H 大于或等于 100m 时，其每边的扩展宽度 D 应按建筑物的高度 H 来计算，其等值受雷面积应按下式来确定

$$S_e = [LW + 2H(L + W) + \pi H^2] \times 10^{-6} \tag{10-6}$$

当建筑物上各部位高低不平时，应沿其周边远点算出最大扩展宽度，其等值受雷面积应根据每点最大扩展宽度外端的连线所包围的面积来计算。

3. 雷击电流脉冲波形及参数

(1)雷击电流脉冲波形

一次直接雷击放电的雷电流波形是由许多不同脉冲波形的组合。它可以包含若干个短时雷击波形和若干个长时雷击波形，而且组合规律与雷击的形成过程有关。

由雷云向下先导发展所形成的向下闪击，其组合至少有一个首次短时雷击，其后可能有多次后续短时雷击，并可能含有一次或多次长时间雷击。根据对平原和低建筑物典型的向下闪击分析，可归纳为四种组合波形，如图 10-6 所示。其中图 10-6a)表示只有 1 个首次短时雷击；图 10-6b)表示在首次短时雷击后紧接着有一个长时间雷击；图 10-6c)表示在首次短时雷击后有若干个后续短时雷击；图 10-6d)表示在首次短时雷击后，有若干个长时与短时交替雷击。把四种组合归纳一下可以得到这样结论：对于向下闪击，其雷电流波形首先是一个幅值极大的短时脉冲，表明了主放电特征；然后可能是若干个幅值较小的短时脉冲和长时间脉冲组合，表明了后续放电特征。

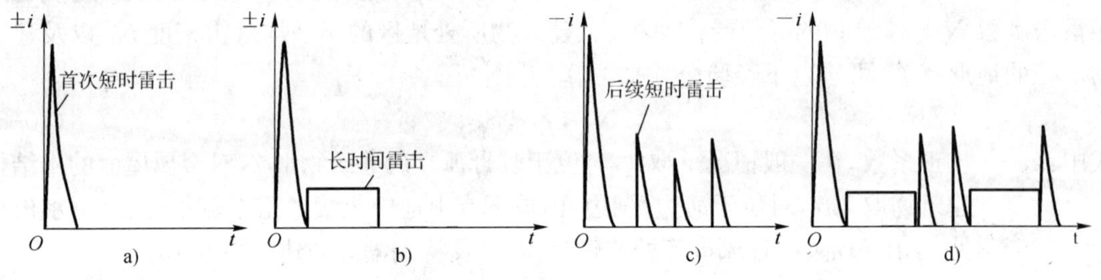

图 10-6　向下闪击可能的雷击组合

由高层建筑物向上先导发展所形成的向上闪击，其组合至少有一个首次长时间雷击，在其长时间雷击上还可能叠加若干次短时雷击；其后可能有多次短时雷击，还可能有一次或多次长时间雷击。根据对 100m 以上高层建筑物典型的向上闪击分析，可归纳为五种组合波形，如图 10-7 所示。

由图 10-6 和图 10-7 可见，各种雷击组合波形均由以下三种可能出现的雷击电流脉冲构成：首次短时雷击、后续短时雷击和长时间雷击，这三种雷击电流波形示于图 10-8。

把各种复杂的雷击放电过程归纳为三种简单的基本雷击电流脉冲，可使我们对雷击电磁脉冲的分析计算大大简化，并便于制订国际统一的电涌保护器标准和测试方法。实际上，图 10-8 中的首次短时雷击波形与后续短时雷击波形基本相似，只是电流幅值和作用时间不同，在某些问题讨论中可以合二为一，因此实际上可以归纳为“短时雷击”和“长时间雷击”两种基本雷击电流波形。

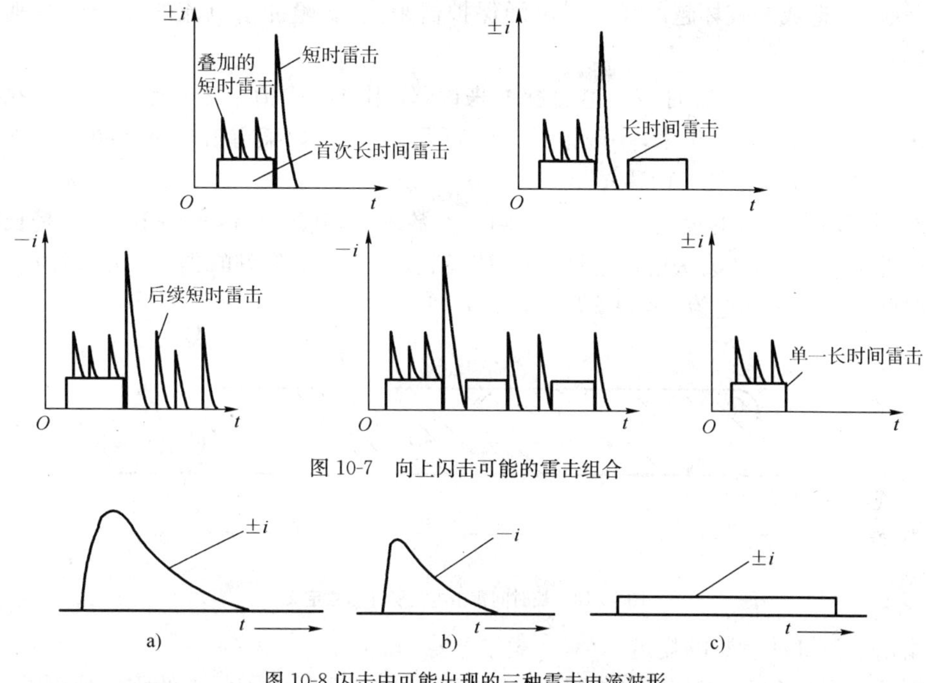

图 10-7　向上闪击可能的雷击组合

图 10-8 闪击中可能出现的三种雷击电流波形

a)首次短时雷击；b)后续短时雷击；c)长时间雷击

(2)雷击电流脉冲参数

①雷击电流脉冲参数的定义

短时雷击电流脉冲，其全波波形开始是随时间以近似指数函数规律上升至峰值，然后又以近似指数函数规律下降到零。这种非周期性冲击波，主要由三个参数决定：峰值电流 I，波头时间 T_1，半值时间 T_2，如图 10-9 所示。

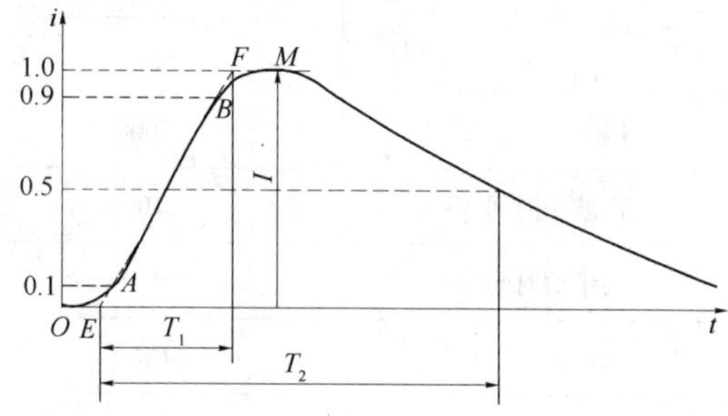

图 10-9　短时雷击电流脉冲参数定义

峰值电流即电流幅值，由波形曲线的波顶高度确定。显然，它是决定雷击电流的一个重要参数，也是考核防雷产品等级的重要参数。

波头时间是表示雷击电流上升速度快慢的参数，当峰值电流一定时，波头时间越小、则电流上升速率越快，其曲线也越陡，引起的感应雷电压幅度越大。应当注意，波头时间不是雷电流从零上升到峰值的时间。它是由波形图按照一定的规则做出来的，作图过程如下：在纵轴上经 0.1I、0.9I 和 1.0I 三点，分别作平行于时间轴的直线与曲线相交于 A、B、M 三点。过 A、B 两点作直线，与时间轴相交于 E，与峰值切线相交于 F，EF 线即为规定的波头。EF 线在时间轴上对应的时间 T_1 即为波头时间。波头时间习惯上也称为波前时间或上升时间。

半值时间 T_2，是雷电流下降到其峰值一半时所对应的时间，但是时间起点不是从时间坐标的 0 点开始，而是与 T_1 相同，从 E 点开始。半值时间也称作波尾时间。半值时间反映了雷击电流下降速度的快慢，也反映了雷击能量的大小。相同的峰值电流，半值时间 T_2 越大，则所含能量越大，造成的破坏越严重。对电涌保护器来说，试验冲击电流的 T_2 越大，则考核条件越严酷。

由以上分析可知，对短时雷击电流脉冲来说，仅用电流幅值来表示是不够的，必须把 I、T_1、T_2 三个参量同时表示出来，一般记作：$I(T_1/T_2\mu s)$。例如某雷击电流脉冲 $I=100kA$，$T_1=10\mu s$，$T_2=350\mu s$ 则记作：$100kA(10/350\mu s)$。

长时间雷击电流由电量 Q_L 和时间 T 两个参数表示，其定义见图 10-10。Q_L 是长时间雷击脉冲的总电量，T 为从波头电流达峰值的 10%起，至波后下降到峰值的 10%时所包含的时间。长时间雷击的平均电流 $I\approx Q_L/T$。

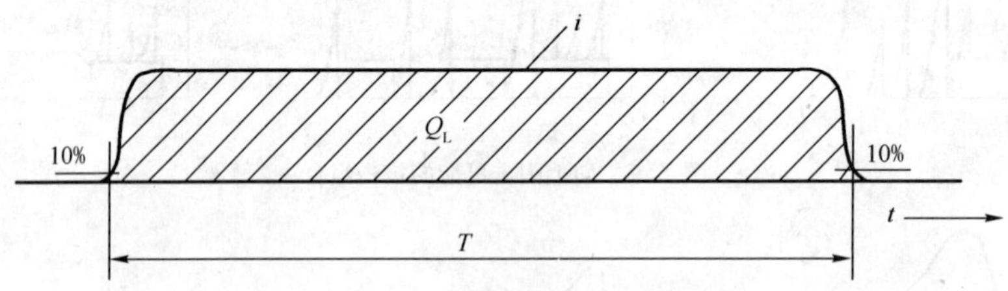

图 10-10　长时间雷击电流脉冲参数定义

②雷击电流脉冲参数的规定

根据标准 IECl312—1，首次短时雷击、后续短时雷击和长时间雷击的雷电流参数，分别列于表 10-2～10-4。它可以作为我们设计和选择直击雷防护装置的依据，也可以作为计算雷电感应电压电流的参考依据。

首次短时雷击的雷电流参数　　表 10-2

雷电流参数(见图 10-9)	建筑物类别		
	一类	二类	三类
I 幅值电流/kA	200	150	100
T_1 波头时间/μs	10	10	10
T_2 半值时间/μs	350	350	350
Q_s 电量①/C	100	75	50
W/R 单位能量②/$MJ\cdot\Omega^{-1}$	10	5.6	2.5

后续短时雷击的雷电流参数　　表 10-3

雷电流参数(见图 10-9)	建筑物类别		
	一类	二类	三类
I 幅值电流/kA	50	37.5	25
T_1 波头时间/μs	0.25	0.25	0.25
T_2 半值时间/μs	100	100	100
I/T_1 平均陡度/$KA\cdot\mu s^{-1}$	200	150	100

长时间雷击的雷电流参数　　表 10-4

雷电流参数(见图 10-10)	建筑物类别		
	一类	二类	三类
Q_L 电量/C	200	150	100
T 时间/s	0.5	0.5	0.5

①因为全部电量 Q_s 的本质部分包括在首次雷击中，故所规定的值考虑合并了所有短时雷击的电量。

②由于单位能量 W/R 的本质部分包括在首次雷击中，故所规定的值考虑合并了所有短时雷击的单位能量。

(3)雷电感应电压脉冲的波形与参数

由雷击电流产生的电磁脉冲，在电源线、信号线上感应产生的电压脉冲，其波形与雷击电流脉冲近似，如图 10-11 所示。此脉冲波形同样由三个参数决定：峰值电压 U、波头时间 T_1、半值时间 T_2。三个参数的定义见图 10-11，与雷击电流脉冲参数定义基本相同。峰值电压也称幅值电压，波头时间也称波前时间，半值时间也称波尾时间。

感应电压波形参数是二次雷击电流计算及雷击事故分析必要的依据，也是考核电子设备和 SPD 防雷击性能的重要指标。与架空通信线和电缆连接的 SPD 或电子设备，进行模拟雷击电压试验时，一般采用 4/300μs 或 10/700μs 冲击波。模拟电子设备遭受直击雷引起的反击电压试验，以及 SPD 的 I～II 级分类冲击电压试验，均采用 1.2/50μs 波形。

(4)操作过电压的波形参数

操作过电压是由于供电系统中负荷开关的拉闸、熔断器的熔断等产生的过电压。操作过电压也是电涌电压的一种，常常给系统设备工作带来影响甚至损坏，是电涌防护中应当考虑的因素之一。

操作过电压波形随电压等级、系统参数、设备性能、操作性质等因素而有很大变化。近年来趋向于用长波尾的非周期性冲击波来模拟操作过电压的作用。我国根据国际电工委员会推荐采均的操作过电压波形如图 10-12 所示。

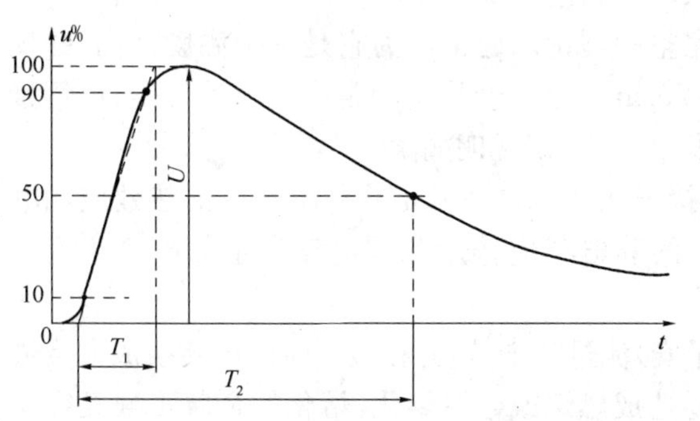

图 10-11　雷电感应电压脉冲参数定义

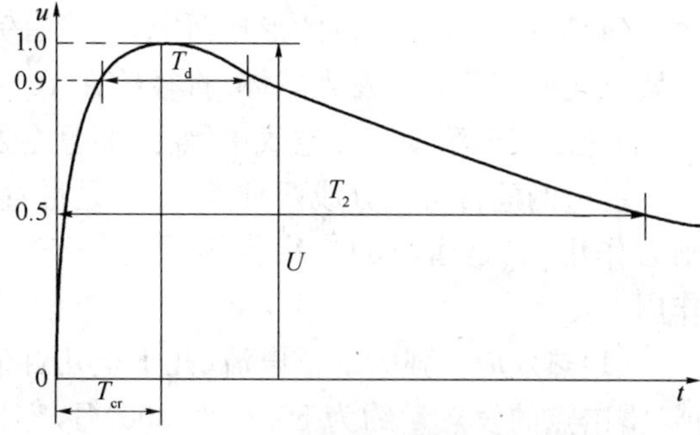

图 10-12　操作过电压全波

由操作过电压波形图标出的主要参数有 4 个。其中操作过电压峰值与电压等级、系统参数关系较大，根据具体条件确定，低压供电系统一般为数百伏至上千伏；波前时间是电压从零上升到峰值的时间，一般规定取 $T_{cr}=(250\pm50)\mu s$；半峰值时间较长，一般取 $T_2=(2\,500\pm1\,500)\mu s$；持续时间是波顶在 90%U 以上部分所持续的时间，具体数值未作规定。

当用上述标准波形认为不适用或不能满足要求时，推荐采用 100/2 500μs 或 500/2 500μs 波形。

三、雷电的危害

当雷云对大地放电时，会产生巨大的破坏作用。其破坏作用是由以下四种基本形式引起的。

(1)直击雷　当雷云较低、其周围又没有异性电荷的云层时，会在地面上突出物(树木或建筑物)上感应出异性电荷。当电场强度达到一定值时，雷云就会通过这些物体与大地之间放电，这就是我们通常所说的雷击。这种直接击在建筑物或其他物体上的雷电叫直击雷。由于受直接雷击，被击的建筑物、电气设备或其他物体会产生很高的电位，从而引起过电压，流过的雷电流又很大(达几十千安甚至几百千安)，这样极易使电气设备或建筑物受到损坏，并引起火灾或爆炸事故。当雷击于架空输电线时，也会产生很高的电压(可高达几千千伏)，不仅常会引起线路闪络放电，造成线路发生短路故障，而且这种过电压还会以波的形式沿线路迅速向变电所、发电厂或其他建筑物内传播、使沿线安装的电气设备绝缘受到严重威胁，往往引起绝缘击穿、起火等严重后果。

(2)感应雷　当建筑上空有雷云时，在建筑物上便会感应出与雷云所带电荷相反的电荷。在雷云放电后，云与大地电场消失了，但聚集在屋顶上的电荷不能立即释放，只能较慢地向地中流散，这时屋顶对地面便有相当高的电位，往往造成屋内电线、金属管道和大型金属设备放电，引起建筑物内的易爆危险品爆炸或易燃物品燃烧。这主要是由于雷电流的强大电场和磁场变化产生的静电感应和电磁感应造成的。因为它是被雷云感应出来的，所以称为感应雷或感应过电压。

(3)雷电被侵入　当输电线路上遭受直接雷击或发生感应雷，雷电波便沿着输电线侵入变配电所或用户，如不采取防范措施，高电位雷电波将造成变配电所及用户电气设备损坏，甚至引起火灾、爆炸及人身伤害等事故。雷电波侵入造成的事故在雷害事故中占相当大的比重，应引起足够重视。

(4)球形雷　球形雷的形成研究，还没有完整的理论。通常认为它是一个温度极高，并发出紫色光或红色光的发光球体.直径约在 10～20cm 以上。球形雷通常在电闪后发生，以每秒 2m 的速度向前滚动或在空气中漂行，而且会发出口哨响声和嗡嗡声。

雷电的危害可以分成两种类型，一是雷直接击在建筑物或其他物体上发生的热效应和电动力作用；二是雷电的二次作用，即雷云产生的静电感应作用和雷电流产生的电磁感应等作用。

(1)热效应　强大的雷电流(几十至几百千安)流过雷击点，并在极短时间内转换成大量热能，雷击点的发热量约为 500～20 000MJ，容易造成燃烧或金属熔化，熔化的金属飞溅又容易引起火灾爆炸等事故。

(2)机械力效应　雷电流的温度很高，一般在 6 000～20 000℃，甚至高达数万度，当它通过树木或建筑物墙壁时，被击物体内部水分受热急剧汽化，或缝隙中分解出的气体剧烈膨胀，因而在被击物体内部出现了强大的机械力。使树木或建筑物受破坏,甚至爆裂成碎片。另外,强大的雷电流通过电气设备会产生巨大的电动力使电气设备受力损坏。

(3)雷电流的电磁效应 由于雷电流量值大且变化迅速,在它的周围空间里就会产生强大且变化剧烈的磁场,处于这个变化磁场中的导体就会感应出很高的电动势。这种感应电动势可使闭合的金属导体回路产生很大的感应电流,感应电流的热效应(尤其是金属导体接触不良部位的局部发热)可能会使设备损坏,甚至引起火灾。对于存放可燃物品,尤其是存放易燃易爆物品的建筑物将更危险。

第二节 防雷设施

为使建筑物及其内部设施免受雷电的直接和间接危害,需要采用防雷设备。合理地组合和设置这些防雷设备与器件,来构成建筑物及其内部设施的雷电防护系统,实现从建筑物外部和内部两个方面对雷电危害进行有效地抑制。

一、避雷针与避雷线

作为防地面物体免受直接雷击的常用设备的避雷针和避雷线,在防雷保护中已被长期普遍使用。避雷针和避雷线均为金属体,安装在比被保护物体高的位置上,从工作原理来看,两者具有相同的保护功能,即吸引雷电。

1. 避雷针

避雷针系统属于结构最简单的防雷装置,它也是由接闪器、引下线和接地体组成的。其针状接闪器是直接承受雷电的部分,须高出被保护物体,当雷云的下行先导向地面上被保护物体发展时,处在高处的避雷针(接闪器)率先将先导引向自身,使雷击发生在接闪器上,让强大的雷电流经引下线和接地体泄入大地,从而使被保护物体免遭直接雷击。由此可见,避雷针的真正功能不是避雷,而是引雷,是让自身遭受雷击来换取其下面的物体得到保护。

避雷针一般适用于保护那些比较低矮的地面建筑物以及保护高层楼房顶上突出的设施,它特别适合于保护那些要求防雷引下线与内部各种金属管道隔离的建筑物。

2. 避雷线

避雷线是由悬挂在空中的水平导线、接地引下线和接地体组成的。水平悬挂的导线用于直接承受雷击,起接闪器的作用。避雷线设置在被保护物体的上方,能提供与自身线长相等的保护长度,其工作原理与避雷针类似,也是由于避雷线周围的电场畸变效果不如避雷针,因此其引雷效果也不如避雷针。避雷线广泛用于高雅输电线路的上方,保护输电线路免受直接雷击。

二、避雷带与避雷网

当受建筑物造型或施工限制而不便直接使用避雷针或避雷线时,可在建筑物上设置避雷带或避雷网来防直接雷击。避雷带和避雷网的工作原理与避雷针和避雷线类似。在许多情况下,采用避雷带或避雷网来保护建筑物既可以收到良好的效果,又能降低工程投资,因此在现代建筑物的防雷设计中得到了十分广泛的应用。

1. 避雷带

避雷带是用圆钢或扁钢做成的长条带状体，常装设在建筑物易受直接雷击的部位，如屋脊、屋槽(有坡面屋顶)、屋顶边缘及女儿墙或平屋面上，如图 10-13 所示。避雷带应保持与大地良好多电气连接，当雷云的下行先导向建筑物上的这些易受雷击部位发展时，避雷带率先接闪，承受直接雷击，将强大的雷电流引入大地，从而使建筑物得到保护。

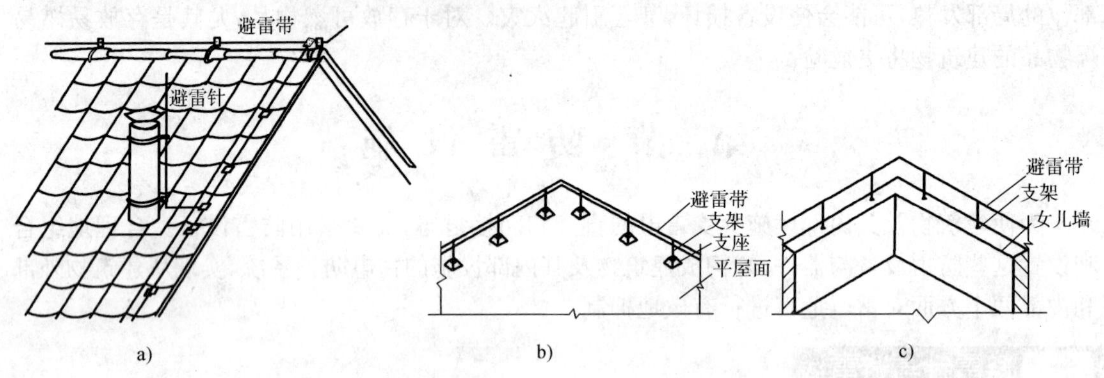

图 10-13　避雷带的设置

a)屋顶突出物加设避雷针；b)平屋面上设避雷带；c)女儿墙上设避雷带

2. 避雷网

避雷网实际上相当于纵横交错的避雷带叠加在一起，在建筑物上设置避雷网可以实施对建筑物的全面防雷保护。避雷网的设置有明装和暗装两种形式。明装防雷网是在建筑物的屋顶上或层顶屋面上以较疏的可见金属网格作为接闪器，沿其四周或沿外墙做引下线接地。由于明装避雷网不甚美观，在施工方面也会带来困难，同时还会增加额外的工程投资，因此现在已较少使用。相对于明装避雷网来说，暗装避雷网目前则使用得十分广泛。暗装避雷网一般为笼式结构，它是将金属网格、引下线和接地体等部分组合成一个立体的金属笼网，将整个建筑物罩住，如图 10-14 所示。这种笼式避雷网可以全方位地接闪、保护被其罩住的建筑物，它既可以防建筑物顶部遭受雷击；又可以防建筑物侧面遭受雷击。另外，笼式避雷网还可以看做是一个法拉第笼，它同时具有屏蔽和均衡暂态对地悬浮电压两种功能。一方面，笼式避雷网能够对雷电流产生的暂态脉冲电磁场起屏蔽作用，使进入建筑物内部的电磁干扰受到削弱；另一方面，笼式避雷网也能够对雷击时产生的暂态电位升高起到电位均衡作用，将笼网各部位的暂态对地悬浮电位均衡到大致相等的水平。当然，笼式避雷网的这些防护雷电损害作用的效果与笼体的大小及其网格尺寸有关，笼体越小且其网格尺寸越小，则其防雷效果就越好。网格尺寸的大小取决于被保护建筑物的重要性，应按建筑物防雷设计规范来确定。

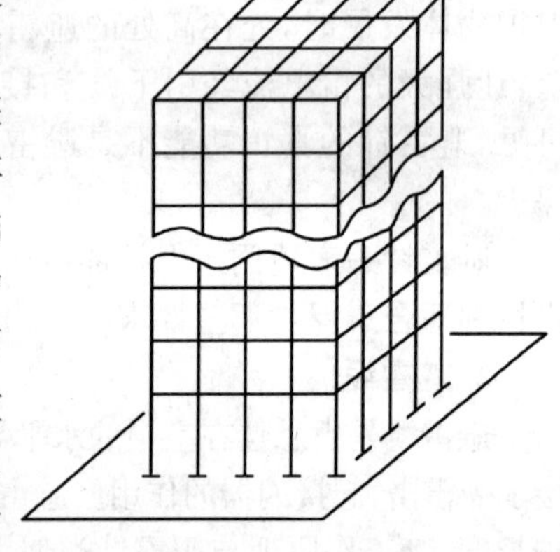

图 10-14　立体金属笼网

笼式避雷网通常是利用建筑物钢筋混凝土结构中的钢筋来构成的，即将建筑物屋面内原有的钢筋网格作接闪器使用。将梁、柱、楼板中的横向和纵向钢筋按防雷设计规范要求进行电气上的相互连接，这样就将整个建筑物构件中的所有钢筋连接成一个统一的导电系统，构成一个大的立体法拉第笼。其中的纵向钢筋兼作接地体使用。由于暗装避雷网是以建筑物自身结构中现成的钢筋作为其组件构成的，所以它能节省投资，同时又能保持建筑物造型的完美性，还能够全方位的接闪受雷，这些都是它的显著优点。但是，采用暗装避雷网也存在着一个缺点，即在每次承受雷击后，雷击点处的屋面表层要被击出小洞并会有一些碎片脱落，使得这一小块的防水和保温层受到破坏。实际上，建筑物防水和保温隔离层中的钢筋距层面的厚度大于 20cm 时，应另设辅助避雷网。另外，在建筑物顶部常有一些金属突出物，如金属旗杆、透气管、钢爬梯、金属天沟和金属烟囱等，这些金属突出物必须与避雷网焊接，以形成统一的接闪系统。对于建筑物顶部突出的非钢筋混凝土物体，可以另设避雷网或避雷针加以保护。

三、避雷针与避雷线的保护范围计算

1. 单支避雷针的保护范围

(1)避雷针高度 h 不大于滚球半径 d。

避雷针保护范围的确定方法见图 10-15，其具体步骤如下：

①距离地面高 d_s 处作一条平行于地面的平行线。

②以避雷针针尖为圆心，以 d_s 为半径圆圆弧，该圆弧交平行线于 A、B 两点。

③分别以 A、B 两点为圆心，以 d_s 为半径画圆弧，这两条圆弧上与避雷针针尖相交，下与地面相切，再将圆弧与地面所围面以避雷针为轴旋转 180°，所得的圆弧曲面圆锥体即为避雷针的保护范围，如图 10-16 所示。

④避雷针在高度为 h_x 的平面 xx' 上的保护半径(图 10-15)可确定为

$$r_x = \sqrt{h(2d_s - h)} - \sqrt{h_x(2d_s - h_x)} \tag{10-7}$$

避雷针在地面上的保护半径 r_0(图 10-16)可确定为

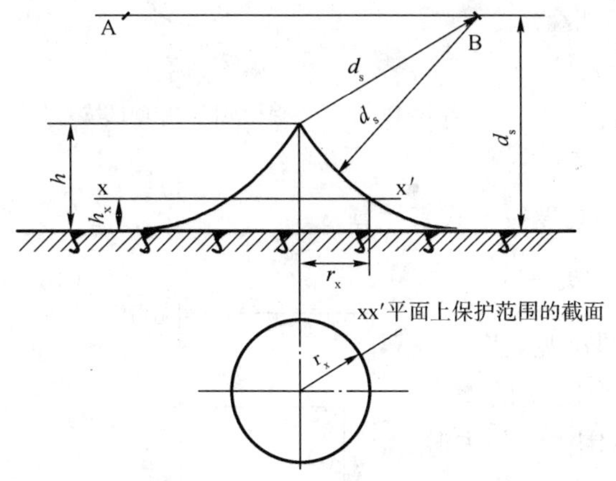

图 10-15　单支避雷针的保护范围

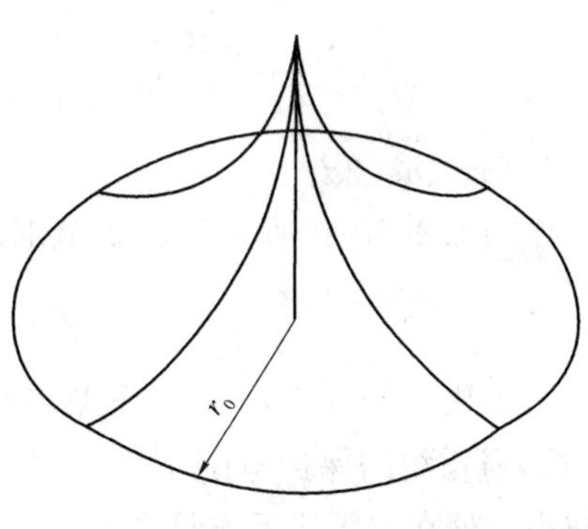

图 10-16　单支避雷针的保护空间域

$$r_0 = \sqrt{h(2d_s - h)} \tag{10-8}$$

以上两式中，各量的单位均为 m。

(2)避雷针高度 h 大于滚球半径 d_s

在避雷针上截取高度为 d_s 的一点代替避雷针针尖为圆心，其余的作图步骤同 $h \leqslant d_s$ 的情况。据此可确定 $h>d_s$，情况下的保护范围。由作图步骤可知，当时 $h>d_s$，避雷针的保护范围不再增大，并在其高出该球半径的部分，即 $h-d_s$ 部分，将会出现侧向暴露区，在避雷针的该部分上将会遭到侧面雷击。

2. 单根避雷线的保护范围

当单根避雷线的高度 $h \geqslant 2d_s$ 时，避雷线没有保护范围；当单根避雷线的高度 $h<2d_s$ 时，应分以下两种情况来确定避雷线的保护范围。

(1)$h \leqslant d_s$

如图 10-17 所示，在距离地面 d_s 处作一条地面的平行线，以避雷线位置为圆心，以 d_s 为半径画圆弧交平行线于 A、B 两点。再分别以 A、B 两点为圆心画两条圆弧，这两条圆弧与地面相切并与避雷线相交，它们与地面所围面即为保护范围的截面。在距离地面 h_x 高度处 xx' 平面上的保护宽度 b_x，可由下式来计算

$$b_x = \sqrt{h(2d_s - h)} - \sqrt{h_x(2d_s - h_x)} \tag{10-9}$$

上式中各量的单位均为 m。

在避雷线两端的保护范围按单支避雷针的方法加以确定间区域如图 10-18 所示。

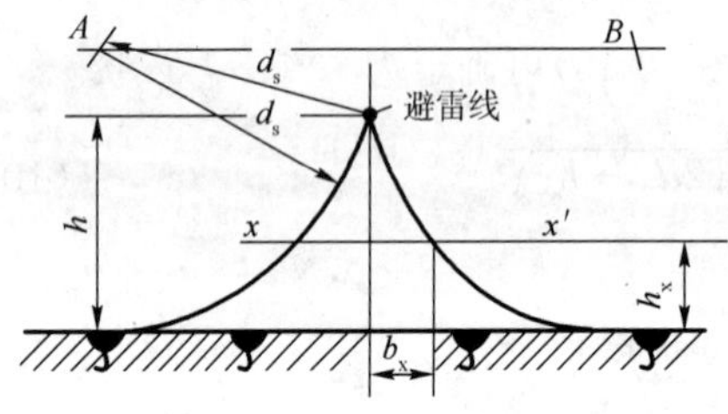

图 10-17　$h \leqslant d_s$ 时避雷线的保护范围

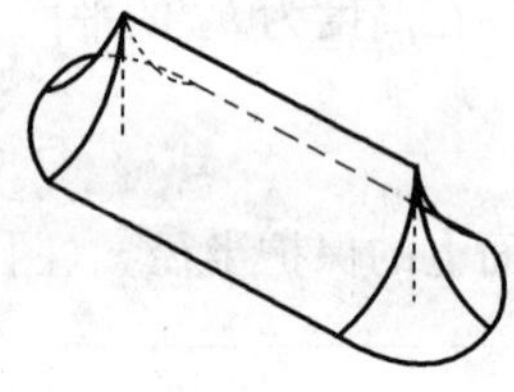

图 10-18　避雷线保护范围的空间区域

(2)$d_s<h<2d_s$

作图如图 10-19 所示。保护范围最高点的高度按下式来计算

$$h_0 = 2d_s - h \tag{10-10}$$

其作图步骤同于 $h \leqslant d_s$ 时的作图步骤。由图可见，当 $h>2d_s$ 后，避雷线的保护范围不仅不增大，反而会随 h 的增大而减小。处在避雷线下方且高度大于 h_0 的范围内将失去避雷线的保护，因为半径为 d_s 的滚球可以接触到这一范围内的空间点。

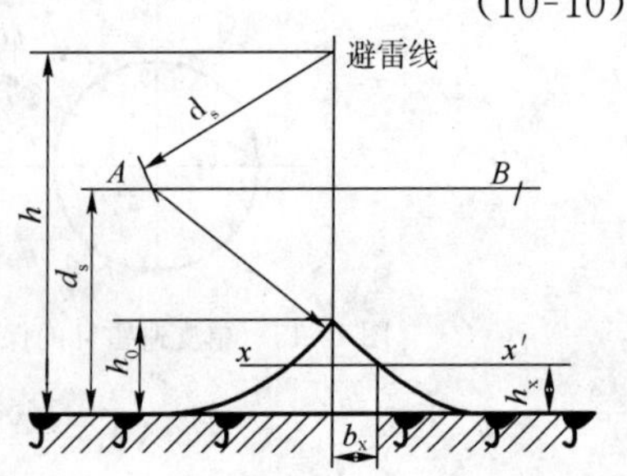

图 10-19　$d_s<h<2d_s$ 时避雷线的保护范围

对于多支避雷针和多根避雷线的保护范围，由于它们的作图步骤较繁，这里从略。

3. 建筑物顶部突出屋面上避雷针长度的确定

建筑物顶部突出屋面的部分是易受直接雷击的部位，常需要装避雷针加以保护，利用滚球法，可以确定所设避雷针的长度，以下将分两种典型情况加以说明。

(1)建筑物顶部周边设有避雷带

如图 10-20 所示，该图为某建筑物顶部的剖面，其左右对称，A 为顶部周边屋檐处的避雷带(或可被利用做接闪器的金属物)，B 为需要保护突出屋面上的最外一点。先分别以 A、B 为圆心，以选定的滚球半径 d_s 为半径画两条圆弧，它们相交于 C 点，再以 C 点为圆心，以 d_s 为半径，画圆弧交对称轴线于 O 点，则在 O' 处设立一支避雷针，其长度大于 $O'O$ 即可实现对突出屋面部分的保护。

(2)建筑物顶设有避雷网

如图 10-21 所示，该图与图 10-20 类似，但其顶部面积较大，低屋面设置了避雷网。先在避雷网上方作一条平行于避雷网的水平线，两者之间的距离为 d_s，以突出屋面上最外一点 B 为圆心，画圆弧交水平线于 C 点。再以 C 为圆心，以 d_s 为半径，画圆弧交对称轴于 O 点，则在 O' 点设立一支避雷针。当其长度大于 $O'O$ 时即可实现对突出屋面的保护。

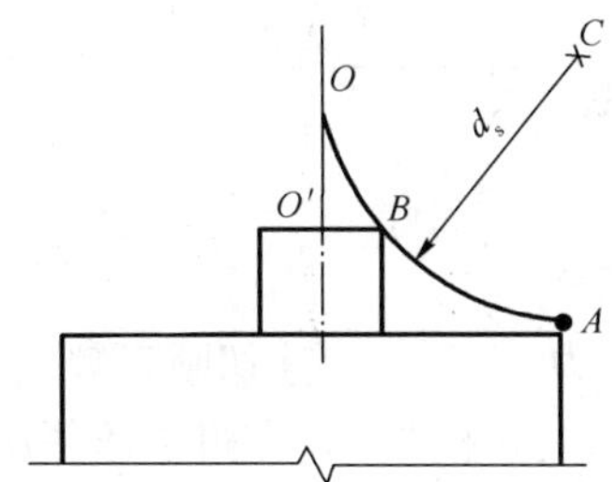

图 10-20　顶部设避雷带情况的避雷针长度确定

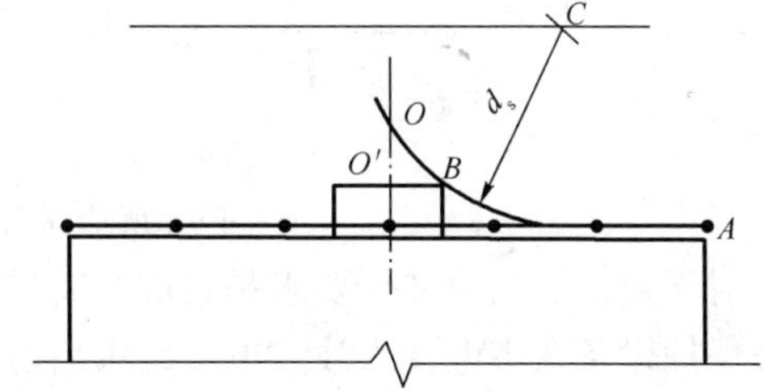

图 10-21　顶部设避雷网情况的避雷针长度确定

四、避雷器

由雷击在输电线路上感应出的雷电侵入波过电压能够沿线路进入建筑物内，危及建筑物内的信息系统和电气设备。为了保证信息系统与电气设备的安全，需要在输电线路上装设过电压抑制设备，这类设备就是避雷器。

避雷器设置在与被保护设备对地并联的位置，如图 10-22 所示。各种避雷器均有一个共同的特性，即在高电压作用下呈现低阻状态，而在低电压作用下呈现出高阻状态。在发生雷击时，当雷电侵入波过电压沿线路传输到避雷器安装点后，由于这时作用于避雷器上的电压很高，避雷器将动作，并呈现低阻状态，从而限制过电压，同时将过电压引起的大电流泄放入地，使与之并联的设备免遭过电压的损坏。在雷电侵入波消失后，线路上又恢复了正常传输的工频电压，这一工频电压相对于雷电侵入波过电压来说是低的，于是避雷器将转变为高阻状态，接近于开路，此时避雷器的存在将不会对线路上正常工频电压的传输产生影响。

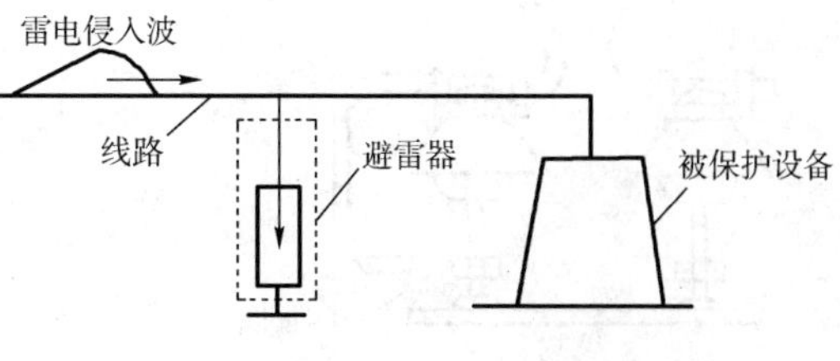

图 10-22　避雷器的设置

为使避雷器能够发挥出预计的保护效果，它必须满足两个基本性能要求。

第一个要求是避雷器应具有良好的伏秒特性，以易于实现与被保护设备的绝缘配合。图10-23说明避雷器与被保护设备之间伏秒特性的配合关系。在图10-23a)中，避雷器伏秒特性2上有一大部分($t\leqslant t_0$)高于被保护设备的伏秒特性1，当沿线路侵入的过电压波具有较短的波头时间(波头时间$\tau_f<t_0$)时，在这种过电压作用下，被保护设备将首先被击穿，因而避雷器将起不到保护作用。在图10-23b)中，避雷器的整个伏秒特性2低于被保护设备的伏秒特性1，在过电压作用下可以起到保护作用，但由于避雷器伏秒特性2过低，甚至低于被保护设备上可能出现的最高工频电压3。这样即使是在没有雷电侵入波过电压作用时，避雷器也会在工频电压作用下发生误动作，因此它会妨碍被保护设备及其所在系统的正常运行，也是不可取的。从伏秒特性的配合情况来看，只有图10-23c)才是比较合理的。为了实现理想的配合，不仅要求避雷器伏秒特性的位置要低，而且其整体形状要平坦，具有这种特性的避雷器才能发挥良好的保护作用。

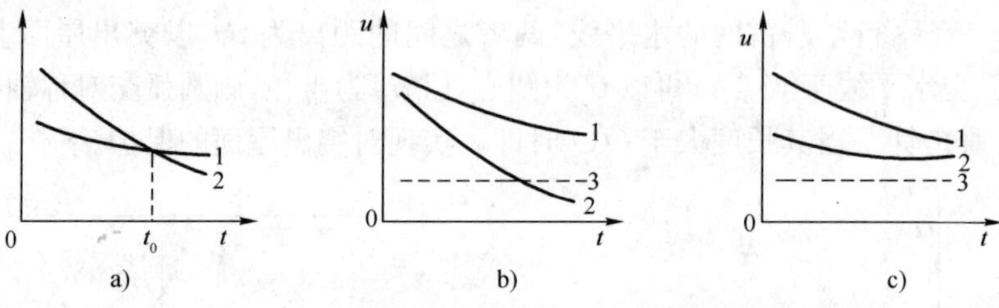

图10-23　避雷器与被保护设备的伏秒特性配合

a)不正确的配合；b)不可取的配合；c)合理的配合

对于避雷器的第二个要求是它应具有较强的绝缘自恢复能力，以利于快速切断工频续流，使被保护设备在雷电侵入波过电压结束后能尽快恢复正常工作。避雷器一旦在过电压作用下动作后，就转变为低阻状态，使被保护设备端接的线路对地接近于短路，经过短时间后，雷电浸入波过电压虽已消失，但原线路上的工频电压却仍作用于避雷器上，使避雷器开始导通工频短路电流。这时流过避雷器中的短路电流称为工频续流，它以电弧形式出现，只要这种工频续流不中断，则避雷器就仍处在低阻状态，被保护设备就无法正常工作。因此，避雷器应具有自行切断工频续流和快速恢复到高阻状态的能力。

常用避雷器主要有四种类型，保护间隙如图10-24所示，管型避雷器如图10-25，阀型避雷器如图10-26和氧化锌避雷器如图10-27所示。目前常用的是氧化锌避雷器，它具有以下优点：

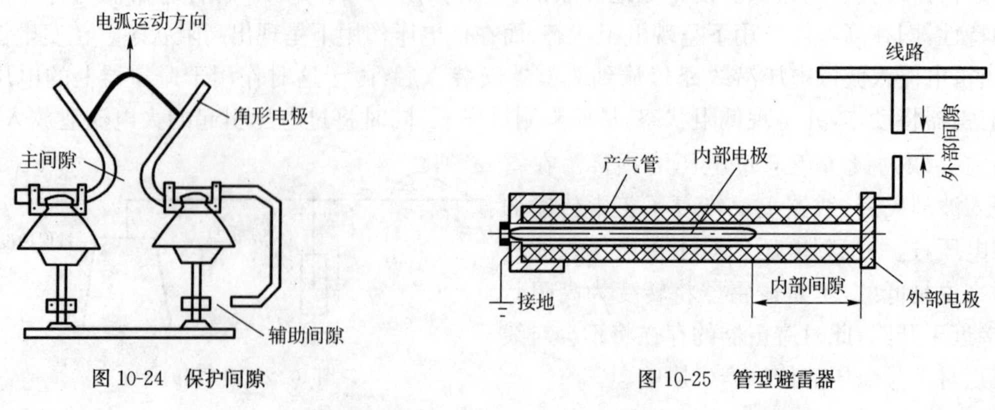

图10-24　保护间隙　　图10-25　管型避雷器

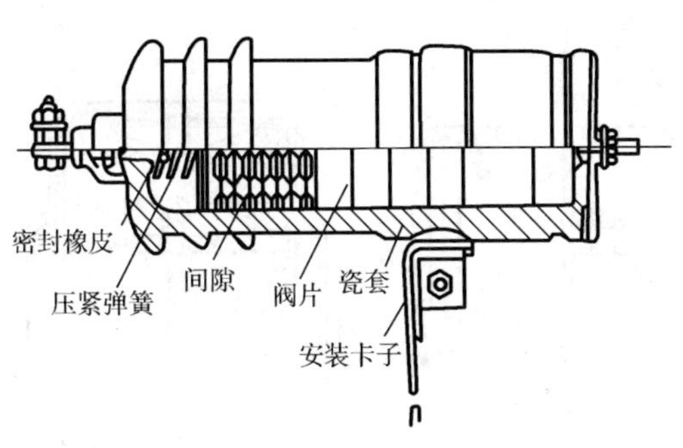

图 10-26　普通阀型避雷器的结构

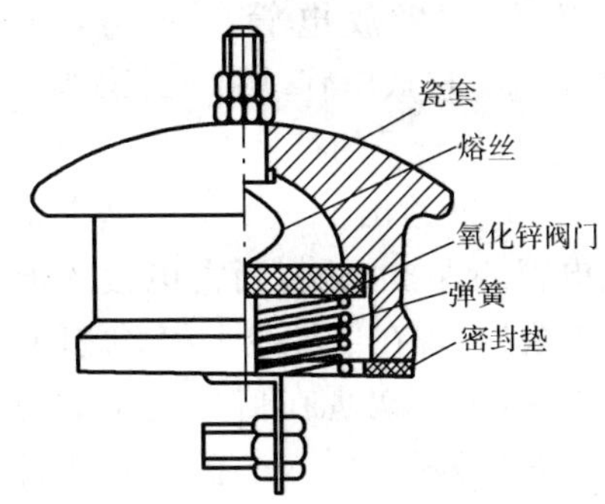

图 10-27　低压氧化锌避雷器

(1)由于不串火花间隙,氧化锌避雷器结构简单,其体积可以缩小,而且能完全避免火花间隙放电受温度、湿度、气压和污秽等环境条件影响的缺点,所以其性能是稳定的。

(2)在氧化锌避雷器中省去了火花间隙,也就避开了火花间隙放电需要一定时延的弊端,从而大大改善了避雷器的动作限压响应特性,特别是改善了对波头陡度大的雷电侵入波过电压的抑制效果,提高了对设备保护的可靠性。

(3)氧化锌避雷器在雷电侵入波过电压消失后,实际上没有工频续流流过,这就使得它所泄放的能量大为减少,从而可以承受多次雷击,并可延长工作寿命。

(4)氧化锌避雷器通流容量较大,由于没有串联火花间隙,其允许吸收能量不像阀型避雷器那样受间隙烧伤的制约,而仅与氧化锌电阻本身的强度有关。氧化锌阀片单位面积的通流能力可达碳化硅阀片的 4～5 倍,其残压约为碳化硅阀片的 1/3,且电流分布特性均匀,可以通过并联氧化锌阀片或整只氧化锌避雷器并联的方式来提高避雷器的通流容量。

(5)氧化锌避雷器的制造工艺简单,元件单一通用,造价低廉,适合于大批量生产。

五、信息系统的防雷保护器件

现代建筑物内配备着信息系统和各种电子设备,这些电子设备的过电压耐受能力是很有限的,当雷电侵入波从户外的电路线、信号线和各种金属管线进入建筑物后,很容易使室内的电子设备损坏,造成经济损失。近些年来,随着建筑智能化趋势的迅猛发展,建筑物内信息系统的防雷保护问题正广泛受到关注,并已成为整个建筑物防雷设计的一个重要组成部分。为了防止雷电侵入波过电压对信息系统造成危害,一般是在信息系统的不同传导和耦合途径(如电源线、信号线和各种金属管道的入口处)装设暂态过电压保护设备。这些保护设备对雷电侵入波过电压的抑制机理基本相同,但由于它们是用于保护电子设备的,所以要求它们在动作限压后的残压水平应比避雷器低,且动作响应速度要比避雷器快。基于这些要求,它们也常称为电涌保护器(或过电压保护器)。这些保护设备,即电涌保护器(或过电压保护器),一般由各种保护器件构成,其中主要的保护器件为气体放电管、压敏电阻、雪崩二极管和暂态抑制晶闸管等。

1. 气体放电管

气体放电管是一种用陶瓷或玻璃封装且内部充有惰性气体的短路型保护元件,管体内一般装有两个或三个(或更多个)相互隔开的电极。按电极个数来划分,常把含两个电极的气体放电管称为二极放电管,把含三个电极的气体放电管称为三极放电管。图 10-28 分别为二极放电管和三极放电管的示意，其中图10-28a)为二极放电管，图10-28b)为三极放电管，这两种管子的符号也示于图中。

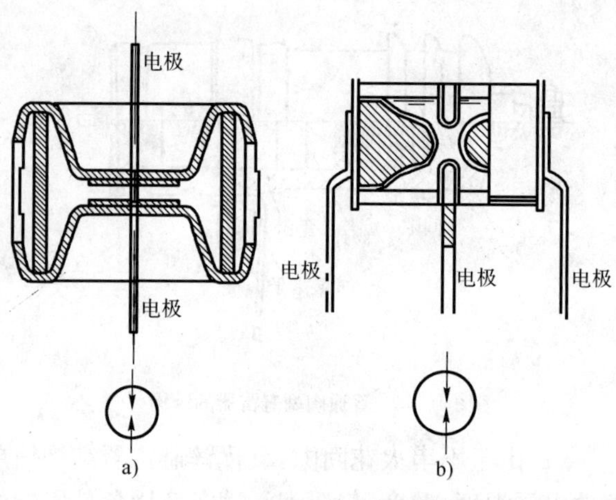

图 10-28 二极和三极放电管示意
a)二极放电管；b)三极放电管

图 10-29 给出了一平衡线路上采用三级放电管的保护电路，当雷电侵入波过电压以差模(出现在信号线 1 和 2 之间)形式或以共模(分别出现在信号线 1 对地和信号线 2 对地)形式侵入平衡线路终端电子设备时，三极放电管通过 *A-G*、*B-G* 极间放电即可对过电压进行抑制。气体放电管的优点是：通流容量大，从几安到几千安；极间电容小，不会使正常传输信号畸变，特别适合于高频电子电路的保护；开断后的极间阻抗大；约为 $10^9\Omega$，在正常电压作用下管子中漏电流很小。气体放电管的缺点是：动作响应速度慢(动作响应时间约为 $10^{-6}s$ 级)；放电后开断较难，存在着续流问题；使用中存在着老化现象，工作寿命较短。

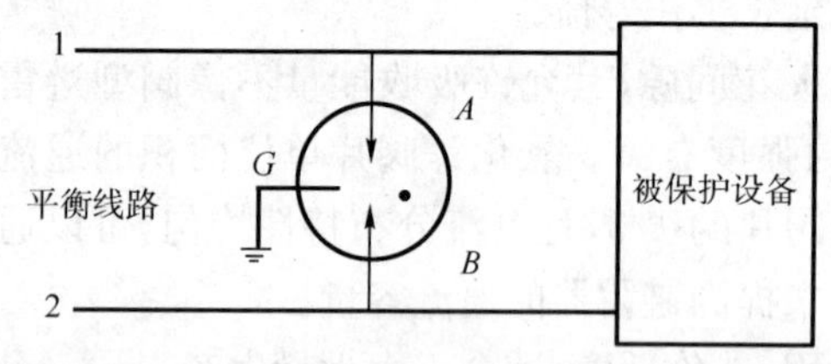

图 10-29 平衡线路的三极放电管保护电路

2. 压敏电阻

信息系统防雷保护中常用的压敏电阻是一种以氧化锌为主要成分的非线性电阻，在一定温度下，其导电性能随其两端电压的增大而急剧增强。压敏电阻器的原理结构、符号见图10-30。压敏电阻的材料和伏安特性与氧化锌避雷器的阀片相同，压敏电阻与氧化锌避雷器的工作原理也相同，只是前者的体积较小，二者保护应用的场合不同而已。压敏电阻的主要优点是：通流容量大；动作响应速度快(响应时间的约为 $10^{-9}s$ 级)；在工频及直流电路中抑制过电压结束后无续流；产品价格低廉，产品电压和电流的可调范围大。但是，压敏电阻有一个不容忽视的缺点，即它的寄生电容较大，在 $1MH_Z$ 下的典型值可达几千皮法，这就使得压敏电阻难以应用于高频和超高频电子电路的过电压保护。在信息系统中，压敏电阻通常应用于电子设备电源的初级和次级的保护，也有应用于频率不高的信号电路的保护的。

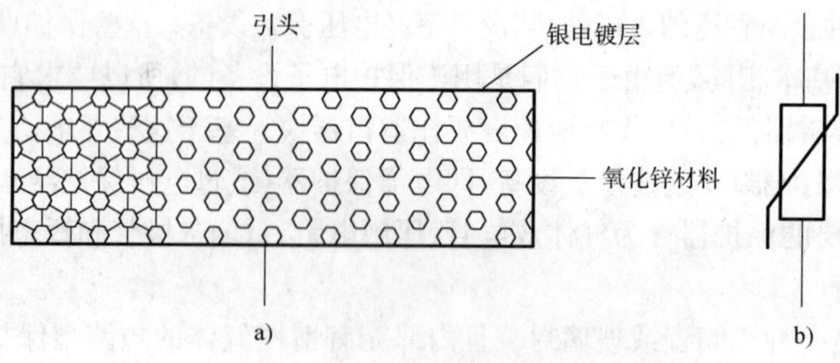

图 10-30 压敏电阻
a)原理结构；b)符号

3. 雪崩二极管

在过电压保护中也有应用雪崩二极管的。雪崩二极管工作在反向击穿区时，管子的伏安特性和符号如图 10-31 所示，在图 10-31a) 中 u_B 为管子的反向击穿电压。当雪崩二极管承受反偏电压且在 0～u_B 范围时，管子呈现出高阻状态，流经管子的电流很小(为 μA 级)。当反偏电压超过 u_B 后，管子中的电流迅速增大，转变为低阻导通状态，从而可使过电压被箝位在 u_B 附近。如果将两只管子按图 10-32 所示的方式串联或并联起来，则可用它们来抑制正、负两种极性的暂态过电压。对于这样连接的两只管子来说，无论是在正极性还是负极性过电压作用下，总是一只处于正偏置，另一只处于反向击穿限压状态。雪崩二极管的主要优点是：箝位电压低；动作响应速度快(响应时间的理论值可达皮秒级)；使用中不存在明显的老化现象；承受多次冲击的能力强；器件产品电压的可选范围大。其主要缺点是：通流容量小；管子极间寄生电容随管子上的作用电压变化而变化，电压低时寄生电容较大。由于雪崩二极管具有响应速度快和箝位电压低等优点，它非常适合于半导体器件和电子电路的过电压保护。

4. 暂态抑制晶闸管

暂态抑制晶闸管是一种门极由雪崩二极管控制的可控硅型复合器件，其简化电路如图 10-33 所示。当沿线路袭来的暂态过电压使雪崩二极管反向击穿时，足够大的电流将从雪崩二极管注入晶闸管的门极，处罚晶闸管迅速导通，流过大电流，实施对信号线路上暂态过电压的急剧短路，从而使过电压得到有效抑制。暂态抑制晶闸管的主要优点是：动作响应速度快(响应时间的理论值为 $10^{-12}s$)；泄漏电流小，一般不超过 50nA；使用中老化现象不明显。极间电容小，一般不大于 50pF。其主要缺点是：在直流电路中关断较为困难，关断存在着时延；产品电压可选范围小。

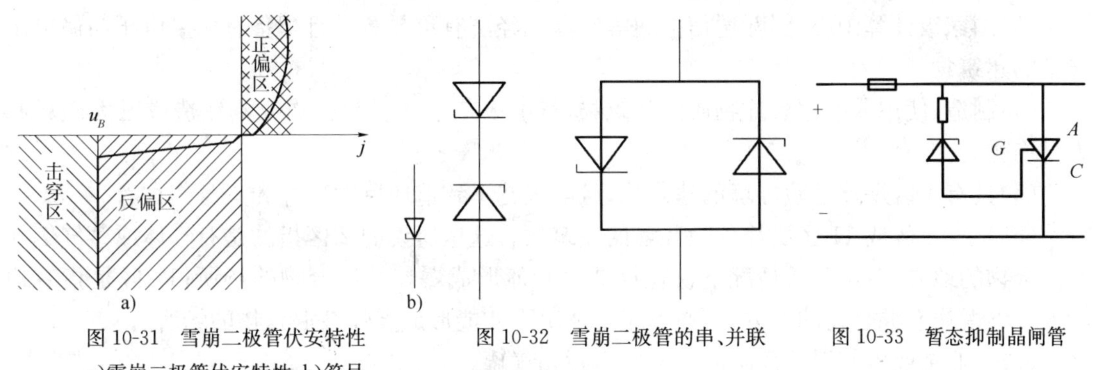

图 10-31　雪崩二极管伏安特性
a)雪崩二极管伏安特性；b)符号

图 10-32　雪崩二极管的串、并联

图 10-33　暂态抑制晶闸管

暂态抑制晶间管可用于数据传输和通信系统中的初、次级保护。但在直流电路和交流电源系统中，由于关断困难、通流容量有限，使用受到了限制。

第三节　建筑物防雷

一、建筑物的防雷分类

从防雷要求出发，根据建筑物的重要性、使用性质、遭受雷击的可能性和雷击所造成后果的严重性等，可以把建筑物分为三类。在建筑物防雷设计中，需要针对不同防雷类别的建筑物采用不同的雷电参数并按照不同的接闪器布置要求进行设计，以合理地选择建筑物的防雷保护措施。

1. 第一类防雷建筑物

当建筑物处于下列情况之一时，应划分为第一类防雷建筑物。

(1)凡制造、使用或贮存炸药、火药、起爆药、火工品等大量爆炸物质的建筑物，因电火花而引起爆炸造成巨大破坏和人身伤亡者。

(2)具有 0 区和 10 区爆炸环境的建筑物。这里所说的 0 区爆炸环境是指在正常情况下能产生爆炸性混合物的场所；在正常情况下只能在场所的局部区域产生气体或蒸气爆炸性混合物，其局部区域应划为 0 区；在爆炸场所内，能聚积气体或蒸气爆炸性混合物的通风不畅死角或深坑等凹洼处也要化为 0 区。所谓 10 区是指有粉尘或纤维爆炸性混合物的爆炸危险场所，而且是在正常情况下能产生爆炸性混合物的场所。

(3)具有 1 区爆炸危险环境的建筑物，因电火花而引起爆炸会造成巨大破坏和人身伤亡者。这里所说的 1 区危险环境是指在正常情况下不能产生、但在不正常情况下能产生爆炸性混合物的场所。实际上，1 区建筑物可划分为第一类防雷建筑物，也可划分为下面将要介绍的第二类防雷建筑物，其区别在于是否造成巨大破坏和人身伤亡。对于那些会因火花而引起爆炸并会造成巨大破坏和人身伤亡的 1 区建筑物，应划分为第一类防雷建筑物。

2. 第二类防雷建筑物

当建筑物处于下列情况之一时，应划分为第二类防雷建筑物。

(1)国家级重点文物。

(2)国家级的会堂、办公建筑物、大型展览和博览建筑物、大型火车站、国宾馆、国家级档案馆、大城市的重要给水泵房等特别重要的建筑物。

(3)国家级计算中心、国际通信枢纽等对国民经济有重要意义且配备有大量电子与微电子设备的建筑物。

(4)制造、使用或贮存爆炸物质的建筑物，且电火花不易引起爆炸或不致造成巨大破坏和人身伤亡者。

(5)具有 1 区爆炸危险环境的建筑物，且电火花不致造成巨大破坏和人身伤亡者。

(6)具有 2 区或 11 区爆炸危险环境的建筑物。这里所说的 2 区指的是有气体或蒸气爆炸性混合物的地方，在不正常情况下仅在局部空间能形成爆炸性混合物的场所；11 区是指有粉尘或纤维爆炸性混合物的地方，仅在不正常情况下才能形成爆炸性混合物的场所。

(7)工业企业内有爆炸危险的露天钢质封闭气罐。

(8)预计年雷击次数(按 3-3 式)大于 0.06 次/a 的省、部级办公建筑物以及其他重要或人员密集的公共建筑物。

(9)预计年雷击次数大 0.3 次/a 的住宅和办公楼等一般性民用建筑物。

3. 第三类防雷建筑物

当建筑物处于下列情况之一时，应划分为第三类防雷建筑物。

(1)省级重点文物保护的建筑物及省级档案馆。

(2)预计年雷击次数大于或等于 0.012 次/a 且小于或等于 0.06 次/a 的省、部级办公建筑物及其他重要和人员密集的公共建筑物。

(3)预计年雷击次数大于或等于 0.06 次/a 且小于或等于 0.3 次/a 的住宅和办公楼等民

用建筑物。

(4)预计年雷击次数大于或等于 0.06 次/a 的一般性工业建筑物。

(5)根据雷击后对工业生产的影响及所产生的后果，并结合当地气象、地形、地质及周围环境等因素，确定 21 区、22 区和 23 区火灾危险环境的防雷。这里所说的 21 区是指在生产过程中产生、加工、贮存或转运闪点高于所在环境温度的可燃液体时，在数量或配置上均能引起火灾危害的场所；22 区是指在生产过程中不会形成爆炸性混合物的悬浮状态或堆积状态可燃粉尘和可燃纤维，但在数量和配置上能引起火灾危险的场所；23 区是指有固体状可燃物质的地方，在数量和配置上能引起火灾危险的场所。

(6)在年平均雷电日大于 15d/a 的地区，高度在 15m 以上的烟囱和水塔等孤立的高耸建筑物；在年平均雷电日小于或等于 15d/a 的地区，高度在 20m 及以上的烟囱和水塔等孤立的高耸建筑物。

二、建筑物防雷击的主要保护措施

1. 第一类防雷建筑物的主要保护措施

(1)防直击雷的措施

①装设独立避雷针或者架空避雷线，使被保护的建筑物的风帽、放散管等突出屋面的物体均处于接闪器的保护范围内。架空避雷网的网格尺寸不应大于 5m×5m 或 6m×4m。

②独立避雷针的杆塔、架空避雷线的端部和架空避雷网的各支柱处应至少设一根引下线。宜利用由金属制成或有焊接、绑扎连接钢筋网的杆塔、支柱作为引下线。

③独立避雷针和架空避雷线的支柱及其接地装置至被保护建筑物及与其有联系的管道、电缆等金属物之间的距离不得小于 3m。

④架空避雷线至屋面和各种突出屋面的风帽、放散管等物体之间的距离不得小于 3m。

⑤独立避雷针、架空避雷线或者架空避雷网应有独立的接地装置，每一引下线的冲击接地电阻不宜大于 10Ω。在土壤电阻率高的地方，可适当增大冲击接地电阻。

(2)防雷电感应的措施

①建筑物内的设备、管道、构架、电缆的金属外皮、钢屋架、钢窗等金属物均应接到防雷电感应的接地装置上。金属屋面周边每 18～24m 以内应采用引下线接地一次。

②平行敷设的管道、构架、电缆的金属外皮等长金属物，其净距小于 100mm 时应采用金属线跨接，跨接点的间距不应大于 30m；交叉净距小于 100mm 时，其交叉处应跨接。

③防雷电感应的接地装置应和电气设备的接地装置共用，其工频接地电阻不应大于 10Ω。屋内接地干线与防雷电感应接地装置的连接不应少于两处。

(3)防止雷电波侵入的措施

①低压线路宜全线采用电缆直接埋地敷设，在入户端应将电缆的金属外皮、钢管接到防雷电感应的接地装置上。架空线应使用一段金属铠装电缆或者护套电缆穿钢管直接埋地引入，其埋地长度不应小于 15m。在电缆与架空线连接处，应装设避雷器，避雷器、电缆的金属外皮、钢管和绝缘子的铁脚、金具等连在一起接地。冲击接地电阻不宜大于 10Ω。

②架空金属管道在进出建筑物处，应与防雷电感应的接地装置相连。距离建筑物100m内的管道，应每隔25m左右接地一次，冲击接地电阻不宜大于20Ω。宜利用金属支架或者钢

筋混凝土支架的焊接、绑扎钢筋网作为引下线，其钢筋混凝土基础宜作为接地装置。埋地或者地沟内的金属管道，在进出建筑物处应与防雷电感应的装置相连。

(4)当建筑物高于30m时，应采取防侧击的措施

①从30m起每隔不大于6m沿建筑物四周设水平避雷带并与引下线相连。

②30m及以上外墙上的栏杆、门窗等较大的金属物与防雷装置连接。

③在电源引入的总配电箱处装设过电压保护器。

2. 第二类防雷建筑物的主要保护措施

(1)防直击雷的措施

①建筑物上的避雷针或者避雷网混合组成接闪器。避雷网的网格尺寸不应大于10m×10m或12m×8m。

②至少设两根引下线在建筑物的四周均匀或者对称布置，其间距不应大于18m。

③每一引下线的冲击接地电阻不宜大于10Ω。防直击雷接地可与防雷电感应电气设备等接地共用同一接地装置，也可与埋地金属管道相连。当不共用、不相联时，两者之间的距离不得小于2m。在共用接地装置与埋地金属管道相连情况下，接地装置应围绕建筑物敷设成环形接地体。

④敷设在混凝土中作为防雷装置的钢筋或者圆钢仅为一根时，其直径不应小于10mm。作为防雷装置的混凝土构件内有箍筋相连钢筋的截面积总和不应小于一根直径为10mm钢筋的截面积。

(2)防雷电感应的措施

①建筑物内的设备、管道、构架等金属物就近接到防直击雷接地装置或电气设备的保护接地装置上，可不另设接地装置。

②防雷电感应的接地干线与接地装置的连接不应少于两处。

③平行敷设的管道、构架、电缆的金属外皮等长金属物，与第一类防雷建筑物的防雷措施相同。

(3)防止雷电波侵入的措施

①低压线路宜全线采用电缆直接埋地敷设，或者在入户端应将敷设在架空金属线槽内的电缆金属外皮、金属线槽接地。架空线应使用一段金属铠装电缆或者护套电缆穿钢管直接埋地引入，其埋地长度不应小于15m。在电缆与架空线连接处，应装设避雷器，避雷器、电缆的金属外皮、钢管和绝缘子的铁脚、金具等连在一起接地，冲击接地电阻不宜大于10Ω。

②架空金属管道，在进出建筑物处，应就近与防雷的接地装置相连。当不连接时，架空管道应接地，距离建筑物25m接地一次，冲击接地电阻不宜大于10Ω。

(4)当建筑物高于45m时，应采取防侧击和等电位连接的保护措施。

①利用钢柱或者柱子钢筋作为防雷装置引下线。

②45m及以上外墙上的栏杆、门窗等较大的金属物与防雷装置连接。

③竖直敷设的金属管道及金属物的顶端和底端与防雷装置连接。

3. 第三类防雷建筑物的主要保护措施

(1)防直击雷的措施

①建筑物上的避雷针或者避雷网(带)混合组成接闪器。避雷网的网格尺寸不应大于20m×20m或者24m×16m。

②至少设两根引下线，在建筑物的四周均匀或者对称布置，其间距不应大于25m。

③每一引下线的冲击接地电阻不宜大于30Ω，公共建筑物不大于10Ω，其接地装置与电气设备等接地共用，也可与埋地金属管道相连。当不共用不相连时，两者之间的距离不得大于2m。在共用接地装置与埋地金属管道相连的情况下，接地装置应围绕建筑物敷设成环形接地体。

(2)防止雷电波侵入的措施

低压线路宜全线采用电缆直接埋地敷设，或者在入户端应将敷设在架空金属线槽内的电缆金属外皮、金属线槽接地。在电缆与架空线连接处，应装设避雷器，避雷器、电缆的金属外皮、钢管和绝缘子的铁脚、金具等连在一起接地，冲击接地电阻不宜大于30Ω。

(3)当建筑物高于60m时，60m及以上外墙上的栏杆、门窗等较大的金属物与防雷装置相连。

第四节　室内信息系统的雷电防护

从实际雷害来看，雷直接击中信息网络的可能性不大，危害信息系统安全可靠运行的主要原因是雷击电磁效应。当雷击建筑物、建筑物附近地面、交流输电线路以及天空雷云间放电时，所产生的暂态高电位和电磁脉冲能够以传导、耦合感应和辐射等方式沿多种途径侵入室内信息系统。就具体情况而言，雷电侵害信息系统的主要途径有以下几种：

(1)雷直接击中信息系统所在建筑物防雷装置，引起防雷装置各部位(引下线及接地体)暂态电位的急剧升高，导致对电子设备的反击。

(2)雷电感应在输电线路上产生过电压，并沿电源线侵入信息系统。

(3)雷电感应在信号线路上产生过电压，并沿信号线路侵入信息系统。

(4)雷击时出现的电磁脉冲从空间直接辐射至电子设备。

即使在相距3km外发生对地雷击，在一般的通信线上也可能产生出高于1kV的感应过电压。埋设在地下的电缆也同样会出现雷电感应过电压，例如当入地雷电流为5kA时，在入地点附近5～10m处的无屏蔽电缆上，一般可以感应出5～7.5kV的高电压。用光缆作信息系统的传输线时，光缆中心或外层的金属加强筋(网)上也难以避免出现雷电感应过电压。按简单的安培环路定律来估算(考虑位移电流的影响)，在距离无屏蔽计算机800m处落一个100kA的雷时，该计算机会发生误动；在距离该计算机83m处落同样的雷时，它就会被损坏。实际上，在信息系统或电子设备中，由于所使用的元器件集成度愈来愈高，信息存贮量愈来愈大，运算和处理的速度愈来愈快，而工作电压仅有几伏，信号电流也仅为微安级，因此对外界干扰极为敏感，对雷电电磁脉冲和暂态过电压的耐受性是十分脆弱的。一般地说，当雷电流产生的电磁脉冲或暂态过电压达到某一临界值时，轻则引起信息系统工作失灵(误动、信息丢失、工作特性变坏和运行不稳定等)，重则造成整个系统或其元件的毁坏。

一、防雷区

根据雷击电磁环境的特性，可以将建筑物需要保护的空间由表及里地划分为不同的防雷区，在各个序号防雷区的交界面上，电磁环境有明显的改变。同常，防雷区的序号越大，其中的脉冲电磁场强度也就越小。防雷区的具体划分如下：

1. $LPZO_A$ 区

本区内的各物体都可能受到直接雷击或导走全部雷电流，本区内的电磁场强度没有受到衰减。

2. $LPZO_B$ 区

本区内的各物体不可能遭到大于所选滚球半径所对应的雷电流直接雷击，但本区内的电磁场强度也没有受到衰减。

3. LPZ1 区

本区内的各物体不可能遭受直接雷击流经各导体的雷电流比 $LPZO_B$ 区更小；本区内的电磁场强度可能衰减，这将取决于屏蔽措施。

4. LPZ_{n+1}（n=1，2，…）后续防雷区

当需要进一步减小流入的雷电流和电磁场强度时，应增设后续防雷区，并按照需要保护对象所要求的环境区来选择后续防雷区的要求条件。

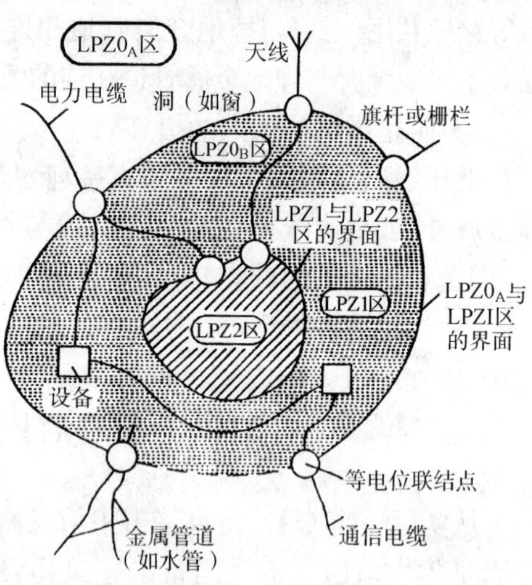

图 10-34　防雷区划分一般原则

将一个建筑物需要保护空间划分为不同防雷区的一般原则如图 10-34 所示。此外，图 10-35 还针对一座建筑物，给出了其防雷区划分的具体示例。划分防雷区的实际意义主要在于：

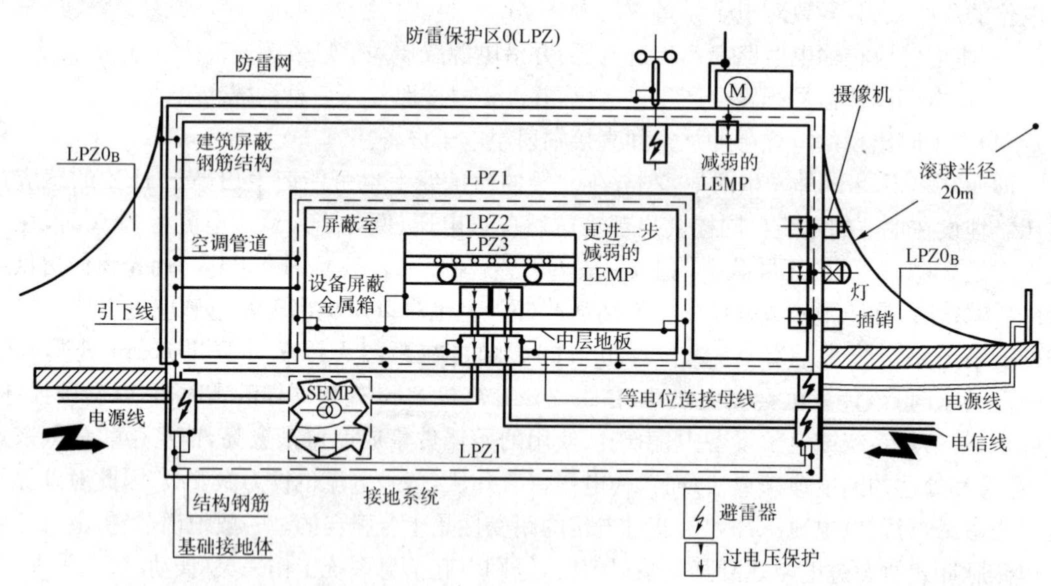

图 10-35　防雷区划分的具体示例

（1）可以估算出各 LPZ 区内雷电电磁脉冲的强度，以确认是否需要采取进一步的屏蔽措施。

（2）可以确定等电位联结的位置（一般在各防雷区交界面上）。

（3）可以确定不同防雷区界面上选用电涌保护器（过电压保护器）的具体指标。

（4）可以选定敏感电子设备的安全放置位置。

二、屏蔽

从建筑物室内信息系统防雷电电磁脉冲的需要来看，屏蔽措施主要是指采用屏蔽电缆、利用各种人工的屏蔽箱盒、法拉第笼和各种可以利用的自然屏蔽体来阻挡或衰减侵入建筑物信息系统中的雷电电磁脉冲能量，保护信息系统中的电子设备，使其免受雷电电磁脉冲的干扰和损害。由于微电子设备抗雷电电磁干扰的脆弱性，屏蔽措施目前已成为信息系统防雷电电磁脉冲干扰和侵害的重要手段之一，并已得到了广泛的应用。

根据电磁场理论，屏蔽是利用屏蔽体来阻挡和减小电磁能量传输的一种技术。屏蔽的目的有两个：一是防止外来的电磁能量进入某一区域，避免这里的敏感电子设备受到干扰；二是限制内部辐射的电磁能量漏出该内部区域，避免电磁干扰影响周围环境。前者称为被动屏蔽，后者称为主动屏蔽，用于建筑物室内信息系统雷电电磁脉冲防护的屏蔽措施一般用于前者。屏蔽作用是通过一个将上述区域封闭起来的壳体，即是用屏蔽体来实现的，这种壳体可做成板式、网状式以及金属编织带式等，其材料可以是导电的、导磁的和介质的，也可以是带有金属吸收填料的。

1. 建筑物自然屏蔽

建筑物（特别是现代高层建筑物）的建筑结构中含有许多金属构件，如金属屋面、金属网格、混凝土钢筋、金属门窗和护栏等，在建造建筑物时，将这些自然金属构件在电气上连接在一起，就可以对建筑物构成一个立体屏蔽网。这种自然屏蔽网虽然是格栅稀疏的，但毕竟能对外部侵入的雷电电磁脉冲形成初级屏蔽，使之受到一定程度的衰减，从而有助于减缓对内部信息系统屏蔽要求的压力。在各种钢筋混凝土结构的建筑物中，由于它们的梁、柱、楼板及墙内都有相当数量的纵横钢筋，墙扳及楼板中还有钢筋网（网格一般小于 0.3m×0.3m）。将全楼的梁、柱、楼板及墙板内的全部钢筋连接成一个电气整体，即形成了暗装笼式避雷网。依靠这种笼式避雷网可以对雷电电磁脉冲发挥有限的屏蔽作用，其屏蔽效能在很大程度上取决于钢筋网格的尺寸。另外，将建筑物中的布线井四壁内的结构钢筋每隔一定距离做一圈电气连接，也可起到对布置在井中的线路的初级屏蔽作用。

2. 电源线和信号线的屏蔽

从防雷角度来看，在建筑物内的所有低压电源线和信号线都应采用有金属屏蔽层的电缆，没有屏蔽的导线应穿过钢管，即用钢管屏蔽起来。在分开的建筑物之间的无屏蔽线路应敷设在金属管道内。当采用常见的以金属丝编织层为屏蔽层的电缆时，要注意在布线上避免出现较严重的弯曲，因为金属丝编织层的实际覆盖率是随电缆的弯曲程度不同而不同的。当电缆弯曲时，靠近内半径一侧的金属丝覆盖率很大，而靠近外半径一侧的金属丝覆盖率则显著减小，这样在弯曲部位外侧由于覆盖较为稀疏而会让一部分电磁场透过电缆屏蔽层，使得电线的屏蔽效能下降。通常，电线屏蔽层阻挡电磁脉冲的能力除了与屏蔽层的材料和网眼大小等有关外，还与屏蔽层的接地方式密切相关。就防护感应过电压而言，要求电源线或信号线连续或至少在其首、末两端进行良好接地，即屏蔽层宜采取多点接地。但是，多点接地将不利于对低频电磁干扰的抑制。当屏蔽层做多点接地后，各接地点之间出现由屏蔽层与地构成的电气回路，空间低频电磁干扰在这些回路中感应出低频电流，这种低频电流在电缆屏蔽层中流过时所产生的电磁场可能会有一部分透过屏蔽层，在电缆内部的芯-皮回路中再次感应出低频干扰。

为消除这种低频干扰，就需要消除由屏蔽层与地之间构成的电气回路，这就要求电缆的屏蔽层只能做单点接地。然而在采用单点接地方式后，由雷击引起的地电位抬高将可能使得在不接地的一端电位升高并发生危险的反击，这从防雷上将显然又是不安全的。因此，出于防雷可靠性的考虑，当低频电磁干扰不严重时，在需要保护的空间内，屏蔽电缆应至少在其两端以及在其所穿过的防雷区界面处作接地；当低频电磁干扰严重时，可以将屏蔽电缆穿入金属管内或双层屏蔽电缆的内屏蔽层可不接地或只做一端接地，这样既可保证安全，又能兼顾抗低频电磁干扰的要求。

在一些信号传输网络中，可以在两个单元电路之间插入一个光耦合器来阻断由这两个电路接地端所形成的回路。在电磁脉冲干扰特别强的地方，可采用防雷屏蔽电缆（图 10-36）或光纤。

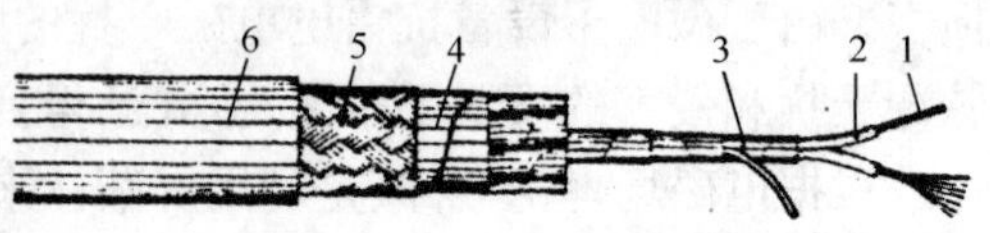

图 10-36　防雷屏蔽电缆

1-铜导体（细线）；2-PE 绝缘层；3-含附加接地线屏蔽层；4-塑料带裹层；5-铜线编制层；6-PVC 外套

3. 设备屏蔽

凡含有对电磁脉冲干扰敏感的微电子设备和仪器，特别是那些高精尖的信息处理设备，都应采用连续的金属层加以闭封起来，进入仪器及设备的电源线和信号线以及它们之间的传输线均应采用屏蔽电缆或穿金属管进行屏蔽。在信号线或传输线电缆的两端应保持其屏蔽体（如金属外壳）具有良好的电气接触，电源线的屏蔽层也应如此，以便能构成一个完整的屏蔽体系。对于那些起关键性作用的仪器或设备群应考虑放在屏蔽室里。对于重要的计算机系统，也应加强其屏蔽措施，可根据实际需要采用单个设备屏蔽和整个机房屏蔽等方式。

三、均压

在防止建筑物内电子设备遭受雷电暂态高电位反击方面，均压措施起着十分重要的作用。将建筑物内不同的电缆外屏蔽层、设备外壳、金属构件和进出建筑物的金属管道通过电气搭接连接在一起，形成一个电气上的连续整体，能够有效地避免在不同金属物之间出现过高的暂态电位差，从而可以防止反击的发生，以维护设备的安全运行。当然，作为建筑物内信息系统防雷措施之一，均压措施还需要与屏蔽、接地和箝位保护措施配合使用，才能收到好的雷电防护效果。

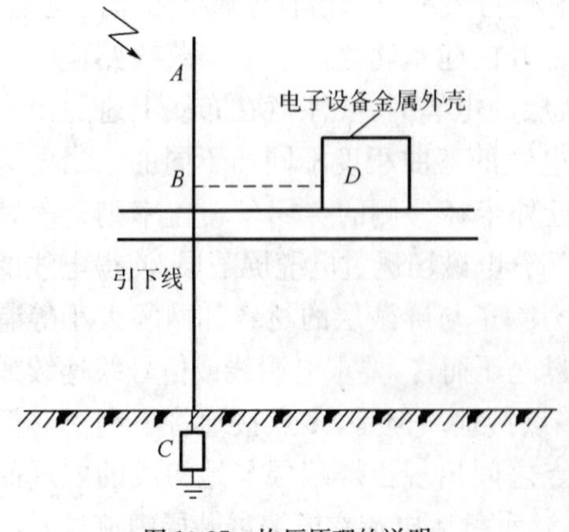

图 10-37　均压原理的说明

1. 电位均衡

当雷击于建筑物的防雷装置时，防雷装置中各部位暂态电位的升高可能会对其周围的金属物发生反击，损坏设备。如图 10-37，当雷击于建筑物防雷装置时，有部分雷电流经引下线 ABC 流入大地，在此过程中，由于 BC 段引下线电感和接地电阻的存在，使得 B 点的暂态电位升高，此时浮地或在远处接地的电子设备金属外壳尚处于近似零电位，当 B、C 之间的暂态电位超过此处空气间隙的绝缘耐受强度时，引下线与设备之间就会出现放电击穿，即设备受到雷电反击。如果预先在引下线与设备的金属外壳

B、D之间用导体连接起来，则在雷击时引下线的 B 点将与设备的金属外壳之间保持等电位，这样在两者之间就不会出现放电击穿，这就是均压的基本原理。

实际上，将钢筋混凝土建筑物中的钢筋和金属构件进行电气连接，形成一个笼式避雷网，它不仅具有屏蔽作用，而且也具有均压作用。在笼式避雷网受雷击接闪后，由于其整个笼网在电气上的连贯性，使其各个部位之间不会出现高的暂态电位差，这种做法实质上就是在利用建筑物自身的自然条件进行电传均衡，以防止建筑物中各金属构件之间发生雷电反击。为了保证建筑物内信息系统免受反击的危害，就需要对电子设备及其所联系的电源线和信号通信线路采取均压措施。即将设备外壳和线路外屏蔽层与建筑物中接地金属构件进行电气连接，实现电位均衡，如图 10-38 所示。经过这样的电位均衡之后，就可以有效地限制设备与构件和设备与设备之间的暂态电位差，从而避免在这些地方发生反击。

对于进出建筑物的电源线和信号线等，它们内部的各带电导体也需要加以暂态电位均衡，因为雷击时导线与屏蔽层以及导体之间均有可能出现暂态电位差，这些暂态电位差会对线路的绝缘以及与线路端接的电子设备造成损害。但是，在未发生雷击的正常运行情况下，这些线路中的带电导体或者要输送电能，或者要传输信号，不能直接进行电气连接，否则将合造成短路，妨碍它们的正常远行。为此，可在各线路中的带电导体上采用避雷器或电涌保护器以及保护间隙来与建筑物的防雷接地的构件进行电气连接，实施暂态均压，如图 10-39 所示。在发生雷击时，带电导体与其他部分之间将出现高的暂态电位差，使得与这些导体相连的保护器件动作限压，呈现出接近于短路的电气连接，于是就实现了暂态电位均衡。而在雷击结束后，线路恢复正常运行，由于带电导体的工作电压相对很低，不足以使保护器件动作、则保护器此后将呈现开路状态，这就不会影响带电导体的正常供电或信号传输。为了进行这种暂态均压，现在已开发出专用的均压连接器，供不同类型的线路保护使用。另外，在某些情况下，出于防止地网中杂散电流和暂态电流干扰的目的，少数大型计算机系统可能要求其逻辑接地与建筑物的防雷接地网分开，引到建筑物外一定距离的接地网上。对于这些情况，也可以采用避雷器或保护间隙将这两个接地网连接起来，即将逻辑接地线在入户处用避雷器或保护间隙与建筑物接

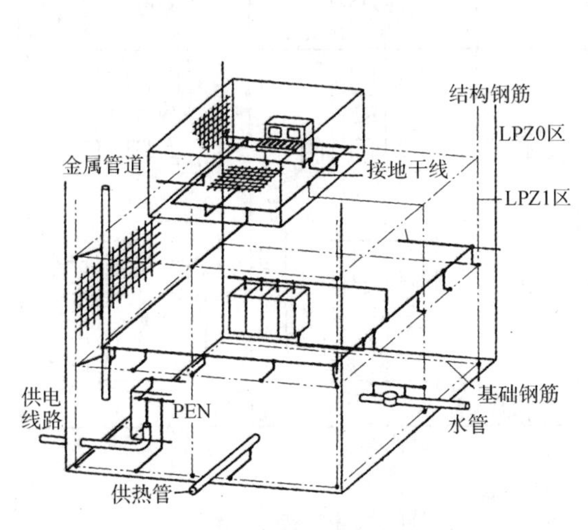

图 10-38　建筑物内电子设备与接地构件的等电位联结

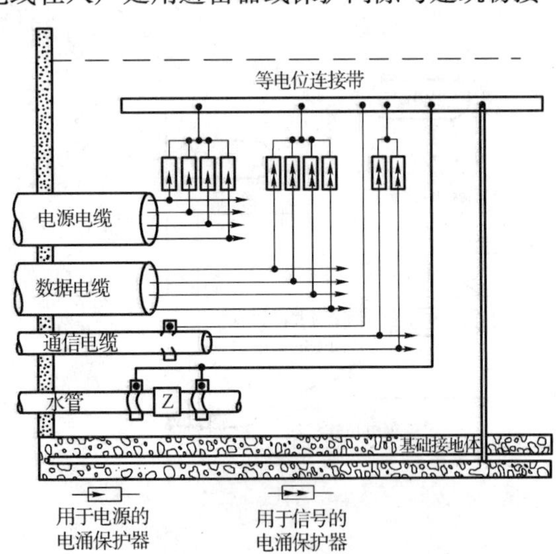

图 10-39　线路的暂态均压

地网相连，这样在雷击建筑物时将首先使建筑物的接地网电位抬高，通过避雷器动作或保护间隙放电来使两个接地网进行暂态均压。这一做法也常称为暂态共地。在雷击暂态过程结束后，避雷器或保护间隙将恢复到开断状态，使这两个地网在电气上分离，从而可以使电流干扰不会通过地网传递到计算机系统中去。

2. 等电位联结

均压措施是通过等电位联结来实施的。通常，所有进入建筑物的外来金属管道、电源线和信号通信线等在穿过各防雷区时，均应在各区的交界面处做等电位联结，以预防雷电感应及雷电侵入波沿这些途径进入信息系统。图 10-40 为一个防雷区界面处等电位联结的示意，电源线和信号线从某一处进入被保护空间 LPZ1 区，它们首先在设于 $LPZ0_A$ 区或 $LPZ0_B$ 区与 LP-Zl 区界而处的等电位联结带 1 上做等电位联结。这些线路然后在设于 LPZ1 区与 LPZ2 区的界面处的内部等电位联结带 2 上再做等电位联结。当外来的金属管道和电源线与信号线从不同地点进入建筑物时，宜设若干条等电位联结带，以供各管道和线路进行等电位联结。各等电位联结带宜就近连到环形接地体、内部环形条体或此类的钢筋上。

在一个防雷区内部的金属物和系统均应在界面处做等电位联结。信息系统中的各种箱体、壳体和机架等金属组件与建筑物的共用接地系统的等电位联结应采用 S 型星形结构和 M 型网形结构等两种基本等电位联结网络，如图 10-41 示。当采用 S 型等电位联结时，信息系统中的所有金属组件，除了等电位联结点外，应与共用接地系统的各组件有大于 1.2/50μs、10kV 的绝缘强度。这里加强绝缘强度的目的在于使外来干扰电流不能进入所涉及的信息系统设

备。一般地说，S 型等电位联结网络可以用于相对较小、限定于局部的信息系统，且所有设施管线和电缆宜从接地基准点 ERP 附近进入该信息系统。S 型等电位联结网络应仅通过唯一的一点，即接地基准点 ERP 组合到建筑物的共用接地系统上去，以形成 Ss 型等电位联结（图 10-41）。在这种连接的情况下，设备之间的所有线路和电缆当无屏蔽时宜按星形结构与各等电位联结线平行敷设，以免产生感应回路。对于那些用于限制从线路侵入暂态过电压的

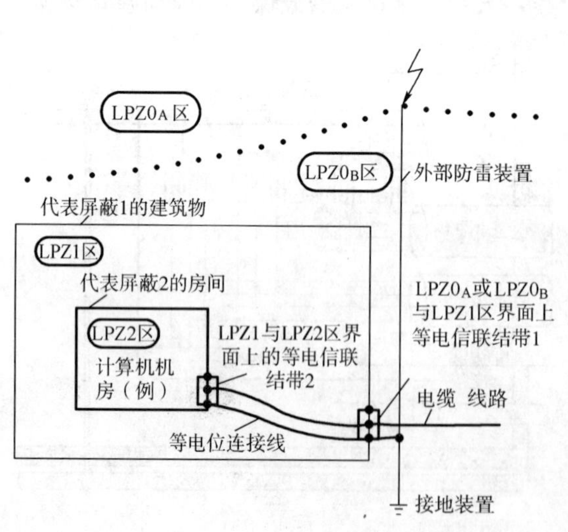

图 10-40 防雷区界面处的等电位联结

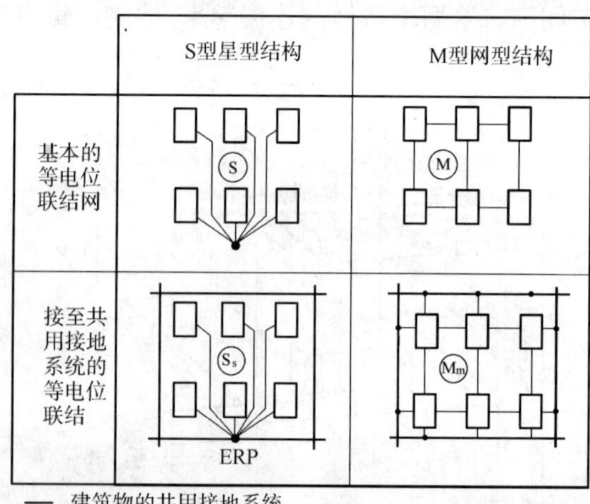

图 10-41 信息系统等电位联结的基本方式

电涌保护器,应合理选定其引线连接点,使得它们被连接在这些点上后,能够向被保护的设备提供最小的电涌残压水平。当采用 M 型等电位联结网络时,一个信息系统的各金属组件不应与建筑物共用接地系统中各组件绝缘。M 型等电位联结网络应通过多点连接组合到建筑物的共公接地系统上去,并形成 M_m 型等电位联结(见图 10-41)。在一般场合下,M 型等电位联结网络宜用于延伸较大的开环信息系统,而且设备之间敷设许多条线路和电缆,设施和电缆从若干处进入该信息系统。

四、箝位

箝位保护措施主要用于防止雷电暂态过电压侵害信息系统中的电子设备。雷电侵入波主要是从电源线和信号线等途径侵袭到信息系统中去的,所以必须在这些线路上采取箝位保护措施,以便对沿线路袭来的暂态过电压进行有效的抑制,使得与线路端接的电子设备免受损坏。

1. 对电涌保护器(SPD)的基本要求

箝位保护措施主要是通过在电子设备的电源线和信号线侧设置电涌保护器来实施的,如图 10-42 所示。当雷电侵入波沿电源线或信号线袭来时,电涌保护器将动作限压,对雷电侵入波过电压加以抑制,使电子设备得以保护。用于电源线保护的电涌保护器与用于信号线保护的电涌保护器分别被简称为电源系统保护器、信号系统保护器和天馈线系统保护器,虽然它们在性能上有不少差别,但从对雷电暂态过电压抑制的作用来看,仍存在着一些共同之处。以下将介绍这两类保护器的一些共同性的基本要求。

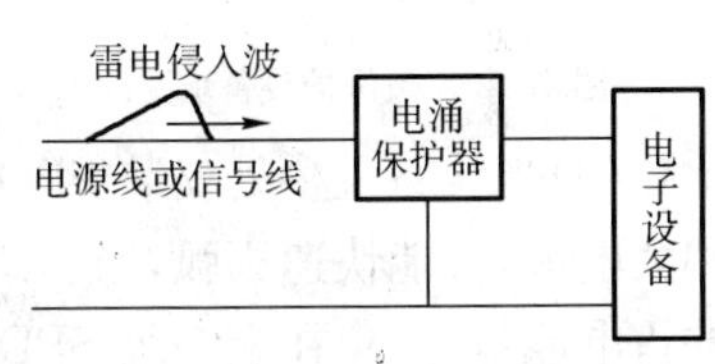

图 10-42　电涌保护器的设置

(1)电涌保护器在接入线路后,不应妨碍所在系统的正常运行,也就是说电涌保护器接入后对系统正常运行所产生的影响要限制到可以忽略的程度。根据这一要求,电涌保护器中的纵向并联元件在线路正常工作电压(要考虑一定的偏差裕度)作用下应呈现出接近于开路状态下非常大的阻抗;而电涌保护器中的横向串联元件应在线路的正常工作频率下呈现出很小的阻抗,在通过线路的正常工作电流时横向元件上出现的压降可以忽略,这样才能保证线路上正常传输的电流和电压不会因电涌保护器接入而产生不可接受的变化。

(2)电涌保护器在抑制雷电暂态过电压时应具有良好的箝位效果,即保护器在动作限压后的箝位电压(也就是其残压)水平应低于被保护电子设备的耐受电压水平。如果箝位电压超过了电子设备的耐受值,则电子设备将不能耐受而被损坏。

(3)在抑制暂态过电压时,电涌保护器应能迅速动作限压,即从过电压达到保护器的标称动作电压值起到保护器实际动作时的这段动作延时要尽可能小。因为对一定波形的雷电暂态过电压来说,如果这种动作延时大,则在保护器动作之前加于被保护电子设备的暂态电压已相当高,这就会使得在保护器尚未动作之前电子设备可能已被损坏。保护器的动作延时对于那些耐压脆弱的微电子设备来说是特别重要的。

(4)在遇到保护设计允许的最严重暂态过电压情况下,电涌保护器自身应能安全耐受,而不致被过电压所损坏。要达到这一要求,就需要保护器具有足够的通流容量,能够在设计允许的最严重过电压情况下充分吸收过电压的能量,而其自身不致发生过热损坏或出现明显的性能退化。

(5)当雷击时,被保护设备和系统所受到的电涌电压是 SPD 的最大箝位电压加上其两端引线的感应电压,如图 10-43 所示,$U \approx U_{L1}+U_{P}+U_{L2}$。

由于雷击电磁脉冲能使引线上感应出很高的电压。为使最大电涌电压足够低,其两端的引线应做到最短,总长不超过 0.5m。在实际工程中配电柜的生产厂应注意这一点,如果进线母线在柜顶,可将 SPD 装于配电拒的上部,并与柜内最近的接地母线连接,如果确实有困难,可采用如下的两种连线方式,见图 10-44。

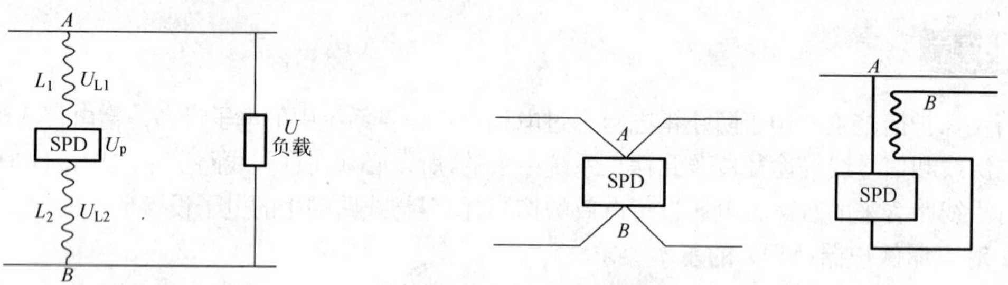

图 10-43 被保护设备承受的电压

图 10-44 引线最短的两种接法

(6)当线路上多处安装 SPD 时,为获得最佳的保护效果,通常利用第一级保护承受高电压和大电流,并能快速灭弧,第二级用来降低残压。为了使上一级 SPD 有足够的时间泄放更多的雷电能量,避免在上一级 SPD 还没有动作时,感应雷电波到达下级 SPD,造成下级 SPD 承受更多的雷电能量并提前动作,不仅不能有效保护设备,甚至导致自身烧毁。因此,两级 SPD 应有足够大的间距进行配合。一般情况下,无准确数据时,电压开关型 SPD 与限压型 SPD 之间线路长度不宜小于 10m,限压型 SPD 之间的线路长度不宜小于 5m。

(7)在抑制雷电暂态过电压结束后,电涌保护器应能有效地切断工频续流,尽快恢复到动作前的开路状态。这一要求对那些含间隙(保护间隙和放电管)的保护器来说是十分重要的。

2. 电源保护

将电源保护器安装在电子设备的电源线侧,对沿线路袭来的雷电暂态过电压进行抑制,这就构成了电源保护的基本模式。从电路结构上看,电源保护器可以分为单级和多级结构。单级保护器一般是一个保护元件或是与其他元件的组合,如图 10-45 所示。在单级保护支路中串入熔断器是起过电流保护作用,用于防止保护元件在抑制异常严重过电压时被过流烧毁。在图 10-45 中,将压敏电阻与保护间隙串联的目的是为了有效地切断工频续流和抑制正常时的泄漏电流,此处的保护间隙也可以换成放电管。图10-46给出了一个三相线路的单级保护

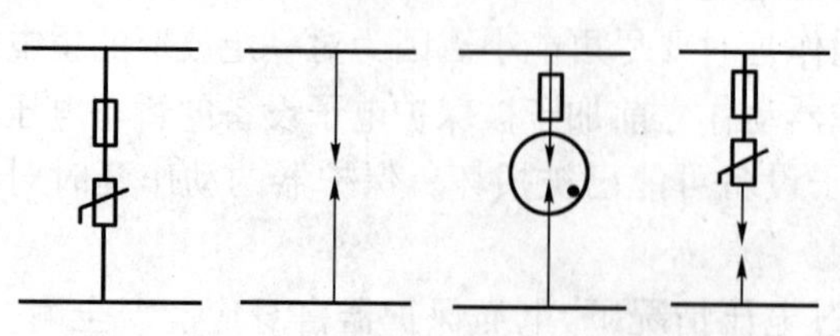

图 10-45 单级电源保护支路

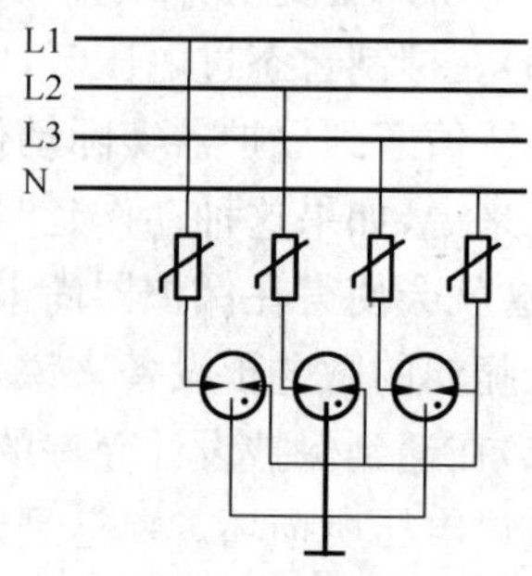

图 10-46 三相线路的单级保护

电路。单级保护只能对雷电暂态过电压进行一次性抑制，应该说，在许多保护要求不太高的场合，它们是可以胜任的，但在一些保护要求较高的场合，它们将难以满足对那些脆弱电子设备的保护要求，这时就需要采用多级保护。最简单的多级保护器只包含两级，即两级保护路，这也是最常用的一种保护器，其原理电路见图 10-47。在两级保护器中，第一级保护元件主要用于泄放雷电暂态过电压作用下产生的暂态过电流，将大部分暂态过电压能量旁路泄放掉；第二级保护元件是用于电压箝位，进一步将暂态过电压抑制到后面被保护电子设备可以耐受的水平。介于第一级与第二级之间的串联元件称为退耦元件，其作用是协调第一级和第二级之间的保护特性配合。第一级保护元件的动作电压应高于第二级，其通流容量应足够大，以耐受其所泄放的暂态大电流。当雷电暂态过电压沿线路袭来时，由于第二级保护元件的动作电压较低，它将首先动作限压，于是退耦元件和第二级保护元件中就有暂态电流流过，电流在退耦元件上产生的压降与第二级保护元件上残压之和将加于第一级保护元件上，促使第一级保护元件尽快动作。当第一级动作后，暂态电流主要由它来泄放，而第二级此时将进一步限制经第一级抑制后的剩余过电压，并将这一电压箝位到电子设备可以接受的水平。第一级保护元件可以用保护间隙和放电管，但比较理想的元件是压敏电阻，而第二级保护元件比较合适的选择也是压敏电阻。退耦元件可以是电阻，也可以是电感.还可以是它们的串联体。退耦元件的参数应选很适当，如果该参数选得过大，虽然可以在暂态抑制过程中产生较大的压降来促使第一级尽快动作泄流，但在暂态抑制结束并恢复正常后，退耦元件在线路正常工作电流流过时产生的压降也比较大，从而会影响到后面被保护电子设备的正常电源电压。如果该参数值被选得过小，虽然有利于正常运行情况，但将不利于暂态抑制时改善第一级的动作特性。

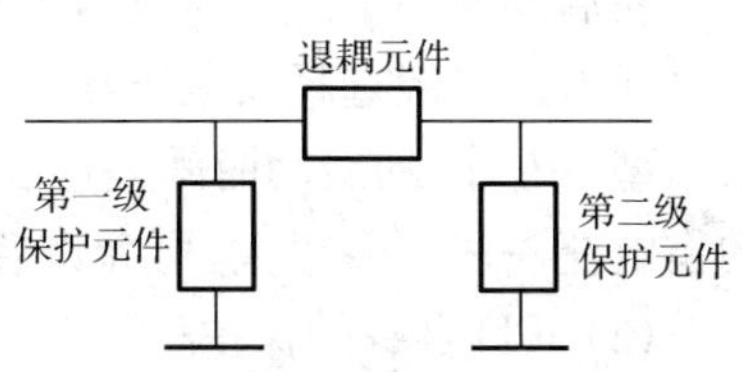

图 10-47　两级保护器的原理电路

工程中，安装电源侧 SPD 应注意以下几个问题：

(1)SPD 通流容量

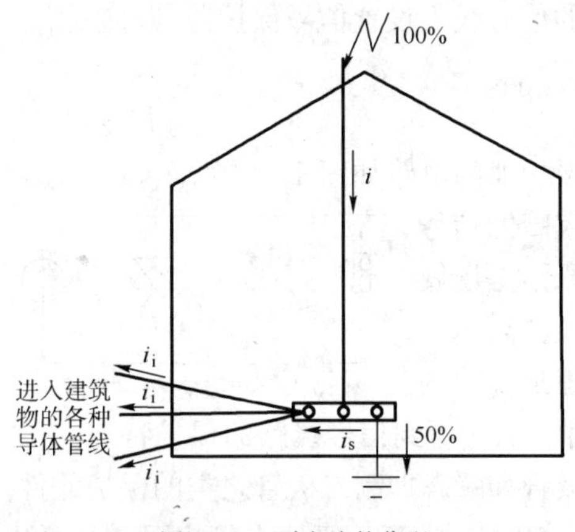

图 10-48　雷电流的分配

如图 10-48 所示，因为已要求在线路由室外引入时作等电位联结，故认为从外部防雷装置引下的雷电流中有 50%进入防雷接地体，另 50%进入作等电位联结的各种管线，并且这些管线均分这剩下的 50%电流。设从外部引下的雷电流为 i，该值可根据建筑物的防雷类别查出。进入各管线的电流 $i_s=0.5i$，设管线的总数为 n，则进入每一管线(包括电线或电缆)的电流为 $i_i=i_s/n=0.5i/n=i/2n$。若一路电缆有 m 芯，则每芯电流为 $i_v=i_i/m=i/2mn$。这是电缆无屏蔽的情况。若有屏蔽层，则绝大多数电流将沿屏蔽层流走，一般有屏蔽层时电流按 30%i_v 计算。

(2)两级保护距离

在一般情况下，当在线路上多处安装 SPD 且无准确数据时，电压开关型 SPD 与限压型

SPD之间的线路长度不宜小于10m，限压型SPD之间的线路长度不宜小于5m。

这一条是根据两级SPD级间配合的原则定出的。首先。上一级的保护水平U_P和通流容量应大于下一级。其次，为使上级SPD泄放更多的能量，必须延迟雷电波到达下级的时间，否则会使下级SPD启动过早，因遭受过多的雷电波能量而不能保护设备，甚至烧毁自己。故上、下级在启动时间上应有所配合。因雷电波是一行波，上、下级之间的距离也就决定了动作的先后时间差。一般选择安装电压开关型SPD的地方，都是雷电流较大处，故电压开关型SPD与限压型SPD间的启动时间差应长一些，距离相应较长。而同为限压型的SPD，其上级安装处的雷电流一般不会很大，可允许启动时间差短一些，距离相应也较短。

(3)SPD自身的保护

SPD在工作过程中，其自身的安全也是有可能受到威胁的，其威胁主要来自以下两个方面：

①工频过电压。因SPD是防瞬态过电压的，过电压持续时间为μs级，而工频过电压的持续时间在ms级以上，工频过电压的能量远大于瞬态过电压，甚至能持续供给，故它很容易烧毁SPD。防护的方法是选用较高持续运行电压U_C的SPD，当然这又受到保护水平U_P（电压保护级别，相当于避雷器的残压）的制约。

②短路。在工频过电压下，或者在瞬态电压过去后正常工频电压作用下，SPD都可能发生短路，这时应由过电流保护电器对其进行保护。保护SPD的过电流保护电器可以是熔断器或断路器等，但它们应能耐受瞬态放电冲击电流，并且在瞬态冲击电流作用下不动作。

另外，还应考虑安装环境对SPD寿命的影响，如在潮湿环境中应选用具有耐湿性能的SPD等。

SPD自身的安全性并不只是其自身是否损坏的问题，因为很多时候SPD受到损坏时，我们并不知道。实际上这时系统已失去了保护。因此，对于一些重要的应用场所，可选择有遥信接点的SPD，通过附加一个远程指示模块，可显示SPD的各种状态，如正常、故障、老化需要更换等，以便于维护管理。

3. 信号保护

与电源保护模式相仿，信号保护就是在电子设备的信号线上设置信号保护器，以抑制沿信号线侵入的雷电暂态过电压。

(1)信号保护器的结构

信号保护器的结构也分为单级和多级，单级信号保护器的电路如图10-49所示，其中压敏电阻、雪崩二权管和瞬态二极管一般用于保护频率不太高的信号线路，而放电管则适合于保护高频信号线路。其主要原因是压敏电阻、雪崩二极管和瞬态抑制二极管等均具有较大的电容，而放电管的电容则很小，保护元件自身电容的存在会畸变正常传输的高频信号。两级信号保护器的原理电路与图10-47相同，但考虑到信号线路的保护特点，第二级保护元件应具有较低的箝位电压，因此常用雪崩二极管和瞬态抑制二极管之类的保护元件。图10-50给出了一种典型的两级信号保护器电路。在该电路中，第一级放电管也可用压敏电阻来替代（对于频率不太高的信号线路），该图的保护原理与以上介绍的两级电源保护器基本相同。将两个如图10-50所示的电路组合起来，可构造出用于平衡数据线保护的两级保护电路，如图10-51所示。在许多情况下，两级保护支路可以分开设置，两级之间相距一定的距离，如图

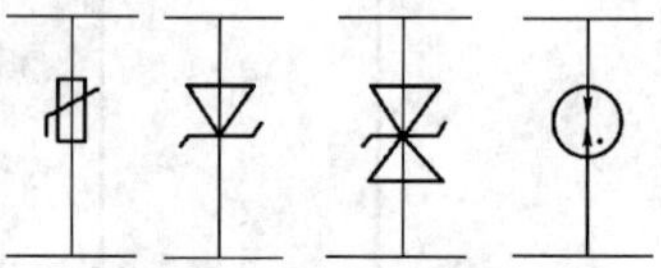

图10-49 单级信号保护支路

10-52 所示的计算机接口保护电路，就是一种典型的情况。有时也将用于泄流的第一级称为粗保护级、格用于箝位的第二级称为细保护级。

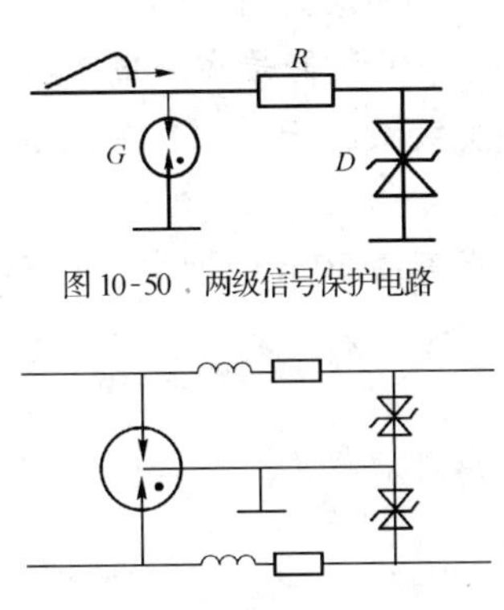

图 10-50　两级信号保护电路

图 10-51　平衡数据线的两级保护电路

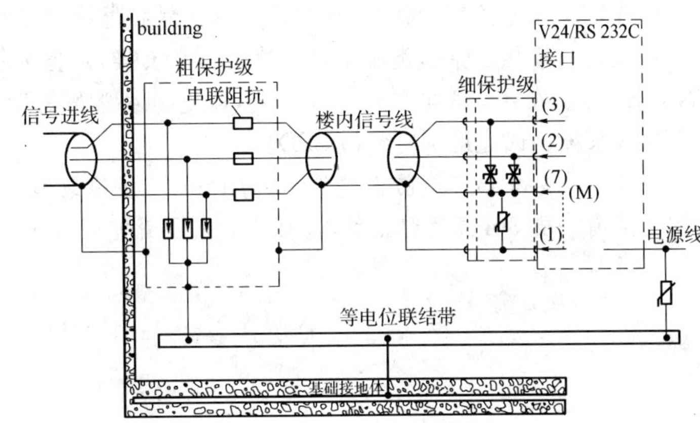

图 10-52　计算机接口保护电路

(2)信号线路防雷设计要求

①专用数据传输线电涌保护器的限制电压一般应小于 50V。

②电涌保护器的输入、输出阻抗应与传输线路波阻抗相匹配。

③电涌保护器的插入损耗 $A_e \leqslant 0.5$dB。

④电涌保护器的接口应与被保护设备的接口一致。

⑤接入 SPD 后对数据传输的速率、误码率等无任何不良影响。

⑥在 LPZ1 区以内，数据传输线有效长度 $L<10$m 的情况下可以不安装 SPD，反之，需在传输线两端设备连接处分别安装电涌保护器。

⑦信号电涌保护器的响应时间应在纳秒级。

⑧电涌保护器级数，一般情况下安装一级保护就够了，因为信号电涌保护器内部线路都有两级至三级保护电路设计。但是当调制解调器(Modem)传输线在 LPZ0 区内传输距离较长($L \geqslant 50$m)时，就需要在调制解调器与主机之间增加第二级电涌保护器进行加强保护。电涌保护器的通流容量应根据设备所在的防雷区、雷击电磁脉冲强度和网络节点距离通过计算来确定。如果计算有困难，可参考表 10-5 选择。

LPZ1 区节点距离和通流容量关系　　表 10-5

节点距离(无中继)/m	通流容量(8/20μs)/kA	节点距离(无中继)/m	通流容量(8/20μs)/kA
10～50	0.5～1	100～300	3～5
50～100	1～3		

思考题

1. 雷电感应过电压防护和直击雷防护相比有哪些特点？具体措施有哪些？
2. 避雷器的常用种类和主要参数有哪些？
3. 电涌保护器是如何分类的？分为哪几类？各适用于什么场所？

4. 限压型电涌保护器的工作原理是什么？

5. 信号线路和电源线路电涌保护器在安装上分别应注意哪些问题？

6. 在电源线路防雷设计中，如何选择电涌保护器的通流容量、残压和最大持续运行电压。

7. 假设一幢属于第二类防雷建筑物的信息大楼，从室外引入电力线和信号线。电力线为TN-C-S系统，在入口等电位连接界面处，即电力线路的总配电箱上装设三只SPD，在此后改为TN-S系统。试选用所安装的SPD。

8. 某厂有一座第二类防雷建筑物，高15m，其屋顶最远的一角距离高50m的烟囱10m远，烟囱上装有一支3m高的避雷针，试计算此避雷针能否保护该建筑物。

附录1　统一眩光值(UGR)

一、照明场所的统一眩光值(UGR)计算

1. UGR 应按式(1-1)计算:

$$UGR = 8\lg \frac{0.25}{L_b} \sum \frac{L_a^2 \cdot \omega}{P^2} \tag{附 1-1}$$

式中:L_b——背景亮度,cd/m^2;

L_a——观察者方向每个灯具的亮度,cd/m^2;

ω——每个灯具发光部分对观察者眼睛所形成的立体角,sr;

P——每个单独灯具的位置指数。

2. 式(1-1)中的各参数应按下列公式和规定确定:

(1)背景亮度 L_b 应按 A.0.1-1 式确定:

$$L_b = \frac{E_i}{\pi} \tag{附 1-2}$$

式中:E_i——观察者眼睛方向的间接照度,lx。

此计算一般由计算机完成。

(2)灯具亮度 L_a 应按式(1-3)确定:

$$L_a = \frac{I_a}{A \cdot \cos\alpha} \tag{附 1-3}$$

式中:I_a——观察者眼睛方向的灯具发光强度,cd;

$A \cdot \cos\alpha$——灯具在观察者眼睛方向的投影面积,m^2;

α——灯具表面法线与观察者眼睛方向所夹的角度,°。

(3)立体角 ω 应按式(1-4)确定:

$$\omega = \frac{A_P}{r^2} \tag{附 1-4}$$

式中:A_P——灯具发光部件在观察者眼睛方向的表观面积,m^2;

r——灯具发光部件中心到观察者眼睛之间的距离,m。

(4)古斯位置指数 P 应按附图 1-1 生成的 H/R 和 T/R 的比值由附表 1-1 确定。

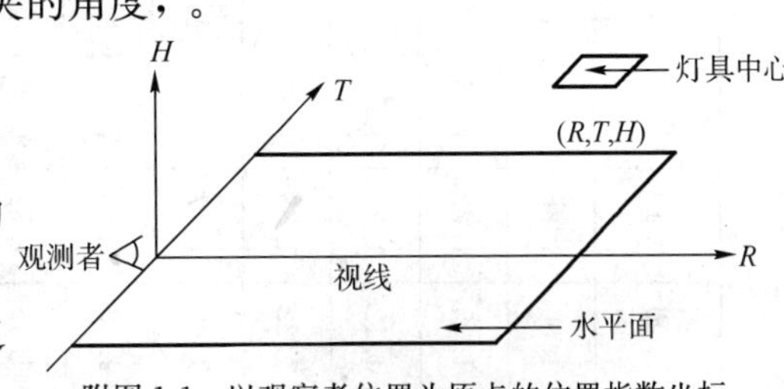

附图 1-1　以观察者位置为原点的位置指数坐标系统(R,T,H),对灯具中心生成 H/R 和 T/R 的比值

位置指数表

附表 1-1

T/R \ H/R	0.00	0.10	0.20	0.30	0.40	0.50	0.60	0.70	0.80	0.90	1.00	1.10	1.20	1.30	1.40	1.50	1.60	1.70	1.80	1.90
0.00	1.00	1.26	1.53	1.90	2.35	2.86	3.50	4.20	5.00	6.00	7.00	8.10	9.25	10.35	11.70	13.15	14.70	16.20	—	—
0.10	1.05	1.22	1.45	1.80	2.20	2.75	3.40	4.10	4.80	5.80	6.80	8.00	9.10	10.30	11.60	13.00	14.60	16.10	—	—
0.20	1.12	1.30	1.50	1.80	2.20	2.66	3.18	3.88	4.60	5.50	6.50	7.60	8.75	9.85	11.20	12.70	14.00	15.70	—	—
0.30	1.22	1.38	1.60	1.87	2.25	2.70	3.25	3.90	4.60	5.45	6.45	7.40	8.40	9.50	10.85	12.10	13.70	15.00	—	—
0.40	1.32	1.47	1.70	1.96	2.35	2.80	3.30	3.90	4.60	5.40	6.40	7.30	8.30	9.40	10.60	11.90	13.20	14.60	16.00	—
0.50	1.43	1.60	1.82	2.10	2.48	2.91	3.40	3.98	4.70	5.50	6.40	7.30	8.30	9.40	10.50	11.75	13.00	14.40	15.70	—
0.60	1.55	1.72	1.98	2.30	2.65	3.10	3.60	4.10	4.80	5.50	6.40	7.35	8.40	9.40	10.50	11.70	13.00	14.10	15.40	—
0.70	1.70	1.88	2.12	2.48	2.87	3.30	3.78	4.30	4.88	5.60	6.50	7.40	8.50	9.50	10.50	11.70	12.85	14.00	15.20	—
0.80	1.82	2.00	2.32	2.70	3.08	3.50	3.92	4.50	5.10	5.75	6.60	7.50	8.60	9.50	10.60	11.75	12.80	14.00	15.10	—
0.90	1.95	2.20	2.54	2.90	3.30	3.70	4.20	4.75	5.30	6.00	6.75	7.70	8.70	9.65	10.75	11.80	12.90	14.00	15.00	16.00
1.00	2.11	2.40	2.75	3.10	3.50	3.91	4.40	5.00	5.60	6.20	7.00	7.90	8.80	9.75	10.80	11.90	12.95	14.00	15.00	16.00
1.10	2.30	2.55	2.92	3.30	3.72	4.20	4.70	5.25	5.80	6.55	7.20	8.15	9.00	9.90	10.95	12.00	13.00	14.00	15.00	16.00
1.20	2.40	2.75	3.12	3.50	3.90	4.35	4.85	5.50	6.05	6.70	7.50	8.30	9.20	10.00	11.02	12.10	13.10	14.00	15.00	16.00
1.30	2.55	2.90	3.30	3.70	4.20	4.65	5.20	5.70	6.30	7.00	7.70	8.55	9.35	10.20	11.20	12.25	13.20	14.00	15.00	16.00
1.40	2.70	3.10	3.50	3.90	4.35	4.85	5.35	5.85	6.50	7.25	8.00	8.70	9.50	10.40	11.40	12.40	13.25	14.05	15.00	16.00
1.50	2.85	3.15	3.65	4.10	4.55	5.00	5.50	6.20	6.80	7.50	8.20	8.85	9.70	10.55	11.50	12.50	13.30	14.05	15.02	16.00

续上表

T/R \ H/R	0.00	0.10	0.20	0.30	0.40	0.50	0.60	0.70	0.80	0.90	1.00	1.10	1.20	1.30	1.40	1.50	1.60	1.70	1.80	1.90
1.60	2.95	3.40	3.80	4.25	4.75	5.20	5.75	6.30	7.00	7.65	8.40	9.00	9.80	10.80	11.75	12.60	13.40	14.20	15.10	16.00
1.70	3.10	3.55	4.00	4.50	4.90	5.40	5.95	6.50	7.20	7.80	8.50	9.20	10.00	10.85	11.85	12.75	13.45	14.20	15.10	16.00
1.80	3.25	3.70	4.20	4.65	5.10	5.60	6.10	6.75	7.40	8.00	8.65	9.35	10.10	11.00	11.90	12.80	13.50	14.20	15.10	16.00
1.90	3.43	3.86	4.30	4.75	5.20	5.70	6.30	6.90	7.50	8.17	8.80	9.50	10.20	11.00	12.00	12.82	13.55	14.20	15.10	16.00
2.00	3.50	4.00	4.50	4.90	5.35	5.80	6.40	7.10	7.70	8.30	8.90	9.60	10.40	11.10	12.00	12.85	13.60	14.30	15.10	16.00
2.10	3.60	4.17	4.65	5.05	5.50	6.00	6.60	7.20	7.82	8.45	9.00	9.75	10.50	11.20	12.10	12.90	13.70	14.35	15.10	16.00
2.20	3.75	4.25	4.72	5.20	5.60	6.10	6.70	7.35	8.00	8.55	9.15	9.85	10.60	11.30	12.10	12.90	13.70	14.40	15.15	16.00
2.30	3.85	4.35	4.80	5.25	5.70	6.22	6.80	7.40	8.10	8.65	9.30	9.90	10.70	11.40	12.20	12.95	13.70	14.40	15.20	16.00
2.40	3.95	4.40	4.90	5.35	5.80	6.30	6.90	7.50	8.20	8.80	9.40	10.00	10.80	11.50	12.25	13.00	13.75	14.45	15.20	16.00
2.50	4.00	4.50	4.95	5.40	5.85	6.40	6.95	7.55	8.25	8.85	9.50	10.05	10.85	11.55	12.30	13.00	13.80	14.50	15.25	16.00
2.60	4.07	4.55	5.05	5.47	5.95	6.45	7.00	7.65	8.35	8.95	9.55	10.10	10.90	11.60	12.32	13.00	13.80	14.50	15.25	16.00
2.70	4.10	4.60	5.10	5.53	6.00	6.50	7.05	7.70	8.40	9.00	9.60	10.16	10.92	11.63	12.35	13.00	13.80	14.50	15.25	16.00
2.80	4.15	4.62	5.15	5.56	6.05	6.55	7.08	7.73	8.45	9.05	9.65	10.20	10.95	11.65	12.35	13.00	13.80	14.50	15.25	16.00
2.90	4.20	4.65	5.17	5.60	6.07	6.57	7.12	7.75	8.50	9.10	9.70	10.23	10.95	11.65	12.35	13.00	13.80	14.50	15.25	16.00
3.00	4.22	4.67	5.20	5.65	6.12	6.60	7.15	7.80	8.55	9.12	9.70	10.23	10.95	11.65	12.35	13.00	13.80	14.50	15.25	16.00

二、统一眩光值(UGR)的应用条件

(1)UGR 适用于简单的立方体形房间的一般照明装置设计，不适用于采用间接照明和发光天棚的房间。

(2)适用于灯具发光部分对眼睛所形成的立体角为 $0.1sr>w>0.0003sr$ 的情况。

(3)同一类灯具为均匀等间距布置。

(4)灯具为双对称配光。

(5)坐姿观测者眼睛的高度通常取 1.2m，站姿观测者眼睛的高度通常取 1.5m。

(6)观测位置一般在纵向和横向两面墙的中点，视线水平朝前观测。

(7)房间表面为大约高出地面 0.75m 的工作面、灯具安装表面以及此两个表面之间的墙面。

附录 2　部分灯具的利用系数表($P_d=20\%$)

$P_t\%$	70				50				30				0
$P_q\%$	70	50	30	10	70	50	30	10	70	50	30	10	0
K_{RC}	简式荧光灯 YG2－1，η=88%，1×40W，2 400lm												
1	0.93	0.89	0.86	0.83	0.89	0.85	0.83	0.80	0.85	0.82	0.80	0.78	0.73
2	0.85	0.79	0.73	0.69	0.81	0.75	0.71	0.67	0.77	0.73	0.69	0.65	0.62
3	0.78	0.70	0.63	0.58	0.74	0.67	0.61	0.57	0.70	0.65	0.60	0.56	0.53
4	0.71	0.61	0.54	0.49	0.67	0.59	0.53	0.48	0.64	0.57	0.52	0.47	0.45
5	0.65	0.55	0.47	0.42	0.62	0.53	0.46	0.41	0.59	0.51	0.45	0.41	0.39
6	0.60	0.49	0.42	0.36	0.57	0.48	0.51	0.36	0.54	0.46	0.40	0.36	0.34
7	0.55	0.44	0.37	0.32	0.52	0.43	0.36	0.31	0.50	0.42	0.36	0.31	0.29
8	0.51	0.40	0.33	0.27	0.48	0.39	0.32	0.27	0.46	0.37	0.32	0.27	0.25
9	0.47	0.36	0.29	0.24	0.45	0.35	0.29	0.24	0.43	0.34	0.28	0.24	0.22
10	0.33	0.32	0.25	0.20	0.41	0.31	0.24	0.20	0.39	0.30	0.24	0.20	0.18
K_{RC}	吸顶荧光灯 YG6－2，η=86%，2×40W，2×2 400lm												
1	0.82	0.78	0.74	0.70	0.73	0.70	0.67	0.64	0.65	0.68	0.60	0.58	0.49
2	0.74	0.67	0.62	0.57	0.66	0.61	0.56	0.52	0.59	0.54	0.51	0.48	0.40
3	0.68	0.59	0.53	0.47	0.60	0.53	0.48	0.44	0.53	0.48	0.44	0.40	0.34
4	0.62	0.52	0.45	0.40	0.55	0.47	0.41	0.37	0.49	0.43	0.38	0.34	0.28
5	0.56	0.46	0.39	0.34	0.50	0.42	0.36	0.31	0.45	0.38	0.33	0.29	0.24
6	0.52	0.42	0.35	0.29	0.46	0.38	0.32	0.27	0.41	0.34	0.29	0.25	0.21
7	0.48	0.37	0.30	0.25	0.43	0.34	0.28	0.24	0.38	0.31	0.26	0.22	0.18
8	0.44	0.34	0.27	0.22	0.40	0.31	0.25	0.21	0.35	0.28	0.23	0.19	0.16
9	0.41	0.31	0.24	0.19	0.37	0.28	0.22	0.18	0.33	0.26	0.21	0.17	0.14
10	0.38	0.27	0.21	0.16	0.34	0.25	0.19	0.15	0.30	0.22	0.18	0.14	0.11

附录3　部分灯具的最小照度系数 Z 值表

灯具名称	灯具型号	光源种类及容量(W)	距高比($L:h$) 0.6	0.8	1.0	1.2	($L:h$)/Z 的最大允许值
			Z 值				
配照型灯具	GC1−$\frac{A}{B}$−1	B150	1.30	1.32	1.33		1.25/1.33
		G125		1.34	1.33	1.32	1.41/1.29
广照型灯具	GC3−$\frac{A}{B}$−2	G125	1.28	1.30			0.98/1.32
		B200、150	1.30	1.33			1.02/1.33
深照型灯具	GC5−$\frac{A}{B}$−3	B300		1.34	1.33	1.30	1.40/1.29
		G250		1.35	1.34	1.32	1.45/1.32
	GC5−$\frac{A}{B}$−4	B300、500		1.33	1.34	1.32	1.40/1.31
		G400	1.29	1.34	1.35		1.23/1.32
筒式荧光灯具	YG1−1	1×40	1.34	1.34	1.31		1.22/1.29
	YG2−1			1.35	1.33	1.28	1.28/1.28
	YG2−2	2×40		1.35	1.33	1.29	1.28/1.29
吸顶荧光灯具	YG6−2	2×40	1.34	1.36	1.33		1.22/1.29
	YG6−3	3×40		1.35	1.32	1.30	1.26/1.30
嵌入式荧光灯具	YG15−2	2×40	1.34	1.34	1.31	1.30	
	YG15−3	3×40	1.37	1.33			1.05/1.30
房间较矮 反射条件较好		灯排数≤3	1.15～1.2				
		灯排数>3	1.10				

习 题 答 案

第一章

1. G:10.5kV;T_1:10.5/38.5kV;T_2:35/6.6kV;T_3:10/0.4kV;WL:35kV

第二章

1　负荷计算结果如下表所示:

设备名称	设备容量 P_e (kW)	需要系数 K_d	$\cos\psi$	$\tan\psi$	计算负荷			
					P_c(kW)	Q_c(kVar)	S_c(kVA)	I_c(A)
金属切削机床	800	0.2	0.5	1.73	160	277	320	486
通风机	56	0.8	0.8	0.75	44.8	33.6	56	85
车间总计	856				204.8	310.6		
	取 $K_{\Sigma p}=0.9, K_{\Sigma q}=0.95$				184	295	348	529

2　负荷计算结果如下表所示:

计算方法	计算系数 K_d 或 b/c	$\cos\psi$	$\tan\psi$	计算负荷			
				P_c(kW)	Q_c(kVar)	S_c(kVA)	I_c(A)
需要系数法	0.2	0.5	1.73	17	29.4	34	51.7
二项式系数法	0.14/0.4	0.5	1.73	20.9	36.2	41.8	63.5

3　补偿容量 Q_c=206kVar。

4　K_c=0.6,$\cos\psi$=0.85;
P_c=72kW,Q_c=44.6kVar;
S_c=84.7kVA,I_c=128.6A。

第四章

1　短路计算结果表

短路计算点	三相短路电流/kA					三相短路容量/M·VA
	$I_k^{(3)}$	$I''^{(3)}$	$I_\infty^{(3)}$	$i_{sh}^{(3)}$	$I_{sh}^{(3)}$	$S_k^{(3)}$
高压侧	2.86	2.86	2.86	7.29	4.32	52.0
低压侧	34.57	34.57	34.57	63.6	37.7	23.95

2　$S_{min}\geqslant 158mm^2$。

3　σ_{al}=70MPa>σ_C=15.0MPa。

4　$I_k^{(3)}$=13.4(kA);$i_{sh}^{(3)}$=24.66(kA);$I_{sh}^{(3)}$=14.61(kA);$S_k^{(3)}$=9.28M·VA。

第五章

1　断路器型号为:SN10-10II/1000—500;隔离开关的型号为:GN8-10T/1000;电流互感器的型号为:LQJ-10。

2　所选导线截面及穿管管径为:BLX-500-(3×50+1×35+PE35)-VG50。

3　电压损失为：3.81%，符合要求。

4　按经济电流密度可选 LJ-70，其 I_{al}(35℃)=236A>I_{30}=90A，满足发热条件，电压损失：$\Delta U\%=1.97<\Delta U_{al}=5$，也满足要求。

第七章

1　定时限过电流保护的动作电流为：6.35A，整定为：7A；动作时间为：$t=0.5+0.5=1$s；灵敏度为：3.09>1.5，满足要求；速断保护的动作电流为：32.5A，整定为：35A；灵敏度为：1.98>1.5 满足要求。

2　过电流保护动作电流为：6.25A，整断为：6A；动作时间为：0.5s；灵敏度为：3.8>1.5，满足要求；速断保护的动作电流整定为：40A；速断电流倍数 n_{qb} 为：6.67。

3　所选熔器的型号为：RT0-100/50；导线截面及穿管管径为：BLV－3×6mm²，穿 ϕ20mm 的硬塑料管。

4　应选 DZ20J—400 型低压断路器，额定电流为 350A，导线型号为 BLX－3×120mm²。

参考文献

[1] 范同顺.建筑配电与照明.北京:高等教育出版社,2004.

[2] 俞丽华.电气照明(第四版).上海:同济大学出版社,2004.

[3] 朱庆元,商文怡.建筑电气设计基础知识.北京:中国建筑工业出版社,1990.

[4]《建筑照明设计标准》编制组.建筑照明设计标准培训讲座.北京:中国建筑工业出版社,2005.

[5] 中华人民共和国国家标准 GB 50034—2004.建筑照明设计标准.北京:中国建筑工业出版社,2004.

[6] 赵德申.建筑电气照明技术.北京:机械工业出版社,2003.

[7] 赵振民.实用照明工程设计.天津:天津大学出版社,2003.

[8] 北京照明学会照明设计专业委员会.照明设计手册.北京:中国电力出版社,1998.

[9] 陈一才.建筑环境灯光工程设计手册.北京:中国建筑工业出版社,2001.

[10] 国家经贸委/UNDP/GEF 中国绿色照明工程项目办公室,中国建筑科学研究院.绿色照明工程实施手册.北京:中国建筑工业出版社,2003.

[11] 左秀彦.建筑电气安装与装饰照明.北京:电子工业出版社,2001.

[12] 中华人民共和国国家标准　卤钨灯(GB/T 14094—93).北京:中国标准出版社,1993.

[13] 中华人民共和国国家标准　双端荧光灯性能要求(GB/T 10682—2002).北京:中国标准出版社,2002.

[14] 中华人民共和国国家标准　单端荧光灯性能要求(GB/T 17262—2002).北京:中国标准出版社,2002.

[15] 王晓东.电气照明技术.北京:机械工业出版社,2004.

[16] 黄民德.建筑电气技术基础(第二版).天津:天津大学出版社,2006.

[17] 戴珍兴.民用建筑电气设计手册.北京:中国建筑工业出版社,1999.

[18] 陈志新.现代建筑电气技术与应用.北京:机械工业出版社,2001.

[19] 胡国文,胡乃定.民用建筑电气技术与设计.北京:清华大学出版社,1999.

[20] 陈志新,李英姿.现代建筑电气技术与应用.北京:机械工业出版社,2002.

[21] 杨岳.电气安全.北京:机械工业出版社,2003.

[22] 徐志强.建筑电气设计技术.广州:华南理工大学出版社,1998.

[23] 琳琅.现代建筑电气技术资质考试复习问答.北京:中国电力出版社,2002.

[24] 杨金夕.防雷·接地及电气安全技术.北京:机械工业出版社,2004.

[25] 张小青.建筑防雷与接地技术.北京:中国电力出版社,2003.

[26] 芮静康.建筑防雷与电气安全技术.北京:中国建筑工业出版社,2003.

[27] 李宏毅、金磊.建筑工程电气节能.北京:中国电力出版社,2004.

[28] 陈元丽. 现代建筑电气设计实用指南. 北京:中国水利水电出版社,2000.

[29] 国家标准 GB 50057—1994. 建筑物防雷设计规范(2000 年版). 北京:中国计划出版社,2001.

[30] 国家标准 GB 50174—1993. 电子计算机房设计规范. 北京:中国计划出版社,1993.

[31] 国家标准 GB 18802.1—2002. 低压配电系统的电涌保护器(SPD). 第 1 部分:性能要求和试验方法. 北京:中国标准出版社,2003.

[32] 国家标准 GB 50169—1992. 电气装置安装工程接地装置施工及验收规范. 北京:中国计划出版社,1993.

[33] 通信行业标准 YD/T 5098—2001. 通信局(站)雷电过电压保护工程设计规范. 北京:邮电大学出版社,2001.

[34] 国际电工委员会标准 IEC 61312—1. 雷电电磁脉冲的防护. 第一部分:一般原则(通则). 1995.

[35] 国际电工委员会标准 IEC 61312—2. 雷电电磁脉冲的防护. 第二部分:建筑物在受到直接雷击和邻近雷击情况下内部的电磁场,1994.

[36] 国际电工委员会标准 IEC 61312—3. 雷电电磁脉冲的防护. 第三部分:电涌保护器的要求.

[37] 苏邦礼. 雷电与避雷工程. 广州:中山大学出版社. 1996.

[38] 虞昊. 现代防雷技术基础(第二版). 北京:清华大学出版社,2005.

[39] 隋振有. 中低压配电实用技术. 北京:机械工业出版社,2000.